高等职业教育网络工程课程群教材

计算机网络基础

主　编　宋焱宏　李安邦

副主编　汪国庆　水海红　余志雄　韩　昊

主　审　谢日星

中国水利水电出版社
www.waterpub.com.cn

·北京·

内 容 提 要

本书致力于推动计算机网络基础知识的普及教育，使用通俗易懂的语言深入浅出、系统全面地讲解计算机网络的基础概念和基本原理。全书包括 10 个项目，分别是了解身边的网络、认识计算机网络、数据通信、计算机网络体系结构、以太网、网络层协议及 IP 编址、数据传输、无线网络、Internet 接入、常用网络命令。每个项目包含若干任务，便于读者操作并提升技能。本书注重教学目标与教材内容的高度统一性，配有丰富的优质学习资源。

本书可作为高职高专、成人高校计算机相关专业和非计算机专业“计算机网络基础”课程的教材，也可作为各类培训班、计算机从业人员和计算机网络爱好者的参考用书。

本书配有电子课件及习题参考答案，读者可以从中国水利水电出版社网站（www.waterpub.com.cn）或万水书苑网站（www.wsbookshow.com）免费下载。

图书在版编目（CIP）数据

计算机网络基础 / 宋焱宏，李安邦主编. -- 北京 : 中国水利水电出版社，2023.4
高等职业教育网络工程课程群教材
ISBN 978-7-5226-1487-8

Ⅰ. ①计… Ⅱ. ①宋… ②李… Ⅲ. ①计算机网络－高等职业教育－教材 Ⅳ. ①TP393

中国国家版本馆CIP数据核字(2023)第064898号

策划编辑：杜雨佳　责任编辑：赵佳琦　加工编辑：杜雨佳　封面设计：梁　燕

书　名	高等职业教育网络工程课程群教材 计算机网络基础 JISUANJI WANGLUO JICHU
作　者	主　编　宋焱宏　李安邦 副主编　汪国庆　水海红　余志雄　韩　昊 主　审　谢日星
出版发行	中国水利水电出版社 （北京市海淀区玉渊潭南路 1 号 D 座　100038） 网址：www.waterpub.com.cn E-mail：mchannel@263.net（答疑） sales@mwr.gov.cn 电话：（010）68545888（营销中心）、82562819（组稿）
经　售	北京科水图书销售有限公司 电话：（010）68545874、63202643 全国各地新华书店和相关出版物销售网点
排　版	北京万水电子信息有限公司
印　刷	三河市鑫金马印装有限公司
规　格	184mm×260mm　16 开本　16.5 印张　400 千字
版　次	2023 年 4 月第 1 版　2023 年 4 月第 1 次印刷
印　数	0001—2000 册
定　价	49.00 元

前　言

本书从学习者对计算机网络认知的角度入手，由浅入深，由易及难，由直观及抽象，介绍计算机网络相关知识。全书共有 10 个项目，项目 1 主要是了解身边的网络；项目 2 主要介绍对计算机网络的认识；项目 3 介绍数据通信的类型；项目 4 深入介绍计算机网络通信的体系结构，包括 OSI 参考模型和 TCP/IP 参考模型；项目 5 主要介绍被普遍应用的以太网；项目 6 主要介绍网络层协议及 IP 编址相关知识；项目 7 主要介绍数据如何传输；项目 8 主要介绍常用的无线网络；项目 9 主要介绍广域网 Internet 的接入；项目 10 主要介绍常用的网络连通性测试命令。

除项目 1、项目 2 和项目 10 外，其余项目均包含项目导读、项目要点、基础知识链接、重点知识讲解、项目实施、习题、拓展阅读模块，重点突出，结构明朗。在教学实施的过程中，教师可以根据课程标准规定的学时要求，灵活选取内容。建议项目 8 选学，其余项目重点讲解。各个项目的任务在教学过程中根据学时、实验的条件选取相应的软件进行实施。

本书可作为高职高专、成人高校计算机相关专业和非计算机专业“计算机网络基础”课程的教材，也可作为各类培训班、计算机从业人员和计算机网络爱好者的参考用书。本书提供了电子课件及习题参考答案，供教师和学生下载使用。

本书由宋焱宏和李安邦任主编，汪国庆、水海红、余志雄、韩昊任副主编，谢日星任主审。参加编写的还有杨晓雪、王东、王文博、阮婉莹、许璁、李洁等，他们为本书资源建设做了很多工作。本书的出版还要特别感谢谢日星和于继武副教授，他们对本书内容编排、案例选取、文叙风格、难易程度的把握等提出了非常宝贵的意见。本书得到了中国水利水电出版社相关领导的大力支持和用心指导，使得本书能够更好地用于教学，在此深表感谢。

由于编者水平有限，书中不妥之处在所难免。殷切希望广大读者提出宝贵意见，以使本书不断完善，作者邮箱：442410537@qq.com。

编　者

2022 年 12 月

目　　录

项目1　了解身边的网络

项目导读

互联网的全球化速度已超过所有人的想象。社会、商业、政治以及人际交往的方式也紧随这一全球性网络的发展而快速演变。随着计算机网络技术的发展，出现了更多更便利的利用网络功能的新产品和新服务。在这些新产品和新服务中，互联网的网络互联功能也扮演着越来越重要的角色。总的来说，计算机网络为人们提供了新的资源共享与数据传输平台，也提供了全新的生活、工作、学习和娱乐方式。为了更好地掌握网络技术，需要先了解一下与网络相关的一些应用。通过对本项目的学习，让我们一起来了解计算机网络在日常生活中的常见应用。

项目要点

- Internet
- 计算机网络的应用
- 计算机网络的使用

1.1　基础知识链接

21 世纪是以数字化、网络化、信息化为重要特征的信息时代。作为信息的最大载体和传输媒介，网络已成为这个信息时代的核心。以因特网（Internet）为代表的计算机网络自 20 世纪 90 年代以来迅猛发展，从最初的教育科研网络逐步发展成全球性商业网络，并以远远超过人们预期的速度和力量从根本上改变着我们的生活。全世界所有发达国家和许多发展中国家都纷纷研究和制订建设本国信息基础设施的计划，这使得计算机网络的发展进入了一个新的历史阶段。计算机网络变成了人尽皆知并且备受关注的热门学科。

1.1.1　认识计算机网络

与传统电话网和有线电视网相比，计算机网络最大的不同在于其终端设备是功能强大且具有智能的计算机。利用计算机网络，计算机上运行的包括电子邮件、信息搜索、即时通信、网络电话、网络电视、网络游戏、文件共享等在内的各种应用程序通过彼此间的通信为用户提供了更加丰富多彩的服务和应用。我们讨论的计算机网络不仅包括计算机网络提供的数据通信服务，还包括这些丰富多彩的网络应用。

有了计算机网络，人与人的联系达到空前紧密的状态。当人们想到某个创意时，可以即时与其他人沟通，使创意变为现实；新闻事件和新的发现在几秒内就能举世皆知；人们还可以和大洋彼岸的朋友联系和玩游戏。

不妨试想一下，如果没有互联网，世界将会如何。没有谷歌（Google）、百度（Baidu）、腾讯 QQ、微信等，就无法方便地访问最新信息；没有购物网站，就无法通过网上购物减少出行；没有导航软件，就无法通过单击按钮来快速获取到达不同位置的路线……但这就是几十年前我们生活的世界。多年来，计算机网络逐渐扩展，通过各种功能提高了世界各地人们的生活质量，如今网络已经像水、电、煤气一样，成为我们生活中不可或缺的一部分。

网络技术进步是一项重要的变革。在这些技术创造的世界里，国界、地理距离和物理局限越来越无关紧要，对我们的日常生活影响越来越小。互联网改变了社会、商业、政治和人际交往的方式，互联网通信的即时性促成了全球社区的形成，而全球社区又进一步推动了不同地域或时区的人们之间的社会互动。

网络没有大小限制。它可以是小到由两台计算机组成的简易网络，也可以是大到连接数百万台设备的超级网络。根据规模大小，网络可分为如下三种类型。

（1）小型家庭网络将少量的几台计算机互联并将它们连接到互联网。家庭安装的简易网络可以在多台本地计算机之间共享资源，例如打印机、文档、图片和音乐等。

（2）家庭办公室网络和小型办公室网络通常是由在家里或远程办公室工作的人设置，需要连接到公司网络或其他集中式的资源。此外，许多个体户使用家庭办公室和小型办公室网络来宣传和销售产品、订货以及联系客户。

（3）大中型网络（例如大型企业和学校使用的网络）可能有许多站点，包含成百上千台相互连接的计算机。在企业和大型组织中，网络的应用更加广泛，可以对网络服务器上的信息进行整合、存储和访问。网络还可通过电子邮件、即时消息等方式促进员工之间的快速通信和协作。除了内部获益之外，许多组织使用自己的网络通过互联网连接向客户提供产品和服务。

互联网是现存最大的网络，连接全球亿万台计算机。事实上，术语互联网是指“众多网络所组成的网络”。互联网实际是一个私有网络和公共网络相互连接组成的集合，它是将世界范围内，不同地域、不同类型的计算机或者终端设备相互连接在一起形成的一个庞大网络。

1.1.2 Internet

随着互联网的普及，人们越来越习惯在网络上发布和浏览信息。如今世界上最大的互联网——Internet 中包含了非常丰富的信息，用户只要接入 Internet，便能通过网络搜索、访问、浏览或者下载所需信息。

Internet 的前身是阿帕网（Advanced Research Project Agency，ARPANET），1983 年，TCP/IP 成为 ARPANET 上的标准协议，所有使用 TCP/IP 协议的计算机都能利用互联网进行通信，人们也因此将 1983 年视为 Internet 诞生的时间。

从 1985 年起，美国国家科学基金会（National Science Foundation，NSF）围绕 6 个大型计算机中心建设计算机网络，即国家科学基金网（National Science Foundation Network，NSFNET）。它是一个三级计算机网络，分为主干网、地区网和校园网（或企业网）。该网络覆盖了美国主要的大学和研究所，并成为 Internet 的主要组成部分。

1991 年，NSF 和美国的其他政府机构意识到 Internet 不应局限于大学和研究机构，必须扩大它的使用范围。之后世界上的许多公司纷纷接入 Internet，网络上的通信量急剧增大，Internet 的容量已满足不了需要，于是美国政府决定将 Internet 的主干网交由私人公司经营，并向接入 Internet 的单位收费。1992 年，Internet 上的主机超过 100 万台。

自 1993 年开始，NSFNET 被若干个商用的 Internet 主干网替代。1995 年，NSFNET 宣布停止运作，此时商用 Internet 的主干网已覆盖了全球 91 个国家，主机超过 400 万台。之后 Internet 以惊人的速度飞速发展，成为全球范围内最大的开放性互联网络。

在 NSFNET 被商用 Internet 主干网替代的过程中，诞生了一个新的名词——因特网服务提供者（Internet Service Provider，ISP），ISP 实际上就是提供 Internet 服务的商业公司，因此 ISP 也称为因特网服务提供商。中国电信、中国联通和中国移动是我国最有名的因特网服务提供者。

根据提供服务的能力，ISP 可分为主干 ISP、地区 ISP 和本地 ISP。ISP 之间存在层级关系，地区 ISP 可以连接到主干 ISP，本地 ISP 可以连接到地区 ISP 或主干 ISP。大多终端用户连接的都是本地 ISP。本地 ISP—般为大学或企业，这类 ISP 拥有网络，并向特定人群（员工、学生等）提供服务。

1.1.3 网络与生活

随着互联网的全球化，许多新的通信方式也应运而生，它们使个人能够创建让全球各地的人们都可以访问的信息。

计算机网络为我们提供浏览信息和发布信息的平台。当用户浏览各类万维网网站时，网络可以主动向用户推送其关注的内容。计算机网络以各种各样的形式和浏览手段向我们提供着各种各样的信息，如文本、声音、图像、视频等，信息内容涉及政治、经济、社会、生活、军事、体育、娱乐等各个方面。而个人网站、博客、微博、电子公告栏等各种信息发布平台让信息时代的每个人不仅能看，还能畅所欲言，这是报纸、广播、电视这些传统信息媒体无法实现的事情。

计算机网络为我们提供通信和交流的平台。从早期兴起的电子邮件、网络电话，到今天以 QQ、微信为代表的各种即时通信工具，都将人们在网络世界里的距离拉得越来越近。使用即时通信工具的用户不仅可以发送各种媒体形式的消息，还可以打电话和视频聊天；不仅可以实现一对一的交流，还可以使用信息留言、文件共享和视频会议等多种功能。即时通信工具为我们的零距离交流提供了便利。

请想一想你平时使用哪些网站或工具来共享信息？

1. 网络与工作

计算机网络为我们提供了网上办公的平台。通过计算机网络，政府部门的电子政务系统向公众提供了在线咨询、网上申报、审批、许可证申领、注册、年检、招商、投诉、举报等政府服务。大型公司通常拥有网上办公系统，以满足公司内部财务、税务、行政、资产等管理的需要。大学校园网上的办公系统通常包括选课、成绩单填报、网上评教评学、科研项目审批、报奖、科研经费报账、设备报修等。各种网上办公系统为我们提供了更加快捷、方便的服务。

2. 网络与学习

网络改变了我们的学习方式。能接受优质教学的对象不再局限于离教学地点近的学生。在线远程学习消除了地理位置障碍和空间限制，使身处全球各地的学生可以相聚在网上课堂，教师和学生可以共同完成一个公式的推导或是一个实验的演示，这增加了学生的学习机会，丰富了学生的学习资源。另外网络提供了各种形式的学习环节，包括互动练习、评估和反馈，丰富了学生的学习体验。

3. 网络与娱乐

计算机网络为我们提供了休闲和娱乐的平台。网络不仅提供了大量音频和视频资源供用户下载后播放，还支持用户随时在线点播各种音频和视频节目。网络电视（IPTV）现在已成为传统有线电视最大的竞争对手。除此之外，网络还为我们提供了大量精彩的互动网络游戏，玩家们参与游戏设计者们设计的游戏互动活动，和世界各地的朋友并肩作战对抗强敌，就像在同一间游戏室一样。

无论我们享受的是何种娱乐，网络都在改善着我们的体验。请想一想你是如何通过网络娱乐的。

计算机网络的应用改变了我们的生活、工作、学习和娱乐方式，并且随着技术的发展，计算机网络已从互连传统服务器、桌面计算机，发展到互连手机、平板电脑等移动便携式计算设备，并逐步扩展到互连各种家用电器、环境传感器等非传统计算设备，甚至是所有可标识的“物”。以互联网为基础逐渐发展起来的物联网（Internet of Things，IoT），就是要实现物物相连的互联网。物联网把感应器嵌入和装备到电网、铁路、桥梁、隧道、公路、建筑、供水系统、大坝、油气管道等各种物体中，然后将物联网与现有的互联网整合起来，实现人类社会与物理系统的整合。以互联网为基础的物联网的发展和成熟必将给我们的生活带来一次全新的变革。

1.2 项目实施

信息化是当今社会发展的潮流，随着通信技术和计算机技术的发展，计算机网络逐渐被应用于军事、政治、科研、教育、经济等方方面面，计算机网络的应用也越来越普及。下面将学习如何在日常生活中使用计算机网络。

任务 1.1　浏览器的使用

浏览器的使用

Internet 是世界上最大的互联网，而浏览器是访问互联网的基础软件之一。国内常见的浏览器有 Internet Explorer（IE 浏览器）、360 浏览器、Firefox（火狐浏览器），它们的图标分别如图 1.1 所示。

图 1.1　常见浏览器

浏览器是指可以显示网页服务或文件系统的 HTML 文件内容，并为用户提供与这些文件交互的功能的一种软件，若要从庞大的 Internet 信息库中获取想要的信息，还需要使用搜索引擎。

搜索引擎是指根据一定的策略，运用特定的计算机程序从互联网上搜集信息，在对信息进行组织和处理后，为用户提供检索服务，将用户检索的相关信息展示给用户的系统。在浏览器顶部的地址栏中输入搜索引擎的地址，便可进入其主页。国内常用的搜索引擎有百度、360、必应等，这几种搜索引擎的网址分别为：www.baidu.com、www.360.cn、www.bing.com。百度的主页如图 1.2 所示。

图 1.2　百度主页

在搜索引擎的输入框中输入与待搜索内容相关的关键字并按 Enter 键，或单击输入框右侧的按钮，开始搜索。例如，通过百度搜索“internet”，搜索到的信息如图 1.3 所示。

图 1.3　“internet”搜索结果

除了在浏览器中通过搜索引擎搜索外，用户亦可通过输入网址直接访问一些门户网站，进入门户网站后，用户可通过单击网页中的超链接获取信息，或使用网站提供的其他功能。

任务 1.2　电子邮箱的使用

电子邮箱的使用

电子邮箱是计算机网络在日常生活中的应用之一，一般用于实现网络间电子数据（如信件、资料等）的传递与交换。虽然它根据传统的邮政服务模型建立，但与之相比，无论是传输速度、内容和形式，还是性价比与安全性，电子邮箱都有很大程度的提升。

早期的电子邮箱功能单一，仅支持纯文本数据的收发，容量较小，无安全性检查，传输速度较慢，多用于局域网中。当前的邮箱功能丰富，支持传送文本、图片、音频、视频等多种多样的数据，且容量较大，支持附件功能，传输速度也非常快。

在发送电子邮件之前，需先拥有一个邮箱。邮箱是用户身份的标识，邮箱的格式一般为“用户名@邮件服务商地址”，其中用户名是用户在使用邮件服务时的唯一标识，一般可由字母、数字、下划线或 11 位手机号码组成；邮件服务商地址用于识别服务商，如 163.com、126.com 以及 qq.com 等。

下面以 163 邮箱为例，演示使用电子邮箱收发邮件的步骤。

（1）邮箱注册。若用户已有邮箱，可跳过此步；若没有邮箱，可到 163 邮箱网站（https://mail.163.com）注册邮箱，邮箱注册页面如图 1.4 所示。

图 1.4　163 邮箱注册页面

163 邮箱支持注册字母邮箱、手机号码邮箱和 VIP 邮箱。邮箱的具体注册方法在注册页面有详细说明，此处不再赘述。

（2）邮箱登录。用户可在浏览器中输入网址 https://mail.163.com，进入 163 邮箱的登录界面，并以邮箱账号登录（输入账号和密码，单击“登录”按钮登录邮箱）。登录成功后进入邮箱主页面，如图 1.5 所示。

（3）发送邮件。单击图 1.5 所示页面中的“写信”按钮，将会跳转到写信页面，如图 1.6 所示。

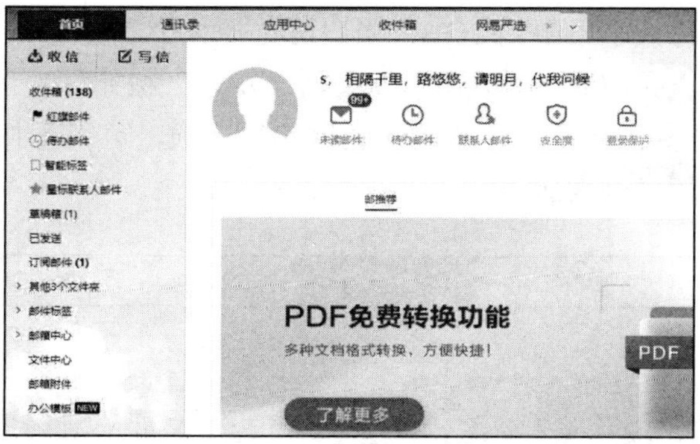

图 1.5　163 邮箱主页面

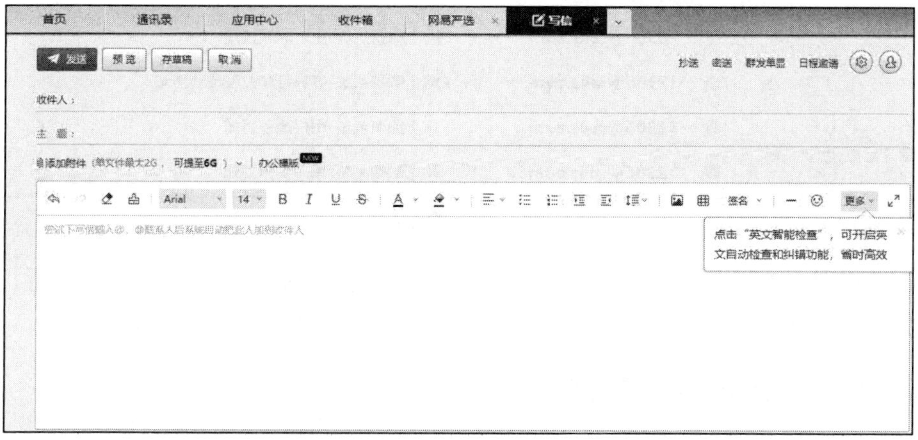

图 1.6　写信页面

在写信页面的“收件人”一栏中输入收件地址，在“主题”一栏写入主题，单击工具栏下方的空白区域，编辑邮件正文。在工具栏中，用户可对正文文本格式进行设置，也可以插入图片、添加表情、选择信纸、插入日期、使用语音输入等。163 邮箱支持附件功能，用户可单击“添加附件”链接，打开“打开”对话框，如图 1.7 所示。

图 1.7　“打开”对话框

需要注意的是，附件大小上限为 2GB，用户可选择大小不超过 2GB 的文件作为附件，与正文一起发送。邮件编辑完成后，单击图 1.6 中的“发送”按钮发送信件。

（4）接收邮件。选择图 1.8 中左侧的“收件箱”选项，可查看邮件列表，单击邮件列表中的邮件，可查看邮件的详细内容。

图 1.8　收件箱

除以上功能外，163 邮箱还有查看已发送的邮件、管理邮件等功能。该邮箱界面友好，使用简单，其他功能不再演示，有兴趣的读者可自行尝试。

任务 1.3　即时通信工具的使用

即时通信工具的使用

即时通信是一个终端服务，它允许两人或多人使用网络即时地传递文字、文件、语音等信息，并允许使用语音、视频在线交流。我国目前比较流行的即时通信工具有 QQ、微信等。

一般在使用即时通信工具之前，要先安装对应的软件。下面将以 QQ 为例展示即时通信工具的用法。

（1）下载与安装 QQ。在搜索引擎中输入 QQ 进行搜索，可看到图 1.9 所示的搜索结果。

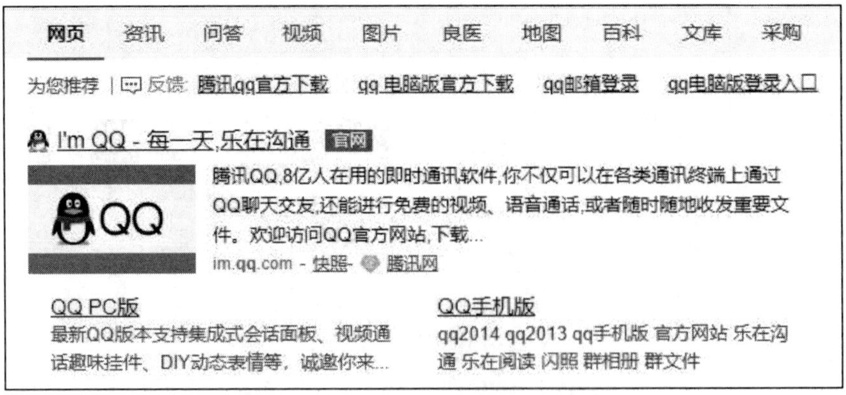

图 1.9　搜索结果

打开官网，在下载页面根据设备类型选择适合版本，单击相应下载按钮进行下载，如图 1.10 所示。

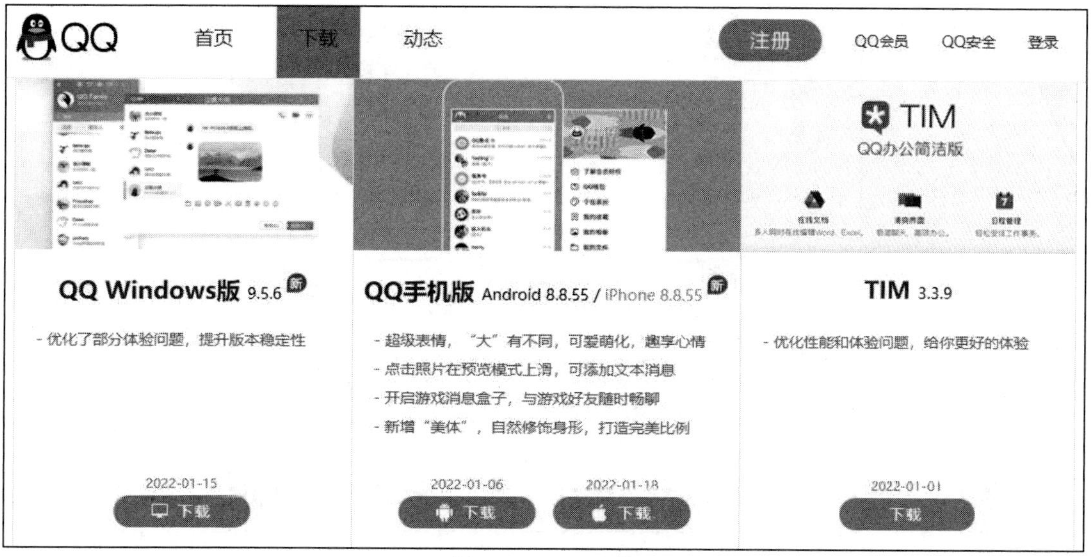

图 1.10　QQ 下载

下载完成后，进入安装包所在文件夹，双击安装包，根据提示开始安装 QQ。

（2）登录 QQ。安装完成后可双击 QQ 图标打开登录框。QQ 登录框如图 1.11 所示。

图 1.11　QQ 登录框

QQ 同样需要使用账号登录，若没 QQ 账号，可单击登录框左下角的“注册账号”链接，进入账号注册界面，根据注册界面的提示进行账号注册。账号注册完成后，在 QQ 登录界面的两个输入框中分别输入账号和密码，单击“登录”按钮，若账号、密码验证无误，则可成功登录 QQ。

（3）QQ 即时通信。登录 QQ 后，在 QQ 列表中选择一位好友，双击好友头像，可打开聊天窗口，如图 1.12 所示。

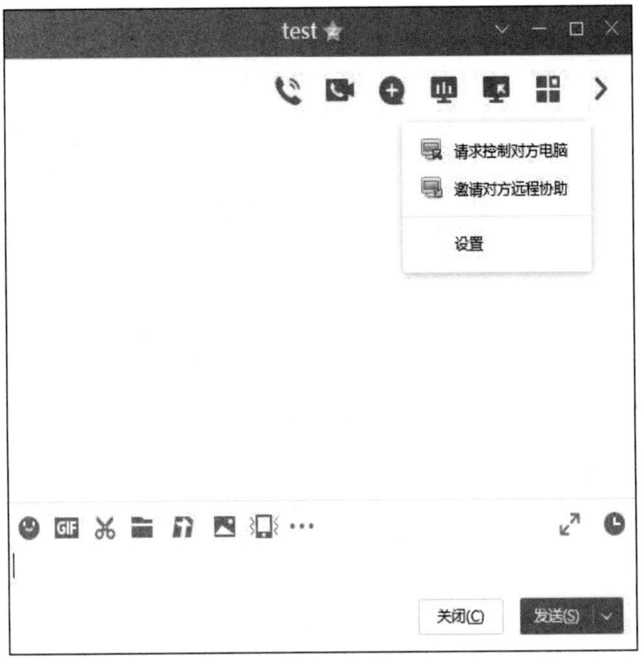

图 1.12 聊天窗口

在聊天窗口底部的聊天栏里输入信息，单击“发送”按钮，消息将被发送给对方，并同时出现在对方和自己聊天窗口上方的信息栏里。

图 1.12 中的聊天窗口右上角的工具栏是 QQ 附加功能的入口，包括“发起语音通话”“发起视频通话”“远程演示”“远程桌面”“发起多人聊天”“应用”等。

1.3 习题

一、选择题

1．下列选项中，（　　）不属于计算机网络应用。

A．电子邮件的收发　　B．用浏览器查看北京新闻

C．用计算机远程传真　　D．用 WPS 编辑文档

2．Internet 的雏形是（　　）。

A．NSFNet　　B．Netware

C．ARPANet　　D．Ethernet

二、简答题

请描述一下你眼中的网络。

拓展阅读

百　度

百度是拥有强大互联网基础的领先人工智能（Artificial Intelligence，AI）公司。百度愿景：成为最懂用户，并能帮助人们成长的全球顶级高科技公司。

“百度”二字，来自南宋词人辛弃疾的一句词：众里寻他千百度。这句话描述了词人对理想的执着追求。1999 年年底，身在美国硅谷的李彦宏看到了中国互联网及中文搜索引擎服务的巨大发展潜力，抱着技术改变世界的梦想，他毅然辞掉硅谷的高薪工作，携搜索引擎专利技术，于 2000 年 1 月 1 日在中关村创建了百度公司。

目前，百度拥有的数万名研发工程师组成了中国乃至全球顶尖的技术团队。这支队伍掌握着世界上先进的搜索引擎技术，使百度成为掌握世界尖端科学核心技术的中国高科技企业，也使中国成为除美国、俄罗斯和韩国之外，全球仅有的 4 个拥有搜索引擎核心技术的国家之一。

项目 2　认识计算机网络

项目导读

对于大多数人来说，网络已经成为日常生活中不可或缺的一部分，它改变了人们的生活和工作方式。通过计算机网络，人们可以使用计算机、手机或平板电脑等终端浏览新闻、查收邮件、查阅资料、在线办公、聊天、购物、看电影、发微博和发微信等。很多人对计算机网络产生了浓厚的学习兴趣，想知道什么是计算机网络以及如何组建计算机网络。作为初学者，首先需要知道计算机网络的组成，理解计算机网络的基本概念，对计算机网络有一个初步的宏观认识。互联网就是计算机网络的典型代表，它是将世界范围内，不同地域、不同类型的计算机或终端设备相互连接在一起形成的一个庞大网络。通过对本项目的学习，让我们一起来认识计算机网络。

项目要点

- 计算机网络的组成
- 计算机网络的概念
- 计算机网络的分类

2.1　基础知识链接

一个典型的计算机网络主要由计算机网络硬件系统和计算机网络软件系统两部分组成。下面首先介绍计算机网络的硬件组成和软件组成，然后介绍计算机网络的基本概念和常用的性能指标。

2.1.1　计算机网络的硬件组成

网络硬件的选择对网络起着很重要的作用，它们是计算机网络系统的基础设施。要组建一个计算机网络系统，首先要将计算机以及相关硬件设备与网络中的其他计算机系统连接起来。计算机网络硬件系统包括终端设备、网络设备和传输介质。

1. 终端设备

终端设备包括工作站、服务器、网络摄像头、网络打印机和移动手持设备等，下面主要介绍工作站和服务器。

（1）工作站。工作站是指连接到计算机网络中并通过应用程序来执行任务的个人计算机。用户主要通过工作站来使用网络资源。各工作站之间可以相互访问，也可以彼此共享资源。简单来讲，用户平时使用的计算机就是工作站。

（2）服务器。服务器是指专门提供服务的高性能计算机或专用设备，服务器是网络资源管理和共享的核心，为用户提供网络服务。服务器的主要功能是为工作站提供各种网络服务，服务器的性能对整个网络的资源共享起着决定性的作用。一个网络中可以有多台服务器，根据服务器的主要功能来分，主要有文件服务器、Web 服务器、打印服务器、数据库服务器等。

2. 网络设备

当用户通过电子邮件给远方的朋友送去祝福时，一定不会想到这封邮件在网络中将会经历怎样复杂的行程。就好比将一封真实的信件投到邮局后，我们也不了解邮局传递信件的中间过程。如图 2.1 所示，在网络中传输的数据需要经过各种网络设备，而设备会根据地址将数据转发到正确的目的地。对于计算机终端用户而言，这个复杂的中间过程被“隐藏”掉了。

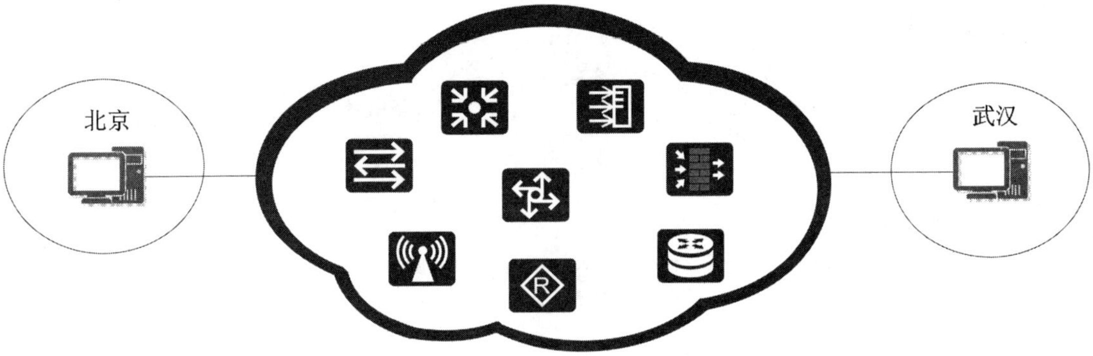

图 2.1　计算机通过网络设备通信

网络设备主要有网卡（Network Interface Card，NIC）、中继器（Repeater）、集线器（Hub）、交换机（Switch）、路由器（Router）、防火墙（Firewall）等。

（1）网卡。网络适配器又称网卡，它是计算机、服务器连接网络的必备硬件，主要负责主机与网络之间的信息传输控制。

（2）中继器。中继器是对信号进行再生和还原的网络设备，适用于完全相同的两个网络的互连，主要功能是通过对数据信号的重新发送或者转发来扩大网络传输的距离。

（3）集线器。集线器的主要功能是对接收到的信号进行再生整形放大，以扩大网络的传输距离，同时把所有节点集中在以它为中心的节点上。

（4）交换机。交换机可将其他网络设备（如交换机、路由器、网络防火墙、无线接入点等）和所有终端设备（如计算机、服务器、网络摄像头、网络打印机等）连接在一起，实现彼此之间的通信。

交换机的主要功能就是连接设备，实现设备之间的通信。交换机往往拥有数量众多的端口（通常为 8～52 个端口）。图 2.2 为常见交换机，图 2.3 为交换机与终端设备和网络设备的连接。

图 2.2　常见交换机

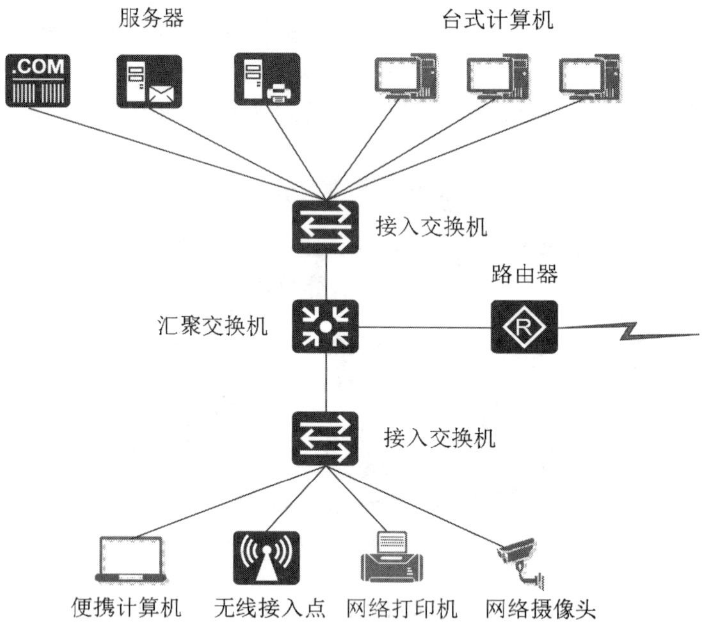

图 2.3　交换机连接其他设备

（5）路由器。路由器用于实现局域网之间、局域网与 Internet 之间的互连，将所有的网络连接在一起。路由器是一种智能选择数据传输路由的设备。路由器的端口数量虽然较少，但是种类却非常丰富，可以满足各种类型网络接入的需要。图 2.4 为常见路由器。

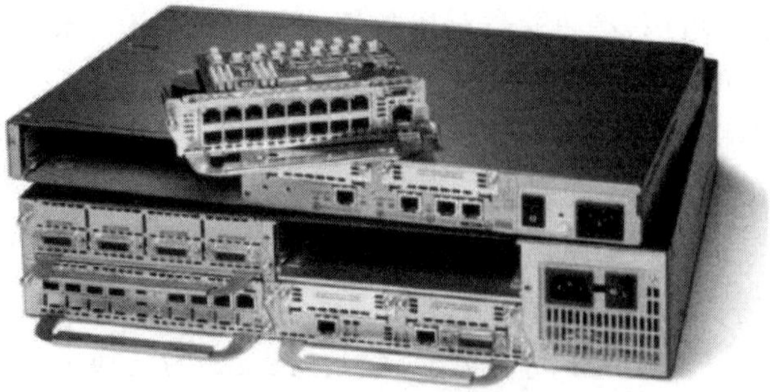

图 2.4　常见路由器

局域网络的类型是多种多样的，除了常见的以太网以外，还有 ATM 网络、FDDI 网络等。异构网络由于分别采用不同的数据封装方式，因此它们之间是无法直接通信的，即使采用同一种网络协议（比如 TCP/IP 协议），也不能实现彼此之间的通信。而路由器能够将不同类型网络之间的数据信息进行“翻译”，以使它们能够互相“读懂”对方的数据，因此借助路由器可实现异构网络之间的通信。图 2.5 为路由器连接异构网络。

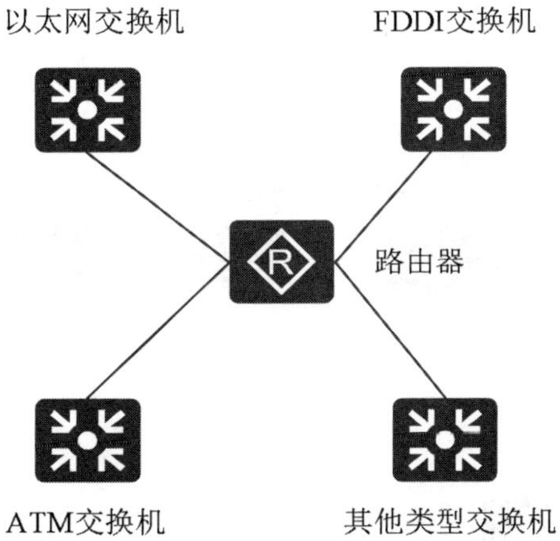

图 2.5 路由器连接异构网络

由于局域网的传输距离都非常有限，因此若要实现局域网之间的连接，就必须借助于广域网。相对于局域网而言，广域网无疑是一个异构网络，因此，借助于路由器可实现局域网之间的远程互连。图 2.6 为路由器连接远程网络。

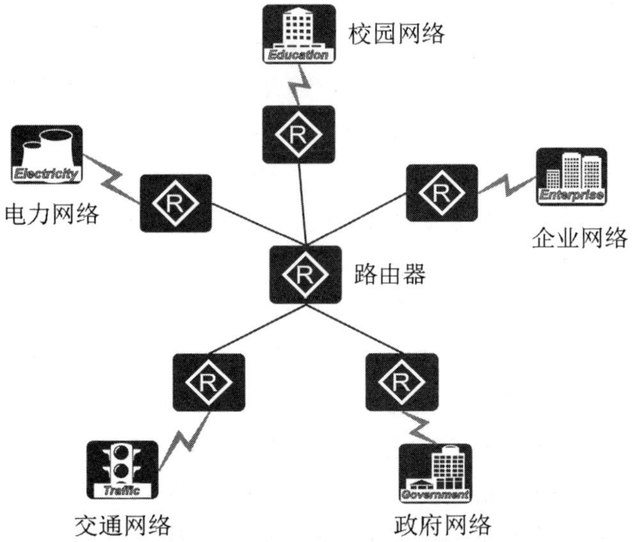

图 2.6 路由器连接远程网络

（6）防火墙。防火墙用于在内部网络之间、内部网络和 Internet 之间创建一个安全屏障，将恶意攻击阻拦在内部网络之外，以保护内部网络用户和数据的安全。

网络防火墙最基本的功能就是隔离内、外网络，其不仅要隔离非法用户入侵，更要保证不能使内部信息泄露。因此，网络防火墙通常位于路由器与内部网络（即局域网）之间，使所有进出局域网的数据都能够进行筛选和过滤，从而避免来自外部网络（主要是 Internet）的网络攻击和欺骗，确保内部网络正常稳定地运行以及内部的重要和敏感数据的访问安全。图 2.7 为防火墙隔离内部和外部网络。

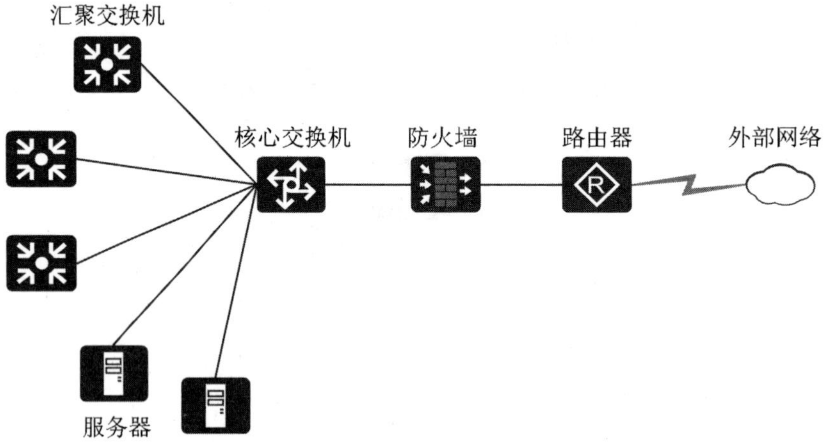

图 2.7　防火墙隔离内部和外部网络

除此之外，网络防火墙还被用于隔离内部网络，分隔内部网络中的重要网络和普通网络，将一些重要和敏感部门与普通用户隔离开来，从而避免来自网络内部的恶意攻击，最大限度地保障网络安全。

3. 传输介质

传输介质是网络通信的物理基础，通过传输介质可将网络中的各种设备连接起来，构成传输数据信号的物理通道。传输介质可分为有线传输介质和无线传输介质。常见传输介质包括双绞线、同轴电缆、光纤、无线电波等。

（1）有线传输介质。常见的有线传输介质有双绞线、同轴电缆和光纤。当使用有线传输介质传输信号时，信号沿着介质传输，因此有线传输介质也被称为“有向传输介质”。下面将对这 3 种传输介质的物理构造和性能进行简单介绍。

1）双绞线。双绞线由两条相互绝缘的导线按照一定的规格互相缠绕（一般以逆时针缠绕）而成，此种绞合方式可在一定程度上抵御外界的电磁波干扰，亦可降低多对双绞线之间的相互干扰。实际应用中将多对双绞线一起包在绝缘电缆套管中组合使用。

双绞线分为屏蔽双绞线（Shielded Twisted Pair，STP）和非屏蔽双绞线（Unshielded Twisted Pair，UTP）。为了增强双绞线的抗干扰能力，通常在双绞线的外部加上一层金属箔（或金属丝网）作为屏蔽层，这种有屏蔽层的双绞线称为屏蔽双绞线，这些屏蔽层有助于去除环境干扰。没有屏蔽层的双绞线称为非屏蔽双绞线。这两种双绞线如图 2.8 所示。

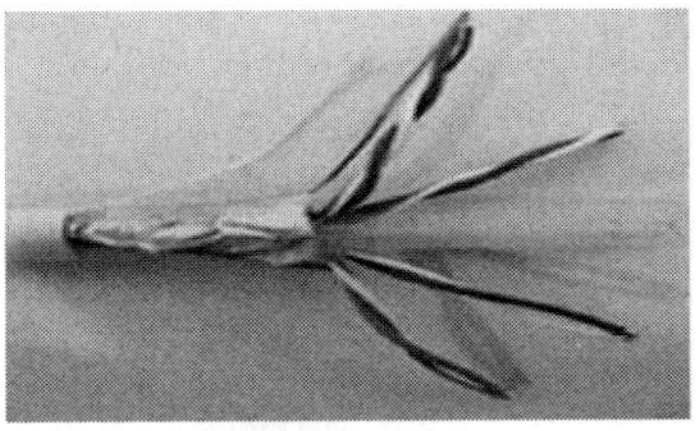

（a）屏蔽双绞线

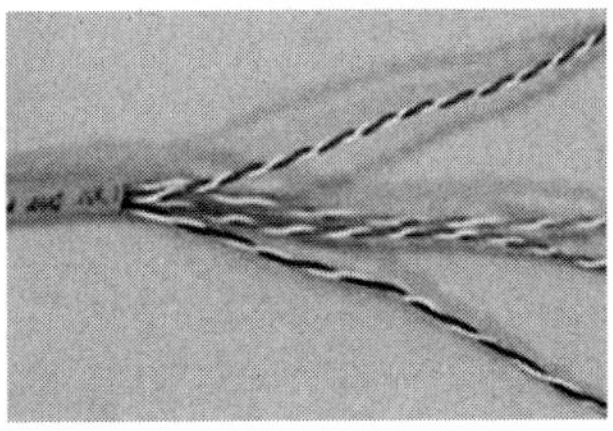

（b）非屏蔽双绞线

图 2.8　屏蔽双绞线和非屏蔽双绞线

与非屏蔽双绞线相比，屏蔽双绞线抗干扰的能力更强但其价格较高，为了实现屏蔽效果，还需与具有屏蔽功能的接口和设备配套使用，网络造价也高，因此屏蔽双绞线一般仅用在干扰严重的环境中。在实际应用中，通常以非屏蔽双绞线为主，虽然其抗干扰能力一般，但具有价格低廉、安装方便、独立性强和灵活性高等优点。

双绞线需与 RJ-45 连接头（俗称“水晶头”）一起使用，RJ-45 连接头如图 2.9（a）所示，带有连接头的双绞线如图 2.9（b）所示。RJ-45 插孔是插座型组件（俗称“网口”），如图 2.9（c）所示。

（a）RJ-45 连接头

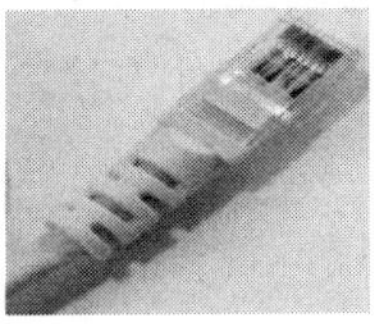

（b）带连接头的双绞线

（c）RJ-45 插孔

图 2.9　RJ-45 连接头、带连接头的双绞线、RJ-45 插孔

双绞线通过连接头可与集线器、交换机、路由器、终端等设备相连，共同搭建网络环境。

双绞线通常由橙、橙白、蓝、蓝白、绿、绿白、棕、棕白 8 种颜色的 4 对线构成。EIA/TIA 规定了两种接线标准，分别是 568A 和 568B，布线顺序分别如下。

568A 线序：绿白、绿、橙白、蓝、蓝白、橙、棕白、棕。

568B 线序：橙白、橙、绿白、蓝、蓝白、绿、棕白、棕。

根据双绞线两端使用的接线标准，可将双绞线分成两种类型，具体如下。

直通线：直通线两端使用相同的接线标准，即两端均为 568A 标准或者两端均为 568B 标准。其中两端都遵循 568B 标准的直通线较为常见。直通线是最常见的网络电缆类型，它通常用于主机到交换机和交换机到路由器的互连。

交叉线：交叉线的一端遵循 568A 标准，另一端遵循 568B 标准。交叉线用于相似设备的互连。例如，交换机到交换机、主机到主机或路由器到路由器的连接。

在连接设备时，错误使用交叉线或直通线不会损坏设备，但也无法连通设备并进行通信。这是实验室中的常见错误，如果没有连通，首先应进行故障排除，检查设备连接是否正确。

2）同轴电缆。同轴电缆因内导体与网状导电层为同轴关系而得名，它由内导体（铜芯）、塑料绝缘层、屏蔽层和电线外皮组成，如图 2.10 所示。内导体是一根用于传输电子信号的铜质导线，包裹着铜质导线的是柔软的塑料绝缘层，绝缘材料的表皮是铜线编织或金属箔，作用相当于电路中的第二条电线，而且还可作为内部导体的屏蔽层，屏蔽层还可减少许多外部电磁干扰。整个电缆由一层电缆表皮覆盖，防止受到物理损坏。

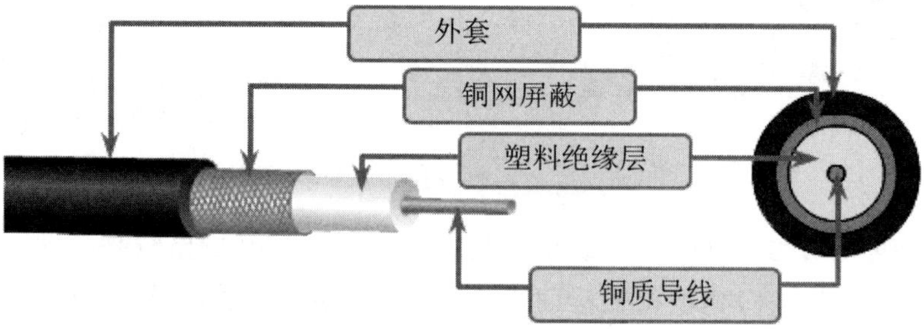

图 2.10　同轴电缆的结构

同轴电缆具有较高的带宽和良好的抗干扰性，按照其功能，同轴电缆可分为基带同轴电缆和宽带同轴电缆。

基带同轴电缆的屏蔽层是由铜制成的网状导电层，特征阻抗为 50 Ω，它可以传输数字信号。根据直径粗细，基带同轴电缆又分为粗缆和细缆，其中粗缆抗干扰性好，但价格高、安装复杂，常用于铺设网络干线；细缆直径小，相对柔软，且价格低、安装简单，常用于室内网络环境搭建。

宽带同轴电缆的屏蔽层由铝冲压而成，特征阻抗为 75 Ω，它用于传输模拟信号，常用于有线电视网中。

虽然在现代局域网中双绞线逐渐取代了同轴电缆，但同轴电缆仍有其应用场景。

在无线安装中，同轴电缆将天线连接到无线设备并传送天线和无线电设备之间的射频（Radio Frequency，RF）能量。在有线互联网安装中，客户驻地的布线仍可采用同轴电缆。

3）光纤。光纤即光导纤维，光纤由两种类型的玻璃（纤芯和涂层）和一个起保护作用的外层屏蔽套（表皮）组成，如图 2.11 所示。纤芯位于光纤中心，是实际的光线传输部件。纤芯通常由硅或玻璃制成，光脉冲沿着光纤的纤芯传输。涂层材质与制造光纤纤芯所用的材质略有不同，其作用是像镜子一样将光反射到光纤的纤芯内，这样可确保光在光纤中传输时始终处于纤芯内。缓冲区用于防止纤芯和涂层遭到损坏。强化材料包裹在缓冲区周围，以防牵动光纤时电缆变形。表皮通常用于防止光纤受到磨损、侵蚀和其他污染。

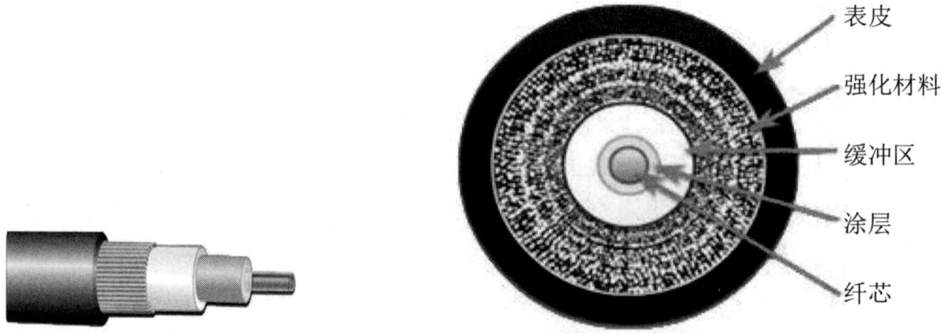

图 2.11　光纤组成结构

根据光源类型和光的传输模式，光纤可分为单模光纤和多模光纤。

单模光纤（Single Mode Fiber，SMF）：包含一个极小的芯，使用昂贵的激光技术来发送单束光，如图 2.12 所示。单模光纤常用于跨越数百千米的长距离传输，例如长途电话和有线电视。

单模光纤特点：核心小；散射较小；适合长距离应用；使用激光作为光源；通常用于有几千米距离的园区骨干网。

多模光纤（Multi Mode Fiber，MMF）：包含一个更大的芯，使用 LED 发射器发送光脉冲。具体而言，LED 发出的光从不同角度进入多模光纤，如图 2.13 所示。多模光纤普遍用于有几百米距离的园区网中，可以通过长达 550 米的链路提供高达 10Gbit/s 的带宽。

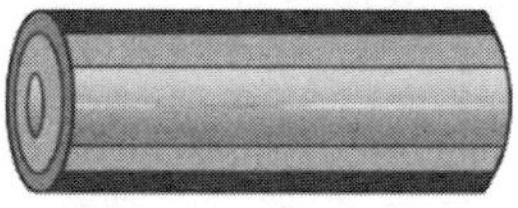

图 2.12　单模光纤

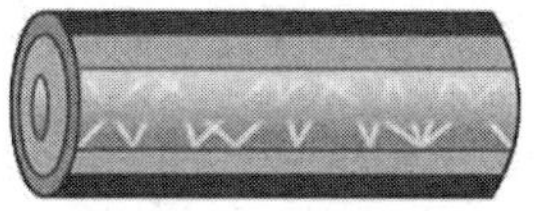

图 2.13　多模光纤

多模光纤的特点：比单模光纤电缆核心更大；允许更大的散射，但也因此会导致信号丢失；适合长距离的应用，但是比单模光纤短；使用 LED 作为光源。

两根或多根光纤按照一定方式组成的缆芯可制成光缆，除纤芯外，光缆还包括加强钢丝、填充物、护套、防水层、缓冲层、绝缘金属导线等构件。与其他传输介质相比，光缆能够以更远的距离和更高的带宽传输数据。不同于铜线，光缆传输信号的衰减少，传输速率高，抗干扰能力强，其常用于互连网络设备。

（2）无线传输介质。在计算机网络中，无线传输可以突破有线网的限制，利用空间电磁波实现站点之间的通信，可以为广大用户提供移动通信。最常用的无线传输介质有无线电波、微波和红外线等。

1）无线电波。无线电波是指在自由空间（包括空气和真空）传播的射频频段的电磁波。无线电技术是通过无线电波传播声音或其他信号的技术。

无线电技术的原理在于，导体中电流强弱的改变会产生无线电波。利用这一现象，通过调制可将信息加载于无线电波之上；当电波通过空间传播到达收信端时，电波引起的电磁场变化又会在导体中产生电流；通过解调将信息从电流变化中提取出来，就达到了信息传递的目的。

根据频率，无线电波可划分为极低频、超低频、特低频、甚低频、低频、中频、高频、甚高频、特高频、超高频和极高频，相应的频率范围见表 2.1，不同频率的无线电波的应用范围也不同。

表 2.1　无线电波的频段划分

频段名称	频率范围	主要用途
极低频	3～30 Hz	潜艇通信或直接转换成声音
超低频	30～300 Hz	直接转换成声音或交流输电系统（50～60 Hz）
特低频	300 Hz～3 kHz	矿场通信或直接转换成声音
甚低频	3～30 kHz	直接转换成声音、超声、地球物理学研究

续表

频段名称	频率范围	主要用途
低频	30～300 kHz	国际广播
中频	300 kHz～3 MHz	调幅广播、海事及航空通信
高频	3～30 MHz	短波、民用电台
甚高频	30～300 MHz	调频广播、电视广播、航空通信
特高频	300 MHz～3 GHz	电视广播、无线电话通信、无线网络、微波炉
超高频	3～30 GHz	无线网络、雷达、人造卫星接收
极高频	30～300 GHz	射电天文学、遥感、人体扫描安检仪

2）微波。微波通信是直接使用微波作为介质进行的通信，其不需要固体介质，当两点间直线距离内无障碍时就可以使用微波传送。微波通信的载波频率为2～40GHz。利用微波进行通信具有容量大、质量好并可传至很远的距离的特点，因此微波通信是国家通信网的一种重要通信手段，也普遍适用于各种专用通信网。

由于微波是直线传播的，因此在地面的传播距离受限，所覆盖的范围很大程度上依赖于天线的高度，天线越高，信号传输距离越远。绝大多数微波装置都设有高于周围建筑物和植被的高塔，并且其发送器都直接朝向对方高塔上的接收器。

3）红外线。红外线是波长介于微波与可见光之间的电磁波，它在通信、探测、医疗、军事等方面有广泛的应用。和微波通信一样，红外通信也沿着直线传输，有很强的方向性，但是红外通信需要把传输的信号转换为红外光信号，才能直接在空间内沿直线传播。家用遥控器一般使用红外通信。

红外通信有三个特点：①相比其他无线传输技术，红外线设备的成本更低，不需要天线；②红外通信需要对接才能进行数据传输，安全性较强；③红外通信适用于短距离通信，功能单一，扩展性差，无法穿透墙体，一般在室内使用。在不能架设有线线路，而使用无线电又怕暴露自己的情况下，使用红外线通信是比较好的。

2.1.2 计算机网络的软件组成

网络软件是实现网络功能不可缺少的软件环境。为了协调网络资源，系统需要通过软件对网络资源进行全面的管理、调度和分配，并采取一定的保密措施保证数据的安全性和合法性等。网络软件多种多样，主要包括网络操作系统、网络协议软件、网络管理软件、网络应用软件等。

1. 网络操作系统

网络操作系统是最主要的网络软件，负责管理网络中各种软硬件资源。网络操作系统的基本任务就是克服本地资源与网络资源的差异性，为用户提供基本的网络服务功能，完成网络资源管理。也就是说网络操作系统除了具有单机操作系统的全部功能外，还具备管理网络中的共享资源，实现用户通信及方便用户使用网络等功能，是网络的心脏和灵魂。常见的网络操作系统有 Windows、UNIX、Linux 和 Android 等。

（1）Windows 系列操作系统由微软公司推出，因其界面友好，易于使用，支持多用户、多任务，功能强大等特点，深受用户喜欢。目前常见的 Windows 系列网络操作系统有 Windows Server 2012、Windows Server 2016 等。

（2）UNIX 是美国贝尔实验室开发的一种多用户、多任务的操作系统，作为网络操作系统，UNIX 安全、稳定、可靠、功能完善，被广泛应用于网络服务器、Web 服务器、数据库服务器等高端领域。UNIX 在安全性、稳定性和网络功能方面有非常出色的表现，对用户的所有数据都有非常严格的保护措施，支持所有通用的网络通信协议。但是，UNIX 的缺点是系统过于庞大、复杂，一般用户较难掌握。

（3）Linux 是一个“类 UNIX”的操作系统，最早是由芬兰赫尔辛基大学的一名学生开发的。Linux 是自由软件，也称为源代码开放软件，用户可以免费获得并使用 Linux 系统，主要特点是免费、系统资源需求较低、网络功能较强、稳定性和安全性极高，因此使用较为广泛。

（4）Android 是一种基于 Linux 内核的开源操作系统，主要用于手机、平板电脑或移动设备端，现被电视、相机、游戏机、智能手表等广泛应用。

2. 网络协议软件

网络协议是连入网络的计算机必须共同遵守的一组规则和标准，它可以保证数据传输与资源共享顺利完成。用来实现网络协议功能的软件称为网络协议软件。网络协议软件种类非常多，不同体系结构的网络系统都有支持自身系统的协议软件，如 Internet 采用的最著名的 TCP/IP 协议。

3. 网络管理软件

网络管理主要是监测、控制和记录网络资源的性能和使用情况，以使网络有效运行。另外，当网络出现故障时能及时报告和处理，并协调、保持网络的运行。网络管理软件就是能够完成网络管理功能的网络管理系统，用于对网络资源进行监控、管理和维护等。

4. 网络应用软件

网络应用软件是为用户提供各种服务，解决其某方面的实际应用问题的软件，如浏览软件（浏览器）、即时通信软件（QQ）、远程登录软件等。

2.1.3 计算机网络的基本概念

20 世纪 90 年代，Internet 的兴起和快速发展，使越来越多的人接触到了计算机网络这个概念，越来越多的人对计算机网络产生了兴趣。计算机网络是计算机技术和通信技术紧密结合的产物，实现了数据通信、远程信息处理和资源共享。计算机网络被广泛地应用于各行各业，如网上银行、电子商务、在线教育、远程医疗等，特别是随着“互联网+”的快速发展，网络在当今世界无处不在，时时刻刻影响着我们的工作和生活。

1. 计算机网络的定义

计算机网络（Computer Network），顾名思义，是由计算机组成的网络系统。具体而言，就是将分布在不同地理位置的具有自主功能的多台计算机及其外部设备，利用网络通信设备和线路连接起来，用网络软件（网络通信协议和网络操作系统等）实现网络资源共享和信息传递的系统。

从计算机网络的定义来看，计算机网络有以下几个特点：

（1）资源共享是计算机网络实现的主要目的。所谓资源共享，就是连接网络的用户可以共享网络上的各种资源。共享内容是多方面的，可以是信息数据共享、软件共享，也可以是硬件共享。例如，可以利用计算机网络浏览信息、在线学习、网上购物、网盘存储等。由于网络的存在，这些资源好像就在用户身边一样。

（2）网络中的计算机包括各种类型的具有自主功能的计算机，有完善的网络软件支持，被连接的计算机自成一个完整的系统。所谓自主功能是指这些计算机离开网络也能独立运行和工作。一个计算机网络中至少包含两台以上地理位置不同且都具有自主功能的计算机，通常将具有独立功能的计算机称为“主机”（Host），其在计算机网络中也称为“节点”（Node）。网络中的“节点”不仅指计算机，还可以是其他网络通信设备，如集线器、交换机、路由器等。

（3）计算机之间的互连通过网络设备及通信线路来实现，其通信方式多样，传输介质也多样，可以是双绞线、同轴电缆、光纤等有线传输介质，也可以是红外线、微波等无线传输介质。

（4）计算机之间通信必须遵循统一的标准，即网络通信协议。网络通信协议是一系列规则和约定的集合，它定义了设备间通信的标准。

2. 计算机网络的功能

计算机网络的主要功能有以下几点：

（1）资源共享。资源共享是计算机网络提供的最重要的功能，它包括硬件资源共享、软件资源共享和信息共享。软件资源通常是指系统软件或应用软件，如数据库管理系统等；硬件资源如打印机等；信息资源如网上新闻等。

（2）数据通信。数据通信是计算机网络的基本功能，为网络用户提供了通信手段，它可实现不同地理位置的计算机与计算机之间、计算机与通信设备之间的数据传输。计算机网络的其他功能都是在数据通信功能的基础上实现的，如收发电子邮件、视频会议、远程登录等。

（3）分布式处理和负载均衡。对于大型的任务或当网络中某台计算机的任务负载太重时，可将任务分散到网络中的多个计算机上进行，或由网络中比较空闲的计算机分担负荷。负载均衡包括分布式输入、分布式计算、分布式输出三个方面。

（4）提高计算机的可靠性和可用性。有了计算机网络，计算机系统软件和硬件的可靠性都得到了提高。计算机网络中的一台计算机可以通过网络为另一台计算机备份，以提高计算机系统的可靠性。这样，一旦网络中的某台计算机发生了故障，另一台计算机可代替其完成所承担的任务。

3. 计算机网络的发展

计算机网络从诞生到今天，可以说是“历史不长，发展很快”。从 1946 年美国宾夕法尼亚大学科研人员研制出世界上第一台数字计算机 ENIAC 开始，人类开始走向信息时代。计算机网络是计算机技术和通信技术紧密结合的产物，两者相互渗透、相互结合、共同发展，实现信息传递和资源共享，铸就了今天计算机网络的快速发展。

计算机网络的发展过程可以概括为以下 3 个阶段。

（1）具有远程通信功能的单主机系统。具有远程通信功能的单主机系统是计算机网络发展的第一个阶段，但是这个阶段已具备了计算机网络的雏形。这一阶段的网络系统也称为面向终端的计算机网络，如图 2.14 所示，其由一台中心计算机和多个远程或本地终端连接起来组成，除中心计算机外，所有终端都不具备数据处理功能。中心计算机完成计算和通信任务，多台终端完成用户交互（输入/输出），所有终端共享中心计算机提供的资源。

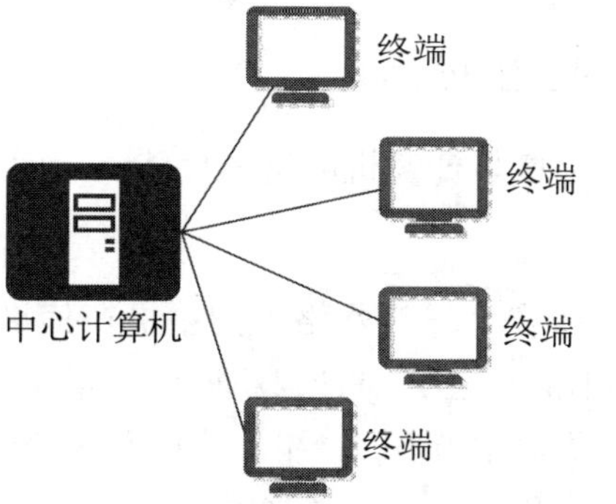

图 2.14　具有远程通信功能的单主机系统

这一阶段的典型代表是在 20 世纪 60 年代初期，美国航空公司投入使用的由一台计算机和全美国范围内 2000 多个终端组成的飞机订票系统。还有美国半自动地面防空系统（Semi-Automatic Ground Environment，SAGE），它将雷达信号和其他信息经远程通信线路送至中央计算机处理，第一次利用计算机网络实现远程集中控制和人机对话。

（2）具有远程通信功能的多机系统。这一阶段的网络是通过通信线路将多台计算机连接起来为用户服务，即“计算机—计算机”网络。与第一阶段网络的显著区别是，多台计算机都具有独立自主的处理功能，它们之间不存在主从关系，所有计算机都可使用或处理其他主机共享的资源，呈现出“多处理中心”的特点。

这一阶段的典型代表是美国国防部高级研究计划局建立的 ARPANET，一个具有 4 个节点的实验性网络，它于 1969 年开始投入使用，到 20 世纪 70 年代发展到 60 多个节点，地理范围跨越了半个地球。所以 ARPANET 的诞生标志着计算机网络的兴起，其是公认的第一个真正意义上的计算机网络，是现代网络和 Internet 的雏形。

（3）以资源共享为目的的开放性标准化计算机网络。这一阶段的计算机网络才是今天意义上的计算机网络。20 世纪 70 年代中期，世界上各个计算机生产商纷纷发展各自的计算机网络系统，随之而来的是网络体系结构与网络协议的标准化问题。由于没有统一的标准，不同厂商的产品之间互连非常困难，人们迫切需要一种开放性的标准化实用网络环境。这样，在 20 世纪 70 年代后期，人们认识到这个问题的严重性，开始提出研究计算机网络的国际标准化问题。许多国际组织，如国际标准化组织（International Organization for Standardization，ISO）、国际电报电话咨询委员会（International Telegraph and Telephone Consultative Committee，CCITT）、电气电子工程师协会（Institute of Electrical and Electronics Engineers，IEEE）等都成立了专门的研究机构，研究计算机系统的互联、计算机网络协议标准化等问题。1984 年，ISO 正式颁布了开放系统互连参考模型（Open System Interconnection Reference Model，OSI 或 OSI/RM），即著名的国际标准 ISO 7498，OSI 参考模型。该模型被国际社会普遍接受，并认为是新一代计算机网络体系结构的基础。OSI 标准确保了各厂商生产的计算机和计算机网络产品之间的互联，推动了计算机网络技术的应用和发展。

这一阶段的典型代表是互联网，它是自印刷术发明以来，人类在通信方面取得的最大成就，它给人们的日常生活带来了很大的便利，缩短了人际交往的距离，改变了人们的生活、工作、学习和交往方式。互联网的出现让世界变成了一个“地球村”。

2.1.4 计算机网络的性能指标

性能指标从不同的方面来度量计算机网络的性能，下面介绍最常用的 6 个性能指标。

1. 速率

网络技术中的速率指连接在计算机网络上的主机在信道上传输数据的速率，也称为数据率（Data Rate）或比特率（Bit Rate），是计算机网络中最重要的一个性能指标。

由于计算机只能识别二进制的 0 和 1，在计算机通信的过程中，发送的信息会被转换成二进制数字传输。一个二进制数称为一个比特（bit），比特是计算机中数据量的单位。速率实质上就是网络每秒传输的比特数量，其单位为比特每秒（bit/s）。当速率较高时，可用千比特每秒（kbit/s）、兆比特每秒（Mbit/s）、吉比特每秒（Gbit/s）或太比特每秒（Tbit/s）作为速率单位，其换算关系如下。

$$1\text{kbit/s}=2^{10}\text{bit/s}=1024\text{bit/s}$$
$$1\text{Mbit/s}=2^{10}\text{kbit/s}=1024\text{kbit/s}$$
$$1\text{Gbit/s}=2^{10}\text{Mbit/s}=1024\text{Mbit/s}$$
$$1\text{Tbit/s}=2^{10}\text{Gbit/s}=1024\text{Gbit/s}$$

2. 带宽

带宽有以下两种不同的意义。

（1）带宽本来是指某个信号具有的频带宽度。信号的带宽是指该信号所包含的各种不同频率成分所占据的频率范围，这种意义的带宽的单位是赫（Hz）、千赫（kHz）、兆赫（MHz）、吉赫（Ghz）等，而表示通信线路允许通过的信号频带范围就称为线路的带宽。例如，在传统的通信线路上传送的电话信号的标准带宽是 3.1kHz（从 300Hz 到 3.4kHz，即话音的主要成分的频率范围）。

（2）在计算机网络中，带宽用来表示网络的通信线路所能传送数据的能力，因此网络带宽表示在单位时间内从网络中的某一点到另一点所能通过的“最高数据率”。此时带宽的单位为比特每秒、千比特每秒、兆比特每秒等。

3. 吞吐量

吞吐量也称为吞吐率，表示在单位时间内通过某个网络（或信道、接口）的数据量。吞吐量更经常地用于对现实世界中的网络的一种测量，以便知道实际上到底有多少数据量能够通过网络。实际上，吞吐量受网络的带宽或网络的额定速率的限制，例如，对于一个 100 Mbit/s 的以太网，其典型的吞吐量可能只有 70 Mbit/s。

4. 时延

时延是指数据（一个报文或分组，甚至比特）从网络（或链路）的一端传送到另一端所需要的时间。时延有时也称为延迟或迟延。网络中的时延一般由以下几个部分组成。

（1）发送时延。发送时延是主机或路由器将分组发送到通信线路上所需要的时间，也就是从发送分组的第一个比特算起，到该分组的最后一个比特发送到线路上所需要的时间。发送时延也称为传输时延。发送时延的计算公式如下：

发送时延=分组长度/发送速率

由此可见，对于一定的网络，发送时延并非固定不变，而是与发送的分组长度（单位是比特）成正比，与发送速率成反比。由于在分组交换中计算机在发送数据时总是以信道最高数据率发送数据，因此公式中的发送速率也可以替换成信道带宽。

（2）传播时延。传播时延是电磁波在信道中需要传播一定的距离而花费的时间。传播时延的计算公式如下：

传播时延=信道长度/电磁波在信道的传播速率

电磁波在自由空间的传播速率是光速，即 3.0×10^5km/s。电磁波在网络传输介质中的传播速率比在自由空间要略低一些，例如，电磁波在铜线电缆中的传播速率约为 2.3×10^5km/s，在光纤中的传播速率约为 2.0×10^5km/s（1000km 长的光纤线路产生的传播时延大约为 5ms）。

不要弄混以上两种时延，但只要理解这两种时延发生的地方就不会把它们弄混。发送时延发生在机器内部的发送器中（一般发生在网络适配器中），而传播时延则发生在机器外部的信道传输媒体上。

（3）处理时延。主机或路由器在收到分组时要花费一定的时间进行处理，例如分析分组的首部、从分组中提取数据部分、进行差错检验或查找适当的路由等，这就产生了处理时延。

（4）排队时延。分组在进行网络传输时要经过许多路由器，但分组在进入路由器后要先在输入队列中排队等待处理，在路由器确定了转发接口后，还要在输出队列中排队等待转发，这就产生了排队时延。排队时延的长短往往取决于网络当时的通信量，不同时间的排队时延差异很大。当网络的通信量很大时会发生队列溢出，使分组丢失，这相当于排队时延为无穷大。

因此，分组从一个节点转发到另一个节点所经历的总时延就是以上 4 种时延之和，计算公式如下：

分组时延=发送时延+传播时延+处理时延+排队时延

图 2.15 为这几种时延所产生的位置。

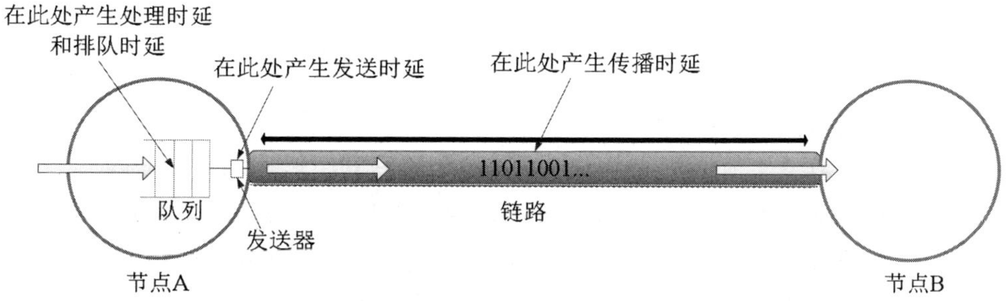

图 2.15 几种时延产生的位置

5. 丢包率

丢包率即分组丢失率，是指在一定的时间范围内，分组在传输过程中丢失的分组数量与总的分组数量的比。丢包率具体可分为接口丢包率、节点丢包率、链路丢包率、路径丢包率、网络丢包率等。

在计算机网络中，分组丢失主要有两种情况。一种情况是由于分组在传输过程出现了比特级差错，被节点丢弃。另一种情况就是当分组到达一台队列已满的分组交换机时，由于没有空间来存储这些分组，分组交换机就会将到达的分组或已经排队的分组丢弃。由于分组交换不像电路交换那样通过建立连接来保证通信时所需的各种资源，因而无法确保通信时端到端所需的带宽，在通信量较大时就可能造成网络拥塞，导致分组交换机的队列溢出和分组丢失，这是现代计算机网络中分组丢失最主要的原因。

因此，丢包率反映了网络的拥塞情况。一般无拥塞时丢包率为 0，轻度拥塞时丢包率为 1%～4%，严重拥塞时丢包率为 5%～15%。具有较高丢包率的网络通常无法使网络应用正常工作。

丢包率是网络运维人员非常关心的一个网络性能指标，但普通用户往往并不关心这个指标，因为他们通常感觉不到网络丢包。大多数网络应用底层所使用的通信软件会为用户提供可靠的传输服务，它们会自动重传丢失的分组并自动调整发送速率进行网络拥塞控制。在网络拥塞，丢包率较高时，用户所感觉到的往往是网络延时变大，“网速”变慢，而不是信息的丢失。

6. 利用率

利用率有信道利用率和网络利用率两种。信道利用率是指某信道有百分之几的时间是被利用的（有数据通过），完全空闲的信道的利用率是 0。网络利用率则是全网络的信道利用率的加权平均值。信道利用率并非越高越好，这是因为根据排队论，当某信道的利用率增大时，该信道引起的时延也就迅速增加。这和高速公路的情况有些相似，当高速公路上的车流量很大时，由于在公路上的某些地方会出现堵塞，因此行车所需的时间就会增大。网络也有类似的情况，当网络的通信量很少时，网络产生的时延并不大，但在网络通信量不断增大的情况下，由于分组在网络节点（路由器或节点交换机）进行处理时需要排队等候，因此网络引起的时延就会增大。但是也不能使信道利用率太低，这会使宝贵的通信资源被白白浪费。

2.1.5 计算机网络的分类

根据不同的分类标准，如网络覆盖的地理范围、网络的拓扑结构、网络组成部件的功能、网络的工作模式、网络传输技术等，可将计算机网络划分为不同的类型，具体如下。

1. 按网络覆盖的地理范围分类

根据计算机网络覆盖的地理范围，可将其划分为局域网、城域网和广域网。

（1）局域网（Local Area Network，LAN）。局域网是仅覆盖局部地区的网络，所覆盖的地理范围一般在几千米以内。局域网一般应用在一个房间、一栋建筑物或校园中，是应用最广泛，也是最常见的计算机网络。局域网对其中连接的设备数量没有过多要求，少则两台，多则上千台皆可组建局域网。

局域网的类型很多，若按传输介质划分，可分为有线网和无线网；若按网络拓扑结构划分，可分为总线网、树状网、环状网、星状网、混合网络等；若按传输介质所使用的访问控制方法划分，可分为以太网、令牌环网、FDDI 网和无线局域网，其中以太网是当前应用最普遍的局域网技术。

局域网覆盖的地理范围比较局限，但正因为这一特性，局域网的传输速率高。除高传输速率外，局域网还具有通信时延短、易扩缩、易管理、安全可靠等多种特性。

（2）城域网（Metropolitan Arca Network，MAN）。城域网覆盖的地理范围一般为几千米到几十千米，通常应用于城市之中。城域网属于宽带局域网，可认为它是局域网的延伸。一个城域网通常包含多个互联的局域网。与局域网相比，城域网覆盖的范围更广，可连接的设备数量更多。

（3）广域网（Wide Area Network，WAN）。广域网覆盖的地理范围为数百千米至数千千米，可以覆盖一个国家，甚至几个洲，形成国际性的远程网络。著名的 Internet 就是一种广域网。

2. 按拓扑结构分类

在计算机网络中，拓扑被用于设计设备与传输介质之间的物理布局。从拓扑学的角度，网络设备被抽象为一个“点”，传输介质被抽象为“线”，如此，网络规划人员可忽略网络中信号的流动与数据的传输，只关心网络的物理连接形态，并借助抽象的网络拓扑结构来评估网络的设计、功能、可靠性与成本等各项性能。常见的计算机网络拓扑结构分为总线型、星型、环型、树型和网状等，下面将分别对这五种拓扑结构进行介绍。

（1）总线型拓扑结构。总线型拓扑结构中，所有节点共用一条信息传输通道（简称“信道”），总线型拓扑结构如图 2.16 所示。

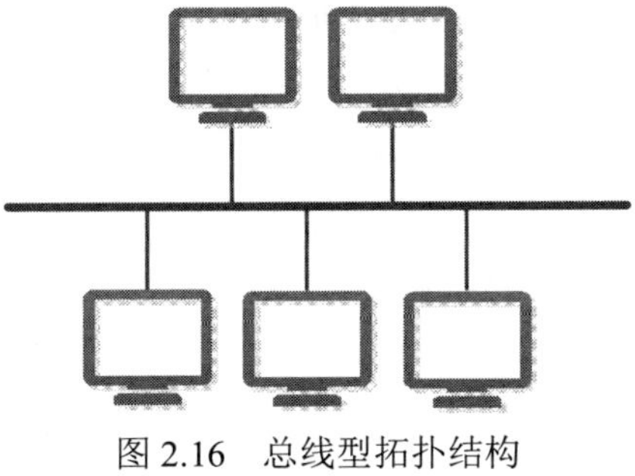

图 2.16　总线型拓扑结构

总线型网络中，一个节点发送的数据可以被其他各个节点接收。但是网络中如果有两个及以上节点同时发出信息，则会发生信号冲突，造成网络堵塞。由于多个节点共用信道，此种网络必须规定信道分配方式，决定节点之间使用信道的优先顺序。

1）总线型拓扑结构优点如下：

- 可靠性高。总线型网络采用一条公共总线，结构简单，可靠。
- 可扩展性强。总线型网络布线容易，易施工安装。同时，由于网络结构只有一条公共总线，如果增加、删减某个节点，只需增加或去掉该节点的硬件接口即可。如果需要扩展网络结构，可通过增加中继器来实现距离延伸。

- 节约线缆。总线型网络只需一条公共总线，且两端的终结器安装在两端的计算机接口处，线缆的使用量很低。

2）总线型拓扑结构缺点如下：

- 若总线故障，整个网络将陷入瘫痪。
- 由于网络只有一条公共总线，任何信息的传送都要经过总线，因此总线上的节点过多时，容易产生信息的堵塞。
- 当网络发生故障时，故障诊断与故障隔离都十分困难。

（2）星型拓扑结构。星型拓扑结构中设备连接成星型网，这种网络中存在中央节点，其他节点都与中央节点直接相连，星型拓扑结构如图 2.17 所示。园区网、公司内网等局域网一般都采用星型拓扑结构。

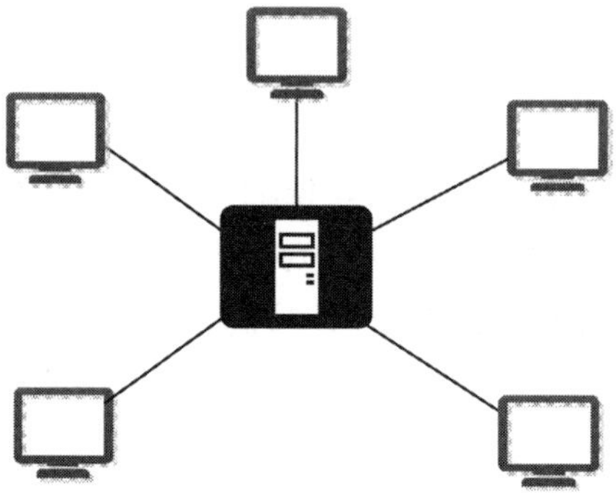

图 2.17　星型拓扑结构

1）星型拓扑结构的优点如下：

- 易于实现。组网简单、快捷、灵活方便是星型拓扑结构被广泛应用的最直接原因。大部分采用星型拓扑结构的网络都采用双绞线作为传输介质，而双绞线本身的制作与连接又非常简单，因此星型拓扑结构被广泛应用于政府、企业、学校内部等局域网环境。
- 易于网络扩展。假如公司内网有新员工加入，只需从中心节点多连一条线到员工的计算机即可；假如公司内网需要添加一个新的办公区（部门），只需将连接该办公区的交换机与公司内网的核心交换机相连即可。
- 易于故障排查。每台连接到中心节点的主机如果发生故障，并不会影响网络的其他部分。更重要的是，一旦网络发生故障，网络管理员很容易就能确定故障点或故障发生的范围，从而有助于快速解决故障。

2）星型拓扑结构的缺点如下：

- 从星型拓扑结构图中可以清楚地看到，任意两点之间的通信都要经过中心节点，所以中心节点很容易成为网络瓶颈，进而影响整个网络的速度。另外，一旦中心节点出现故障，将会导致全网不能工作，所以星型拓扑结构对中心节点的可靠性和转发数据能力的要求较高。

- 星型拓扑结构要求每个分支节点与中心节点直接相连，因此需要大量线缆，而且考虑到建筑物内部美观，线缆沿途经过的地方需要打墙孔、重新装修等，也会产生很多附加费用。

（3）环型拓扑结构。环型拓扑结构常用于局域网中，这种结构的传输媒介逐个连接端用户，直到将所有用户连成环，环型拓扑结构如图 2.18 所示。

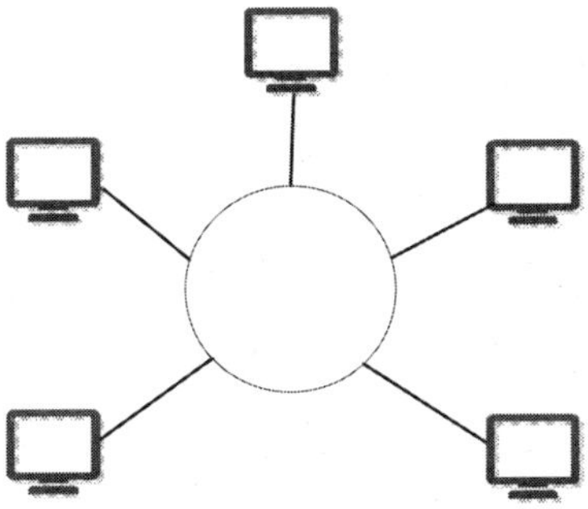

图 2.18 环型拓扑结构

1）环型拓扑结构的优点如下：

- 可采用光纤连接。环型网络采用的是点对点的连接方式，并且信息是沿着某一个方向单向传播，这就使得该网络结构可以用光纤作为传输介质。著名的光纤分布式数据接口（Fiber Distributed Data Interface，FDDI）采用的就是双环拓扑结构。
- 传输距离远。环型网络采用令牌协议，网上传送的信息发生堵塞（碰撞）的可能性小，因此即使不采用光纤，其传输距离也要远于其他拓扑结构，这种网络结构适合做主干网络。

2）环型拓扑结构的缺点如下：

- 节点数量不能过多。数据在各个节点中串行传输，当环中节点过多时，信息的传输速率将会降低，且网络响应时间将会增加。
- 网络中节点的增加、移动比较复杂。增加、移动节点时会对多个节点造成影响。
- 网络的维护和管理比较复杂。当网络故障时，难以对故障进行定位，从而提高了网络维护和管理的难度。

（4）树型拓扑结构。树型拓扑结构中的各节点以层次化结构排列，如图 2.19 所示。

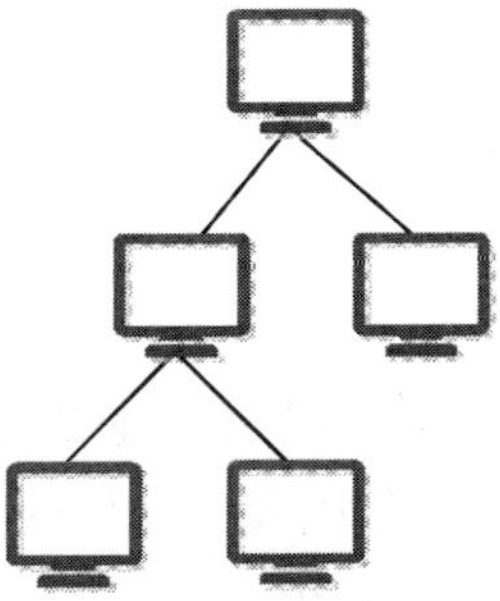

图 2.19 树型拓扑结构

1）树型拓扑结构的优点如下：

- 易于扩展。树型结构的网络中可延伸出很多分支和子分支，很容易在网络中加入新的分支或节点。
- 易于故障定位和隔离。如果树型网络中的某一线路或分支节点出现故障，它主要影响局部区域，因此易于将故障部位与整个网络相隔离。

2）树型拓扑结构的缺点如下：

- 若其根节点出现故障，整个网络都会瘫痪。
- 此种网络的层级不宜太多，随着层级的增加，网络节点转接开销会同步增加，高层节点的负荷也会加重。

（5）网状拓扑结构。网状拓扑结构中的节点至少与其他两个节点相连。这种拓扑结构最大的优点就是可靠性高，网络中任意两节点之间都同时存在一条主链路和一条备份链路，然而这些冗余的线路本身又造成网络的建设成本成倍增长。网状拓扑结构如图 2.20 所示。

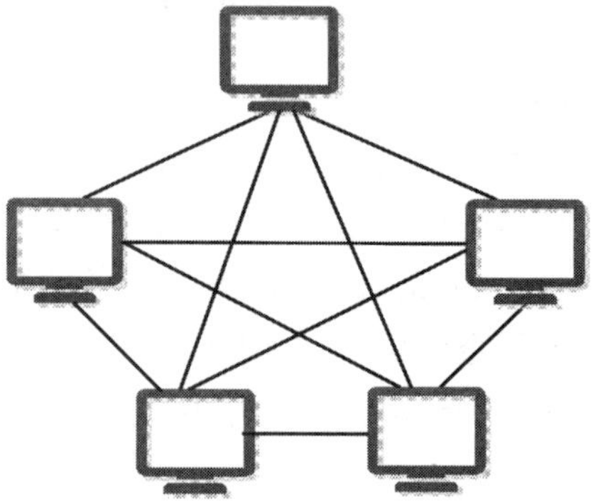

图 2.20　网状拓扑结构

1）网状拓扑结构的优点如下：

- 可靠性高。由于网状网络存在多条路径可供选择，因此可靠性高，很受用户喜欢，在广域网中得到了广泛应用。
- 不受瓶颈问题和失效问题影响。网状网络中节点间的路径多，从而可以绕过失效或者过忙的节点，减少碰撞和阻塞，并且局部故障不影响整个网络。

2）网状拓扑结构的缺点如下：

- 这种结构线路多，结构复杂，不易建网和扩充，网络构建的成本和提供网络功能的网络协议也较为复杂。
- 网络控制机制也很复杂，必须采用路由算法和流量控制机制。

3. 按网络组成部件的功能分类

从计算机网络各组成部件的功能来看，各部件主要完成两种功能，即网络通信和资源共享。计算机网络中实现网络通信功能的设备以及其软件的集合称为网络的通信子网；网络中实现资源共享的设备和软件的集合称为资源子网，如图 2.21 所示。

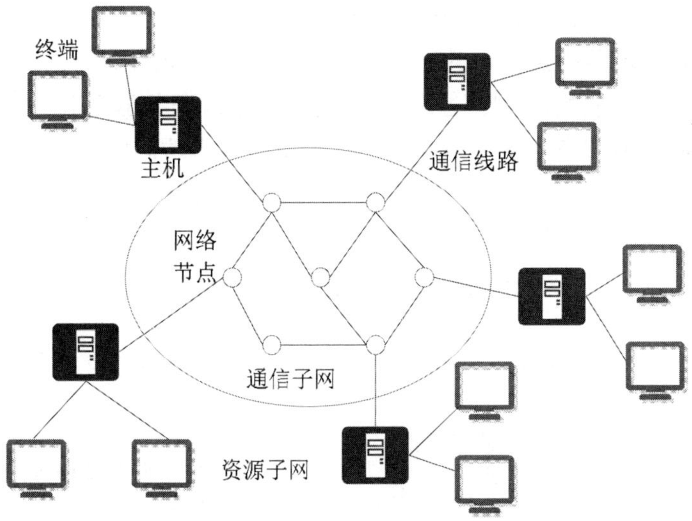

图 2.21　通信子网和资源子网

通信子网由网络节点和通信链路组成。网络节点也称为转接节点或中间节点，它们的作用是控制信息的传输和在端节点之间转发信息。网络节点一般指网络设备，如交换机、路由器等。

资源子网由主机、用户终端、网络外部设备、各种软件资源与硬件资源构成，主要负责网络数据处理业务，为用户提供网络服务和资源共享。

4. 按网络工作模式分类

根据网络工作模式可将计算机网络分为基于服务器模式网络和对等网络。

（1）基于服务器网络。服务器（Server）是指专门提供服务的高性能计算机或专用设备，服务器专门为其他计算机提供服务，它所运行的软件可连接多个客户端。客户端（Client）即用户计算机，其通过向服务器发出请求获得相关服务。基于服务器网络也称为客户端/服务器网络，即 C/S 网络，是客户端向服务器发出请求并获得服务的一种网络形式，如图 2.22 所示。C/S 结构的网络性能在很大程度上取决于服务器的性能和客户端的数量，针对这种网络有很多优化性能的服务器，称为专用服务器。

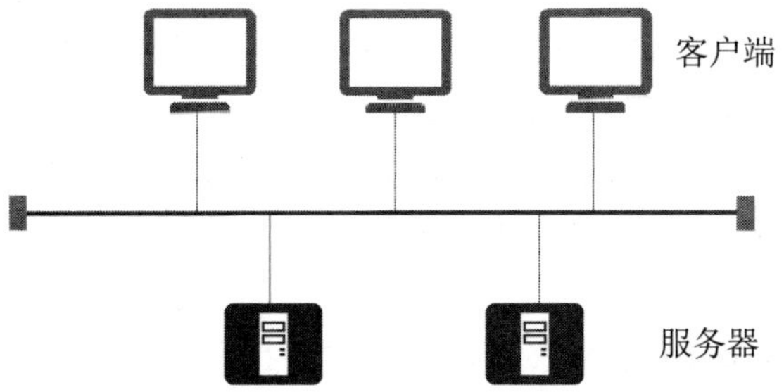

图 2.22　C/S 结构

基于服务器网络的优点是具有统一文件存储，方便数据备份与维护，保密性强，网络管理方便，容易实现；缺点是需要一台服务器，成本较高，服务器管理和维护需要专门的网络管理员。

（2）对等网络。对等（Peer to Peer）网络也称为工作组网络，是早期的网络形式，是最简单的网络，也是局域网中最常用的一种网络，如图 2.23 所示。和 C/S 结构的网络不同，对等网络结构中的节点功能相似，地位平等，没有客户端或服务器之分，既可以为其他节点提供服务，也可以访问其他节点，各节点间能进行简单的共享访问。

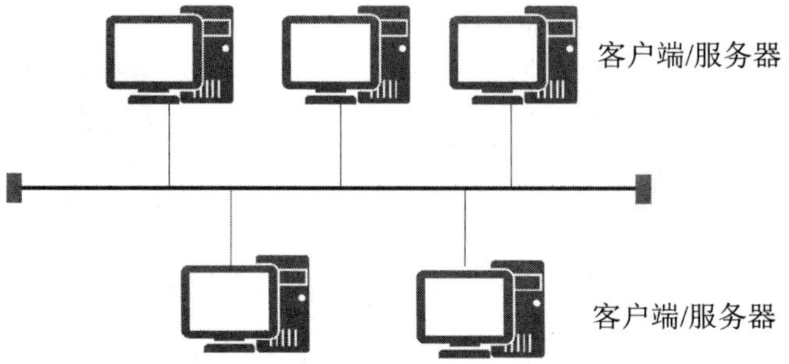

图 2.23　对等网络结构

对等网络的优点是组网方式简单灵活，不需要专门的服务器，成本低，配置简单，便于维护，使用方便；缺点是网络性能较低，较难实现数据的集中管理与监控，数据保密性差，比较适合部门内部协同工作的小型网络。

C/S 网络是常用且重要的一种网络类型，不仅适合同类型计算机联网，也适合不同类型的计算机联网，尤其适合中大型企业选择使用，也是目前互联网中应用最广的网络；对等网络注重的是网络共享功能，非常适合家庭、小型企业选择使用。

5. 按网络传输技术分类

网络所采用的传输技术决定了网络的主要技术特点。因此，根据网络所采用的传输技术对网络进行划分是一种很重要的分类方法，具体可将网络分为广播式网络、组播式网络和点到点网络。

（1）广播式网络（Broadcast Network）。广播式网络中的所有计算机都共享一个公共信道，当一台计算机利用信道发送数据时，其他所有计算机都会收到这个数据，由于发送的数据有目的地址和源地址，如果接收到该数据的计算机的地址与目的地址相同，则接收；否则就丢弃该数据，准备接收下一个数据。广播式网络的优点是网络设备简单、维护容易、成本低；缺点是无法为每个客户的要求和时间及时提供个性化服务。

（2）组播式网络（Multicast Network）。组播式网络中的所有计算机被划分成不同的组，同一个组中的计算机发送数据，该组中的其他成员都能够接收到该数据，其他组的成员不能接收到该数据。

（3）点到点网络（Point-to-Point Network）。点到点网络中的每条物理线路或链路连接一对计算机。如果两个节点之间没有直接连接线路，那么它们只能通过中间节点接收、存储、转发，直到信息到达目标节点。

6. 其他分类方法

除上述几种常用的分类方法以外，计算机网络还可以按以下方式划分：

（1）按照网络的用途分类，可将计算机网络分为公用网和专用网。

（2）按照通信介质分类，可将计算机网络分为有线网络和无线网络。

（3）按照控制方式分类，可将计算机网络分为集中式网络与分布式网络。

2.2 项目实施

随着计算机网络的快速发展，校园网的建设已覆盖各类高等院校。组建校园网就是建设一个能覆盖整个校园范围的计算机网络，将学校内的计算机、服务器和其他终端连接在一起，并接入 Internet，为广大学生和教师提供资源共享、信息交流和协同工作服务。校园网使分布在不同地理位置的网络节点互联在一起组成一个局域网，并将学校的各种信息资源高效地组织起来，以满足学校教学、科研、管理和信息交流等方面的需求。通常校园网的主要功能如下：

（1）WWW 服务：即校园网网站系统，提供信息资源发布、管理和宣传服务，并协助学校完成内部管理，如发布通知等。

（2）FTP 服务：提供文件共享和传输服务。

（3）DNS 服务：负责校园网域名解析工作。

（4）电子邮件服务：提供电子邮件系统，满足学校业务的需求。

（5）提供教务和办公自动化服务。

（6）建设电子图书馆和组建大型的分布式数据库系统。

（7）开展多媒体教学、远程教学和视频会议等。

任务 2.1 校园网拓扑结构设计

校园网拓扑结构设计

下面以某学校校园网为例，设计校园网的拓扑结构，让读者对校园网这个局域网有一个初步认识，对校园网拓扑结构及组成有一定的理解，对计算机网络有一个初步的宏观轮廓了解。如图 2.24 所示为某学校校园网拓扑结构，请用 eNSP 软件设计出该拓扑结构。

该校园网拓扑结构具体组成如下：

（1）接入层：直接连接终端用户的部分。

（2）汇聚层：每一个楼层都有汇聚层交换机，专门负责汇聚接入层的交换机并接入核心交换机。

（3）核心层：是网络的核心，由核心交换机构成骨干线路，并连接网络服务器。服务器分为内网服务器和外网服务器。其中，内网服务器为校园内部提供网络服务，如教务服务器、OA 服务器、数据库服务器、打印服务器等；外网服务器主要为校外提供 WWW 和 DNS 服务，如 Web 服务器、DNS 服务器等。

（4）网络出口区：包括路由器、防火墙、VPN 等主要设备，连接至 Internet 服务提供商（ISP），接入 Internet。

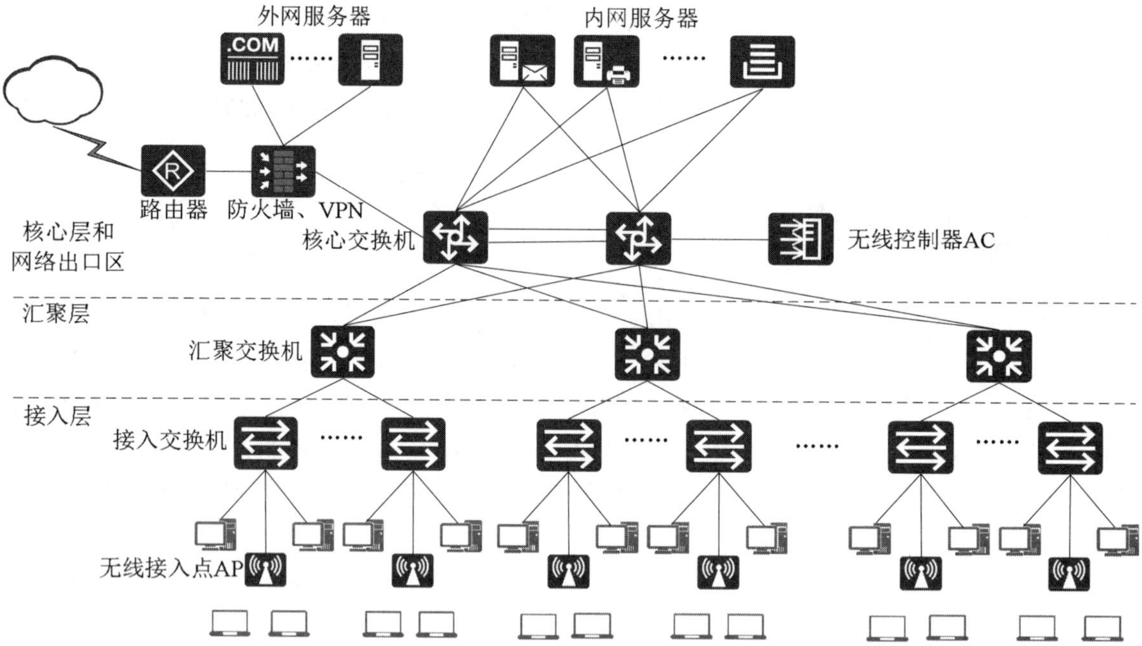

图 2.24　某校园网拓扑结构

任务 2.2　双绞线的制作和测试

双绞线的制作和测试

双绞线是组网过程中常用的一种传输介质，下面介绍双绞线的制作和测试步骤。

（1）使用网线钳剥除双绞线表皮，如图 2.25 所示。

（2）从剥除表皮的位置，将双绞线按照橙白、橙、绿白、蓝、蓝白、绿、棕白、棕的颜色一字排列，并用网线钳将线的顶端剪齐，如图 2.26 所示。

图 2.25　剥除双绞线表皮

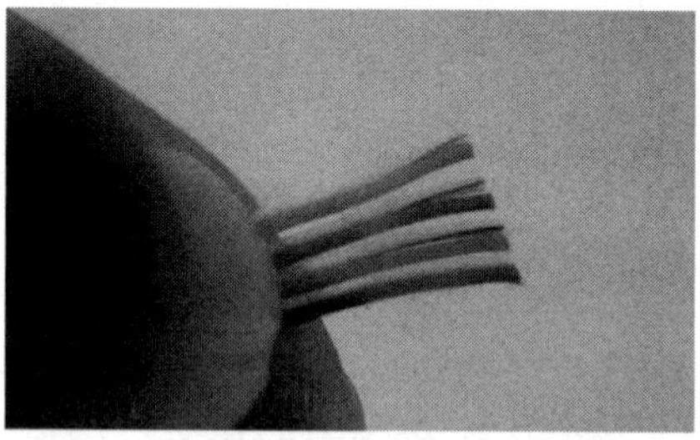

图 2.26　排线序

（3）拿出准备好的水晶头，将整理好方向的双绞线插入水晶头中，如图 2.27 所示。

（4）将插头插入网线钳的压线插槽中，用力压下网线钳的手柄，进行固定，如图 2.28 所示。

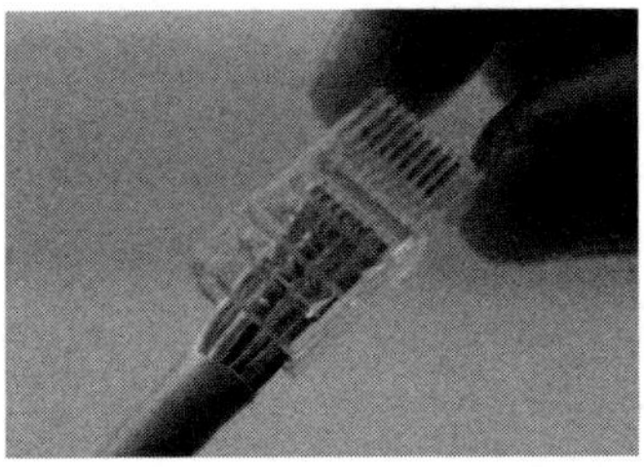

图 2.27 插入水晶头

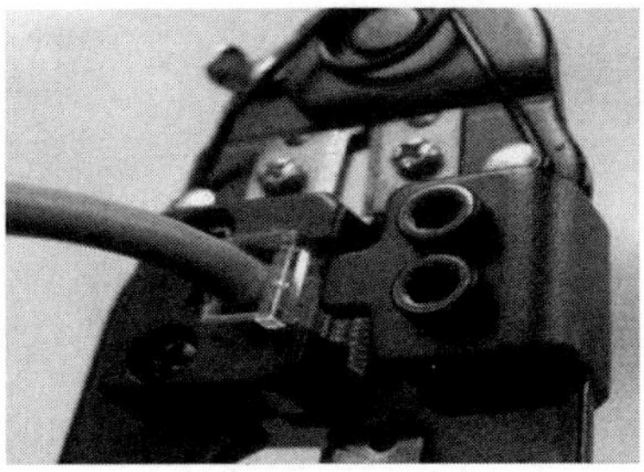

图 2.28 固定插头

（5）以同样的方式对另一端进行操作，便完成了双绞线的制作。

（6）制作完成后可用网线测试仪进行测试，如果测试仪上 8 个指示灯都依次为绿色闪过，证明网线制作成功。

2.3 习题

一、选择题

1．计算机网络是一门综合技术，其主要技术是（　　）。

A．计算机技术与多媒体技术　　B．计算机技术与通信技术

C．电子技术与通信技术　　D．数字技术与模拟技术

2．一座大楼内的一个计算机网络系统属于（　　）。

A．LAN　　B．MAN

C．WAM　　D．WAN

3．星型、总线型、树型、环型和网状是按照（　　）分类的。

A．网络覆盖范围　　B．网络拓扑

C．管理性质　　D．网络功能

二、填空题

1．计算机网络按照其覆盖的地理范围可分为__________、__________和__________。

2．根据网络组成部件的功能划分，可把计算机网络划分为__________和__________。

三、简答题

1．什么是计算机网络？

2．简述计算机网络的主要功能。

3．简述计算机网络的组成。

4．计算机网络的拓扑结构主要有哪些？各有什么优缺点？

拓展阅读

图 灵 奖

图灵奖（Turing Award），全称 A.M.图灵奖（A.M. Turing Award），是由美国计算机协会（Association for Computing Machinery，ACM）于 1966 年设立的计算机奖项，旨在奖励对计算机事业做出重要贡献的个人。图灵奖对获奖条件要求极高，评奖程序极严，一般每年仅授予一名计算机科学家。图灵奖是计算机领域的国际最高奖项，被誉为“计算机界的诺贝尔奖”。2000 年，华人科学家姚期智获图灵奖。

项目3　数据通信

项目导读

我们所处的时代是一个信息与网络的时代，我国目前已有七大互联网络：中国科技网（CSTNet）、中国教育与科研计算机网（CERNET）、中国国家公用经济信息通信网即金桥网（CHINAGBN）、中国公用计算机互联网（ChinaNet）（即163网）、中国联通互联网（UNINet）、中国网通高速互联网（CNCNet）以及与其他网络物理隔离而服务于军队的军网。七大网络的形成为我国数据通信的应用和发展提供了强大而多样的网络平台；反过来，数据通信也为这些网络提供了可靠而坚实的技术基础。因此，数据通信已进入了一个崭新的高速发展时期。数据通信的知识与技术已越来越受到人们的关注与重视。

数据通信是通信技术与计算机网络技术的交叉融合，它伴随着信息产业的蓬勃发展，促进世界进入信息时代，已成为当今网络信息技术发展的重要技术基础。数据通信的基本知识和技术已不仅仅局限在相关专业技术人员中，而越来越多地成为广大科技人员和技术管理人员学习和掌握的必备知识。

在数据通信技术发展的过程中，产生了信息、数据和信号等基本概念。本项目将介绍数据通信系统的主要指标，串行通信和并行通信的概念，单工、全双工、半双工分别用在什么情况下，基带传输和频带传输、同步传输和异步传输的概念和异同，编码与解码技数据交换技术的概念，电路交换、报文交换、分组交换的概念。

项目要点

- 数据通信基本概念
- 消息、信息、数据和信号的概念
- 模拟通信、数字通信和数据通信
- 数据通信系统及主要技术指标
- 串行传输和并行传输的概念
- 单工、全双工、半双工的概念
- 同步传输和异步传输的概念
- 基带传输和频带传输的概念
- 电路交换、报文交换、分组交换的概念

3.1 基础知识链接

谈到通信，人们经常会想到电话网，这是因为电话通信已经有 100 多年的历史，并且它已经从过去的奢侈品转变为今天的必需品，影响和改变着人们的工作和生活。但是自从计算机出现以来，人们开始对数据通信更加重视，尤其是在过去 20 年间，Internet 开始以类似电话通信的方式改变着人类的生活和工作。

人类最早的文明只能靠口头相传，但是文字和纸的出现推动了人类文明的进程。同样，在电信的革命史上，数据通信的崛起也正在推动人类文明的进程。通信的目的是传递信息，信息可以有多种表现形式。数据通信是将文字等书面信息传递到远方的一种通信手段。如果说电话通信是对人类耳朵的延伸，那么数据通信就是对人类眼睛的延伸。古老传说中的顺风耳和千里眼在现代通信的背景下已经是最普通的事实。

数据通信首先对客观世界进行书面描述，然后再用最适合传输的二进制形式表示并传递到远方。简单地说，数据通信就是传递 0、1 序列的通信。只要可以将信息表示为 0 和 1 的组合，就可以利用数据通信进行传输。

计算机网络在 OSI 参考模型的支撑下，通过网络协议进行数据通信，数据通信是计算机网络的主要功能之一，资源共享是计算机网络的另一个功能，这些功能都是通过通信设备，结合一定的通信技术共同完成的，计算机网络的广泛应用与数据通信技术的快速发展是分不开的，数据通信技术的发展为计算机网络发展提供了技术保障。

数据通信是通信技术和计算机技术相结合而产生的一种新的通信方式。要在两地间传输信息必须有传输信道，根据传输媒体的不同，可将通信分为有线数据通信与无线数据通信，但它们都必须通过传输信道将数据终端与计算机连接起来，使不同地点的数据终端实现软、硬件和信息资源的共享。

3.1.1 消息、信息、数据和信号

在通信中，消息、信息、数据、信号等是经常使用的名词，在某些场合，它们也相互替换，混合使用。

1. 消息

所谓消息（Message），是指通信过程中传输的具体原始对象，例如电话中的语音，电视中的图像画面，电报中的电文，雷达中目标的距离、高度和方位，遥测系统中测量的数据等。很显然，这些语音、图像、电文、参量、数据、符号等消息在物理特征上极不相同，各种具体消息的组成亦不可能相同。

消息通常可以分成两大类：一类是离散消息，另一类是连续消息。它们的共同特点是都具有随机性，并且都可以进行度量。离散消息和连续消息的统计特性归纳如下：

离散消息：组成离散消息的不同符号的个数是有限的；消息中各符号出现的概率可能不同，也可能相同；相邻符号的出现具有统计关联性。

连续消息：是一个随机过程；在某一状态出现的概率无意义；具有统计关联性。

2. 信息

信息（Information）在意义上与消息相似，但它的含义却更抽象。通信中通常把有用的消息认为是信息。

消息可以包含信息，但消息不完全等于信息。信息在本质上看是对事物的不确性的一种描述。例如，“今天下雨”这句话是消息，对消息的接收者来说，这是经常发生的情况，可能没有什么信息；但如果是“今天下暴雨导致淹水”，这一消息平常不可能出现，或出现的可能性很小，它可能就包含着较多的信息。可见，消息的有用程度与信息的多少有关系。消息出现的概率愈小，则消息中包含的信息就愈多。

3. 数据

“数据”（Data）一词是人们日常工作和生活中使用频率很高的词，例如各种实验数据、测量数据、统计数据、计算机数据等。尽管人们经常遇见各种各样的数据，处理和运用数据，但数据很难被严格地定义。一般可这样认为：数据是用来描述任何物体、概念、情况，且预先具有特定含义的数字、字母和符号。

在数据通信中，通常认为数据是指具有数字形式的数据，即由二进制或多进制数组成的数字序列（串）。从消息的概念来看，数据就是携带有用信息的离散消息。

4. 信号

信号（Signal）是数据的表现形式，是消息的承载者。在通信中所使用的信号指的是电信号或光信号，即随时间变化的电压、电流或光强。信号是通信系统中传输的主体，它存在于系统的每个环节中，因此，了解信号的特性及分析方法是非常有用的。信号分类和信号特性分别简要归纳如下。

（1）信号分类：

- 连续信号与离散信号，模拟信号与数字信号。
- 确知信号与随机信号。
- 周期信号与非周期信号。
- 能量信号与功率信号。

（2）信号时间特性：

- 幅度与时间的关系。
- 周期、宽度、波长、时间、速度等。

（3）信号频率特性：

- 幅度与频率的关系。
- 相位与频率的关系。
- 频率、频带宽度、谱密度、速率等。

3.1.2 模拟通信、数字通信和数据通信

通信的目的是进行消息的传递和交换。通常把从一个地方向另一个地方进行消息的有效

传递和交换的过程称为通信。通信的分类形式多种多样，因此会出现许多概念。例如，根据通信信道的具体形式可分为有线通信和无线通信；根据使用的频段可分为长波通信、中波通信、短波通信、微波通信、光通信等；根据具体业务和内容可分为语音通信、图像通信、数据通信、多媒体通信等；根据信道中传输信号的形式可分为模拟通信和数字通信。图 3.1 是一个点对点的通信模型。由图可以看出，通信系统由三部分组成：发端（信源+发送设备）、收端（信宿+接收设备）和介于两者之间的信道。

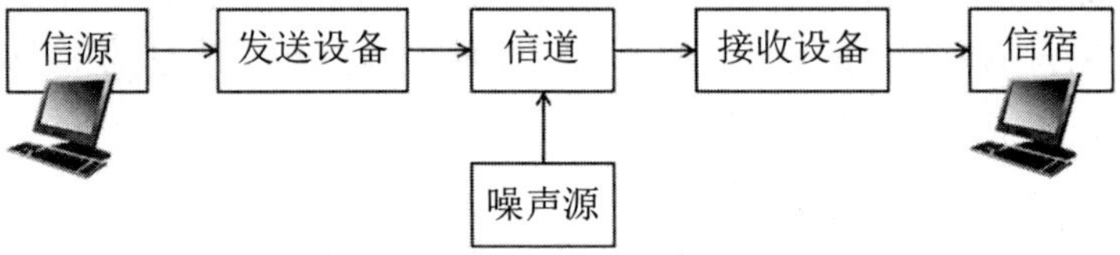

图 3.1 通信系统的模型

在图 3.1 中，从信息源（简称“信源”）出来的信号称为基带信号。所谓基带信号，是指没有经过调制（频谱搬移）的原始电信号，其特点是信号的频率较低。基带信号有模拟基带信号（如电话系统中电话单机输出的信号）和数字基带信号（如计算机通信中计算机输出的信号）之分。信源出来的信号一般不能直接在信道上传输，需要由发送设备对信号进行某种变换（如调制），以适应信道的特性。在接收端，接收设备的作用正好与发送设备相反，即把通过信道传过来的信号还原成基带信号。

了解了通信系统的组成，下面来了解什么是模拟通信、数字通信和数据通信，以及它们之间的区别。

通过通信系统中信源输出信号的类别和广义信道上信号的形式，就可非常清楚地界定模拟通信、数字通信和数据通信。当信源和信道上的信号都是模拟信号时，称为模拟通信；当信源是模拟信号，而信道上是数字信号（数据信号）时，称为数字通信，显然，数字通信在发端有一个把模拟信号变换成数字信号的转换器（A/D），收端则有相反的转换器（D/A）；只要信源是数字信号，则不管广义信道上信号的形式如何，都称为数据通信。为了方便理解，模拟通信、数字通信、数据通信的区别见表 3.1。

表 3.1 模拟通信、数字通信、数据通信的区别

通信类型	信源信号形式	广义信道上信号形式
模拟通信	模拟信号	模拟信号
数字通信	模拟信号	模拟信号
数据通信	数字信号	数字信号
数据通信	数字信号	模拟信号

可以看出，数据通信强调的是信源信号的形式。随着计算机的广泛应用，现代意义上的数据通信已与计算机密不可分。数据通信是人与计算机或计算机与计算机之间的信息交换和传递的过程。现代数据通信并不是一般简单的点对点的关系，而是涉及比较复杂的网络结构、路由选择、通信协议等内容的通信。因此，可对数据通信作如下定义：依照通信协议，利用数据

传输和交换技术，在两个功能单元之间完成数据信息的有效传递和交换。实际上，现代数据通信是计算机与数字通信相结合的一种新型通信方式和业务。

数据通信与传统的电话等通信手段相比，具有如下特点：

（1）传统电话通信是人—人之间的通信，而数据通信是机（计算机）—机之间、人—机之间的通信。机—机之间通信需要按事先约定好的规程或协议来完成，而电话通信则没有那么复杂。

（2）电话通信的信源与信宿都是模拟的电压信号，其传输利用现有的公用电话交换网（Public Switched Telephone Network，PSTN）。而数据通信的数据终端设备发出的数据都是离散信号（数字信号），其传输时既可以利用现有的PSTN，又可以利用数据网络来完成。

（3）数据通信具有差错控制能力。根据不同的可靠性要求，可以对数字信号进行差错控制编码，以达到满意的误码要求。另外，可以在数据通信的中间转换环节对信号进行抽样、判决，以消除噪声积累，而传统电话则无此环节。

（4）数据通信具有灵活的接口能力，以适应各种各样的计算机与数据终端设备。

（5）数据通信的呼叫平均时间短，要求接续和传输响应时间快。

（6）数据通信抗干扰能力强，因为数据信号比模拟信号的抗干扰能力强。

（7）数据通信容易加密，且加密技术、加密手段优于传统通信方式。

3.1.3 数据通信系统及主要技术指标

1. 数据通信系统

数据通信系统是通过数据电路将分布在远端的数据终端设备与中央计算机系统连接起来，实现数据的传输、交换、存储和处理功能的系统。因此可以认为，数据通信系统是由数据终端设备、数据电路、中央计算机系统三大部分组成的，如图3.2所示（图中未画出中央计算机）。

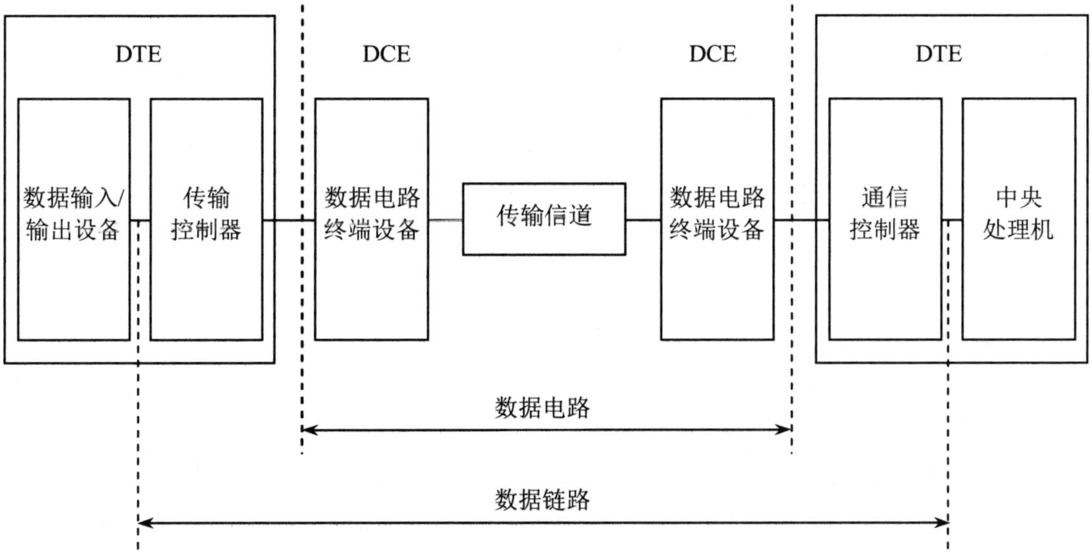

图3.2 数据通信系统的基本组成

（1）数据终端设备（Data Terminal Equipment，DTE）。数据终端设备通常由数据输入设备（信源）、数据输出设备（信宿）和传输控制器组成。数据输入/输出设备是操作人员与终端之间的界面，其中输入设备有键盘、鼠标、扫描仪、传真机等；输出设备有显示器、打印机、绘图机、磁带或磁盘存储器、传真机以及各种记录仪器等；传输控制器主要执行通信网络中的通信控制，包括对数据进行差错控制、实施通信协议等。

需要说明的是，不是每一个 DTE 都包含数据输入设备、数据输出设备和传输控制器。例如，接收数据的打印机就是一个简单的 DTE。

通常情况下，DTE 就是一台计算机，传输控制器相当于计算机内相应的控制软/硬件。

（2）数据电路终端设备（Data Circuit Terminal Equipment，DCE）。DCE 是 DTE 与传输信道之间的接口设备，其主要功能是完成信号变换，以适应具体的传输信道要求。如果传输信道是模拟信道（调制信道），则 DCE 就是调制解调器（Modem），目前普通家庭用户通过电话线上网就是这种类型；如果传输信道是数字信道，则 DCE 就是一个数字接口适配器，其作用是对数据信号进行码型变换、电平变换、抽样、定时、信号再生等，以便能可靠、有效地传输数据信号。

（3）中央计算机系统（Central Computer System，CCS）。中央计算机系统通过通信线路可连接多个 DTE，实现主机资源共享。CCS 的主要功能是处理和管理 DTE 传来的数据信息，并将结果向相应的 DTE 输出。

在图 3.2 中未画出 CCS，如有正在通信的 DTE 和 CCS，这时 CCS 就等同于一个 DTE。

（4）数据链路（Data Link，DL）。数据链路是一个广义信道，它是指包括数据电路及其两端 DTE 中的传输控制器在内的信号通路。一般来说，在数据通信中，只有先建立起数据链路，才能真正完成数据传输。

随着信息技术的发展，数据通信网与计算机网已密不可分。计算机网中必须有数据传输网络，而数据通信网离不开计算机系统的支撑。计算机网络的目的从本质上看是进行数据的传送，这也正是数据通信网的目的。

计算机网属于面向应用的网络，而数据通信网属于面向通信（传输）的网络。例如，以太网、公共数据网、综合业务数字网（Integrated Services Digital Network，ISDN）、异步传输模式（Asynchronous Transfer Mode，ATM）网及帧中继网等，都是面向通信的网络，它们为面向应用的网络提供通信资源的基础设施，计算机网络正是建立在这些网基础之上的应用型网络。

2. 主要技术指标

数据通信系统的主要技术指标是衡量数据传输的有效性和可靠性的参数。有效性主要由数据传输速率、调制速率、传输延迟、信道带宽和信道容量来衡量。常用的数据通信的技术指标有以下四种。

（1）信道带宽：信道可以不失真地传输信号的频率范围。传输模拟信号时，信道带宽的单位为赫兹（Hz）；传输数字信号时，信通带宽为单位为比特每秒，以位/秒（bit/s）表示，简记 b/s。

（2）数据传输速率：数据传输速率是指信道在单位时间内可以传输的最大比特数，单位为 b/s。局域网的带宽一般为 10Mb/s、100Mb/s、1000Mb/s，而广域网的带宽一般为 64kb/s、2Mb/s、155Mb/s、2.5Gb/s 等。

（3）差错率/误码率：描述信道或者数据通信系统质量的一个指标，是指数据系统正常工作状态下信道上传输比特总数与其中出错比特数的比值。

（4）传输延迟：是指由于各种原因的影响，而使系统信息在传输过程中存在着不同程度的延误或滞后的现象。

3.1.4 常用交换技术

通信子网是由若干网络节点和链路按照一定的拓扑结构互连起来的网络。中间的这些交换节点有时又称为交换设备，这些交换设备并不处理流经的数据，而只是简单地把数据从一个交换设备传送到另一个交换设备，直至到达目的地。子网是为所有进入子网的数据提供一条完整的传输路径的通路，实现这种数据通路的技术就称为“数据交换技术”。

一般根据通信子网中的网络节点对进入子网的数据所实施的转发方式的不同，可以将数据交换方式分为电路交换和存储转发交换两大类。常用的交换技术有电路交换、报文交换和分组交换三种。

1. 电路交换

电路交换（Circuit Switching）方式与电话交换方式的工作过程很类似，具体来说，两台计算机通过通信子网交换数据之前，首先要在通信子网中通过交换设备间的线路连接，建立一条实际的专用物理通路。用此方式的交换网能为任意一个入网数据提供一条临时的专用物理通路，该专用物理通路由通路上各节点在空间上或时间上完成信道转接而构成，为源主机（输出端）和宿主机（接收端）之间建立起一条直通的、独占的物理线路。因此，在通路连接期间，不论这条线路有多长，交换网为一对主机提供的都是点到点链路上的数据通信，即建立连接的两端设备独占这条线路进行数据传输，直至该连接被释放。公用电话网的交换方式采用的就是电路交换，通话双方一旦建立通话，则可以一直独占这条线路，直至通话结束，释放连接，这时其他用户才能使用这条线路。电路交换过程包括以下三个阶段。

（1）电路建立阶段。在开始传送数据之前，必须建立端—端（站—站）的电路。首先，用户向本地交换局呼叫，得到应答信号后主叫用户发送被叫用户的号码或地址；然后，本地交换局按被叫号码确定被叫用户属于哪一个局的管辖范围，并启动路由选择算法确定路由，如果被叫用户属于其他交换局，则本地交换局可将有关号码通过中继线传送给有关的交换局，并建立与被叫用户之间的链路。这样，在主叫和被叫用户之间就建立了一条临时性的固定专用的物理链路。

（2）数据传送阶段。电路连接起来后，就可通过这条专用的电路来传输数据。传输的数据信号形式可以是数字信号，也可以是模拟信号。由于电路是全双工方式，故数据可以双向传输。

（3）电路拆除阶段。数据通信结束后，应拆除连接的电路，以释放该连接所占用的专用资源。两个用户中的任一方提出拆除电路的请求时，都可有效拆除连接电路。

电路交换方式是利用公用数据交换网进行数据交换，它是根据电话交换原理发展起来的一种交换方式，与用公用电话网进行数据交换的方法是不同的。基于电路交换的数据网称为电路交换数据网（Circuit Switched Data Network，CSDN）。

电路交换机是实现电路交换的主要设备，它由交换电路部分和控制电路部分构成。交换电路的作用是完成相应电路的连接，在主叫用户和被叫用户之间建立一条传输通路；控制部分的主要功用是根据主叫用户的选线信号来控制交换电路完成接续。

电路交换技术的优点是数据传输可靠、迅速，数据不会丢失且保持原来的序列；其缺点是信道利用率低，即使在两个站点之间数据传输的间歇期，电路也不让其他站点使用。电路交换适用于实时大量连续的数据传输。

电路交换方式最重要的特点是在一对主机之间建立起一条专用的数据通路。通路建立时需要一定的呼叫建立时间，但一旦通路建立，在各个节点上几乎没有延时，因此适用于实时或交互式会话类通信，如数字语音、传真等通信业务。但由于通路建立时线路是专用的，即使是空闲的，其他用户也不能使用，因此线路利用率不高。由于通信子网中的各个节点（交换设备）不能存储数据，也不能改变数据内容，并且不具备差错控制能力，因此整个系统不具备存储数据的能力，无法发现与纠正传输过程中发生的数据差错，系统效率较低。在电路交换方式的基础上，人们提出了存储转发交换方式。

2. 报文交换

报文交换（Message Switching）是指网络的每一个节点（交换设备）先将整个报文（Message）完整地接收并存储下来，然后选择合适的链路转发到下一个节点。每个节点都对报文进行存储转发，最终到达目的地。

在报文交换中，中间设备必须有足够的内存，以便将接收到的整个报文完整地存储下来，然后根据报文的头部控制信息，找出报文转发的下一个交换节点。若一时没有空闲的链路，报文就只好暂时存储并等待发送。因此，一个节点对于一个报文造成的时延往往不确定。

报文数据在交换网中完全是以接力式传送的。通信的双方事先并不知道报文所要经过的传输通路，但每个报文确实经过了一条逻辑上存在的通路。由于按接力方式工作，任何时刻一份报文只占用一条链路的资源，不必占用通路上的所有链路资源，提高了网络资源的共享性。报文交换方式虽然没有呼叫建立线路和释放线路的过程，但每一个节点对报文数据的存储转发时间比较长。报文交换方式适合非实时的通信业务，如电报；而不适合传输实时的或交互式的业务，如话音、传真等。另外，由于报文交换是以整个报文（携带有目的地址、源地址等信息）作为存储转发单位的，因此，当报文传输出现错误需要重传时，必须重传整个报文。

（1）报文交换的优点如下：

1）报文交换不需要为通信双方预先建立一条专用的通信线路，不存在连接建立时延，用户可随时发送报文。

2）在报文交换中便于设置代码检验和数据重发设施，加之交换节点还具有路径选择功能，就可以做到某条传输路径发生故障时，重新选择另一条路径传输数据，提高了传输的可靠性。

3）在存储转发中容易实现代码转换和速率匹配，甚至收发双方可以不同时处于可用状态。

这样就便于在类型、规格和速度不同的计算机之间进行通信。

4）提供多目标服务，即一个报文可以同时发送到多个目的地址，这在电路交换中是很难实现的。

5）允许建立数据传输的优先级，使优先级高的报文优先转换。

6）通信双方不是固定占有一条通信线路，而是在不同的时间一段一段地部分占有这条物理通路，因而大大提高了通信线路的利用率。

（2）报文交换的缺点如下：

1）由于数据进入交换节点后要经历存储、转发这一过程，从而引起转发时延（包括接收报文、检验正确性、排队、发送时间等），而且网络的通信量愈大，造成的时延就愈大，因此报文交换的实时性差，不适合传送实时或交互式业务的数据。

2）报文交换只适用于数字信号。

3）由于报文长度没有限制，而每个中间节点都要完整地接收传来的整个报文，当输出线路不空闲时，还可能要存储几个完整报文等待转发，这就要求网络中每个节点有较大的缓冲区。为了降低成本，减少节点的缓冲存储器的容量，有时要把等待转发的报文存在磁盘上，进一步增加了传送时延。

3. 分组交换

分组交换又称包交换（Packet Switching），与报文交换同属于存储转发式交换。两者之间的差别在于参与交换的数据单元长度不同。在分组交换网络中，计算机之间要交换的数据不是作为一个整体进行传输，而是划分为大小相同的许多数据分组来进行传输，这些数据分组称为“包”（Packet）。每个分组除含有一定长度需要传输的数据外，还包括一些控制信息，其中包括分组将被发送的目的地址。一个分组的最大长度通常被限制在 1000～2000bit。这些数据分组可以通过不同的路由器先后到达同一目的地址，数据分组到达目的地后进行合并还原，以确保收到的数据在整体上与发送的数据完全一致。

这种通信方式类似于“单页邮局”的模式。假设单页邮局规定每封信只能用一页纸，写长信的人就必须给每页信纸编号，放在不同的信封中；收信人在收到信件后，必须按信纸的顺序整理合并，才能读到完整的信件。

在分组交换中，根据网络中传输控制协议和传输路径的不同，可分为两种方式：数据报（Datagram）分组交换和虚电路（Virtual Circuit）分组交换。

（1）数据报分组交换。在数据报方式中，每个报文分组又称为数据报。每个数据报在传输的过程中都要选择路径，各个数据报可以按照不同的路径到达目的地。从发送方发出的每个数据报的分组顺序与每个数据报到达目的地的顺序是不同的，接收方收到时再按分组的顺序将这些数据报组合成一个完整的报文。

（2）虚电路分组交换。虚电路方式试图将数据报方式与电路交换方式结合起来，发挥两种方式的优点，达到最佳的数据交换效果。数据报在分组发送之前，发送方和接收方之间不需要预先建立连接；而在虚电路方式中，发送分组之前，首先必须在发送方和接收方建立一条通路，在这一点上，虚电路方式和电路交换方式相同。整个通信过程分为三个阶段：虚电路建立、数据传输、虚电路拆除。但与电路交换不同的是，虚电路建立阶段建立的通路不是一条专用的物理线路，而只是一条路径，在每个分组沿此路径转发的过程中，经过每个节点时仍然需要存储并且等待队列输出。通路建立后，每个分组都由此路径都达目的地。因此在虚电路交换中，各个分组是按照发送方的分组顺序依次到达目的地的，这一点又和数据报分组交换不同。

与报文交换相比，分组交换把整个要传输的数据分成了若干个组，而每个组又包含大量的传输控制信息，因此分组交换的通信方式会明显降低数据通信的效率。但分组交换却有以下三个优点。

- 通信线路是公用的，每组都不会占用通信线路太长时间，有利于合理分配通信线路，兼顾网络上各个主机的通信要求。
- 数据传输难免会出错，若某些分组出现传输错误，只需重传该分组即可，而不需要重传整个数据，有利于迅速进行数据纠错。
- 能够有效地改善报文传输时的时延现象，网络信道利用率较高。

3.2 重点知识讲解

在数据通信中，数据在信道上按一定的方式（模式）传送。通常，数据传输根据数据代码传输的顺序可以分为串行传输和并行传输；根据数据传输的同步形式可以分为异步传输和同步传输；根据数据传输的流向和时间关系可以分为单工、半双工和全双工传输。下面分别加以介绍。

3.2.1 串行传输与并行传输

1. 串行传输

串行传输（Serial Transmission）指的是组成字符的数字串（二进制代码）排成一行，一个接一个地在一条信道上进行数据传送，如图 3.3（b）所示。

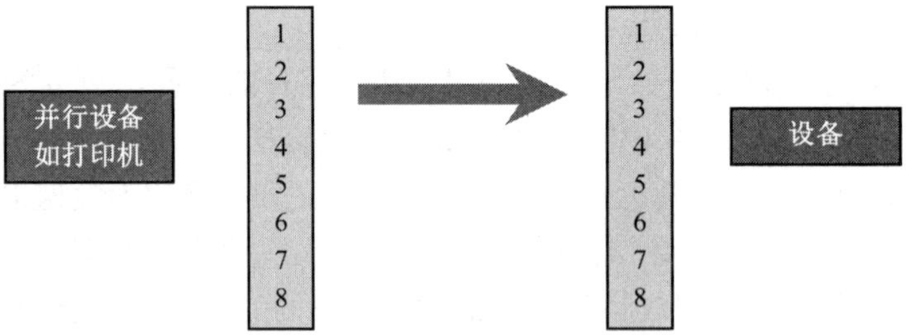

（a）并行传输

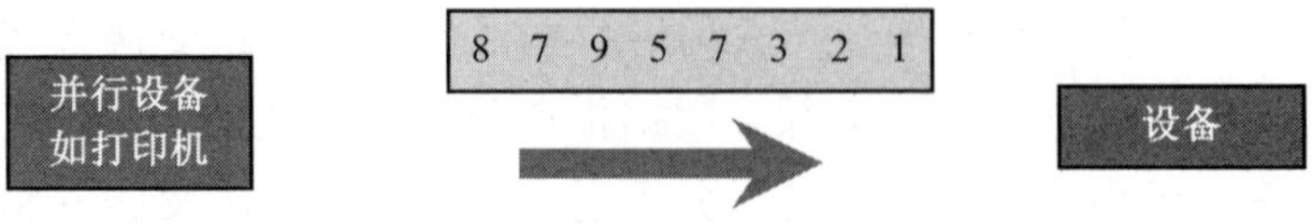

（b）串行传输

图 3.3　串行传输与并行传输

串行传输是一种比较简单的传输方式，它容易实现，且成本低，在长距离连接中也比较可靠；缺点是为解决收、发双方码组或字符的同步问题，需要外加同步措施，同时单位时间内每次只传送一个比特位，所以速度慢。

2. 并行传输

并行传输（Parallel Transmission）是将数据以成组的方式在两条以上的并列信道上同时传输，如图 3.3（a）所示。并行传输通常将构成一个字符的几位二进制码同时送到几个并列的信道上传输，另外加一条控制线传送控制信号，以指示各条信道上已出现某一字符的信息，通知接收器对各条信道上的电压进行采样。

并行传输主要优点是速度快，单位时间内可传送多个比特信息，不需要外加措施来进行收、发同步；缺点是要求有多条信道，成本高，不适合远距离传输。

串行传输是远距离数据传输常采用的一种方式，并行传输仅在短距离之间使用，如计算机与打印机之间的数据传输。

3.2.2 异步传输与同步传输

通过前面的学习可知并行传输是通过在收、发两端之间多加一根控制线来完成数据同步的，那么在串行传输中是靠什么方式来实现收、发端间的数据同步呢？下面进行简要介绍。

1. 异步传输

异步传输（Asynchronous Transmission）方式是指收、发两端各自有相互独立的位（码元）定时时钟，数据率由收发双方约定，收端利用数据本身来进行同步的传输方式。这种方式是一种起止式同步法，具体是在每个字符的二进制码（8 bit）的前后分别加上起始位和结束位，以表示一个字符的开始和结束。通常起始位为 0，即 1 个码元宽度的零电平做起始位；结束位为一个高电平，宽度可以是 1、1.5 或 2 个码元的宽度。在通信中常把 1 个码元宽度的倒数称为波特率。

异步传输的优点是实现简单，不需要收发之间的同步专线；缺点是传输速率不高，而且效率较低，效率通常为 7/11～7/10。

异步传输一般以字符为单位。

起始位：先发出一个逻辑“0”信号，表示传输字符的开始。

结束位：处于逻辑“1”状态，表示当前线路上没有资料传送。

异步传输将比特分成小组进行传送，小组可以是 8 位的 1 个字符或更长。发送方可以在任何时刻发送这些比特组，而接收方从不知道它们会在什么时候到达。一个常见的例子是计算机键盘与主机的通信。按下一个字母键、数字键或特殊字符键，就发送一个 8 比特位的 ASCII 代码。键盘可以在任何时刻发送代码，这取决于用户的输入速度，内部的硬件必须能够在任何时刻接收一个输入的字符。

异步传输存在一个潜在的问题，即接收方并不知道数据会在什么时候到达。在它检测到数据并做出响应之前，第一个比特已经过去了。这就像有人出乎意料地从后面走上来跟你说话，而你没反应过来，漏掉了最前面的几个词。因此，每次异步传输的信息都以一个起始位开头，它通知接收方数据已经到达了，这就给了接收方响应、接收和缓存数据比特的时间；在传输结束时，一个结束位表示该次传输信息的终止。

按照惯例，空闲（没有传送数据）的线路实际携带着一个代表二进制 1 的信号，异步传输的起始位使信号变成 0，其他的比特位使信号随传输的数据信息而变化。最后，结束位使信号重新变回 1，该信号一直保持到下一个起始位到达。例如在键盘上数字“1”，按照 8 比特位的扩展 ASCII 编码，将发送“00110001”，同时需要在 8 比特位的前面加一个起始位，后面一个结束位。

异步传输的实现比较容易，由于每个信息都加上了“同步”信息，因此计时的漂移不会产生大的积累，但却产生了较多的开销。在上面的例子中，每 8 个比特要多传送 2 个比特，总的传输负载就增加 25%。对于数据传输量很小的低速设备来说问题不大，但对于那些数据传输量很大的高速设备来说，25%的负载增值就相当严重了。因此，异步传输常用于低速设备。

2. 同步传输

同步传输（Synchronous Transmission）是相对于异步传输而言的，指收发双方要采用统一的时钟节拍来完成数据的传送。接收端在收到的数据流中正确地区分一个一个的码元，都必须建立在准确的码元同步基础之上。在同步传输中，数据的发送一般以帧（群）为单位，一帧包含有许多个字符，其比异步传输的分组大得多，每帧的开始或结束都必须加上预先规定好的码元序列（特殊码组）作为标记。同步传输时，每个字符不需要单独加起始位和结束位，而是把它们组合起来一起发送，因此效率高，但实现起来比较复杂。我们将这些组合称为数据帧，或简称为帧。

数据帧的第一部分包含一组同步字符，它是一个独特的比特组合，类似于前面提到的起始位，用于通知接收方一个帧已经到达，但它同时还能确保接收方的采样速度和比特的到达速度保持一致，使收发双方同步。

数据帧的最后一部分是一个帧结束标记。与同步字符一样，它也是一个独特的比特串，类似于前面提到的结束位，用于表示在下一帧开始之前没有别的即将到达的数据了。

同步传输通常要比异步传输快速得多，接收方不必对每个字符进行开始和停止的操作，一旦检测到帧同步字符，它就在接下来的数据到达时接收它们。另外，同步传输的开销也比较少。例如，一个典型的帧可能有 500 字节（即 4000bit 的数据，其中可能只包含 100 比特的开销。这时，增加的比特位使传输的比特总数增加 2.5%，这比异步传输中 25%的增值要小得多。随着数据帧中实际数据比特位的增加，开销比特所占的百分比将相应地减少。但是，数据比特位越长，缓存数据所需要的缓冲区也越大，这就限制了一个帧的大小。另外，帧越大，它占据传输媒体的连续时间也越长。在极端情况下，这将导致其他用户等得太久。

同步传输方式中发送方和接收方的时钟是统一的、字符与字符间的传输是同步无间隔的。

异步传输方式并不要求发送方和接收方的时钟完全一样，字符与字符间的传输是异步的。

两种传输方式的数据格式如图 3.4 所示。

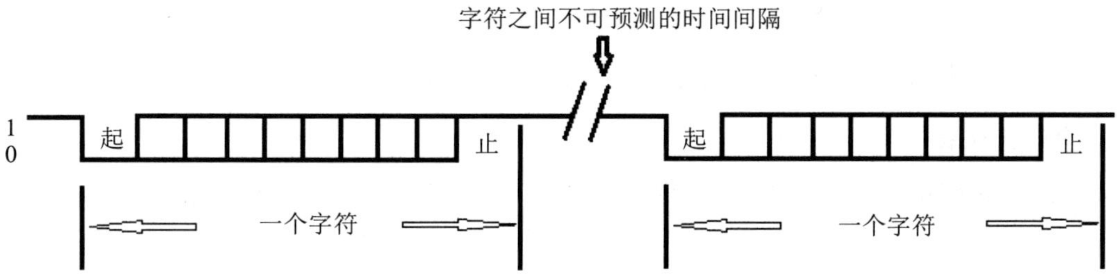

（a）异步传输

同步标志	控制字段	数据字段	控制字段

（b）同步传输

图 3.4　异步传输和同步传输的数据格式

3. 异步传输和同步传输的区别

异步传输与同步传输的区别如下：

（1）对象不同。异步传输是面向字符的传输，而同步传输是面向比特的传输。

（2）传输单位不同。异步传输的单位是字符，而同步传输的单位是帧。

（3）过程不同。异步传输通过字符起止的开始和停止码抓住再同步的机会，而同步传输则是从数据中抽取同步信息。

（4）公共时钟不同。同步传输有公共时钟，总线上的所有设备按统一的传输周期进行信息传输，通信双方（发送方和接收方）按约定好的时序进行联络。异步传输没有公共时钟，没有固定的传输周期，其采用应答方式通信。

（5）传输效率不同。异步传输比同步传输效率低。

3.2.3　单工传输、半双工传输和全双工传输

在通信中，根据信号传送的方向和时间的不同，通信方式可以分为单工通信（电视、广播形式）、半双工通信（对讲机）、全双工通信（电话）三种方式。实际上，数据通信在传输时亦有这三种形式。

1. 单工传输

单工传输（Simplex Transmission）是指一个终端只能发出数据，另一个终端或多个终端只能接收数据的一种工作方式。例如，计算机到显示器之间，键盘、鼠标到计算机之间都是这种方式。严格地讲，单工传输信道是一个单向信道，不可逆，即只能从 A 传送到 B，而不能从 B 送到 A。但是，在数据通信中的个别情况下，单工传输方式也能逆向传送一些速率非常低的、起控制作用的“数据”。这种情况不是下面讲的双工情况，因为其中真正的数据一直都是从 A 向 B 传送的，而从 B 向 A 没有传真正的数据，只是用于检测或控制的信号。

2. 半双工传输

半双工传输（Half-Duplex Mode）是指数据既可以从终端 A 发送到终端 B，也可以从终端

B 传向终端 A，但是不能同时进行。也就是说，要么 A 发 B 收，要么 B 发 A 收。半双工传输需要双向信道。例如，传真机利用电话线传送数据，就是半双工传输。

3. 全双工传输

全双工传输（Full-Duplex Mode）是指终端 A 与终端 B 之间可以同时进行数据的收发，其信道必须是双向信道。全双工传输可以采用四线制或两线制传输。四线制在收发间提供了两条物理信道，一发一收，互不影响；二线制可以采用回波抵消技术，使两个方向的数据共享一个信道带宽。

单工传输、半双工传输和全双工传输方式分别如图 3.5 所示，这三种方式各有优缺点。

单工传输优点：可以利用通信信道的整个带宽，所以一次性可以传输更多的数据。

单工传输缺点：由于单工传输方式的通信是单向的，设备之间没有相互通信，所以效率低。

半双工传输优点：半双工传输方式在同一时刻占用整条带宽，所以每次能传输很多数据。

半双工传输缺点：由于半双工传输方式在通信的时候，通信一方在传输数据，另一方只能等待接收数据，因此存在时延。

全双工传输优点：通信双方可以同时发送和接收数据，效率很高。

全双工传输缺点：假如设备之间不存在专用路径，那么信道容量就会减少一半。

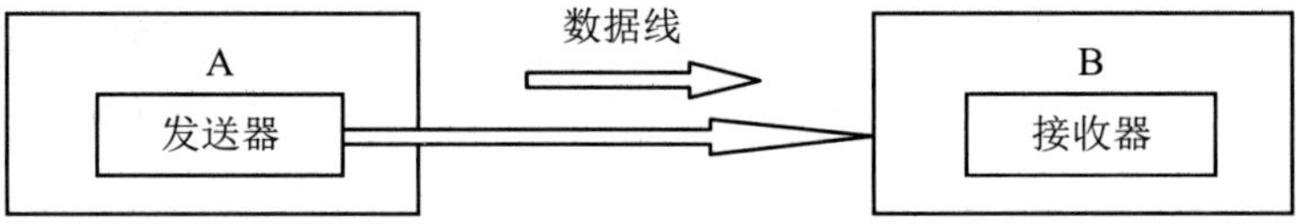

（a）单工传输方式

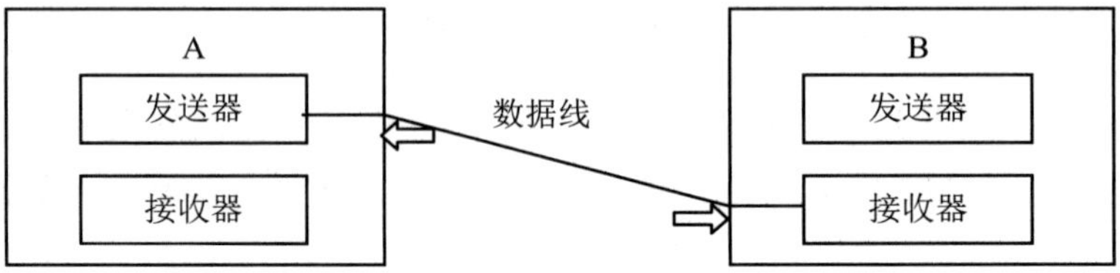

（b）半双工传输方式

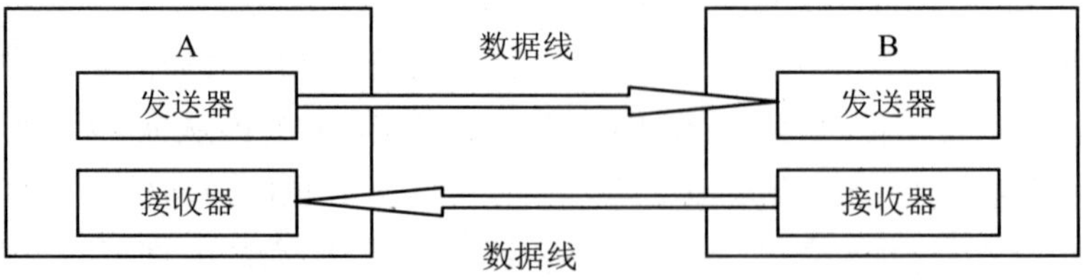

（c）全双工传输方式

图 3.5　单工传输、半双工传输和全双工传输方式

3.2.4 基带传输和频带传输

基带传输（Baseband Transmission）又称为数字传输，是指把要传输的数据转换为数字信号，使用固定的频率在信道上传输，例如计算机网络中的信号就是用基带传输的。和基带相对的是频带传输（Band Transmission），又称为模拟传输，是指信号在电话线等普通线路上，以正弦波形式传播的方式。我们现有的电话、模拟电视信号等，都属于频带传输。

1. 基带传输

基带传输指一种不搬移基带信号频谱的传输方式。未对载波进行调制的待传信号称为基带信号，它所占的频带称为基带，基带的高限频率与低限频率之比通常远大于 1。基带传输是一种很老的数据传输方式，一般用于工业生产中。基带传输系统主要由码波形变换器、发送滤波器、信道、接收滤波器和取样判决器 5 个功能电路组成。将基带信号的频谱搬移到较高的频带（用基带信号对载波进行调制）再传输，则称为通带传输。

选用基带传输还是通带传输，与信道的适用频带有关。例如，计算机或脉码调制电话终端机输出的数字脉冲信号是基带信号，可以利用电缆进行基带传输，不必对载波进行调制和解调。与通带传输相比，基带传输的优点是设备较简单；线路衰减小，有利于增加传输距离。对于不适合基带信号直接通过的信道（如无线信道），则可将脉冲信号经数字调制后再传输。

基带传输广泛用于音频电缆和同轴电缆等传送数字电话信号，同时，其在数据传输方面的应用也日益扩大。通带传输系统中，调制前和调制后对基带信号的处理仍需利用基带传输原理，采用线性调制的通带传输系统可以变换为等效基带传输来分析。

基带传输中的码型变换装置把来自信源的数码变换为适合信道传输的码波形。数字基带信号码型有很多种，比较多见的是利用矩形脉冲信号的幅值编码二进制数字数据，包括单极不归零码、双极性不归零码、单极性归零码、双级性归零码、差分码、双相码、交替传号反转码等，其中归零码和不归零码如图 3.6 所示。

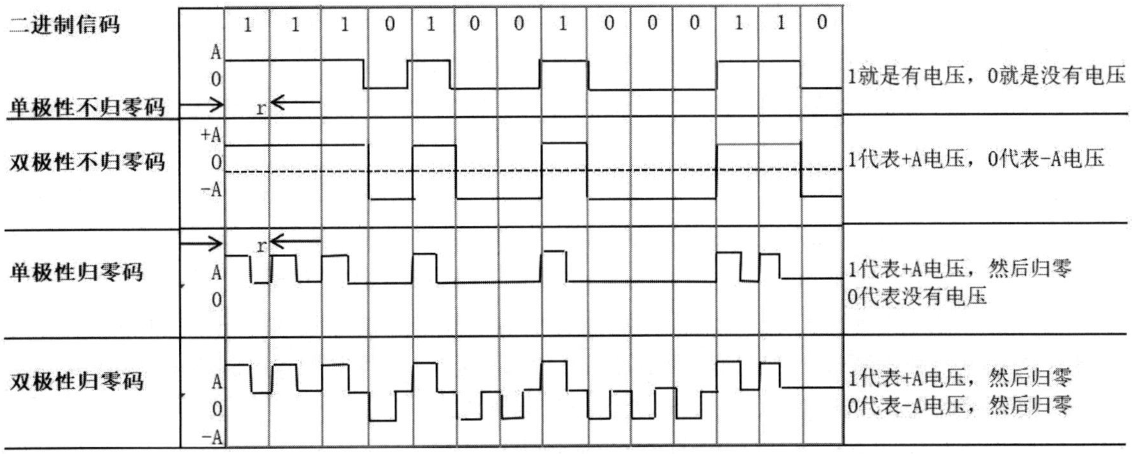

图 3.6 归零码和不归零码

各种码型具体如下：

（1）归零码是用窄脉冲代表 1 码，没有脉冲代表 0 码。

（2）不归零码是在一个码周期内维持一种电平，如高电平代表 1，低电平代表 0。

（3）差分码用于信号传输中高低电平会反转的场合。传号差分码是用电平的变化来代表 1（称 1 为传号），电平不变代表 0。

（4）双相码又称分相码或曼彻斯特码，用 10 组合代表 1，01 组合代表 0。双相码的优点：没有直流分量，可用要求不高的交流耦合电路；01 过渡频繁，有利于恢复定时信号等。缺点：传输码速加倍，所需频带加宽。

（5）交替传号反转码是用窄的正脉冲或负脉冲代表 1，无脉冲代表 0，正、负脉冲交替出现。优点：没有直流分量，可利用正、负脉冲交替规律来监视误码；缺点：处于长 0 时，恢复定时信号困难。

此外，还有多种其他传输码型。例如，利于传输或节省频带的有部分响应编码、多电平码；利于定时信号恢复的有加扰二元码、高密度双极性码、编码传号反转码等。

基带传输发送滤波器用以限制信号频带，避免干扰其他系统，有时也可不用。传输信道可以是电缆。收信端滤波器用以滤除由信道带来的噪声和干扰。均衡器用以均衡信道畸变，以便减小码间干扰。滤波器和信道都对频带有限制，接收滤波器输出的波形会发生变化。采样判决电路每隔一定时间对接收波形进行采样，得到样值脉冲。样值大于零判为 1，小于零判为 0。如果信道畸变和叠加噪声未使样值发生极性错误，就能无误地再生发信端信号，再经码型反变换（有时与判决结合实现），将恢复的数码送给信宿，如计算机或脉码调制电话终端机。

2. 频带传输

频带传输是信号经调制后传输到终端，然后再解调的传输方式，具体过程是将数字信号（二进制电信号）进行调制变换，变成能在公共电话线上传输的模拟信号（音频信号），经传输介质传送到接收端后，再由调制解调器将该音频信号解调变换成原来的二进制电信号。频带传输需在发送端和接收端分别设置调制解调器。此种传输方式克服了许多长途电话线路不能直接传输基带信号的缺点，且能实现多路复用功能。

频带传输中的信号调制的目的是更好地适应信号传输通道的频率特性，传输信号经过调制处理能克服基带传输同频带过宽的缺点，提高线路的利用率，一举两得。但是调制后的信号在接收端要解调还原，所以传输的收发端需要专门的信号频率变换设备，传输设备费用会相应增加。

远距离通信信道多为模拟信道，例如，传统的电话（电话信道）只适用于传输音频范围为 300～3400Hz 的模拟信号，不适用于直接传输频带很宽但能量集中在低频段的数字基带信号。频带传输就是先将基带信号变换（调制）成便于在模拟信道中传输的、具有较高频率范围的模拟信号（称为“频带信号”），再将这种频带信号在模拟信道中传输。在采用频带传输方式时要求收发两端都安装调制解调器。利用频带传输不仅解决了数字信号可利用电话系统传输的问题，而且可以实现多路复用，提高传输信道的利用率。

基带信号与频带信号的转换是由调制解调技术完成的。

3.3 项目实施

任务 3.1 数据传输速率的计算

数据传输速率的计算

某个网络节点传输 5MB 数据需要 0.04s，请计算该网络的数据传输速率。

数据传输速率又称为比特率，是指每秒能传输的二进制信息位数，其单位为比特/秒，记作 bit/s 或者 b/s。计算公式如下：

$$S = (\log_2^N) / T$$

式中：S 为传输速率；N 为传输的码数，N=4×1024；T 为发生每个比特所需的时间，T=0.04。

计算可得 S=1Gb/s。

任务 3.2 信号传输速率的计算

信号传输速率的计算

假设网络的生产管理系统采用 B/S 工作方式，经常上网的用户数为 1000 个，每个用户每分钟产生 110 个事务处理，平均每个事务处理的数据量大小为 0.6MB，请计算这个系统需要的信号传输速率。

计算公式如下：

$$1000\times110\times0.6\text{MB}\times8/60=8800\text{Mb/s}$$

在此计算中，要注意两个细节：第一，题目中给出的数据量大小为 0.6MB，即 M 字节，而传输率中的单位是 Mb/s，即 M 位，M 字节与 M 位相差 8 倍，所以要乘 8；第二，题目中给出的时间单位是分钟，而一般表示的单位是秒，所以要除 60。

任务 3.3 信道容量的计算

信道容量的计算

求解信噪比为 30dB，带宽为 3kHz 的信道的容量 C。

信道容量 C 代表着传输数据的能力，即信道的最大数据传输速率。根据香农定理有

$$C = H\log_2^{(1+S/N)}$$

式中：S/N 为信噪比，H 为信道宽度。

计算可得

$$C = 3000\times\log_2^{(1+10^{30/10})} = 3000\times\log_2^{(1+1000)} = 3000\times\log_2^{(1024)} = 30\text{kb/s}$$

3.4 习题

一、选择题

1．根据通信信道具体形式的不同，可将通信分为（　　）和（　　）。

A．有线通信　　B．无线通信

C．电话通信　　D．5G 通信

2．数据通信根据数据代码传输的顺序可以分为（　　）和（　　）。

A．并行传输　　B．串行传输

C．同步传输　　D．异步传输

二、填空题

1．常用的交换技术有__________、__________和__________。

2．分组交换根据网络中传输控制协议和传输路径的不同，可分为两种方式：__________和__________。

二、简答题

1．电路交换的工作过程是什么？

2．报文交换的优缺点分别是什么？

3．求解信噪比为 50dB，带宽为 5kHz 的信道的容量 C。

拓展阅读

中国通信史[1]

近年来，中国通信发生了翻天覆地的变化，从通信空白到走向世界前列，实现了跨越式发展。通信红利惠及每一个人，人们的获得感、幸福感不断增强。

从无到有，通信网络基础建设的快速发展，正是中国通信业由弱变强的真实写照。回首新中国成立初期，我国通信基础设施陈旧、技术落后：全国市内电话交换机总容量仅有 31 万门，长途通信主要靠短波无线电报沟通，技术装备比发达国家整整落后二三十年。

改革开放以来，我国通信网络规模容量成倍扩增，如今已建成包括光纤、数字微波、卫星、程控交换、移动通信、数据通信等覆盖全国、通达世界的公用电信网，建立了全球最大规模

[1] 高亢：从通信空白到走向世界前列，人民网，https://baijiahao.baidu.com/s?id=1645161122710012196&wfr=spider&for=pc。

4G 商用网络。近年来，中国通信的定义在不断扩展，从电报、手机到网络流量，再到万物互联，通信业已成为推动我国各行各业转型升级的赋能者。随着我国网络提速降费和“互联网+”战略的深入推进，互联网和经济社会各领域跨界融合和深度应用，催生了一系列“互联网+”经济新业态，为国民经济增长注入了新动能。

改革开放以来，我国通信技术高速发展，在固网通信和移动通信等领域不断创新，很多技术实现从空白到领先的跨越式发展。在移动通信领域，我国经历了 1G 空白、2G 跟随、3G 突破、4G 同步、5G 引领的崛起历程。中国自主研发的 4G 技术标准 TD-LTE 被国际电联确定为 4G 国际标准之一，5G 时代无论是标准制定还是实验进程我国都走在世界前列。

2017 年，我国电子商务、网络游戏、网络广告等数字经济繁荣发展，收入水平增速均在 20%以上；移动支付普及继续深化，移动支付交易规模已超 81 万亿元，位居全球之首。

展望未来，我们坚信，随着全面深化改革的推进，中国通信业必将迎来更加光明的前景，大踏步向着“网络强国”目标昂首迈进。

项目4　计算机网络体系结构

项目导读

早期在 ARPANET 中运行的 NCP 协议只能基于下一跳节点去编址，类似于我们现在使用的 MAC 地址，其不具备大范围寻址功能，更不能在全球范围寻址。为此，人们希望开发出新的主机到主机的协议。1977 年，乔思·波斯特尔（Jon Postel）在一篇文章中写道："我们在 Internet 协议的设计上违背了网络分层原理，以至于铸成大错。具体来说，就是我们试图让 TCP 来行使两项功能：既要让其作为端到端的主机层协议，也要使之成为 Internet 封包及路由协议。然而，以上两项功能应该是以层次化、模块化的方式出现。" Postel 建议将其中的逐跳（hop-by-hop）功能转移到一个名为 IP（Internet Protocol）的协议中，并提出了 IP 包头的概念。随后，Postel 撰写了 "拆分" TCP 功能的规范，这代表着 TCP/IP 的诞生。为了满足"尽力而为"服务的需要和对 IP 层直接访问的需求，又定义了 UDP。

以上是从开发者的角度讨论网络分层的意义，从推广的角度来看，当网络从实验阶段进入商用阶段后，各品牌厂商形成百家争鸣的局面，各自开发出自己的产品和网络体系结构，彼此互不兼容，这些制约着网络的发展。因此，需要制定一套普遍适用的规范集合，使全球范围的计算机可进行开放式通信。为了更好地促进互联网络的研究和发展，诞生了网络互连的七层参考模型，称为开放系统互连参考模型。

在互联网的诞生和发展过程中，人们发现采用层次化、模块化的结构构建网络体系才是最佳做法。那么，什么是计算机网络体系结构？它又有哪些具体形式？其组成又是什么？数据在网络中是如何传输的？通过本项目的学习，让我们一起来认识计算机网络的体系结构。

项目要点

- 网络协议与数据通信
- 网络协议相关重要概念
- 开放系统互连参考模型及其各层次功能
- TCP/IP 模型及其各层次功能
- 数据的封装与解封装过程

4.1　基础知识链接

当今的 Internet 中，每时每刻有着数以亿计的设备在进行访问，使用这些设备访问 Internet

的初衷也不尽相同——有的可能是为了看比赛直播，有的可能是为了即时沟通信息，有的可能只是需要和对方发个信件，有的可能是为了转账汇款等，而网络可以有条不紊地支持这些需求。要做到这一点并不容易，而这一切都依赖于网络协议。

让我们做一个小实验，将班级按每组 6～8 人进行分组排序，让第一位同学在纸条上写上 10～20 个字的一句话，再口述给第二位同学，注意小声不要让其他同学听到；第二位同学听到后再口述给第三位同学；像这样反复传递给最后一位同学以后，请最后一位同学将听到的信息写到纸条上。将原始的纸条和最终的纸条进行对比，请思考讨论哪些因素可能导致信息传递与实际信息形成差异？

与这个实验相同，在网络传输中也可能存在多种导致通信失败的原因，接下来请带着对以上问题的思考展开下面的学习。

4.1.1 网络通信与网络协议

1. 网络通信

计算机网络给人们的生活、学习、生产、娱乐带来了翻天覆地的变化，通过计算机网络可以实现很多应用，这些应用都具有相同的特征——使用计算机网络实现信息的传递。文本、图片、视频这些都是信息不同的呈现方式，但是计算机只能识别 0 和 1 这样的机器语言，不具备直接读取这些信息的能力。因此，需要将这些信息按照一定的规则进行翻译，转变为计算机能够识别的、由 0 和 1 组成的电子数据。在计算机领域，数据是各种信息的载体，计算机网络是为数据传递服务的。

通信就是信息的传递，是指某一地点向另一地点进行信息的传输与交换的过程，如图 4.1 所示。实施通信功能的系统被称为通信系统，其中，以语音通信为主要目的建立的通信系统称为电话网络或电信网络，包括固话网络、移动网络等；以发送电视信号为目的建立的通信系统称为电视网络；以数据通信为目的建立的通信系统称为数据通信网络。计算机网络是计算机技术、通信技术相结合的产物，可以实现数据的传输、收集、分配、存储、消费。数据通信网络是计算机网络的基础或初级形式。

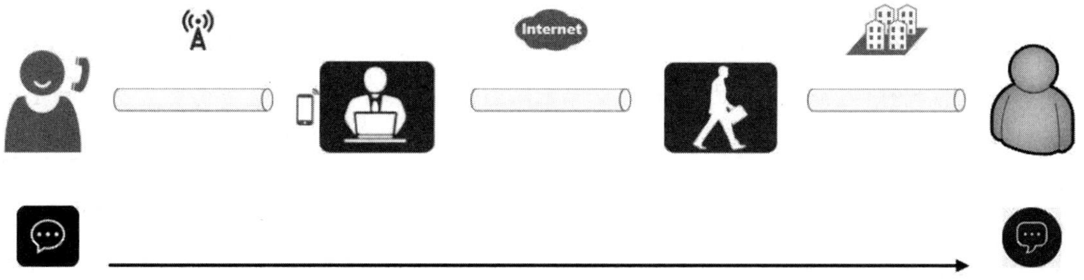

图 4.1 信息传递

现在所说的“网络”，广义上是泛指以上提到的网络之一或全部，狭义上是特指计算机网络。随着网络技术的发展和进步，国内许多城市的电信网络、电视网络、计算机网络基本实现了三网融合，走向统一。

不同的网络，其规模、形状、功能可能存在极大差异。一个简单的网络，可以由两台计算机和一根电缆组成；一个复杂的网络，可以由许多设备和连接线缆组成。但是，仅仅将这些设备物理上连接起来不足以实现通信，设备与设备之间还需要知道如何通信。

以两个人交谈为例，两个人要能进行交谈，前提条件是能“说”和“听”，即通信中的发送方和接收方。说的人发出的声音要确保听的人能够接收到，距离太远或者存在隔音设施无法完成交谈，空气就是通信中的介质。从发送方传递信息到接收方，中间经过的介质组成称为通道。所有的通信都存在发送方、接收方、通道。但是，当这些都具备时，是否就能完成通信呢？

网络通信使用的技术与人们交流的基本原则是相通的，只不过人们的沟通协议是隐含的，或者根植于我们的文化中。比如，无论是写字，还是手语口述，都有其适用的使用场景。假定使用口述的方式，交流双方要先确认使用哪种语言，否则交谈无法继续下去；词语的选用和句子的结构要合理，否则对方不能正确理解；语速不能过快，否则听的人无法有效接收。与人的交谈需要满足规则一样，计算机通信也需要满足一定的规则，这种规则称为协议。

在开始通信之前，必须遵守以下规则，才能保证沟通能顺利进行：

- 标识出发送方和接收方。
- 一致同意的通信方法。
- 语言和语法。
- 传递的速度和时间。
- 信息的证实或确认。

以上是两台设备直接通信的情况，当接收方理解的意思符合发送方想要表达的意思时，我们就认为通信成功。但是，正如人与人之间的通信不全是面对面交流一样，计算机网络通信可能存在很多中间设备，可能存在多种因素使信息到达接收方时扭曲了原本的意思。这些因素可能来自外部，也可能和信息本身有关。

本节开头的实验只是展示了通信中的一种情况，事实上通信需要考虑的因素很多。比如，教室里其他同学都在议论，声音嘈杂，想听的同学很难听清楚；同学听得是中文，转述时用的是英文，甚至经过几种语言翻译；有的同学在做实验的同时还分心完成其他任务；让更多的同学参与这个实验；规定传递信息的平均时间不得超过10s/人；等等。这些扩展条件都可能使正确传递消息的难度增加，由此可以总结出影响网络通信成功与否的外部因素包含：

- 发送方与接收方之间的路径质量。
- 消息变更形式的次数。
- 网络中同时传输其他信息的数量。
- 指定成功通信的时间。
- 信息被重新分配地址或重定向的次数。

除此之外，清晰简洁的信息比复杂的信息更易于被接收方理解；不同信息受到关注的程度也可能不同；更大的信息在网络传输过程中发生中断或延迟可能性更大；如果传输过程中遇到瓶颈，不重要（优先级低）的信息更可能被丢弃。由此可以总结出影响网络通信成功与否的内部因素包括：

- 信息量的大小。
- 信息的复杂程度。
- 信息的重要程度。

2. 网络协议

网络协议简称协议，是指为进行网络中的数据交换而建立的规则、标准或约定。协议通常存在两种形式：一种是计算机能够理解的程序代码；另一种是人们方便理解的文字描述。这两种形式都必须能够对网络传输过程中数据的处理过程作出精确的解释。

网络要做到正常有效地运行，必须遵守事先约定好的规则，这些规则（即协议）明确规定了交换数据的格式以及在一定的条件下应当发生什么事件。网络协议由以下三个要素组成：

（1）语法：数据与控制信息的结构或格式。

（2）语义：需要发出何种控制信息，完成何种动作以及作出何种响应。

（3）同步：事件实现顺序的详细说明。

如图 4.2 所示，所有参与通信的设备都约定好，从数据信息标记部分的第 13 个字节开始的 4 个字节（0a 01 01 01）标识的是发送方的地址，再后面的 4 个字节（0a 02 02 02）标识的是接收方的地址，即这个数据信息是从 IP 地址为 10.1.1.1 的设备发送出来的，要去往 IP 地址为 10.2.2.2 的设备。日常生活中寄快递是用省、市、区、街道、门牌号来标明地址的，但是计算机和计算机通信可不知道这些，它们只认识 0 和 1，于是计算机通信规定用 32 个 0 或 1 来表示计算机的地址，第 13～16 个字节的二进制数就是计算机约定的地址了。但是 00001010 这样的表达方式人们看起来太不方便了，所以抓包软件使用 16 进制的数字，00001010 用 16 进制数表示就是 0a。综上，通过查看数据信息的标记部分就可以知道信息经过的所有设备，这样设备就知道收到该信息后接下来该怎么处理了。

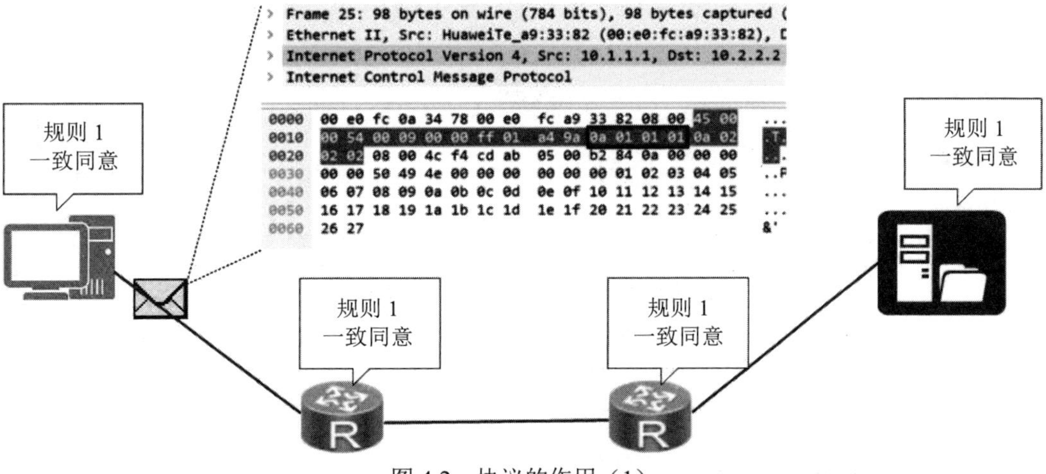

图 4.2　协议的作用（1）

如图 4.3 所示，正常情况下，计算机发出的信息可以通过设备 A 和设备 B 之间的链路传送到右边的服务器。但是如果链路出故障了该怎么办呢？设备又如何得知链路出故障了呢？

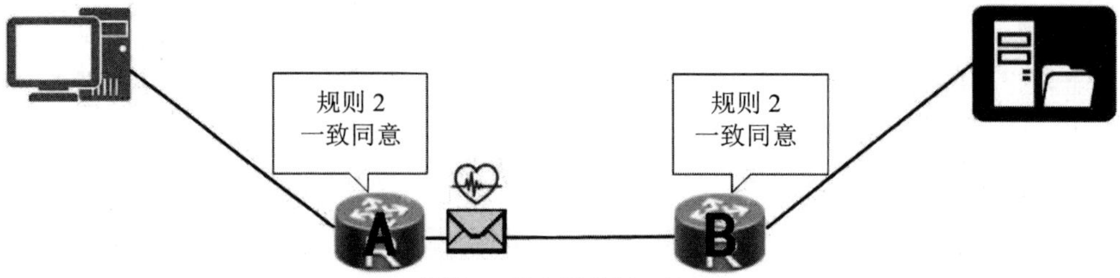

图 4.3　协议的作用（2）

为解决上面的问题，设备 A 和设备 B 约定，每隔 10s 都应该给对方发送一条“我能正常工作”的消息，告诉对方用这条链路通信没有问题；又约定，如果经过了 4 倍的发送周期（有的协议称为死亡时间）一直都没收到对方的消息，就认为这条链路出故障了，即当经过 40s 没收到对方的消息时，设备 A 和设备 B 就知道，不要再使用这条链路发送其他数据了。

这时还有疑问，两台设备用线缆连接，线缆断掉会导致设备的接口灯熄灭，这样设备不就知道链路出现故障了，为何还要采用上述复杂的方式？这是因为在实际工作中，某些链路故障，设备是可以感知到的；但某些链路故障，设备是无法感知到的，例如设备与设备之间加入了光电转换设备的情况，因此定期发送消息的方法是必要的。

图 4.4 在原有网络结构的基础上又加入了设备 C，在这种情况下，设备间约定，正常情况设备 A 和设备 B 使用 AB 之间的链路通信；如果 A 和 B 之间的链路出现故障，就经 A→C→B 这条路径发送数据。换言之，通过规则 3 的约定，A→C→B 作为 A→B 的备用路径，只有当 AB 之间的链路出故障了，才经由 C 到达 B，在 AB 之间链路正常的情况下，发送的数据是不经过 C 的。

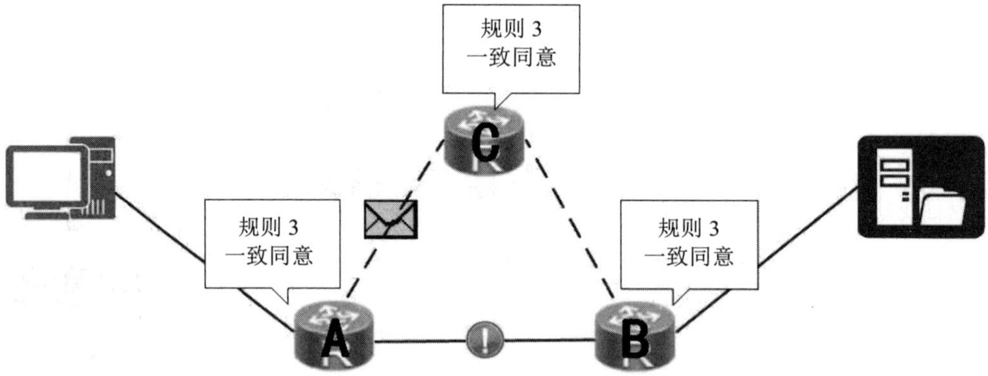

图 4.4　协议的作用（3）

4.1.2　协议族与标准组织

网络中的协议通常为相对单一的目的而设计，这样可以使协议的开发设计变得更容易。在使用网络传输数据时，可根据实际需求选择多个适合的协议协同工作，不同协议实现的功能和作用范围可能不同，一次网络通信往往由多个协议协同完成工作。

协议族就是一组协议，它提供了全面的网络通信服务，如图 4.5 所示。TCP/IP 协议族基于开放的标准，是目前使用最广泛的协议族。所谓开放，意味着公众可以免费使用这些协议，任何企业都可以在他们的硬件或软件产品中实施这些协议。协议族中的协议既可能由标准组织设定，也可能由企业开发。

层名称	TCP/IP	ISO	Apple Talk	Novell Netware
应用层	HTTP FTP DHCP DNS	ACSE ROSE TRSE SESE	AFP	NDS
传输层	TCP UDP	TP0 TP1 TP2 TP3 TP4	ATP AEP NBP RTMP	SPX
互联网层	IPv4 IPV6	CONP/CMNS CLNP/CLNS	AARP	IPX
网络接入层	ETHERNET PPP Frame Relay ATM WLAN			

图 4.5　协议族

基于标准的协议是指已经受到网络行业认可并获得 IEEE 或 IETF 这类标准组织批准的流程或协议。在开发和实施协议时，标准的使用可确保来自不同企业的产品能够实现协同工作。如果某家企业的产品没有严格遵守标准协议，其开发的设备或软件可能无法与其他企业的产品成功通信。

除了标准协议，还有一些协议属于专有（私有）协议。这些协议是由某一家（或几家）企业开发定义的，如图 4.5 中的 Apple Talk 和 Novell Netware。值得一提的是，为了满足客户的需求，企业开发出专有协议并成功推广使用后可能会促使该专有协议成为开放的标准协议。

开放的标准促使各品牌厂商竞争和创新，让任何公司的产品都不会独占市场，并且使不同厂商产品之间能够实现互操作。例如，无论购买哪种品牌的家用路由器，都应该支持如下标准协议，否则相应的功能无法实现：

- 终端访问无线网络使用的 IEEE 802.11 标准。
- 接入网络时常用的 DHCP 协议。
- 有线终端访问以太网络使用的 IEEE 802.3 标准。
- 访问网络所需要的 IPv4 协议。

再例如，网站服务器运行的是 Windows Server 操作系统，客户终端运行的是 Android 操作系统以及苹果（Apple）公司的 iOS 操作系统。虽然它们安装的是不同的操作系统，但是这些终端都能够正常访问服务器的网页。这是因为这些操作系统都能支持开放的标准协议——

TCP/IP 协议族中的协议。

标准组织是专门整理、研究、制定和发布开放性标准化协议的组织，其对于维护开放的 Internet，各厂商自由使用、实施这些规范和协议起着十分重要的作用。标准组织可能独立起草规则协议，也可能将某个专有协议作为一个标准的基础。标准组织又分为国际标准化组织、区域标准化组织、行业标准化组织和国家标准化组织，其通常是中立的非营利性组织，设立目的是发展和推广开放标准，各个组织在 TCP/IP 协议标准的推广和建立方面具有不同的责任。

表 4.1 介绍的是 Internet 标准组织，Internet 标准组织架构关系如图 4.6 所示。与网络通信有关的知名标准组织介绍如下。

表 4.1　Internet 标准组织介绍

组织名称	相关介绍
互联网协会（Internet Society，ISOC）	ISOC 是全球性的、非政府、非营利的互联网行业国际组织，制定 Internet 相关标准并推进 Internet 的开发、发展和使用。 IETF 和 IAB 是 ISOC 的下属机构
互联网架构委员会（Internet Architecture Board，IAB）	IAB 是由探讨互联网结构有关问题的互联网研究员组成的委员会，负责 Internet 标准的整体管理和发展，任命各种与 Internet 相关的组织（如 IANA、IESG 和 IRSG）。 IAB 由 ISOC 的理事进行任命，IAB 成员由 IETF 参会成员选出
互联网工程任务组（The Internet Engineering Task Force，IETF）	IETF 是全球互联网最权威的技术标准化组织，其主要任务是负责互联网相关技术规范的研发和制定，包括用于开发新协议和更新现有协议的流程和文档，称为 RFC（Request For Comments）。 RFC 即“请求注释”，包括了关于 Internet 的几乎所用重要的文献。任何个人、企业和团体都可以对 Internet 某一领域的问题提出自己的解决方案或规范，作为 Internet 草案提交给 IETF，供世界多国自愿参加的 IETF 成员讨论、测试和审查，最后由 IESG 确定该草案能否成为 Internet 的标准。所有的 Internet 正式标准都是以 RFC 文档的形式呈现的，但是大量的 RFC 文档并不是 Internet 正式标准。每一份 RFC 文档都以数字进行编号，数字越大表示内容越新。 RFC 文档是学习计算机网络技术的重要参考资料
互联网研究任务组（Internet Research Task Force，IRTF）	IRTF 由 IAB 授权，负责与 Internet 和 TCP/IP 协议相关的长期研究。包括反垃圾邮件研究组、密码技术研究组、对等网络研究组、路由研究组、互联网拥塞控制研究组等
互联网数字分配机构（The Internet Assigned Numbers Authority，IANA）	IANA 负责分配和维护互联网技术标准中的唯一编码和数值系统，现被 ICANN 掌管。 IANA 的主要任务包括域名管理、协调 IP 和 AS 号并将其提供给各区域 Internet 注册机构、与各标准化组织一同管理协议编号系统
互联网名称与数字地址分配机构（The Internet Corporation for Assigned Names and Numbers，ICANN）	ICANN 是集合了全球网络界商业、技术及学术各领域专家的非营利性国际组织，现在由 ICANN 行使 IANA 的职能

国际标准化组织（International Organization for Standardization，ISO）是标准化领域中的一个国际性非政府组织，参加者包括各会员国的国家标准机构、主要工业和服务业企业。ISO 是世界上最大的非政府性标准化专门机构，已经发布了 17000 多个国际标准。ISO 提出了开放式系统互连参考模型。

电气与电子工程师协会（Institute of Electrical and Electronics Engineers，IEEE）是目前全球最大的非营利性专业技术协会，其主要成员是电子工程师、计算机工程师和计算机科学家。IEEE 在太空、生物医学、电力与能源、计算机、电信和网络等领域已制定了 1300 多个行业标准，是国际上有较大影响力的学术组织，前文提到的有线和无线组网需要使用的 IEEE 802.3、IEEE 802.11 标准是由 IEEE 定义的。

国际电信联盟（International Telecommunication Union，ITU）是联合国主管信息通信技术的重要专门机构，既吸收各国政府作为成员国加入，也吸收运营商、设备制造商、融资机构、研发机构和国际及区域电信组织等私营机构作为部门成员加盟。ITU 负责分配和管理全球无线电频谱与卫星轨道资源，制定全球电信标准，向发展中国家提供电信援助，促进全球电信发展。ITU 定义了视频压缩、IPTV 和宽带通信（如数字用户线路、DSL）的标准。

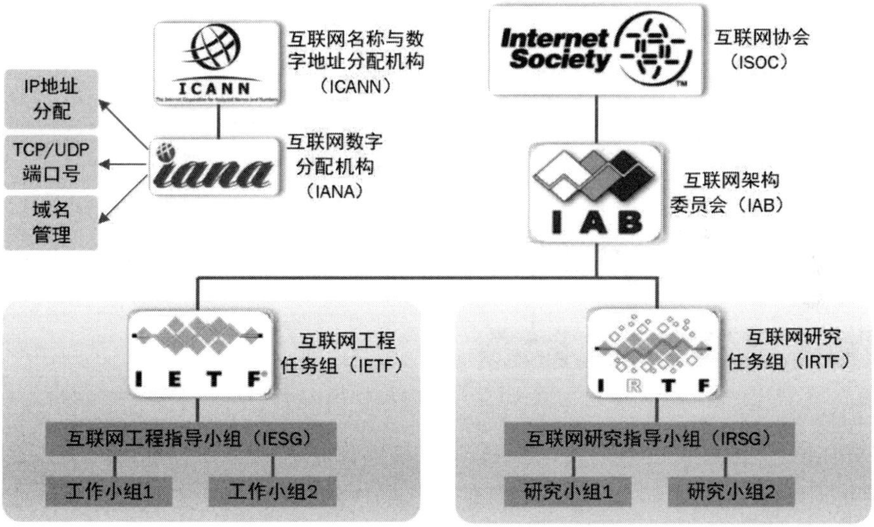

图 4.6 Internet 标准组织架构关系

4.2 重点知识讲解

在生活中，如果人和物品需要远距离移动，通常会使用多种交通工具，每种交通工具都有其优势和缺点，人们可以结合自身需求灵活选择。这些交通工具需要有相应的系统（包含规则）来保障其安全、高效、可靠地运行，它们组合起来构成了今天的交通运输系统。交通运输系统的核心职能是运输人和物，计算机网络的核心职能是传送信息，因此一些网络传输原理与交通系统设计原理有相似之处。对比交通运输系统可以知道，如果网络系统架构设计得过于简单，那么它就不可能满足各种各样的传送需求。

4.2.1 计算机网络体系结构概述

计算机网络体系结构可以从网络体系结构、网络组织和网络配置这三个方面来描述，这三个方面所关注的视角不同：网络体系结构关注功能，网络组织关注网络物理结构和实现，网络配置关注网络应用。计算机网络体系结构是一个计算机网络及其构件所应完成功能的精确定义。历史上第一个网络体系结构是由国际商业机器（IBM）公司提出的，被命名为系统网络体系结构（System Network Architecture，SNA）。凡是遵循 SNA 的设备就称为 SNA 设备，使用 SNA 设备可以很方便地互连组网。此后很多公司也开发自己的网络体系结构，但是它们毫无意外地都遵循层次化的结构划分，即使用网络分层模型，如图 4.7 所示。

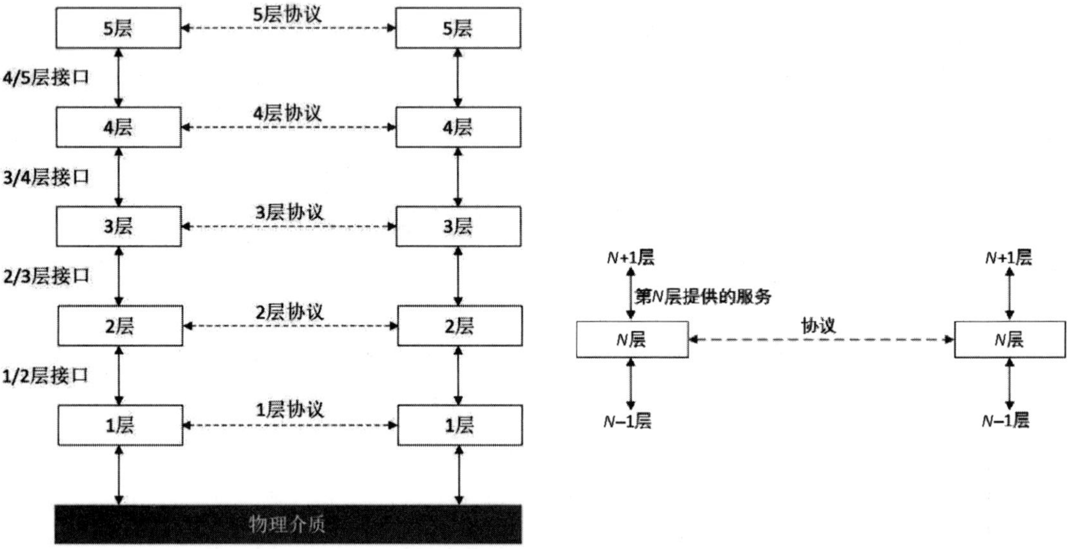

图 4.7　网络分层模型

使用层次化的模型来描述网络有很多优点，具体如下：

（1）有助于协议的设计。层次化的模型依据层次结构设计协议，对于工作在特定层次的协议而言，其工作方式和上下层之间的接口都已经确定。某一层协议的增加或改变不影响其他层协议的工作，避免某层协议的技术、功能变化影响相邻层次。

（2）各层之间独立。层次化的模型中的某一层不需要关注上下层是如何实现的，只需要知道下一层通过层间的接口所提供的服务，*N* 层是 *N*−1 层的用户，*N* 层是 *N*+1 层的服务提供者。这样可以把复杂问题拆分成若干个小问题，从而降低网络的复杂性。

（3）便于标准化推进。层次化的模型中每一层的功能及其提供的服务已经有了明确定义，并且提供了描述网络功能和能力的通用语言，有利于支持在同一网络中同时使用不同厂商的产品，促进竞争。

网络的分层也会有一些缺点，如一些功能重复地在各层出现，例如数据校验功能在多个层次的协议都具备，重复地实现同一功能会造成一定的资源浪费。需要强调的是，网络分层模型只是网络工作原理的表现方式，并非实际网络，网络拓扑图则形象地说明了实际设备之间的关系。

网络分层模型有两种基本类型：参考模型和协议模型。

- 参考模型为各类服务和网络协议之间保持一致性提供了通用的参考，设计参考模型的目的不是制定一种实现规范，而是帮助人们更清晰地理解其功能和过程。最知名的网络参考模型即开放系统互连参考模型。
- 协议模型提供了与特定协议族结构精确匹配的模型。协议族中一组相关联的协议通常代表了计算机网络所需的全部功能。TCP/IP 模型描述了 TCP/IP 协议族中每个协议层实现的功能，属于协议模型。TCP/IP 是目前 Internet 使用的协议，从顺序来看，先出现 TCP/IP 协议，后有 TCP/IP 模型。

4.2.2 OSI 参考模型

OSI 参考模型是由国际标准化组织制定的，20 世纪 80 年代，许多大公司和一些国家的政府都表示支持使用 OSI 参考模型构建计算机网络。但到了 90 年代，基于 TCP/IP 的互联网已经在全球运行了，反之符合 OSI 参考模型的商用产品在当时几乎找不到，故而 TCP/IP 模型是事实上的国际标准。虽然目前只有少数使用 OSI 规范制定的协议得到广泛使用，但 OSI 参考模型对适用于网络的协议制定和产品开发做出的贡献不容忽视。OSI 参考模型详细罗列了每一层可以实现的功能和服务，并描述了各层与上下层之间的交互。学习 OSI 参考模型使我们能更好地理解计算机网络，对网络设计、操作规范和故障排除等都有所帮助。OSI 参考模型见表 4.2。

表 4.2 OSI 参考模型

层数	层名
第 7 层	应用层（Application Layer）
第 6 层	表示层（Presentation Layer）
第 5 层	会话层（Session Layer）
第 4 层	传输层（Transport Layer）
第 3 层	网络层（Network Layer）
第 2 层	数据链路层（Data Link Layer）
第 1 层	物理层（Physical Layer）

OSI 参考模型一共划分 7 个层次，当我们提及 OSI 参考模型的各层时也可以使用其编号，比如物理层指 OSI 参考模型的第 1 层。

在 OSI 参考参考模型中，一段数据在任意协议层的表示形式称为协议数据单元（Protocol Data Unit，PDU）。为了实现当前层的服务所需要传送的逻辑数据单元称为服务数据单元（Service Data Unit，SDU）。在传输系统的每一层都将建立 PDU，PDU 包含来自上层的数据信息（SDU）和当前层的控制信息，PDU 在当前层完成建立后会被传送到下一层，到达物理层后则以比特流的形式来进行传输。

如图 4.8 所示，当主机 1 需要将数据传送到主机 2 时，应用程序会在数据的首部添加控制信息，加上首部（H7）的数据可以称为应用层 PDU，然后将数据向下传递到第 6 层；在第 6 层，应用层 PDU 被当作第 6 层的数据信息（SDU）再添加首部（H6），此时将其称之为表示层 PDU，依此类推。当数据被逐层传递到第 2 层时，控制信息被分为首部（H2）和尾部（T2）加在本层数据信息（SDU）的前后，构成了数据链路层 PDU。物理层负责传送比特流，不再添加控制信息，并从首部开始进行传送。

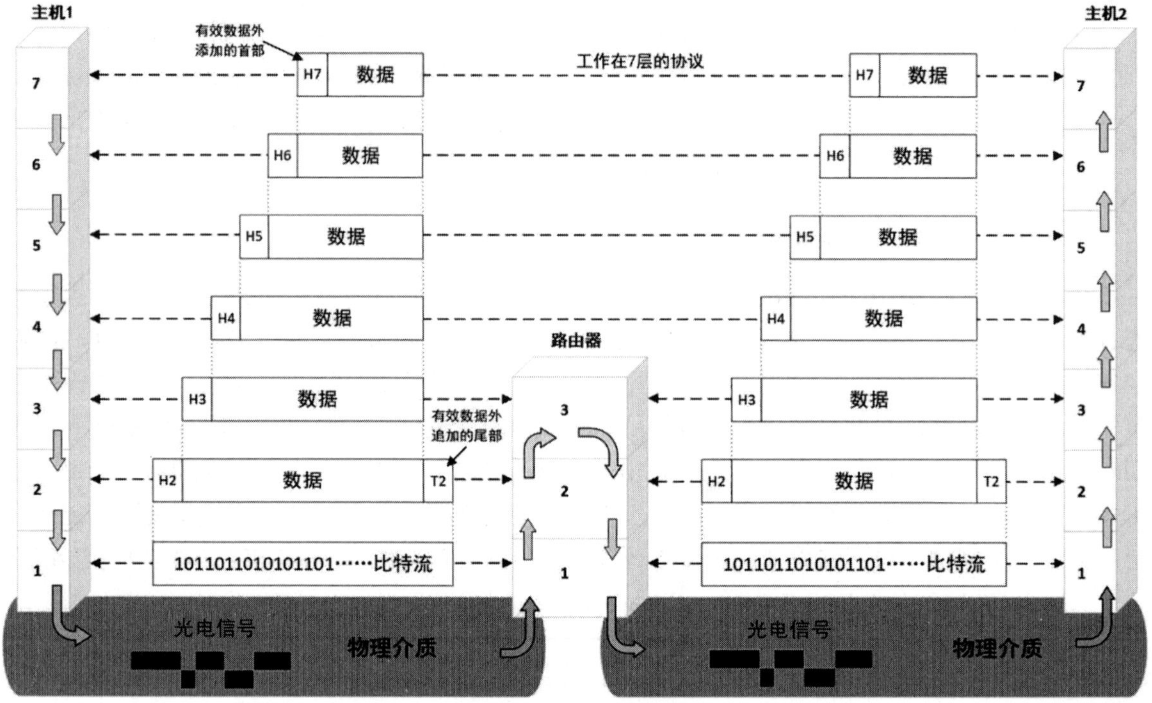

图 4.8　OSI 参考模型

不同层次的 PDU 以对应的名称来反映其新的表现形式，其对应关系如下：

- 应用层 PDU——数据（Data）。
- 传输层 PDU——数据段（Segment）。
- 网络层 PDU——数据包（Packet）。
- 数据链路层 PDU——帧（Frame）。
- 通过介质实际传输数据时使用的 PDU——比特（位）（bit）。

现在的互联网传送的数据都以分组为单位，网络术语中的分组和数据包也就是上文提到的网络层 PDU。

1. 物理层

传输介质和网络设备有很多种类，当使用不同的硬件组网时，通信的具体实现可能存在差异，物理层的作用正是尽可能地屏蔽掉这些差异，使第 2 层数据链路层感知不到这些差异，专注于自身层次所需要完成的协议和服务。

物理层由电子电路、传输介质、连接器这样的硬件组成，因此物理层的标准（或称协议）

主要由相关的电气和通信工程组织制定，其内容主要涉及以下几个方面：

（1）机械特性。机械特性也称物理特性，规定通信实体间使用连接器的材料、形状和尺寸、引脚数量和排列方式、接口中的某些位置可以获得某种信号等。例如，ISO 8877 指定了 RJ-45 连接器可用于各种物理层规范，以太网只是其中一种，TIA/EIA 568 明确规定了以太网直通线和交叉线的颜色和线序。

（2）电气特性。电气特性规定连接线路中导线的有关电路、电气连接的特性，例如电压、电流、输入和输出阻抗、信号的识别、最大传输速率、传输距离等。

（3）功能特性。功能特性规定某条线路出现某一电平的电压表示何种意义，例如接口信号线分为数据信号线、控制信号线、定时信号线和接地线。

（4）规程特性。规程特性规定接口传输比特流的全过程及传输事件发生的合法顺序。例如，在 WAN 使用串行连接时，DCE/DTE 在物理连接建立、维持、交换信息时，双方在各自电路上的动作序列由规程特性规定。

物理层位于 OSI 参考模型的最底层，其任务是将上一层（数据链路层）PDU 的二进制数字编码成信号，通过设备之间的物理介质（光缆、铜缆、无线介质）发送和接收这些信号。发送端在物理层为来自上层 PDU 中的每个比特创建光信号、电信号、无线信号，将这些信号逐个发送到介质上，接收端从介质检索这些单个信号，将它们用比特来表示，然后还原为完整的第 2 层 PDU（帧）传送到上层。

2. 数据链路层

如图 4.9 所示，使用笔记本电脑访问网络中的服务器的过程中使用了多台网络设备及不同种类的传输介质，也使用了多种数据链路层的协议。从笔记本电脑到服务器中间经过了多条链路，链路中使用的传输介质不同，使用的数据链路层协议也可能不同。链路是指两个节点之间的一段物理线路（有线或无线），中间没有其他任何的交换节点。对于无线网络，链路是指发送端发出的无线信号到达接收端所经过的路径空间。例如，从笔记本电脑到无线接入点（Access Point，AP）之间可以看作一段链路，无线 AP 到路由器之间也可以看作一段链路，它们是笔记本电脑去往服务器这条路径组成的一部分。但是，物理线路需要结合通信协议来管理、控制、实现数据的传输，这条链路加上实现通信协议的软件和硬件就组成了数据链路。

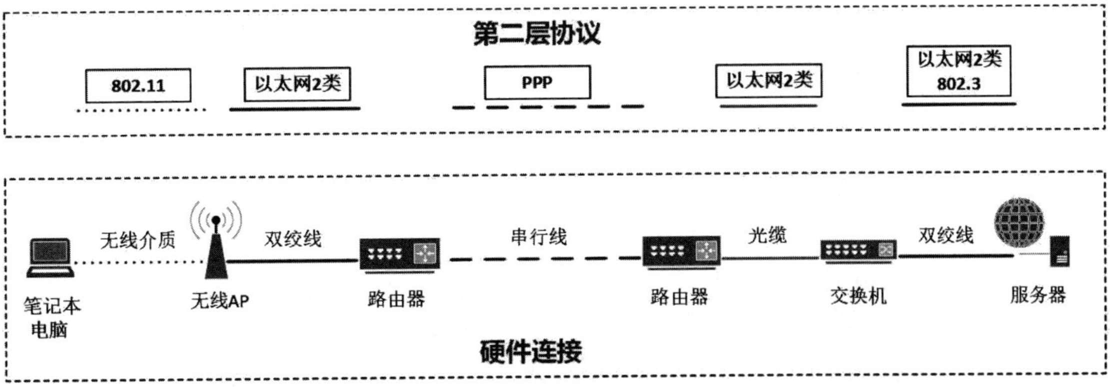

图 4.9 使用不同链路进行通信

数据链路层有效地隔离了上层的通信过程。在图 4.9 所示的笔记本电脑访问服务器的示例中，如果部署得当，使用相同的设备和链路，笔记本电脑既可以使用 IPv4，也可以使用 IPv6（IPv4 和 IPv6 都是一种网络层协议）访问服务器。当设备在使用 IPv4 或 IPv6 通信时，可能要经过不同的 LAN 和 WAN 来进行传输，此时需要多种数据链路层协议才能实现通信。在本示例中，在笔记本电脑将上层 PDU（IP 数据包）发往服务器的过程中，IP 数据包被封装成无线数据链路帧传送至无线 AP，无线 AP 通过接收后再解封、处理然后封装成以太网帧发送至路由器；路由器收到以太网帧后再解封、处理然后封装成 PPP 帧传给相邻路由器；PPP 帧到达相邻路由器后以以太网帧的形式到达服务器，路由器和服务器中间的交换机进行了光电（信号）转换。

作为这次通信的起点和终点，笔记本电脑将网络层 PDU 交给数据链路层处理，服务器从数据链路层接收还原成网络层 PDU，它们都无须关注传输中经过的其他设备使用何种介质以及在介质上如何传输。如果没有数据链路层，则网络层协议必须提供传输路径中所经过各种类型介质所需要的连接，并且每当开发出新的网络技术和介质时，网络层协议必须进行调整，这会阻碍网络技术的创新和发展，其也是网络需要分层的主要原因。

OSI 参考模型中所述的数据链路层功能被分配到了逻辑链路控制和介质访控制子层，具体如下。

（1）逻辑链路控制（Logical Link Control，LLC）：这一较高子层负责建立与上层的连接，将上层 PDU 封装成帧，标识上层协议并保持物理设备的相对独立性。

如图 4.10 所示，上方为 STP 协议抓包截图，采用 IEEE 802.3 Ethernet 格式封装，包含 LLC 子层；下方为 ICMP 协议（ping 命令）抓包截图，采用 Ethernet II 格式封装。前者一般用于二层控制协议（在网络设备间运行）封装，如 STP、ISIS；后者在网络中更常见，比如主机在有线以太网发送的通信报文，如 IP、ARP 使用的是 Ethernet II 格式封装。

IEEE 802.2 是对数据链路层上层（LLC 子层）连接的建立和管理的规范，IEEE 802.3 是一个标准集合，定义的是有线以太网的物理层和数据链路层的介质访问控制（MAC）的标准规范。

LLC 处理上层与网络软件以及下层（通常是硬件）之间的通信，LLC 获取上层协议数据（如数据包）并加入控制信息，帮助其传送到目的节点。如图 4.10 所示，该子层通过 8 位的目的地址服务接入点（DSAP）和源地址服务接入点（SSAP）来保证数据在不同网络类型中传输，并将 8 或 16 位的控制字段（Control Field）用于如流控制的辅助功能。

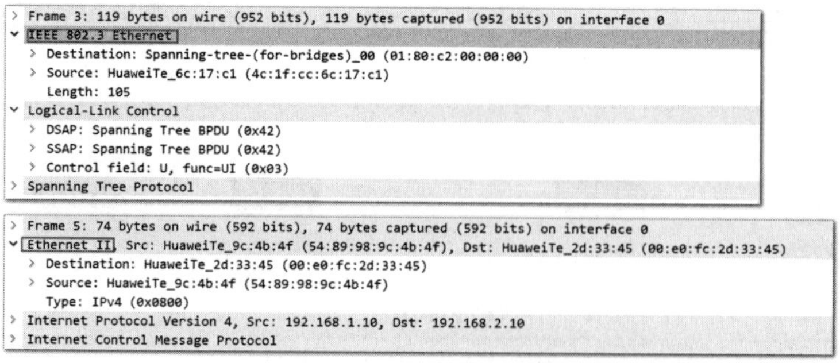

图 4.10　IEEE 802.3 Ethernet 中的 LLC 子层

项目4

（2）介质访问控制（Medium Access Control，MAC）：这一较低子层定义了硬件执行的介质访问流程，它提供数据链路层的编址和对各种网络技术的访问。

第 2 层协议指定了将数据包封装成帧的过程，实现了将帧放置到各种介质上和从介质上获取帧的技术，后者也称为介质访问控制方法。介质访问控制方法主要和拓扑以及如何使用共享介质有关，数据链路层协议定义了访问不同介质的规则。

在一些网络拓扑中，多个网络节点共享一个公共介质，这种网络也称为多路访问网络，如图 4.11 所示。如果有多台设备同时向公共介质发送数据，比如主机 A 和主机 B 同时向主机 C 发送帧，信号在公共介质中传送时会发生冲突碰撞，发生冲突碰撞后的信号继续传送到目标设备，但是目标设备无法识别帧（还原成原始数据），从而导致通信失败。对于共享介质，有两种介质访问控制方法。

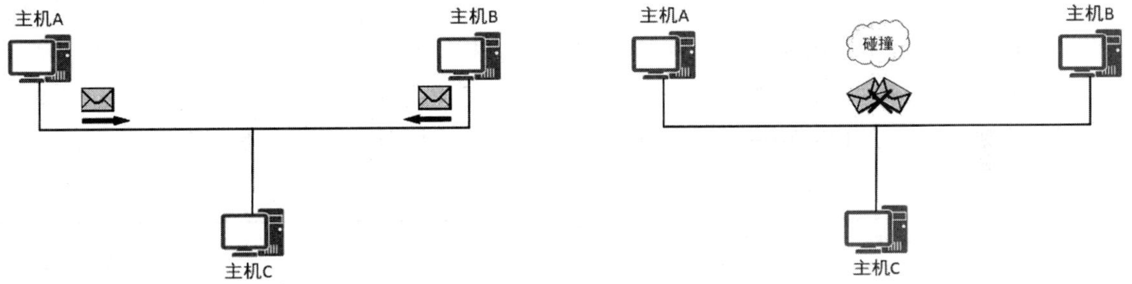

图 4.11　多路访问网络

- 受控访问。如果使用这种介质访问控制方法，每台设备都拥有使用公共介质的时间，但是需要传输的设备必须等待轮到自己才开始传输。例如，从某发送设备开始传输（将帧放到介质上），直到该帧到达目的地并被处理后，使用介质的机会才被传递给其他设备，其他设备才能开始传输。这种类型的网络通信效率不高，比如传统的令牌环网。
- 争用访问。顾名思义，在这种控制方法的网络中，设备“竞争使用”共享介质。每个设备在需要使用共享介质发送数据时尝试访问介质，使用载波监听多路访问（Carrier Sense Multiple Access，CSMA）检测介质上是否有其他设备发送的载波信号。如果存在载波信号则表示介质正在被使用，则尝试发送数据的设备将等待并稍后重试；如果未检测到载波信号，则开始发送。

在实际网络部署环境下，没有一种数据链路层协议能满足所有类型介质的全部数据传输需求，但多数第 2 层协议具有以下功能。

（1）封装成帧。第 2 层协议将第 3 层 PDU 封装在帧的数据部分，然后在数据的前后分别加上首部和尾部，就构成了一个帧，如图 4.12 所示。一个帧的长度包含了帧头部、帧尾部再加上数据部分，也称为帧长。对于发送方和接收方来说，其最关心的是数据部分。数据部分就像货车运送的货物，装得越多，运输效率越高。但在运输时不可能不对货物做限制，比如桥梁对通过车辆的重量有限制要求。同样地，第 2 层协议在传输数据帧时对数据部分的长度也进行了限制，其最大值被称为最大传输单元（Maximum Transmission Unit，MTU）。MTU 限制了帧的最大长度，但在网络中实际传送时，不是每个帧都等于最大长度。

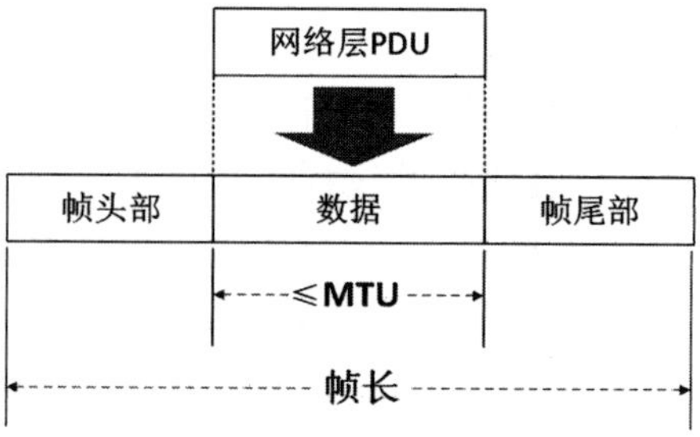

图 4.12 封装成帧

从前面介绍中我们知道，物理层传送的实际上是“01011100……”这样的比特流，这里就引入一个问题，比如现在传送的数据长度分别为 1500 字节、1000 字节、200 字节，设备如何知道这是 3 个帧，而不是 1500 字节、1200 字节的 2 个帧。其实，帧的首部和尾部有专门的字段来识别一个帧的开始和结束，称为帧定界，不同类型的帧采用的帧定界方法可能不一样。例如 PPP 帧用“01111110”作为 1 个帧的开始和结束标志，见表 4.3；以太网帧使用前导码和帧开始符来表示帧的开始，结合物理层技术表示帧的结束，见表 4.4。图 4.12 中，第 3 层 PDU 对应帧的数据部分，在 PPP 帧中对应的是信息域，在以太网帧中对应的是载荷。

表 4.3 PPP 帧结构

标志（帧开始）	地址	控制	协议	信息	帧校验	标志（帧结束）
8 bit（01111110）	8 bit（11111111）	8 bit（00000011）	16（8）bit	最大值为 1500 字节	16（32）bit	8 bit（01111110）

表 4.4 以太网帧结构

前导码	帧开始符	MAC 目标地址	MAC 源地址	802.1Q 标签（可选）	类型	载荷	帧校验	帧间距
7 octet（10101010）	1 octet（10101011）	6 octet	6 octet	4 octet	2 octet	46-1500 octet	4 octet	12 octet

（2）透明传输。帧定界解决了如何识别一个帧的问题，简单来说就是通过事先约定的比特组合来对比特流进行区分。但是，这样做又引入了新的问题，即假如上层 PDU 中的信息包含了约定的比特组合，比如在 PPP 帧传输的数据中包含了“01111110”，如十进制数字 126，那此时设备不就认为帧提前结束了？

透明传输是指不论传输的数据是什么样的组合，都能够按照原样没有差错地通过这条链路。透明是指某一实际存在的事物看起来好像不存在一样。在网络中运用了许多技术，但对于使用网络的用户来说感知不到。比如人们在使用手机连接 Wi-Fi 时输入密码就行了，但事实上有 DHCP 服务器为上网设备分配 IP 地址，对用户来说，IP 地址以及分配 IP 地址的过程就是透明的。在数据链路层实现透明传输可以采用以下四种技术。

1）字符计数法。字符计数法需要帧提供相应的字段来标明帧的开始，如前导码和帧开始符，同时用一个计数字段来标明帧的长度。在帧中，除了用来装载上层 PDU 的数据部分，帧首部和帧尾部的组成字段都是固定格式的。之所以难以识别一个帧，是由于数据部分的长度不确定，导致了帧的长度不确定。一旦确定了数据部分的长度，再结合帧的开始位置，设备就能轻松找到帧的结束位置。图 4.13 是通过抓包软件抓到的 802.3 帧，其中长度（Length）的值为 105，代表数据部分总长度为 105 字节，再加上其余固定长度的帧组成，就能确定一个帧的结束位置。

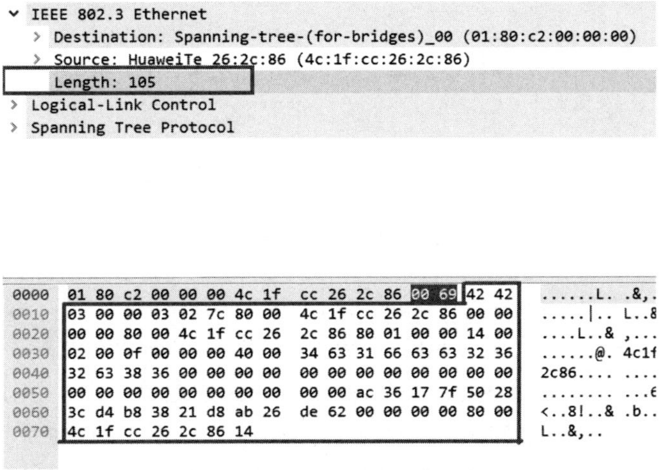

图 4.13　字符计数法

2）字符填充法。这种方法是在需要传输的信息数据中，将与特定字符相同（可能导致设备误判）的字符替换为转义字符以及预先定义好的字符，从而避免在传输的信息数据中出现导致误判的字符，接收设备在收到转义字符以及预先定义好的字符后，再还原成原始数据信息。

例如 PPP 在进行异步传输时，如果传输数据信息中遇到与开始和结束标志“0x7E”（二进制表示为 01111110）相同的比特流，就使用了转义字符进行替换和填充，在 RFC 1662 中规定如下：

- 将数据信息中出现的每一个 0x7E 字节替换为 2 字节序列(0x7D,0x5E)。
- 将数据信息中出现的每一个 0x7D 字节（和转义字符相同的数据信息）替换为 2 字节序列(0x7D,0x5D)。
- 如果数据信息中出现 ASCII 码的控制字符（数值小于 0x20 的字符），则使用转义字符（0x7D）加上新的字符编码（改变该字符的编码）进行替换。

3）零比特填充法。零比特填充法与同字符填充法的原理类似，但对数据的处理是以比特为操作单位的。其主要原理是当 PPP 协议用在 SDH/SONET 链路时，使开始和结束标志中间不出现 6 个连续的 1（即 111111）。具体的做法是，发送端在将数据部分（上层 PDU）组装成帧但还未加上开始和结束标志字段时，先用硬件对其扫描，如果发现 5 个连续的 1，则在其后插入一个 0。接收端根据开始和结束标志字段确定一个帧后，对其中的数据部分进行扫描，每当发现 5 个连续的 1，就将其后的一个 0（先前插入的）删除掉，还原成原始数据。

例如：需要发送的数据为“1001111110111110”，则在发送端处理变为“100111110101111100”，将其封装成帧后发送给接收端，接收端再根据相反的操作删除插入的 0，还原成原始数据“1001111110111110”。

4）违规编码法。违规编码法是在物理层采用特定的比特编码方法来实现透明传输。比如在 IEEE 802.3 低速以太网（10Mb/s）中采用了曼彻斯特编码，如图 4.14 所示。从高电平到低电平的一次跳变代表二进制数“0”，从低电平到高电平的一次跳变代表二进制数“1”。高一高电平对和低一低电平对就是违规编码，可以使用违规编码来界定帧的开始和结束。

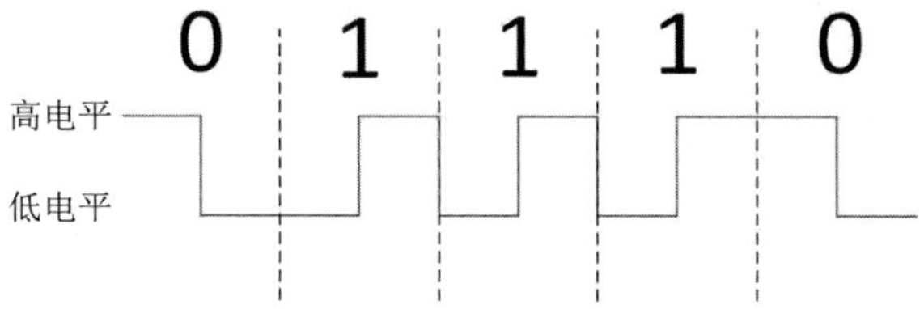

图 4.14　曼彻斯特编码

（3）差错检测。介质中的信号可能因受到干扰、失真或者丢失，从而导致大幅更改这些信号所代表的位置，传输差错就是指通信的接收端收到的数据和发送端不一致的情况。传输差错可以分为两大类：一类是比特差错，即比特在传输的数据单元中发生了变化（1 变为 0 或 0 变为 1）；另一类是没有出现比特差错，但出现了帧丢失、帧重复或帧失序的情况。

针对比特差错，目前第 2 层协议采用的比较普遍的解决方法是循环冗余校验（Cyclic Redundancy Check，CRC）检错技术。循环冗余校验的基本思路是发送方和接收方约定好一个二进制数，发送方使用这个约定好的二进制数对发送的数据（一组比特）进行运算，得到一个固定长度的值，这个值称为冗余码，发送方将冗余码连同原本要发送的数据一起发送给接收方；接收方收到带冗余码的数据后，使用约定好的二进制数进行相同的运算，根据计算的结果判断传输中是否发生比特差错，以此达到检错的目的。简而言之，发送方对发送数据进行公式运算，将运算结果连同数据一起发送，接收方再对收到的数据和发送方的运算结果进行相同的运算，接收方根据自己的运算结果判断传输是否出错。

CRC 涉及模 2 运算，模 2 运算不同于我们熟悉的十进制四则运算，在模 2 运算过程中，不考虑进位和借位。图 4.15 为模 2 除法运算示例。

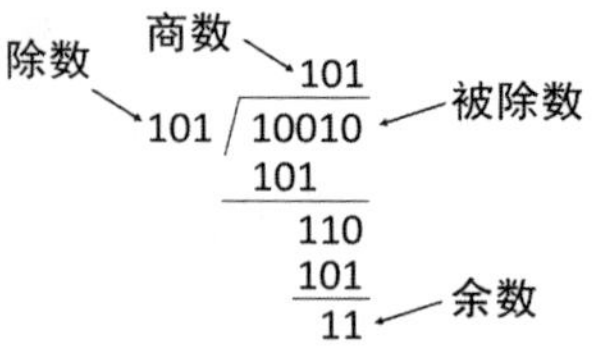

图 4.15　模 2 除法运算示例

【例 4.1】CRC 校验原理示例。

（1）发送方和接收方约定好双方运算都需要用到的除数 P，二进制表示为 11001。将 P 转变为生成多项式 $F(x)=x^4+x^3+x^2+x^1+x^0$ 的系数，则该生成多项式为 $F(x)=1\times x^4+1\times x^3+0\times x^2+0\times x^1+1\times x^0$，简化表示为 $F(x)= x^4+x^3+1$。该生成多项式 x 的最高幂设为 k，即 k=4。

（2）发送方需要发送的数据信息为 M，其二进制表示为 1101001，其生成多项式

$G(x)=x^6+x^5+x^3+1$。该生成多项式 x 的最高幂设为 n，即 $n=7$。

（3）将需要发送的数据信息 M 在尾部添加 k 个 0，即 11010010000，将其作为模 2 运算的被除数，同步骤（1）的除数 P，做模 2 除法运算。运算得到余数 R，若 R 不足 k 位，则将 R 的高位加 0 补齐为 k 位，此处 R=0001，它称为冗余码。

（4）发送端将要发送的数据信息 M 连同冗余码 R 合在一起，即将 11010010001 发送给接收端。这种为了进行差错检测而添加的冗余码也称为帧校验序列（Frame Check Sequence，FCS），简称帧校验。

（5）接收端收到带 FCS 的数据后，将其作为被除数，使用步骤（1）中约定好的除数 P，同样做模 2 除运算。如果余数为 0，则校验通过；若余数不为 0，则校验不通过，做丢弃处理。

整体过程如图 4.16 所示。

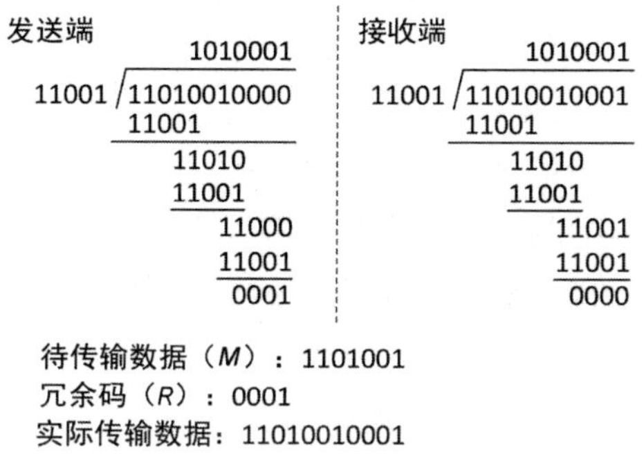

图 4.16　循环冗余校验

目前广泛使用的生成多项式如下：

CRC-16= $x^{16}+x^{15}+x^2+1$

CRC-CCITT= $x^{16}+x^{12}+x^5+1$

CRC-32= $x^{32}+x^{26}+x^{23}+x^{22}+x^{16}+x^{12}+x^{11}+x^{10}+x^8+x^7+x^5+x^4+x^2+x+1$

循环冗余校验可以让接收端收到的帧无比特差错，但是无法解决重复帧和乱序帧的问题，仅通过校验还不能实现数据链路层的可靠传输。因此一些数据链路层协议在进行帧校验的基础上，还增加了帧编号、确认、重传机制。这样做可以确保数据链路层的可靠性，但是其复杂的机制又降低了传输效率，故而在网络中应进行区别对待。

对于通信质量较好的有线链路，数据链路层只进行差错检测，确保链路另一端收到的帧无比特差错。如果出现帧丢失、重复帧这样导致传输不可靠的问题，交给更上层的协议（如 TCP）去解决。对于通信质量较差的无线链路，则在数据链路层提供可靠的重传机制，由数据链路层提供可靠的传输。但无论是哪种情况，提供基本的比特差错检测功能是必需的，因为一旦出现比特差错，再将其送到后续的链路传输将毫无意义，这样可以避免消耗不必要的网络资源。

数据链路层帧的协议有许多种，除上述提到的封装成帧、透明传输和差错检测三项基本功能外，还有诸如寻址、链路管理、流量控制等。

3. 网络层

网络层位于 OSI 参考模型的第 3 层，提供能让终端设备跨越整个网络与终端设备交换数据的服务。历史上网络层的协议有多个，例如 IPX、CLNP 等，但随着网络发展，TCP/IP 协议被普遍应用，接下来网络层的介绍中主要针对 IP 协议进行讨论。

网际互联协议（Internet Protocol，IP），也称网际协议、IP 协议，后者常被用于口语和文档而被大家所熟知。IP 协议使用逻辑网络将处于不同位置、使用不同技术的物理网络连接到一起。每一个连接到逻辑网络的设备必须使用唯一的逻辑网络地址（IP 地址），以便被其他访问网络的设备区分、寻找。这些互相连接的物理网络组成了互联网。今天，我们能够通过互联网体验世界各地的网络服务，网络层在其中起到了关键作用。为了实现终端设备到终端设备的传输，网络层提供服务分为四个基本过程。

- 设备编址：所有使用网络的设备必须配置唯一的 IP 地址，使得该设备在网络上能被准确识别。
- 封装：将第 4 层 PDU 封装到数据包的数据部分，并添加第 3 层协议的首部，首部包含此次通信过程中用到的第 3 层协议的地址，即发送方的地址（源 IP 地址）和接收方的地址（目标 IP 地址）。
- 路由：发送方通过自身的地址（源 IP 地址）和接收方的地址（目标 IP 地址）进行对比，区分是否在同一个网络，当收发设备处于不同的网络时，数据包必须经过路由器（或者是具有路由功能的设备）处理，此时路由器充当发送设备的网关（Gateway）。路由器通过路由计算为数据包选择最佳路径，并将数据包向接收设备转发。从发送方设备到达接收方设备可能要经过多台路由器，经过的一台路由器也被称为一跳，数据就是经过一台台路由器接力转发传递到接收设备，这就是项目导读中“逐跳”（hop by hop）的含义。
- 解封装：当数据包到达接收设备的网络层时，接收设备会检查数据包的首部，将首部中的目标 IP 地址与自身的 IP 地址进行对比，若匹配则将数据包进行解封装，提取数据包中的数据部分，还原成第 4 层 PDU 并传递给第 4 层处理。

IP 协议有两个版本，即 IPv4 和 IPv6，两者在封装和功能实现上存在区别，但都遵循上文提到的四个过程。在后续的论述中若不做特殊说明，IP 协议一般理解为 IPv4。

在路由这一过程中，不同路由器之间通过运行路由协议或者人工指定的方式来确定收到数据包后该如何处理。一台路由器可以运行多个路由协议，不同的路由协议选择的算法也可能不同，但最终目的必然是帮助路由器抉择出数据包应该发往哪。此时数据包就能够实现跨越一个个网络进行通信，即实现网络互联。

IP 协议提供从源主机到目标主机通过互联网络传送数据包所必需的功能，它不负责数据包传送过程中的管理和跟踪。这使得 IP 协议能够专注于主机与主机之间的通信，使其能支持主机之间一对一或一对多等多种通信方式，其他传输需求交给其他层协议解决。在主机到主机的通信过程中，随着链路的改变，第 2 层协议不断发生变化；与此不同的是，在此过程中，使用的第 3 层协议不会发生变化，协议内大部分字段（如源 IP 地址和目标 IP 地址）也不会发生变化。发送方将第 4 层 PDU 传递到第 3 层作为数据部分，在添加 IP 首部后，路由器在进行路由的过程中只需要用到 IP 首部中字段提供的功能。在整个传输过程中，源 IP 和目标 IP 保持不变。

IP 协议具有三大特征：无连接、尽力交付、介质无关。

（1）无连接。使用 IP 协议进行通信时是无连接的，这意味着发送方在发送数据前没有和接收方建立连接，需要通信时，直接向网络发送数据。数据在网络中如何传递，接收方收到没有这些问题发送方都不关心。

接下来通过一个生活中的案例来理解 IP 协议的无连接特性。A 和 B 在一个班级，C 和 D 在另一个班级，B 和 C 是各自班级的班委。A 曾向 D 借了一本书，A 只知道 D 所在的班级以及姓名。A 知道 B 可以找到其他班的班委，于是 A 将书交给 B 并告知 D 的班级和姓名，委托 B 交给 D 的班委 C 再转交给 D，后面就没有过问了。

在这个过程中，A 只是知道通过 B 最有可能将书送到 D 手上，至于 B 能不能找到 D 的班委 C 并且顺利地将书交给 C，以及 C 能否顺利将书交给 D，一概不知。此外，A 没有通知 D 准备还书，D 也不知道 A 要还书，甚至 A 连 D 还在不在那个班级也不知道。

在这个例子中，A 和 D 可以视为发送端和接收端，B 和 C 可以视为路由器，书可以视为要发送的数据，A 向 D 还书的过程就是“无连接”的。

（2）尽力交付。这是指 IP 协议具有不可靠或尽力交付的特征。在 IP 协议中，没有设计用来管理数据包是否送达以及恢复损坏数据包的字段。

使用 IP 协议传送信息时，经过的每一台路由器通过地址信息（目标 IP 地址）来进行路由转发，如果路由器一切正常，自然将数据包朝离目标更近的设备传递。但是出现以下情况将会导致传送失败，如果路由器繁忙，则会将数据包丢弃，不会通知发送方；如果传输经过链路时发生错误，在数据链路层检验时就会丢弃数据包，也无法通知发送方；如果发送方发送多个数据包，到达接收方时数据包出现乱序的情况，接收方也无法通过 IP 进行相应处理。

（3）介质无关。数据包如何通过不同的链路由数据链路层的协议解决，数据链路层负责接收数据包（网络层 PDU）并选用合适的第 2 层协议进行封装，准备在介质上传输。在发送（或传递转发）数据包时，既可以通过双绞线以电信号的形式传输，也可以通过光纤以光信号的形式传输，还可以通过空气以无线信号的形式传输，这意味着发送数据包不限于任何特定的介质。

但是，当网络的中间设备（通常是路由器）通过直接相连的链路接收和传送数据包时，需要考虑到在数据链路层提到的 MTU。MTU 规定了第 3 层 PDU 的最大长度，如果中间设备从链路 1（MTU 为 1500 字节）收到的数据包大小为 1500 字节，然后准备从链路 2（MTU 为 1450 字节）发送给对端设备，但明显此时链路 2 的一个帧装不下 1500 字节，此时就需要对数据包进行分片，将 1500 字节分割成小于等于 1450 字节的数据包发送出去，抵达接收设备后再将它们组装还原，如图 4.17 所示。

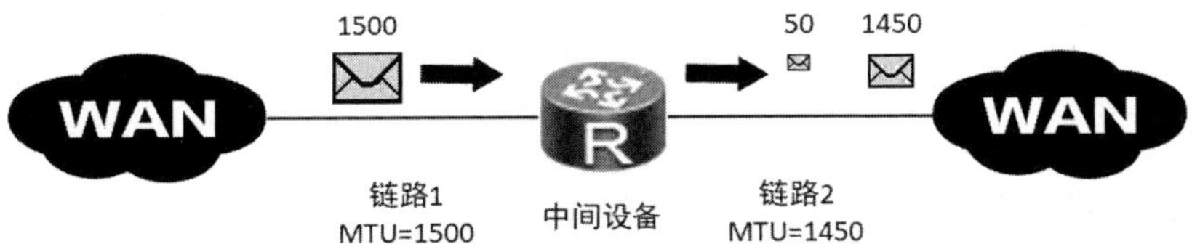

图 4.17　数据包分片

如上所述，IP 协议既是无连接的，也是不可靠的。面向连接和可靠性这些问题都可以交给其他协议（TCP）去解决。与数据链路层相比，网络层是站在全局（所有互连的网络）的角度去解决数据传输中的问题，而数据链路层是站在局部（组成网络的单个链路）的角度去解决数据传输中的问题。

在学习网络知识的过程中，理解和掌握 IP 地址相关知识十分重要。IP 地址各字段含义以及 IP 地址的使用将在项目 6 中进行详细介绍。

4. 传输层

网络层可以实现数据在不同主机之间的通信，但是真正需要通信的是运行在主机上的进程，即一台主机的进程与另一台主机的进程之间交换数据，这就需要由传递到主机的数据交付给主机上的进程。传输层协议负责在不同主机上的应用进程之间建立临时通信会话和传送数据，需要传送的数据由这些应用进程生成。在这个过程中，传输层主要负责如下工作。

（1）提供不同的传输服务。由于不同的应用程序对数据传输有着不同的要求：有些程序要求数据段按照特定顺序到达才能顺利处理；有些程序必须收到所有的数据才能使用其中的某段数据；有些程序允许在网络传输中丢失部分数据。这就使得不同传输需求的应用进程选择不同传输层协议提供的服务。

传输层提供的服务如下：

1）为端到端的连接提供面向连接的、可靠的传输服务，同时在传输中提供流量控制、拥塞控制等管理服务。

2）为端到端的连接提供面向无连接、不可靠但简单高效的传输服务。

传输层收到来自进程的数据后，一种处理方式（UDP）是既不拆分也不合并，将整个数据添加首部形成第 4 层 PDU（数据段）交给网络层处理。这种处理方式将传输层的数据部分大小的决定权交给应用程序，但数据包的大小会受 MTU 影响而受到限制，如果过大，到达网络层也会执行分片。另一种处理方式（TCP）是由传输层协议将待传输数据划分为大小合适的数据块（即分段），添加首部形成第 4 层 PDU 后，交到网络层处理。网络层收到后，使用第 1～3 层协议提供的服务将其发送到网络。

在发送方将数据传输到接收方的过程中，途经的中间网络设备只需要使用第 1～3 层协议提供的服务即可实现传输。中间网络设备不关心传递的是 A 程序的数据还是 B 程序的数据，其在意的是此时传输的数据应该往哪里送，即送往哪台主机。

当送达接收主机的传输层后，如果是 UDP，则直接交给对应的应用进程；如果是 TCP，则根据首部中的相关字段按顺序进行重组，将重组后的数据再交给对应的应用进程。

（2）标识应用程序。传输层使用了协议端口号（Protocol Port Number），简称端口（Port），在传输层协议中使用 16 位二进制数（0～65535）来标识一个端口号。主机为每个需要进行网络访问的进程关联一个唯一的端口号。传输层在进行封装时，在首部携带源端口号和目标端口号，通信双方使用它们来关联各自的应用进程。端口号只具有本地意义，主机自身知道如何使用不同端口关联不同进程，对于不同主机来说，相同的端口号没有任何关联，故而六万多个端口号是足够用的。

（3）数据校验。无论是 UDP 还是 TCP，都提供了校验功能。传输层协议的校验和网络层协议的校验又有所不同。IP 协议只针对数据包的首部进行校验；传输层协议中的校验字段不仅对传输层协议的首部进行校验，还对 IP 协议的部分字段（也称为“伪首部”）和数据部分进行校验。

5. 会话层、表示层和应用层

会话层、表示层和应用层位于 OSI 参考模型的上 3 层，它们可以被视作用户层，其功能作用是通过软件实现的。

（1）会话层位于 OSI 参考模型的第 5 层。我们知道通过低 4 层协议提供的服务，已经可以实现端到端的传输服务，但有些应用程序的传输需求仅靠低 4 层无法满足，会话层对其提供了补充。

会话层的作用是建立、管理和维护会话。每台主机上同时会有多个应用进程需要通信，每个应用进程需要与远程主机的一个或多个应用进程之间进行数据交换。会话层用于处理这些数据交换，发起对话并使其处于活动状态，并在对话中断或长时间处于空闲状态时重启会话。会话层还负责将用户提供的访问地址（如 DNS 域名）映射为传输地址；将操作系统中的用户数据单元转化为传输用的协议数据单元；确定向用户提供单工、半双工、全双工的会话方式；等等。

（2）表示层位于 OSI 参考模型的第 6 层。它对来自应用层的命令和数据进行解释，为各种语法赋予相应的含义，并按一定的格式传送到会话层。主要功能如下：

1）对数据进行编码和格式转换，解决不同应用程序之间在数据格式表示上的差异，确保目标设备的应用程序能理解、识别数据。

2）提供对数据的压缩和解压缩功能，提升数据传输的效率。

3）提供对数据的加密和解密功能，提升数据传输的安全性。

（3）应用层位于 OSI 参考模型的最高层第 7 层。应用层为需要网络通信的应用程序和需要信息传输的底层网络之间提供接口。运行的软件程序或者进程采用两种形式访问网络：应用程序和服务。

这里的应用程序是指用于网络通信的软件程序，有些用户应用程序可以直接实现应用层协议并且与较低层通信，例如 Web 浏览器，而有些程序需要应用层服务才能访问网络，虽然这些服务对于用户来说是透明的，但是正是它们负责准备传输数据及进行网络交互。协议定义了要投入使用的标准和数据，应用程序和网络服务都要使用这些协议。程序提供创建消息的方法；服务负责创建与网络交互的接口；协议负责提供数据处理的规范和格式。这三个组件可以由一个可执行程序使用，例如 Telnet 既可以指程序，也可以指服务，还可以指协议。

在网络分层模型（图 4.7）中，两台通信设备在同层要使用相同协议。为了保持通信畅通，源主机和目标主机的应用层协议也需一致。协议为加载到设备上的应用程序和服务之间的数据交换建立统一的规则，还指定了消息中数据的构建方式以及传送的消息类型，比如可以是服务请求、确认消息、数据消息、状态消息或报错消息等。协议还定义了消息对话，确保发送的消息能得到期待的响应并在传输时调用正确的服务。为了确保与下层服务正确对接，还要保证使用的每一层通信协议的所有信息都正确。在单一会话的过程中，应用程序和服务也可以使用多重通信协议。比如，由一种协议来制定网络连接的方式，由另一种协议描述消息传递到下一层的数据传输过程。

应用层为用户提供的协议和服务有很多，常见的服务（协议）包括文件服务、目录服务、文件传输服务、WWW 服务、DNS 服务、电子邮件服务、打印服务、网络管理服务、安全服务、数据库服务等。

4.2.3 TCP/IP 参考模型

ARPANET 的设计者也没有预想到网络发展势头如此迅猛，正如导读中提到的那样，最早为 ARPANET 设计的 NCP 协议也存在诸多缺点，不能适应网络发展的需要。

1973 年，温顿 • G. 瑟夫（Vinton G. Cerf）和罗伯特 • E. 卡恩（Robert E. Kahn）开发出 TCP 协议第一个版本，随后经过多次修订，在 1978 年分为 TCP 和 IP 两个规范。1980 年，TCP/IP 在 ARPANET 的所有主机上开始推广。1981 年正式发布 RFC 791 和 RFC 793，标志着 TCP/IP 的正式诞生。TCP/IP 是当今互联网的基石，其开发者温顿 • G. 瑟夫和罗伯特 • E. 卡恩被誉为互联网之父。可以观察表 4.5 了解互联网发展中的历史事件。

表 4.5　互联网历史事件

年份	事件
1969	1969 年 10 月，两台 IMP 分别在加利福尼亚大学洛杉矶分校和斯坦福研究院通过一条 50kb/s 的链路连接到两台大型主机，并交换了历史上第一个数据包。同年 12 月，加利福尼亚大学圣芭芭拉分校和犹他大学也相继连接进网络。1971 年 4 月，该网络已扩大至 15 个站点。它就是 Internet 的前身——ARPANET。 1972 年，网络控制协议（Network Control Protocol，NCP）在 ARPANET 中全面部署。它是一种主机到主机的协议，在制定协议整体架构时使用的是分层式的协议架构
1971	夏威夷大学的诺曼 • 艾布拉姆森（Norman Abramso）开发的 ALOHANET 成功建立，它是第一个数据包无线网络。 在随后的 20 世纪 80 年代，移动电话网络兴起。1985 年后，Wi-Fi 网络开始建立
1972	雷伊 • 汤姆林森（Ray Tomlinson）选择@符号来标记电子邮件收件人的目的地。 拉里 • 罗伯茨（Larry Roberto）编写了第一个电子邮件管理程序。 发布了 Telnet 规范（RFC 318）
1973	1973 年，温顿 • G. 瑟夫和罗伯特 • E. 卡恩向人们展示了传输控制协议（TCP）的第一个版本。随后 5 年，该协议又经过了 4 次修改
1981	1981 年，发布了 TCP 规范（RFC 793-Internet 标准）和 IP 规范（RFC 791-Internet 标准），它标志着 TCP/IP 的诞生
1982	发布了 EGP 协议（RFC 827）。EGP 是早期运行在自治系统之间传递路由信息的协议，现已被 BGP 取代
1984	1984 年，国际标准化组织发布了 OSI 参考模型，收录在 ISO/IEC 7489 标准中。 引入了 DNS。 1983—1987 年编写了 DNS 相关规范（RFC 882、RFC 883、FRC973、RFC 1034、RFC 1035，后两者是 Internet 标准）
1985	发布了 FTP 规范（RFC 959-Internet 标准）
1995	发布了 IPv6 的第一个规范（RFC 1883），IPv6 被视为 IPv4 的继承者
2011	2011 年 6 月 8 日，全球第一个 IPv6 日，全球多家网站和互联网服务提供商参加了 IPv6 全球试用活动

1. TCP/IP 参考模型结构

TCP/IP参考模型是先于OSI参考模型建立的，在建立OSI参考模型的过程中参考了TCP/IP协议族的分层思想及协议开发思想，但是 TCP/IP 参考模型在不断发展完善的过程中也借鉴了 OSI 参考模型中的理论和概念。TCP/IP 参考模型是一种开放标准，因此不是由哪一家公司来控制该模型的定义，标准的定义和 TCP/IP 协议都在公开的论坛中讨论并在向公众开放的 RFC 集中加以定义。与 OSI 模型相比，TCP/IP 参考模型精简了层次，分为四个层次，其与 OSI 参考模型的对比如图 4.18 所示。

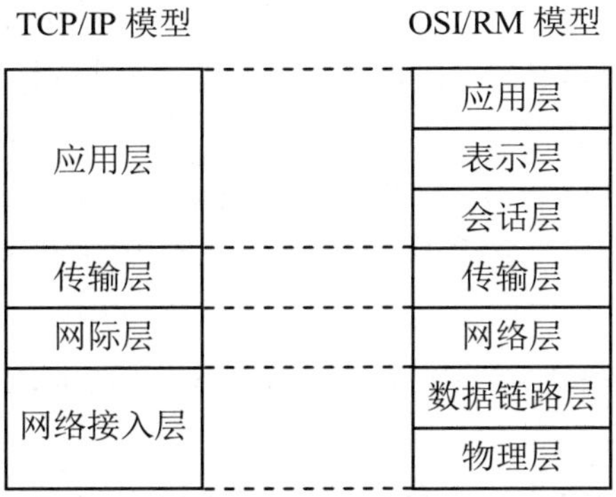

图 4.18　TCP/IP 参考模型与 OSI 参考模型

（1）网络接入层（Network Access Layer）。网络接入层位于 TCP/IP 参考模型的最底层，为上层协议提供与物理网络的接口，它与 OSI 参考模型中的物理层和数据链路层对应。实际上，TCP/IP 参考模型只要求能在其上传递数据包，没有真正描述这一层的实现，具体实现的方法随着网络类型的不同而不同。

网络接口可以有很多种，支持各种数据链路层协议，用于连接不同的网络，比如以太网、802.11 无线网、ATM、FDDI、X.25、令牌环网等。

（2）网际层（Internet Layer）。TCP/IP 参考模型的网际层与 OSI 参考模型的网络层位于同一层次，它在 TCP/IP 参考模型具有重要地位，无论上层采用何种协议（TCP 或 UDP）封装以及下层连接哪种网络，该层只有 IP 协议（含 IPv6）可供选择。网际层的功能是确定通过网络的最佳路径（路由），将数据从一台主机传送到远程网络的另一台主机，对设备进行编址也是为这一目标服务的。源、目标主机之间通信的不同数据包，在传送时也可能经过不同的路径，因此数据包到达目标主机的顺序可能不同。如果需要排序重组，应在上层选择可靠的传输层协议帮助完成。

IP 协议字段支持对数据包的分片重组、预防网络环路、对数据包标记（支持 QoS 实现）等其他功能。注意，IP 协议提供的是面向无连接、不可靠的服务。

（3）传输层（Transport Layer）。TCP/IP 参考模型和 OSI 参考模型中的传输层功能类似，它提供端到端的通信（End-to-End Communication）功能，支持供不同主机的进程之间的通信，同时提供数据校验功能。传输层提供两种不同服务的协议：传输控制协议（Transmission Control Protocol，TCP）和用户数据报协议（User Datagram Protocol，UDP）。

1）TCP 是一个面向连接的、可靠的、基于字节流的协议。在传输数据前，通信双方先建立连接“三次握手”，彼此都确认对方收到自己的连接消息，并在整个连接过程中设计一套连接管理机制。收发双方对需要传输的数据以字节为单位进行顺序“编号”，将“自己传输数据的编号”和“希望收到对方数据的编号”连同要发送的数据一起进行传输，并设计了重传机制，确保数据的可靠传输（不重复、不缺失、不乱序）。在传输过程中，TCP 还提供流量控制和拥塞控制。TCP 的可靠是通过通信主机来实现的，传输使用的网络实际上是不可靠的，比如前面提到的乱序问题。

2）UDP 是一个面向无连接的、不可靠的协议。发送方在传输时，收到来自进程的报文并直接添加 UDP 首部交给网络层处理，没有 TCP 那么复杂的传输控制机制。虽然 UDP 不可靠、无连接，但相比 TCP，其传输额外开销小、简单高效。在网络流量中占比很大的语音、视频等信息，通常采用 UDP 传输。

（4）应用层（Application Layer）。TCP/IP 参考模型的应用层对应 OSI 参考模型的会话层、表示层、应用层，其功能集中于应用程序中实现，比如 Web 浏览器、电子邮件客户端，就包含了应用层的功能。应用层为用户提供服务，最广为人知的应用层协议是那些用于交换用户信息的协议。这些协议详细规定了许多常见 Internet 通信功能的必备格式和控制信息。常见 TCP/IP 协议如下：

- 域名服务协议（Domain Name System，DNS），用于将 Internet 域名解析为 IP 地址。
- 超文本传输协议（Hyper Text Transfer Protocol，HTTP），用于传输构成万维网网页的文件。
- 简单邮件传输协议（Simple Mail Transfer Protocol，SMTP），用于传输邮件及其附件信息。
- Telnet 协议（一种终端模拟协议），提供对服务器和网络设备的远程访问功能。
- 文件传输协议（File Transfer Protocol，FTP），用于系统间的文件交互传输。

2. TCP/IP 协议栈

在 TCP/IP 参考模型中，并非只有 TCP 和 IP 这两个协议，其是一个协议族，包含了多个协议。按照 TCP/IP 参考模型的层次对这些协议进行分类，划分后的协议形成了类似栈的分层结构（总是从顶层开始去访问网络），称为 TCP/IP 协议栈，如图 4.19 所示。

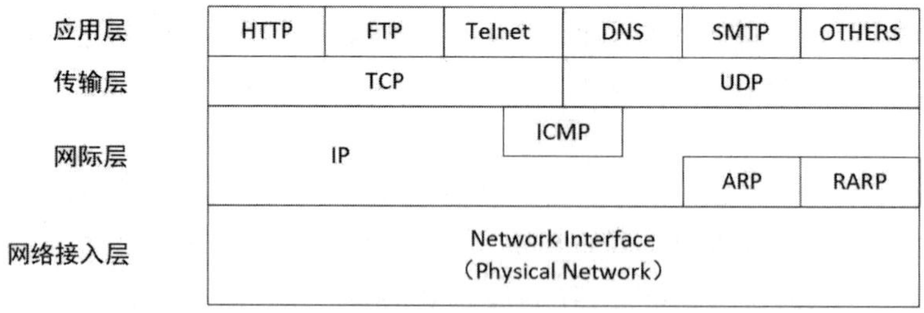

图 4.19　TCP/IP 协议栈

TCP/IP 协议栈中的所有协议都在 RFC 文档中进行讨论和标准化，但并非所有的 RFC 文档都是正式标准，成为正式标准要经过互联网草案、建议标准、互联网标准这三个阶段。重要的协议在 RFC 文档中被标记了状态：“必需”“推荐”“可选”“实验”“历史”。应用层和传输层的协议在前面进行了介绍。在 TCP/IP 参考模型的网际层中，除了最主要的 IP 协议，还有 3 个协议对其进行补充，具体介绍如下。

地址解析协议（Address Resolution Protocol，ARP）：根据提供的设备 IP 地址获得设备 MAC 地址的协议，其在以太网章节会进行详细介绍。

反向地址解析协议（Reverse Address Resolution Protocol，RARP）：根据提供的设备 MAC 地址获得设备 IP 地址的协议。RARP 曾在无盘工作站的场景使用，目前已很少用到。

因特网控制报文协议（Internet Control Message Protocol，ICMP）：顾名思义，该协议主要用来在设备之间传递控制信息，这里的控制信息是指网络连接状况、提示网络中出现故障或异常的原因。

4.3 项目实施

任务 了解数据的封装与解封装

了解数据的封装与解封装

如图 4.20 所示，当用户使用计算机打开浏览器时，输入网站链接，可以进入网站页面，这个过程中数据是如何组织处理的？如何完成数据的封装和解封装？接下来以一次 Web 服务器访问的过程为例，完成对以上问题的研究。

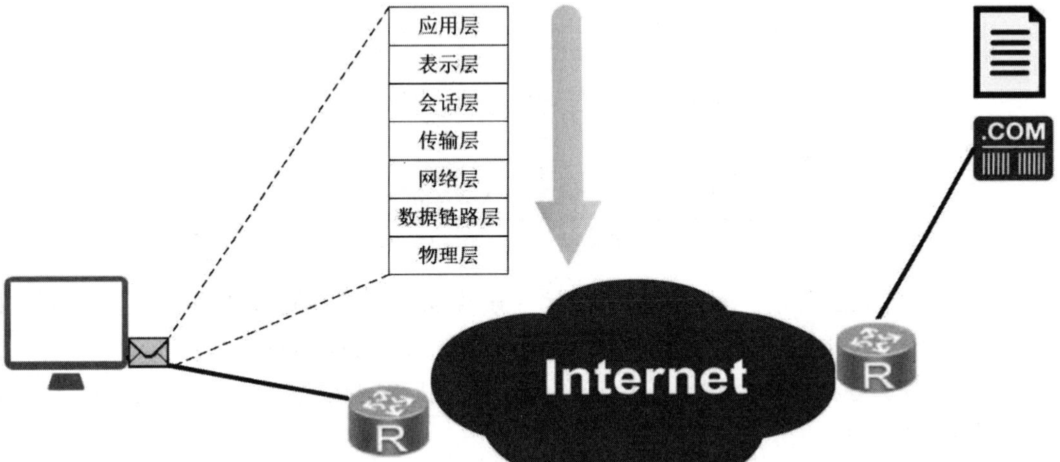

图 4.20 计算机访问 Web 服务器

在正式访问 Web 服务器前，首先需要通过 DNS 服务获得 Web 服务器的 IP 地址，即需要访问 DNS 服务器。计算机根据网络配置（IP 地址、子网掩码、网关、DNS 服务器）判断 DNS 服务器是本地访问还是远程访问（通常是远程访问），通过 ARP 协议获得网关（路由器）的 MAC 地址，并将其放入计算机的 ARP 缓存表用于后续访问。当计算机从 DNS 服务器中拿到目标网站对应的 IP 地址后，访问 Web 服务器的通信过程就开始了。

（1）浏览器发出 HTTP GET 请求，在数据内容前添加第 7 层的头部，用于标识该数据对应的应用程序和类型（在任务中不考虑表示层和会话层），如图 4.21 所示。

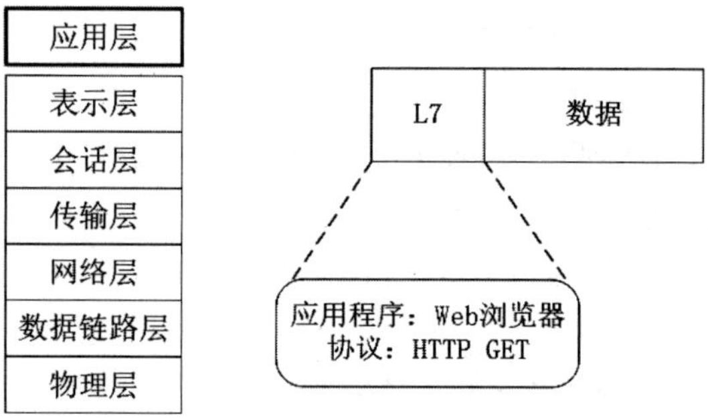

图 4.21　使用第 7 层头部标识程序和协议

（2）如图 4.22 所示，HTTP 协议选择 TCP 作为传输层协议，使用“三次握手”建立连接，并使用目的端口 80 标识上层服务是万维网（WWW）服务，为此次会话关联随机选择的端口（45678）。一台计算机可以同时打开多个网页，使用不同的端口可以对它们进行区分。TCP 协议将发送确认号和序列号，确认号用于告知服务器已接收到的数据以及下一次希望接收的数据；序列号用于告知服务器当前数据在通信过程中所处的位置。此外，TCP 协议根据通信会话的需要设置标志信息。

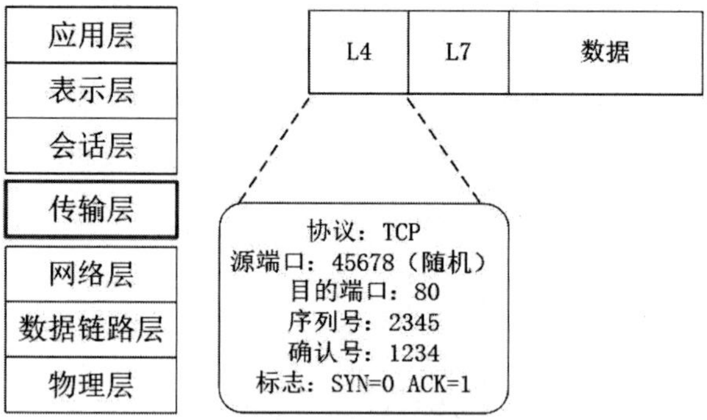

图 4.22　添加第 4 层头部

（3）如图 4.23 所示，网络层会添加第 3 层头部，本任务使用 IPv4 协议。IP 协议标明计算机和服务器的逻辑地址，服务器的 IP 地址（目的 IP）通过 DNS 服务获得，计算机自身的 IP 地址（源 IP）通过网络配置（或通过 DHCP 服务获得网络配置）得到，同时还通过 IP 头部中的协议字段标明了上层协议是 TCP 协议。

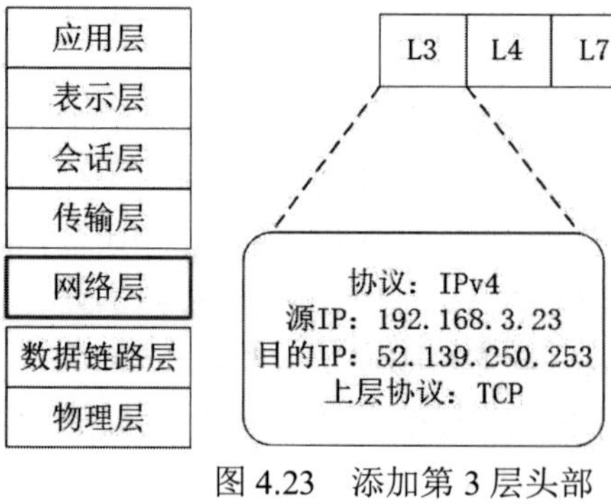

图 4.23　添加第 3 层头部

（4）如图 4.24 所示，在数据链路层，计算机使用 ARP 协议获得网关（路由器接口）的 MAC 地址，并将路由器接口的 MAC 地址封装为帧的目的 MAC 地址，同时使用计算机自身的 MAC 地址作为帧的源 MAC 地址，通过协议字段标明上层协议为 IP 协议，使用 CRC 计算得到帧校验序列 FCS（4 字节）作为帧的尾部，使用前导码和帧开始符作为帧的开始标志，将其封装成帧。

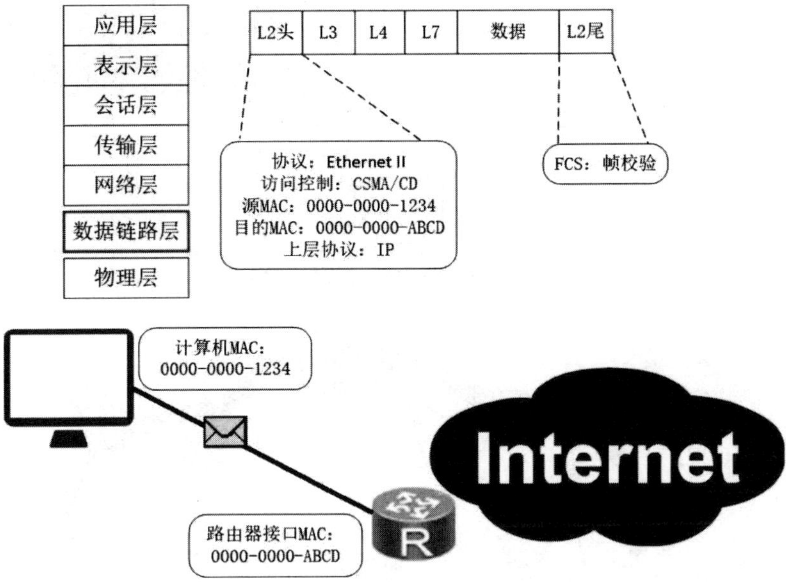

图 4.24　添加第 2 层头部和尾部

（5）如图 4.25 所示，物理层根据物理连接选择相应的协议和编码方式将数据帧发送到传输介质，通过 CSMA/CD 控制发送过程。

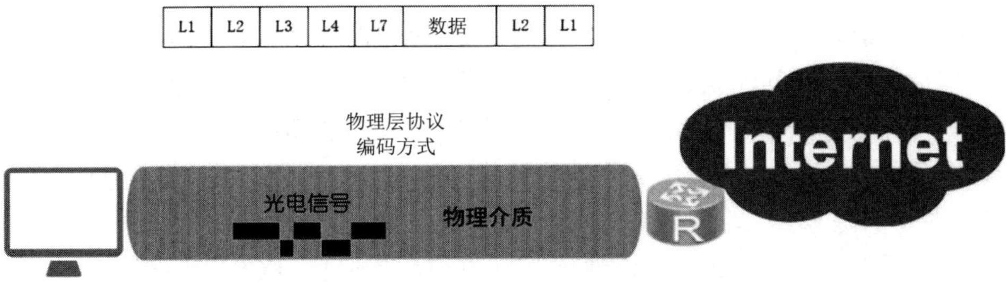

图 4.25　物理层协议

（6）通过物理线路将比特流信号传送到路由器的接口网卡后，路由器会检查前导码和帧开始符，查找到帧的开始部分，将帧信息放入缓存，准备重建帧。收到整个帧后，会对该帧进行帧校验，并同接收到的校验码（帧尾部）进行比对，确定接收到的帧完整无差错。通过帧校验后，再检查帧中的目的 MAC 地址，如果目的 MAC 地址是路由器接口网卡 MAC 地址，则拆除帧头部，送往网络层，如图 4.26 所示。路由器会处理第 3 层头部，查看数据包中 IP 头部的目标 IP 地址，然后按照其核心组件路由表中的信息指导该数据包的转发。根据 Internet 的缩略图（图 4.27），路由器 R1 查找路由表后得知去往目的地服务器需要向路由器 R2 发送数据包。

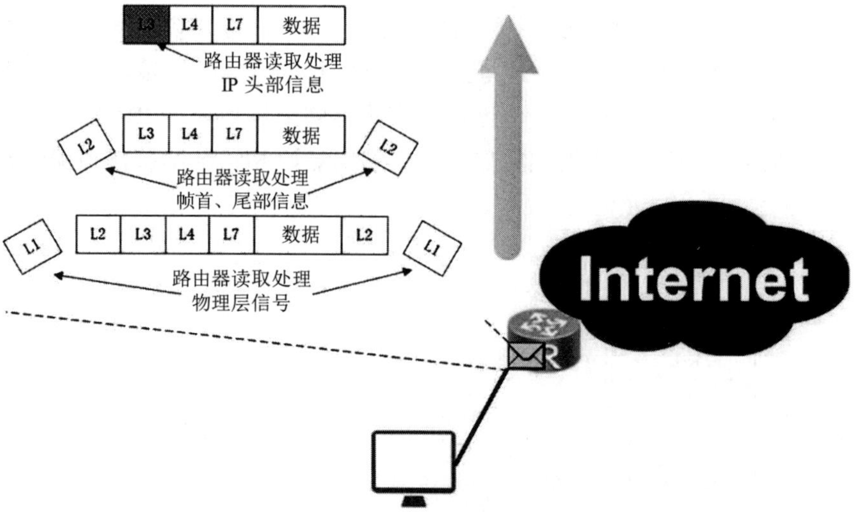

图 4.26　路由器进行解封装

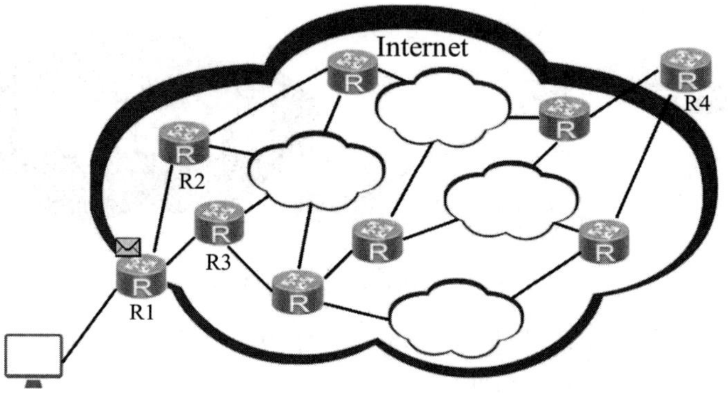

图 4.27　Internet 缩略图

（7）如图 4.28 所示，R1 根据连接 R2 接口的数据链路层协议，对帧进行重新封装。对于某一台路由器而言，连接其他设备所使用的第 2 层协议可能相同，也可能不同，但即使计算机连接 R1 和 R1 连接 R2 所使用的第 2 层协议相同，仍需要解封装和封装。因为 R1 中不同接口的 MAC 地址不同，并且 R1 从计算机收到的帧的目的 MAC 地址为 R1 左下方接口的 MAC 地址，发往 R2 的帧的源 MAC 地址为 R1 右上方接口的 MAC 地址，此时接收帧和发送帧的格式相同，但组成帧的字段内容（源 MAC 地址、目的 MAC 地址、FCS）不同。

（8）当互联网中的设备按照上述过程将数据包逐跳传递到服务器后，服务器按照从低到高的顺序将其解封装，送往目标应用程序。在物理层和数据链路层，服务器的处理方式和 R1 收到来自计算机的数据帧的处理方式一样。在网络层，服务器的处理方式与上文有所不同，服务器检查 IP 数据包的目标 IP 地址同自身的 IP 地址是否一致，一致则处理数据包，同时通过 IP 头部的协议字段得知上层协议是 TCP。然后解封装 IP 头部，将数据段传送到传输层 TCP。服务器在传输层通过源端口和目的端口识别计算机和服务器建立的会话，找到相应的进程；通过序列号按照正确的顺序放置此数据段，发送至应用层。在应用层，HTTP GET 请求被传送到 Web 服务器的服务（httpd），该服务负责对请求进行响应。服务器解封装过程如图 4.29 所示。

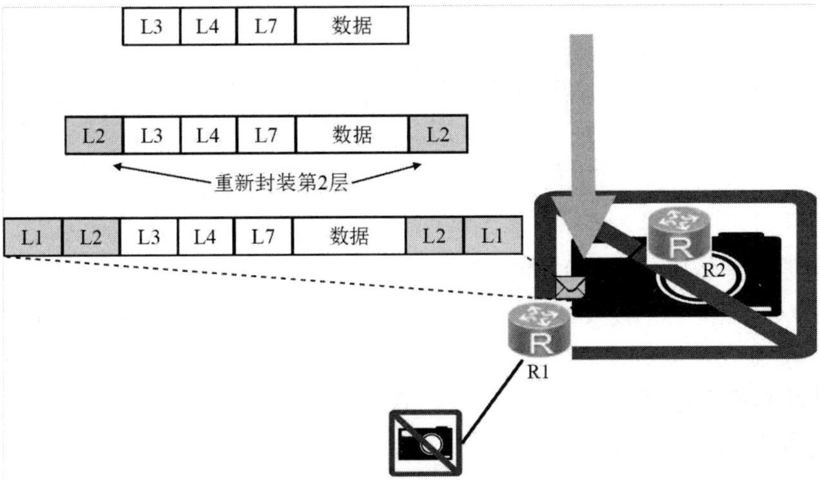

图 4.28　R1 重新封装帧

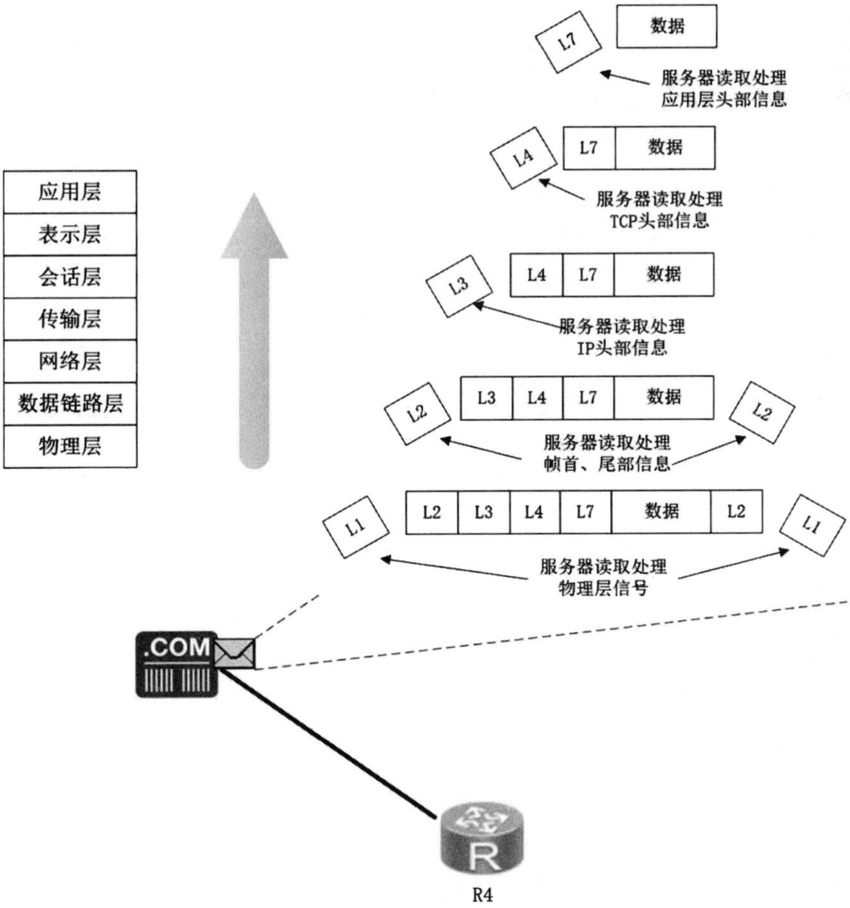

图 4.29　服务器解封装

服务器向计算机回应信息的过程同上述流程类似，这里不再赘述。需要注意的是，此时通信的源和目的发生了切换，即服务器作为通信的源，计算机作为通信的目的。

4.4 习题

一、选择题

1. OSI 参考模型是由（　　）研究制定的。
   A. ISO　　B. IEEE　　C. ITU　　D. CCITT
2. 网络层的主要功能是（　　）。
   A. 寻址和路由选择　　B. 差错控制
   C. 端到端的连接　　D. 透明传输
3. IP 地址是由（　　）分配的。
   A. IANA　　B. IEEE　　C. ISO　　D. ITU
4. 网络层 PDU 称为（　　）。
   A. 帧　　B. 数据包　　C. 比特流　　D. 数据段
5. 在 OSI 参考模型中，实现主机到主机的连接是在（　　）。
   A. 数据链路层　　B. 网络层　　C. 传输层　　D. 应用层
6. 在 OSI 参考模型中，实现端到端的连接是在（　　）。
   A. 数据链路层　　B. 网络层　　C. 传输层　　D. 应用层
7. 工作在传输层，并且提供无连接服务的协议是（　　）。
   A. IP　　B. TCP　　C. UDP　　D. ARP
8. 以下不属于应用层协议的是（　　）。
   A. ICMP　　B. Telnet　　C. FTP　　D. HTTP
9. OSI 参考模型中，最核心的层次是（　　）。
   A. 数据链路层　　B. 网络层　　C. 传输层　　D. 会话层
10. 压缩和加密属于 OSI 参考模型（　　）的职能。
   A. 传输层　　B. 表示层　　C. 会话层　　D. 应用层

二、填空题

1. OSI/RM 的中文全称是__________。
2. 数据链路层可以分为以下两个子层，即__________、__________。
3. OSI 参考模型中工作在传输层的两个协议有__________、__________。
4. TCP/IP 模型的应用层对应 OSI 参考模型的__________、__________、__________。
5. 当数据包的 TTL 为 0 时网络设备会执行__________。

三、简答题

1. 网络协议的三要素是什么？各自有什么含义？

2．网络通信失败可能受哪些外部因素影响？
3．网络模型为何要进行分层设计？
4．什么叫透明传输？请简述使用哪些方法实现透明传输。
5．物理层规定了哪些方面的内容？
6．共享介质有哪些介质访问控制方法？
7．什么是 MTU？
8．请解释什么是“无连接”。
9．为什么称 TCP 为可靠的协议？
10．TCP/IP 协议族有哪些协议？

拓展阅读

中国四大骨干网

中国四大骨干网包括中国科技网（CSTNet）、中国公用计算机互联网（ChinaNet）、中国教育和科研计算机网（CERNET）、中国国家公用经济信息通信网（CHINAGBN）。

CSTNet 和 CERNET 主要为科研、教育提供非营利性Internet 服务，而 ChinaNet 和 CHINAGBN 则为公众提供经营性 Internet 服务。

中国科技网的前身是中国科学院于 1989 年 8 月建立的中关村地区教育与科研示范网络（NCFC）。1994 年 4 月，NCFC 与美国国家科学基金会网络（NSFNET）直接互联，实现了中国与 Internet 全功能网络连接。1996 年 2 月，以 NCFC 为基础发展起来的中国科学院网（CASNET）更名为中国科技网。

中国公用计算机互联网又称中国宽带互联网，是原中华人民共和国邮电部经营管理的电子信息网，始建于 1994 年。1995 年初与国际互联网联通，同年 5 月，ChinaNet 上海节点正式向社会开放业务。邮电部撤销后，ChinaNet 改由中国电信集团有限公司经营管理。

中国教育和科研计算机网始建于 1994 年，由中华人民共和国教育部投资并管理，是中国最大的公益性、学术性计算机互联网络。

中国国家公用经济信息通信网又称中国金桥信息网，是“三金工程”项目之一，由中华人民共和国信息产业部（原电子工业部）负责管理的公用计算机信息网。金桥信息网于 1994 年开始建设，1996 年 9 月正式开通。

项目5 以 太 网

项目导读

“以太”一词来自英文 ether 或 aether 的音译，它的含义随着历史变迁而发展。在古希腊神话中，aether 是天堂之神，他是神界的天空或填充天空的物质，是众神所呼吸的纯洁天堂空气。古希腊哲学家亚里士多德认为，除了水、火、气、土之外，还有一种居于天空上层的物质，把它称之为以太。17 世纪的笛卡尔最先将以太引入科学，他认为物体之间所有的作用力都必须通过某种中间媒介物质来传递，不存在任何超距作用，空间不可能是空无所有的，而是被“以太”这种媒介物质所充满的，虽不能被人所感受，但能传递力的作用。19 世纪的物理学家们认为以太是一种曾被假想的电磁波的传播媒介。“以太说”曾在一段历史时期左右物理学家的思想，按照当时的猜想，以太无所不在，没有质量，绝对静止。虽然以太说最终被实验和理论否定，但是以太说的某些思想（不存在超距作用，不存在绝对空虚意义上的真空）仍然具有旺盛的生命力。

罗伯特·梅特卡夫（Robert Metcalfe）是以太网的发明人，他当时是施乐帕洛阿尔托研究中心（Xerox PARC）的网络专家，他接受到的第一任务是把 Xerox ALTO 计算机连到 ARPANET。1972 年底，梅特卡夫和大卫·博格斯（David Boggs）设计了一套网络，将不同的 Xerox ALTO 计算机连接起来，接着又把 NOVA 计算机连接到 EARS 激光打印机上。这套网络的命名也颇具创意，在研制过程中，梅特卡夫把这套网络命名为 ALTO ALOHA 网络。1973 年，梅特卡夫将其更名为“以太网”，其灵感来自“电磁辐射是可以通过发光的以太来传播”这一想法，颇具哲学意味。同时还明确指出，该系统不仅仅支持 Xerox ALTO 计算机，还可以支持任何计算机。

以太网作为当今局域网最常见的技术，自诞生起一直在不断发展，以满足高速局域网不断增长的需求。学习完本项目后，我们将大致了解以太网的演变过程，掌握以太网帧的构成、以太网协议所使用的介质访问控制方法，以及以太网中的网络设备是如何工作的等知识。

项目要点

- 以太网的发展历史
- 以太网帧的构成
- MAC 地址及其使用
- 载波监听多路访问冲突检测（CSMA/CD）
- 冲突域和广播域
- 交换机转发原理
- ARP 表工作原理

5.1 基础知识链接

以太网涉及了 OSI 参考模型中的第 1 层和第 2 层，其定义了局域网中的电缆型号和信号处理方法，是建立在载波侦听多路访问/冲突检测（Carrier Sense Multiple Access with Collision Detection，CSMA/CD）机制上的广播型网络。

早期以太网如图 5.1 所示，以太网最早使用同轴电缆组网，物理拓扑与逻辑拓扑均为总线结构，其特点是结构简单、实现和扩展方便、成本较低，主要缺点是单点故障就会造成整网瘫痪，且不易排障。后来出现了一种以集线器为中心节点、双绞线为介质组网，物理拓扑为星型，逻辑拓扑为总线型的以太网，该组网方式同样成本较低，且单点故障不会影响全网（中心节点设备除外）。早期这两种组网架构的特点是，逻辑拓扑均为总线结构，所有的终端设备都在一个冲突域中，导致线路的利用率较低，故而慢慢被市场淘汰。取而代之的是现在普遍使用的交换机，它能隔离冲突域，极大地提升以太网性能。但是，交换机对网络中的广播流量不作限制，这样导致网络规模增大后网络的性能降低，网络规模较大时可以考虑使用虚拟局域网（Virtual Local Area Network，VLAN）技术，在逻辑上将网络进行隔离。以太网能成为主流局域网技术，一方面是因为技术不断革新，能满足高速局域网不断增长的要求；另一方面是其在成本、向前兼容、稳定、易扩展等方面都有着极大的优势。随着移动终端接入网络需求的增加，以太网作为分布式系统，为无线 AP 提供接入服务，已成为常见的组网模式。

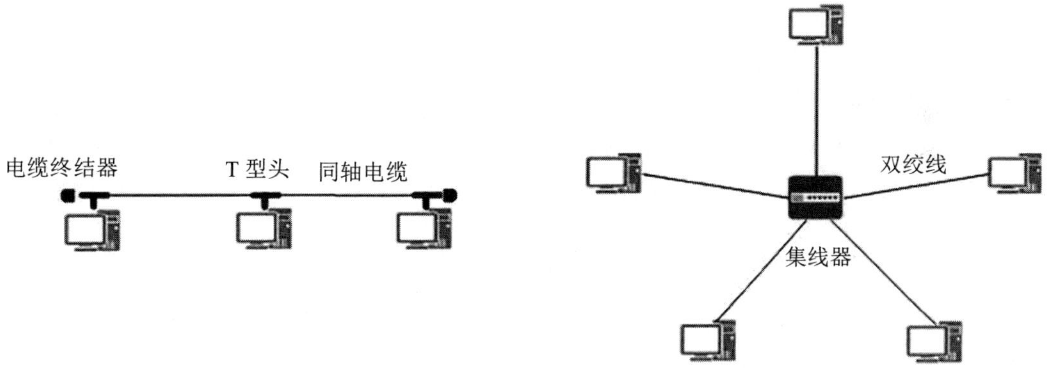

图 5.1 早期以太网

在 2015 年和 2016 年公布的以太网标准中，通过光纤的数据传输速率已经可以达到 100Gb/s 和 40Gb/s，通过双绞线的数据传输速率可以达到 5Gb/s 和 2.5Gb/s，并且更高速率的标准也在研究中。以太网的快速发展使得以太网（光纤）的使用范围已从局域网领域扩大到城域网和广域网领域。

5.1.1 以太网历史

1972 年，梅特卡夫发明了以太网，同时也是世界上第一个局域网，当时的数据传输速率达到 2.94Mb/s。1980 年，由数字设备（Digital Equipment Corp，DEC）、英特尔（Intel）、Xerox

PARC 三家公司（合称 DIX）发布了 DIX Ethernet V1 标准（10Mb/s 同轴电缆），1982 年又发布了 DIX Ethernet V2（Ethernet II）标准。梅特卡夫为了让更多人从中受益，将其作为一个开放的标准发布。1983 年，IEEE 标准协会发布了以 802 开头的局域网标准，如 IEEE 802.4 令牌总线网、IEEE 802.5 令牌环网等，其中以太网标准是 IEEE 802.3。为了使数据链路层能适应多种局域网标准，IEEE 标准协会把局域网的数据链路层拆成了逻辑链路控制（LLC）子层和介质访问控制（MAC）子层。LLC 子层与传输介质无关，不管采用何种物理层硬件和 MAC 子层，对于 LLC 子层来说都是透明的。IEEE 标准协会希望其标准能与 ISO 的标准以及 OSI 参考模型兼容，IEEE 802.3 相对 DIX Ethernet V2 标准只做了小幅的修改，严格意义的以太网是指符合 DIX Ethernet V2 标准的局域网。以太网与 OSI 参考模型如图 5.2 所示。

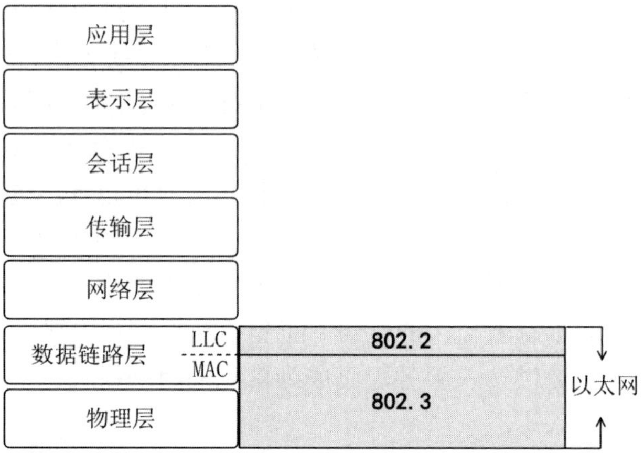

图 5.2　以太网与 OSI 参考模型

经过 40 多年的发展，以太网已成为占据主导地位的局域网技术，以太网几乎成了局域网的代名词。基于 IEEE 802.3 标准（含 LLC 子层）封装的报文在网络中已为数不多，比如 STP、ISIS 这些协议在以太网链路使用 IEEE 802.3 标准定义的协议封装。这些协议运行在网络设备之间，用来保障网络的正常运行，对用户来说是透明的。而使用以太网的用户设备（如个人计算机）所发送的报文，都是基于 Ethernet II 格式进行封装的，故而很多厂商生产的网络适配器（计算机上用于通信的接口卡，也称网络接口卡，简称网卡）不支持 LLC 子层协议。

现在，以太网支持的数据带宽包括 10Mb/s、100Mb/s、1000Mb/s、10000Mb/s、40000Mb/s、100000Mb/s。以太网部分发展历程见表 5.1。

表 5.1　以太网部分发展历程

以太网标准	年份	描述
发明以太网	1973	由 Xerox PARL 公司的梅特卡夫发明了以太网，同轴电缆上最大速率达到 2.94Mb/s
DIX Ethernet V1/V2	1980/1982	由 DIX 发布了 10Mb/s 的粗同轴电缆标准，该标准定义的协议中具有“类型”字段以及 MAC 地址
IEEE 802.3 标准 10BASE-5	1983	10Mb/s 的粗同轴电缆以太网。与 DIX Ethernet V2 相比，“长度”字段替换掉“类型”字段，在 IEEE 802.3 报头之后添加了 LLC 报头

续表

以太网标准	年份	描述
IEEE 802.3a 10BASE-2	1985	10Mb/s 的细同轴电缆以太网
IEEE 802.3i 10BASE-T	1990	10Mb/s 的双绞线以太网
IEEE 802.3j 10BASE-F	1993	10Mb/s 的光纤以太网
IEEE 802.3u 标准 100BASE-TX 100BASE-FX 100BASE-T4	1995	100Mb/s 的双绞线（不同类型）和光纤（多模）以太网（多个标准）
IEEE 802.3y 100BASE-T2	1998	100Mb/s 语音级双绞线
IEEE 802.3z 支持 1000BASE-SX 1000BASE-LX 1000BASE-CX	1998	1000Mb/s 光纤（分多模、单模和长波、短波）以太网。1000BASE-CX 为 150Ω 平衡屏蔽双绞线（多个标准）
IEEE 802.3ab 标准 1000 BASE-T	1999	1000Mb/s 双绞线（超 5 类 UTP）以太网
IEEE 802.3ae 标准 10GBASE-SR 10GBASE-LR 10GBASE-ER 10GBASE-SW 10GBASE-LW 10GBASE-EW	2002	10Gb/s 光纤以太网。其中 R、W 分别对应 Range、WAN，S、L、E 分别对应 Short、Long、Extended。万兆以太网分别对应 LAN 和 WAN 两种不同的物理层
IEEE 802.3an 10GBASE-T	2006	10Gb/s 双绞线（超 6 类和 7 类）以太网
IEEE 802.3at 标准	2009	以太网供电增强功能（25.5W）
IEEE 802.3bm	2015	100Gb/s 或 40Gb/s 光纤以太网
IEEE 802.3bz 2.5GBASE-T 5GBASE-T	2016	2.5Gb/s 和 5Gb/s 双绞线以太网，利用已有的超 5 类和 6 类线缆

表中罗列的是适合网络基础阶段知识的标准规范，涉及更多专业知识的标准请感兴趣的读者自行查阅。

5.1.2 以太网帧

一台计算机需要和外界进行通信必须要有网络适配器（网卡），同样，网络设备也必须要有网卡，否则无法和传输介质相连。早期的一部分个人计算机的主板插槽（如 PCI 插槽）上可以插入网卡，将接入网络作为一种可选功能。随着网络逐渐普及，台式机或笔记本的主板在出厂时已经集成了网卡，特殊情况下甚至还有增加网卡的需求，比如服务器。

计算机内部与网卡之间的通信是通过主板的输入/输出（I/O）总线以并行方式传输的，网卡与介质（铜缆、双绞线、光纤）之间是串行传输，故而网卡需要进行串行传输和并行传输的转换。由于介质上的数据传输速率和计算机内部与网卡通信速率不一致，网卡还必须有能对数据进行缓存的存储芯片。当计算机有数据需要发送到网络时，网卡将待发送的数据封装成帧，通过介质发送到网络上；当从网络接收到帧时，首先检查其是否为无效帧，是则丢弃，否则继续检查其是否为发送给本机的帧或广播帧，是则使用中断通知计算机，解封装帧交上层处理，否则丢弃。网卡作用示意图如图 5.3 所示。

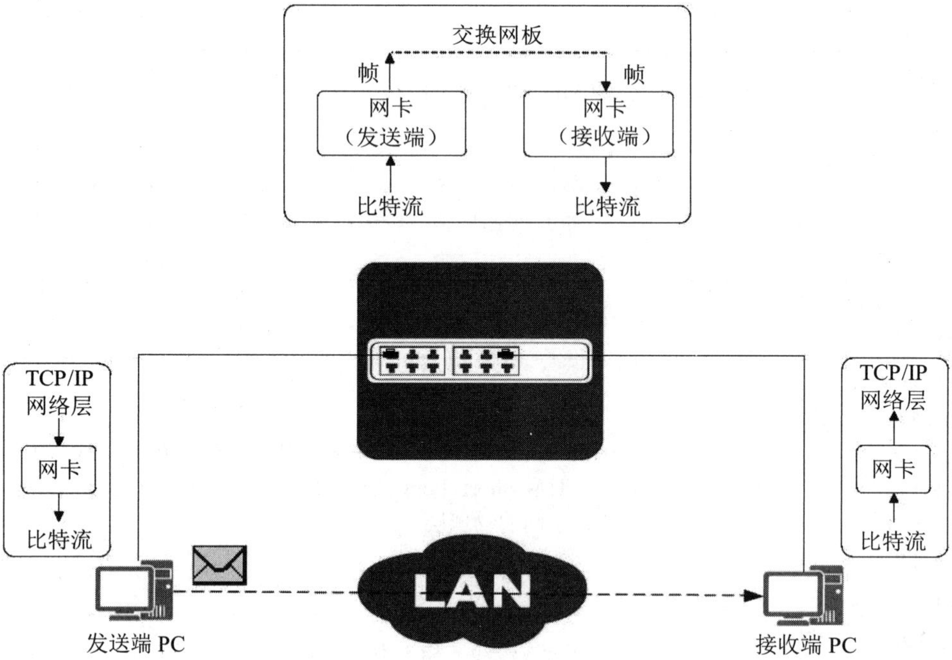

图 5.3　网卡作用示意图

网卡如何判断接收到的帧是否为发送给自己的帧呢？答案是使用硬件地址，也称物理地址或 MAC 地址。所有的网卡在生产时，会有设备制造商将 MAC 地址烧录在网卡的只读存储器 ROM 中，这个地址是全球唯一的，计算机就是通过帧中的 MAC 地址信息来判断收到的帧是否为发送给自己的帧。

以太网的物理层涉及信号处理、物理硬件规范、在介质上传输比特流等事宜，但物理层也有其局限性，其可以识别比特流但无法标识设备，也无法知道该信息从哪台设备发出和要发往哪台设备，也无法与上层通信。以太网的数据链路层解决了这些问题，使用帧重新组织比特流使其变成一组有特定含义的信息，使用编址方案来标识设备，并使用编址来标识信息的来源和目标，通过相应字段对应上层协议。

一个帧由 7 个字节的前导码和 1 个字节的帧首定界符来标识帧的开始，其格式是固定的，为 10101010 10101010 10101010 10101010 10101010 10101010 10101010 10101011，注意最后一个字节和前 7 个字节有所不同。这 8 个字节具有两个作用：一是接收端在接收以太网帧时调整时钟频率，用于接收端和发送端同步；二是引起接收端的注意，告知接收端接下来的部分就是以太网帧。以太网中的帧格式如图 5.4 所示。

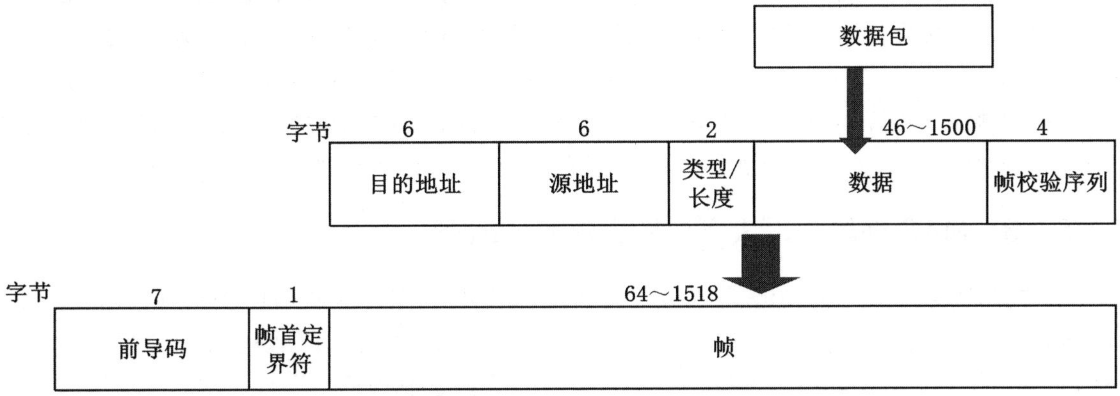

图 5.4　以太网中的帧格式

以太网帧格式有两种标准，一种是 DIX Ethernet V2 标准，另一种是 IEEE 802.3 标准。在 DIX Ethernet V2 标准中，“源地址”字段后紧跟的字段为“类型”，长度为 2 个字节；在 IEEE 802.3 标准中，该字段为“长度”，长度也为 2 个字节。设备又如何判断一个帧属于哪种标准呢？答案在取值上。如果取值小于 0x0600，即小于 1536，则表示长度，该帧属于 IEEE 802.3 标准；如果取值大于 0x0600，则表示类型，用来标明上层协议。在表示类型时，每种上层协议有一个固定值，如 0x0806 代表上层协议为 ARP，0x0800 则代表上层协议为 IPv4，以此类推。

DIX Ethernet V2 标准的帧格式与 IEEE 802.3 标准的帧格式的其余部分含义是一样的，其中目的地址和源地址均为 6 个字节，用来协助接收设备判断该帧的源和目的。

在“类型/长度”字段后面就是数据部分，用来存储来自上层的封装数据（如数据包）。上层协议不一定是 IPv4，也可以是 ARP、MPLS、IPv6 等，图 5.4 中标识成数据包是为了便于理解。图 5.4 中标识了数据部分的取值范围为 46～1500 字节。数据部分必须大于 46 字节是由 CSMA/CD 机制决定的，必须小于 1500 字节则是考虑到如果一个帧过大，其在较低带宽链路占用的发送时间就会过长，此时使用共享介质的其他设备的等待时间就会过长，不适用于对延时敏感的应用。

帧校验序列部分为 4 个字节，该字段用来检测帧在传输过程中是否出现差错。如果计算结果匹配，就代表没有发生差错，继续下一步处理；如果计算结果不匹配则表明出现差错（数据已经改变）。相关细节在项目 4 已提到，这里不再赘述。

故而，以太网标准规定如下帧为无效帧：

- 帧的长度不是整数个字节的帧。
- 帧校验未通过的帧。
- 数据部分不在 46～1500 字节之间的帧。

对于被检查出无效的帧，设备只需要丢弃，以太网不进行重传，这些检查是在网卡上进行的。由于以太网帧除数据部分的其他字段长度固定为 18 个字节，因此所有字段加上数据部分的总长度即为64～1518字节。需要补充的是，现在的以太网接口通过配置可以远远超过1518字节，但提前一定要协商好。

每个以太网帧之间都要有帧间隙（Interframe Gap），即发送完一个帧后，需要等待一段时间，才能再发送另外一个帧。这个规定的目的是让接收帧的一方对帧做必要的处理（如通知计算机 CPU 处理接收数据、调整缓存的指针等）。以太网标准规定最小的帧间隙是 12 个字节，全为 1。对于千兆接口，帧间隙可减少到 64 比特；对于万兆接口，帧间隙可减少到 40 比特。网卡在处理帧间隙时，帧间隙一般可以与跟标准规定的不一样，比如不是全 1。需要注意的是，前导码、帧首定界符必须符合规定的值，否则会被当作帧间隙处理，即该帧会被丢弃。

5.1.3 MAC 地址与以太网广播、单播、组播

为协助确定以太网中的源地址和目的地址，出现了称为介质访问控制（Media Access Control，MAC）地址的唯一标识符，其也称物理地址、硬件地址或 MAC 地址。MAC 地址也是以太网帧的一部分。MAC 地址表示形式为 12 个十六进制数字，即 48 位二进制数，在以太网帧的源和目的地址中各占 6 个字节。计算机（以太接口网卡）和交换机（以太接口网卡）的 MAC 地址分别用的物理地址和硬件地址（Hardware Address）标识，如图 5.5 所示。

图 5.5　计算机与交换机中的 MAC 地址

以太网 MAC 地址和 IPv6 地址用十六进制表示，这是因为相对二进制数，人们使用十六进制（Hex）读写表达更加便利。与十进制、二进制的原理相同，十六进制是以 16 为基数的计数系统，该计数系统使用数字 0～9 和字母 A～F，逢 16 进 1。十六进制的二进制与十进制表示见表 5.2。

表 5.2　十六进制的二进制与十进制表示

十六进制	二进制	十进制
0	0000	0
1	0001	1
2	0010	2
3	0011	3
4	0100	4
5	0101	5
6	0110	6
7	0111	7
8	1000	8
9	1001	9
A	1010	10
B	1011	11
C	1100	12
D	1101	13
E	1110	14
F	1111	15

为了和常用的十进制数区别，十六进制通常以 0x 为前导（如 0x35）或以 16 为下标的值表示。在少数情况下，其后面可能会接 H，例如 35H。

网络中设备与设备之间的通信方式可以分为三种：广播、单播、组播。

1. 广播

广播（Broadcast）即一对全体。在以太网环境下，一台主机如果需要同时和所有主机进行通信，该主机不需要知道所有主机的地址，只需将发送报文的目的地址设置为广播地址，所有主机就都会收到这台主机所发送的报文，并进行下一步处理。以太网广播帧的标识为 ffff-ffff-ffff（MAC 地址在不同软件中的表示形式可能不同，ff:ff:ff:ff:ff:ff 和 ffff-ffff-ffff 都是常见的 MAC 地址表示形式），当 2 层通信中需要发送广播的时候，其目的地址为 ffff-ffff-ffff。如图 5.6 所示。

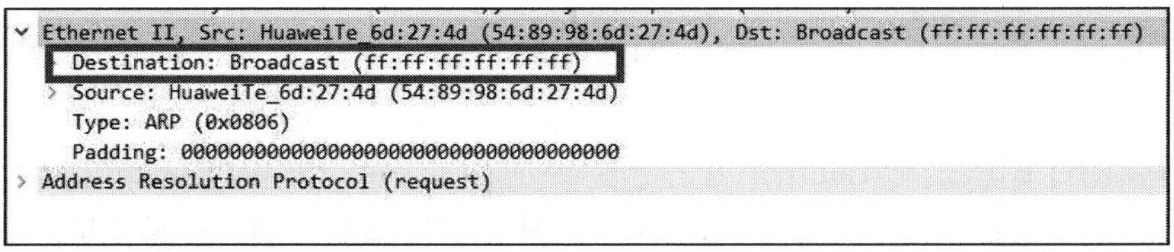

图 5.6　2 层广播

除了第 2 层（数据链路层）的以太网帧中存在广播地址以外，第 3 层（网络层）也存在广播地址，即目的地址为 255.255.255.255 的数据包。数据包的目的地址为广播地址指的是该数据包送往所有主机，也就是说，所有主机都可以表示为255.255.255.255。在第3层中，还有针对某一个网络（子网）对应的广播地址，比如 192.168.0.0/24，该子网的广播地址为192.168.0.255。DoS攻击（Smurf攻击）就是利用这一特性实施的。

如果数据包中的IP地址为255.255.255.255，其以太网帧的目的MAC地址也会被设置为ffff-ffff-ffff，如图5.7所示。但不是所有的报文既有2层以太网帧封装，又有3层IP头部封装（如ARP报文），所以不是所有的2层广播帧一定有3层的广播IP地址。

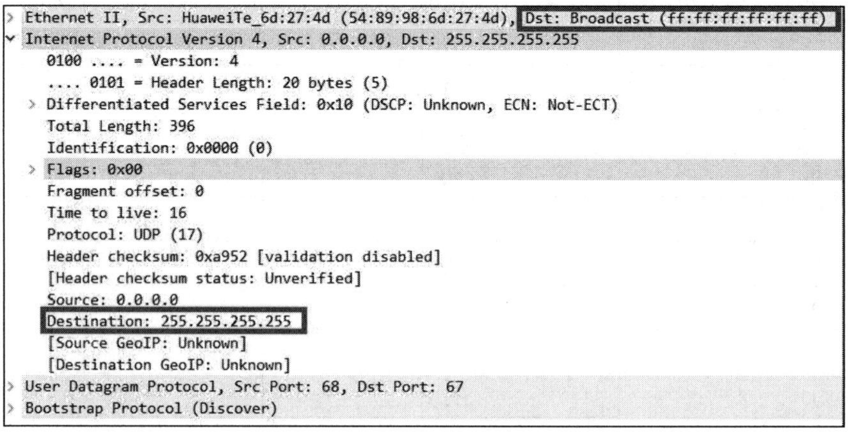

图5.7　3层广播

广播报文使用起来十分便利，交换机对于广播报文采用泛洪处理，将其复制给所有潜在的接收方（集线器对于广播、单播、组播都采用泛洪处理），这样的机制使得局域网中的其他所有设备都能收到广播报文成为可能。但是，过多的广播报文会对网络性能产生负面影响。广播报文是不可以穿越3层设备的，也就是说广播报文只能在同一个广播域范围传递。

需要强调的是，以太网只涉及第1层和第2层，当一个3层（目标IP为255.255.255.255）的广播报文进入以太网后，网络设备（交换机）对该报文的处理也仅仅停留在第2层，也就是读取帧中的信息字段，集线器不读取处理第2层的帧信息，故而将集线器视为第1层的设备。因此一个目标IP地址为广播地址的数据包，其第2层的封装目的MAC地址必然为ffff-ffff-ffff，因为以太网交换机在执行转发时帧时，不会查看第3层的信息（目标IP地址），只会读取第2层的信息（目的MAC地址设置为广播MAC地址ffff-ffff-ffff），才会将其视为一个广播帧并执行泛洪处理。

2. 单播

单播（Unicast）即一对一。对于使用网络的用户而言，大多数应用程序都是基于单播实现的，比如浏览网页、收发邮件等。所有基于TCP的上层应用都是单播，因为在使用这些应用时，用户使用的计算机是和Internet上的一台该应用的服务器建立连接传输数据的。当用户身处在以太网中时，这些数据流量必然要经过以太网，那么此时这些数据流量的第2层帧目的地址封装就是单播的MAC地址。

前面提过，广播是不能穿越3层设备而被继续转发的，所以广播传播的范围是有限的。换个思路去想，如果在局域网（以太网）中能收到全世界的所有主机的广播，这个局域网早就崩溃掉了。很显然，如果单播报文像广播报文一样不能被3层设备处理转发，则通信必然失败，所以单播报文是可以通过路由器转发的。

既然单播和广播不同，以太网中的一台主机可能会与世界上任何一处地点的设备通信，那么单播在以太网帧中的目的地址又该如何设置呢？如果在目地地址处填写目标服务器的MAC地址，那就意味着该数据流量所经过的网络设备都要能够保存这个MAC地址信息，这样才能指导该数据流量传送到正确的位置。如果一台主机能够访问世界上的所有服务器，那意味着所有服务器的MAC地址都必须保存在所有网络设备中，并且为其建立一套指导转发的机制，所以以太网帧中的目的地址直接填写目标服务器的MAC不现实。

单播通信中以太网帧的目的地址设置，即它的第2层封装处理的具体过程将在5.2.2节进行介绍。

3. 组播

组播（Multicast）也称多播，即一对多。对于以太网中的交换机来说，组播分两种情况：一种是支持并开启因特网组管理协议（Internet Group Management Protocol，IGMP）监听功能的交换机，通过组播地址表来管理转发；另一种是不支持或未开启IGMP监听功能的交换机，与广播一样对组播帧泛做洪处理。企业网在多数情况下，交换机未涉及组播管理和配置，按后者来进行处理。

以太网中的所有设备都可以收到来自同一设备的组播报文。和广播最大的不同是，组播中只有接收设备加入同一个组才会对组播报文进行下一步处理，这可以让接收设备避免不必要的资源消耗。组播继承了广播通信效率高的特点，同时又对其缺点进行了改进。故而在IPv4的继承者IPv6中，传统IPv4中需要由广播实现的功能全部交由组播来完成。

第3层目的地址为组播的数据包大体可以分为两类：一类是基于生存时间值（Time To Live，TTL）为1的组播报文，其传递的范围为1跳，对以太网来说该组播报文只能在同一个广播域传播，不得跨越3层设备，典型代表就是各类内部网关协议（Interior Gateway Protocal，IGP）路由协议报文，如OSPF、RIP等；另一类是其TTL不受限制，也就代表该报文可以被3层设备转发，典型代表是交互式网络电视IPTV中的组播视频流量，前文中的IGMP监听也是针对该类型流量进行管理的。在以太网中，无论哪种数据包都需要将第3层的目标IP地址映射到第2层的目的MAC地址中。

MAC地址由两部分组成：一部分被称为组织统一标识符（Organizationally Unique Identifier，OUI），由MAC地址中的前3个字节组成，它是由IEEE的注册管理机构RA（Registration Authority）负责分配的，所有的网卡生产厂商必须向IEEE购买；另一部分为MAC地址的后3个字节，由生产厂商自行分配，被称为扩展标识符（Extended Identifier），生产厂商只需要保证生产的网卡没有重复地址即可。我们得到设备的MAC地址后，可以通过专门的网站查询生产厂商。IEEE也考虑到有人不愿意购买OUI，于是规定48位二进制的第7位称为G/L位（Global/Local），当G/L位为0时表示是全球管理（全球唯一，类似于IP地址中的公网地址），厂商向IEEE购买的OUI都属于全球管理；当G/L位为1时则表示是本地管理（本地唯一，类似于IP地址中的私网地址）。

设备如何识别以太网帧的是一个广播帧、单播帧还是组播帧呢？设备通过读取帧中的目标MAC地址就可以识别出来。IEEE规定48位二进制数的第8位称为I/G位（Individual/Group），它标明了该MAC地址是单播MAC地址还是组播MAC地址。I/G位如果为1，则该MAC地址为组播地址，从这个角度也可以将广播地址视为特殊的组播地址；I/G位如果为0，则该MAC地址为单播地址。

【例5.1】MAC地址的识别。

如图5.8所示，该MAC地址是一个真实的物理网卡MAC地址，0x54代表第一字节，其二进制数为01010100，第7位的0（G/L位）代表该MAC地址是全球唯一的，第8位的0（I/G位）代表该MAC地址是单播地址。

十六进制MAC地址：54-05-DB-89-01-A4

二进制MAC地址：01010100-00000101-11011011-10001001-00000001-10100100

G/L位　I/G位

图5.8　MAC地址的识别

在以太网中，发送方是通过ARP协议（使用单播IP地址）获得接收方的单播MAC地址的，其目的IP地址和目的MAC地址没有任何直接关联，即单播IP地址与单播MAC地址之间无任何规律。3层广播地址（针对所有主机）和2层广播地址都只存在一个，即255.255.255.255和ffff-ffff-ffff，即只存在唯一的映射关系。

对于组播数据包，其组播MAC地址是由组播IP地址计算得到的，具体计算方法如下所述。

IP地址的组播地址都是D类地址，D类地址的范围是224.0.0.0～239.255.255.255。D类地址的二进制表示均以1110为开头，即32位二进制数的前4位为固定的1110。

将组播IP地址转换为组播MAC地址时，其二进制的前25位为00000001.00000000.01011110.0（以0x0100.5E开头，第25位二进制为0），为固定值，将IP地址的二进制后23位放在后面，组成48位的组播MAC地址。

【例5.2】计算组播IP地址239.1.1.1的组播MAC地址。

（1）其IP地址二进制表示如下：

11101111.00000001.00000001.00000001

其中后23位为0000001.00000001.00000001。

（2）组播MAC地址前25位（固定）如下：

00000001.00000000.01011110.0

生成的组播MAC二进制表示如下：

00000001.00000000.01011110.00000001.00000001.00000001

其十六进制为0100-5E01-0101。

由于组播IP地址的32位二进制数的前4位固定（1110），在生成MAC地址的过程中只取后23位，因此有5位（第5位到第9位）在生成过程中没有映射到MAC地址中，会出现32个IP地址映射1个组播的地址的现象。如图5.9所示，虽然组播IP地址不同，即239.129.1.1

和 239.1.1.1，但是这两个组播 IP 地址对应的组播 MAC 地址却是一致的，即 01:00:5E:01:01:01。

```
> Ethernet II, Src: HuaweiTe_d7:5d:bd (54:89:98:d7:5d:bd), Dst: IPv4mcast_01:01:01 (01:00:5e:01:01:01)
> Internet Protocol Version 4, Src: 202.105.1.1, Dst: 239.129.1.1

> Ethernet II, Src: HuaweiTe_d7:5d:bd (54:89:98:d7:5d:bd), Dst: IPv4mcast_01:01:01 (01:00:5e:01:01:01)
> Internet Protocol Version 4, Src: 202.105.1.1, Dst: 239.1.1.1
```

图 5.9 组播 IP 地址与组播 MAC 地址

5.1.4 以太网介质访问控制

在项目 4 中我们讨论过共享介质，在学习 CSMA/CD 工作机制前，我们先来通过一个案例理解基于共享介质组建的网络。

大家在生活中都有这样的经验，当人与人在进行交流沟通，比如打电话时，如果两个人同时开口说话，通话的双方都没办法听清对方所有表达的内容，此时就不是沟通，更像是吵架了。所以我们在打电话时，为了保持有效沟通，总会尝试只有一个人说，另一个人听。让我们将场景扩大，假设有 10 多个人坐在会议桌前，每个人面前都摆放一个麦克风。会议通常会有一个主持人，主持人最重要的职责就是安排不同的人在会上进行发言，并且尽量保证在同一时刻只有一人在进行发言，如果在同一时刻两个人同时发言，其他人就听不清这两个人想要表达的内容。

以上案例就类似于项目 4 讨论的受控访问和争用访问，它们都有共同的特点：在使用大家共用的介质（电话或会议空间）时，为了保证沟通的有效性，在同一时刻安排一个人发言。请结合自己的生活经验，讨论这两种沟通方式并回答以下问题：

（1）这两种方式中哪种类似于争用访问，哪种类似于受控访问？

（2）这两种方式在安排发言上，各自有哪些特点？

早期在 10BASE-T 网络中，网络的中心节点通常是集线器（Hub），所有的计算机通过双绞线连接到集线器。如图 5.10 所示，将 5 台个人计算机（PC）连接到 Hub1，组成 LAN1。前面提到这种网络的逻辑结构为总线型，要理解为何是总线型，首先得了解集线器的工作原理。当 PC 发送信号到线路时，集线器接收该信号，信号在双绞线传输中会存在衰减，当集线器接收到衰减的信号后将其整形放大，将放大后的信号复制多份，然后从除了接收端口外的其他端口转发出去，这种转发方式也称为泛洪。如在 LAN1 中，此时假定 Hub1 没有与 Hub3 相连。当 PC1 发出一个以太网帧后，无论该帧的目的地址是单播地址、组播地址还是广播地址，当 Hub1 收到后，对其处理的方式都是复制该帧，向连接 PC2、PC3、PC4、PC5 的接口转发相同的帧。

在该网络中介质是共享的，之所以称之为共享介质，是因为当 PC1 发送数据帧时，其他 PC 不能同时发送数据帧。假定 PC2 此时也发送一个数据帧，集线器 Hub1 也会对其进行泛洪处理。则 PC1 和 PC2 的信号在线路中就会产生碰撞，碰撞后的信号无法还原为碰撞前的信号，即解读原有应包含的信息。故而在该网络中每次只有一个站点能够成功发送，这类连接被称为半双工通信。假设该网络中链路最大带宽为 10Mb/s，当 5 台 PC 连接到该网络中时，由于某一时刻只能一台 PC 发送，其他 PC 只能接收，故而平均下来每台 PC 的最大带宽只有 2Mb/s。

我们把两台设备同时发送数据会产生冲突的区域称为冲突域。在以上案例中，PC1、PC2、

PC3、PC4、PC5 这 5 台 PC 在同一个冲突域。

下面将网络的规模扩大，图 5.10 的右下角同样使用了 Hub2 连接了 5 台 PC，并且将 Hub1 和 Hub2 通过 Hub3 相连。随着更多的设备加入该以太网，产生冲突的可能性大幅增加。当通信活动少时，偶尔发生的冲突可由 CSMA/CD 管理，网络整体性能受到的影响较小。但当设备数量以及这些设备产生的数据流量大幅增加时，冲突的大幅上升就会给网络整体性能带来明显的负面影响，从而导致该网络中集线器的实际吞吐量要远小于 10Mb/s。

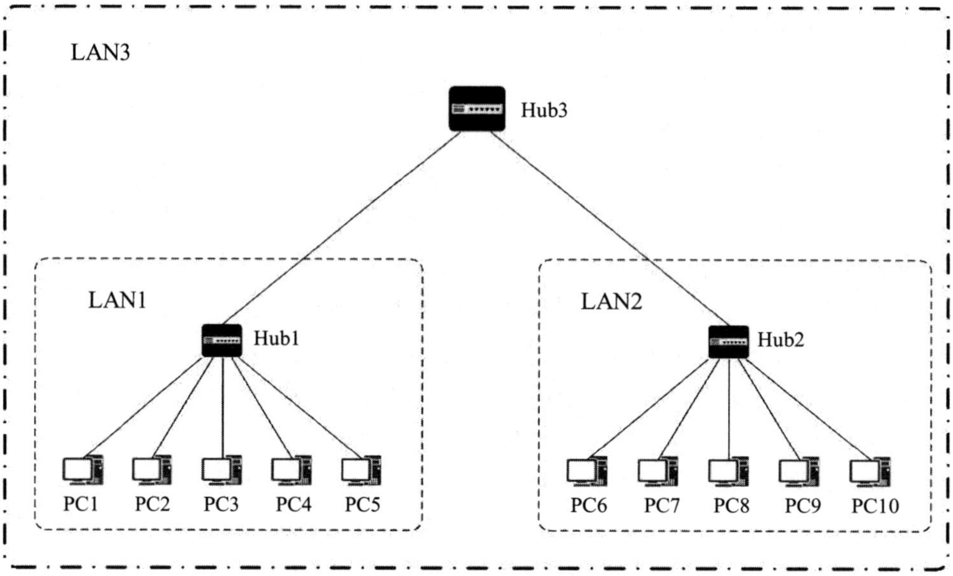

图 5.10　使用 Hub 组网（10BASE-T）

5.1.5　CSMA/CD

在前面的描述中，CSMA/CD 反复地出现，其大体思想如下：当处在以太网共享介质网络中的一台终端设备要发送数据时，首先监听信道。如果信道空闲则开始发送数据，并持续监听信道；如果在发送数据的过程中监听到了冲突信号，则立即停止发送数据，在等待一段随机的时间后，重新开始尝试发送数据。

前面已经提到，发送数据前要监听信道，空闲之后才发送数据，那为何还会产生冲突？这里就像两个人打电话，双方沉默一段时间后（信道空闲），两个人都觉得自己可以说话了，于是同时开始说话（冲突）。在 CSMA/CD 的以太网中，碰撞是不可能百分之百地完全避免的，但碰撞后一定会被检测到，所以它被称为“冲突检测”机制。

让我们来考虑一种极端情况，假设一个帧很小，只有 10 个比特。按照 10Mb/s 的速率将这个帧发送到以太网中，根据“数据大小/速率”可以得到主机发送完这个帧需要的时间为 10^{-6}s，即 1μs。而电磁波在双绞线中的传播速度大约等于光速的 2/3，1μs 的时间内，信号可以传输约 200m 的距离。

在图 5.11 中，按照计算结果，假设集线器与集线器之间、集线器与 PC 之间距离都是 100m。PC1 从第 1 个比特开始发送，到最后 1 个比特发送完毕时，发送的第 1 个比特才到 Hub3。而由于此时 PC10 没有监听到链路上的信号，也开始发送数据，则 PC1 和 PC10 发送的数据必然会产生碰撞。更严重的是，此时 PC1 没有发现碰撞发生，认为刚才的数据帧已经正常传输完成，不会重传。

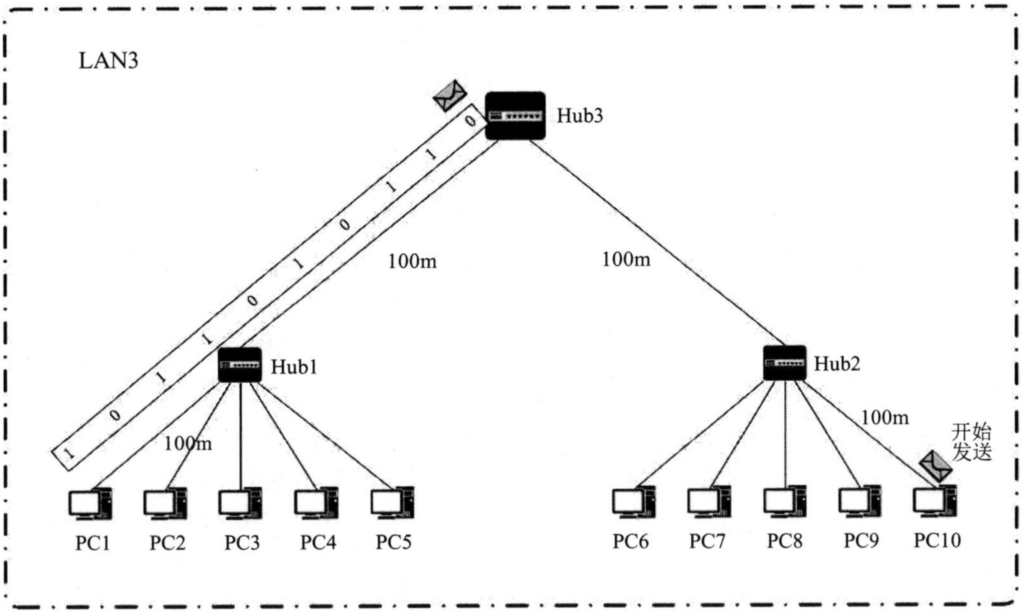

图 5.11 冲突碰撞窗口（争用期）

在最极端的情况下，当 PC1 发送的数据即将到达但还未到达 PC10 时，PC10 开始发送数据，那么此时碰撞后的信号到达 PC1 需要经过以下两部分时间之和：PC1 传送到达 PC10 的时间，再加上碰撞后信号从 PC10 传送回 PC1 的时间。在局域网总线的分析中，把总线上单程端到端的传播时延记为τ，极端情况下收到碰撞信号的时间为两倍的总线端到端的传播时延 2τ。而造成图 5.11 中 PC1 未能检测到冲突信号的原因是 PC1 发送的帧长度太短，以至于 PC1 来不及收到碰撞信号，该帧就发送完了。为了避免这种情况的出现，以太网规定了帧的最短长度为 64 个字节。

以太网端到端的往返时间 2τ称为争用期，也叫碰撞窗口。一旦发生碰撞，需要确保发送方在争用期这段时间内一定可以检测到冲突信号，从而判断此次发送失败，进行重传。换句话说，如果在争用期没有发生碰撞，则肯定此次发送数据不会发送碰撞。

当出现线路冲突时，如果冲突的各站点（PC）都采用同样的退避间隔时间，则很容易产生二次、三次的碰撞。因此，要求各个站点的退避间隔时间具有差异性，这要通过退避算法来实现。

以太网采用截断的二进制指数退避算法来使各站点确定合适的重发时间，具体如下。

（1）协议规定，10Mp/s 以太网的争用期时间为 51.2μs。对于 10Mb/s 的以太网来说，51.2μs 可以发送 512bit，也就是 64 字节。争用期也可以称为 512 比特时间，即 1 比特时间就是发送 1bit 所需要的时间。很明显，比特时间是和链路传输速率成反比的，为了方便也可将争用期简称为 512bit。

如上所述，按照最极端的情况（两倍的端到端传播时延），则端到端的距离约为 5km（25.6μs 电磁波在双绞线行进的距离）。即只要 PC1 和 PC10 在 5km 内，PC1 从开始发送帧（不小于 64 字节）到发送完最后 1 个比特，如果期间产生冲突，PC1 一定可以收到冲突信号。

（2）当一个站点发现线路忙时，要等待一个延时时间 M，然后再进行侦听工作。延时时间 M 由以下算法决定：

$$k=\min[\text{重传次数},10]$$

k 为计算延时间 M 的中间参数，其取值为重传次数和 10 的最小值，即重传次数小于 10 次时，k 的取值为重传次数；重传次数大于 10 时，k 的取值为 10。

然后从集合[0,1,…,2k-1]中随机抽取一个值 N，M 取 N 倍的争用期。

例如，当第一次重传时，从{0,1}中选 1 个随机值，其可能是 0，也可能是 1。按照 10Mb/s 以太网的 512 比特争用期计算，则延时时间是 0 或 51.2μs。

当第二次重传时，从{0,1,2,3}中随机选 1 个随机值。按照 10Mb/s 以太网的 512bit 争用期计算，则延时时间是 0、51.2μs、102.4μs、153.6μs。

（3）当重传达到 16 次且仍不成功时，应丢弃该帧，并向上层报错。这种情况在正常运行的网络中很少出现，一般只发生在网络负荷极重或网络存在物理故障的环境中。

此外，当发送数据的站点检测到碰撞信号时，除了立即停止发送数据外，还要继续发送 32 个比特或 48 个比特的堵塞信号，以便让所有站点都知道网络中发生了碰撞。

CSMA/CD 原理可简单归纳为先听后发、边听边发、冲突停发、随机延迟重发。其详细总结如下：

（1）载波侦听（CS）。在 CSMA/CD 访问控制机制中，所有要发送报文的设备在发送之前必须进行侦听。如果设备检测到来自其他设备的信号，就会持续等待，直到出现帧间隙（96 比特）时间段的空闲，该设备才开始发送。如果没有检测到通信信号，且持续了帧间隙时间，设备将发送数据。发送时，该设备仍会继续侦听是否发生冲突。报文发送之后，该设备将恢复其默认侦听模式。

（2）多路访问（MA）。在多路访问网络中，所有设备都能够使用网络发送数据，且机会是均等的。设备之间的距离会导致信号延时，当一台设备开始发送时，另一台设备可能没有检测到信号，从而也开始发送。两台设备同时在介质中发送信号，它们的报文将在介质中传播，直到产生碰撞。碰撞后，两者的信号就会混合，报文被毁坏，碰撞后的混杂信号会继续沿介质传播。

（3）冲突检测（CD）。当设备发送数据时，如果产生碰撞冲突，发送设备一定可以检测到，因为协议规定了争用期和帧最短长度（64 字节）。

当设备处于侦听模式时，可以检测共享介质中发生的碰撞冲突。冲突检测之所以能够实现，是因为碰撞后信号量超过正常水平，所有设备都可以检测到。当发送设备收到冲突信号后会继续发送堵塞信号，以便让网络中的所有设备都检测到冲突。

（4）退避算法。发送设备检测到冲突之后，立即停止发送数据，并发出堵塞信号。这种堵塞信号用于通知其他设备发生了冲突，以便让所有设备等待一个完整的帧间隙，让线路变成空闲。发送数据产生冲突的设备调用退避算法，退避算法是为了降低冲突发生后再次发生冲突的可能性，使所有冲突设备等待一个随机延时，并且随着重传次数越多，等待时间逐渐增长，以便让冲突消除。当尝试重传16次仍不能成功时，则不继续尝试，向上层报错。

设备上的随机延时到期后，该设备将恢复“发送前侦听”模式。随机延时降低了涉入冲突的设备再次同时发送造成冲突的可能性，但这也意味着，在两台涉入冲突的设备重新发送之前，第三台设备可能会先行发送。

不同速度以太网争用期见表5.3。

表5.3 不同速度以太网争用期

速度/（b/s）	争用期/bit	争用期/μs
10M	512	51.2
100M	512	5.12
1000M	4096	4.096
10G	不适用	不适用

同轴电缆的组网方式（10BASE-2、10BASE-5）由于成本和可靠性等原因，很早就被淘汰，新版的以太网标准对其已不再支持。其后，取而代之的是以双绞线和集线器为主的组网方式（10BASE-T），10BASE-T初期使用的是3类线缆，之后使用5类线缆。其工作机制仍然是CSMA/CD，尽管较同轴电缆有优势，但网络性能没有得到大的提升。10Mb/s以太网统称为传统以太网，在网络设备中的接口显示为Ethernet。但是，集线器被交换机代替后，极大地增加了网络的吞吐量，延长了传统以太网的寿命。

其后的百兆以太网的组网主要通过双绞线（5类或更高）和交换机（100BASE-TX）完成。集线器作为待淘汰设备曾和交换机并存过一段时间，两者可以混合组网。现在的网络中已看不到集线器了。

基于CSMA/CD的集线器以太网主要有以下不足：

（1）共享介质的带宽为所有设备共有，可扩展性差。随着设备的增多，冲突碰撞在网络中不可避免。在较多设备接入网络的场景下，网络带宽被冲突碰撞消耗近一半，实际利用率低，并随之带来延时高的问题。

（2）网络只能支持半双工的通信方式，通信效率低。

（3）集线器对所有类型的帧都采用泛洪处理，单播通信也是如此，这样其他设备也能接收到相应报文，存在很大的安全隐患。

5.1.6 冲突域和广播域

让我们通过冲突域的前后对比来认识交换机。

假设某网络由3台集线器组建，其连接的所有设备都在一个冲突域里。在该网络中，其中一台主机在发送数据时，其他主机都不能发送只能接收，一旦发送就会产生冲突，由此形成的单个冲突域如图5.12所示。

将Hub3替换为交换机后，同样数量的主机进行物理连接，网络由一个冲突域变为两个冲突域，如图5.13所示。由此可看出，交换机可以隔离冲突域。

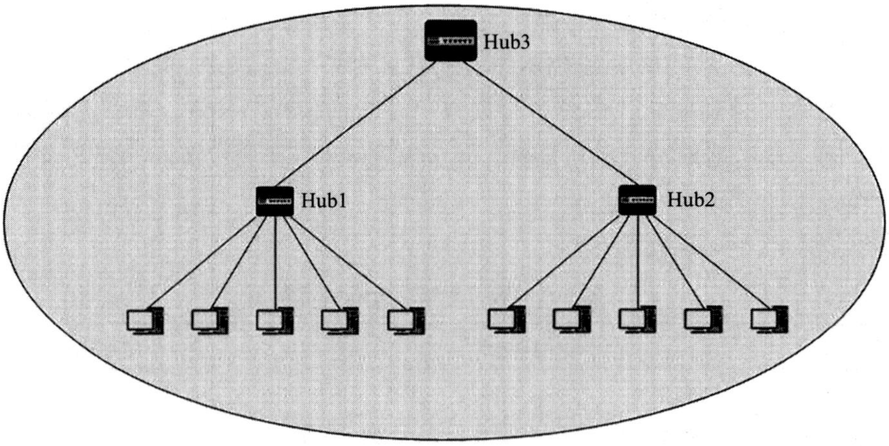

图 5.12　单个冲突域（3 台集线器）

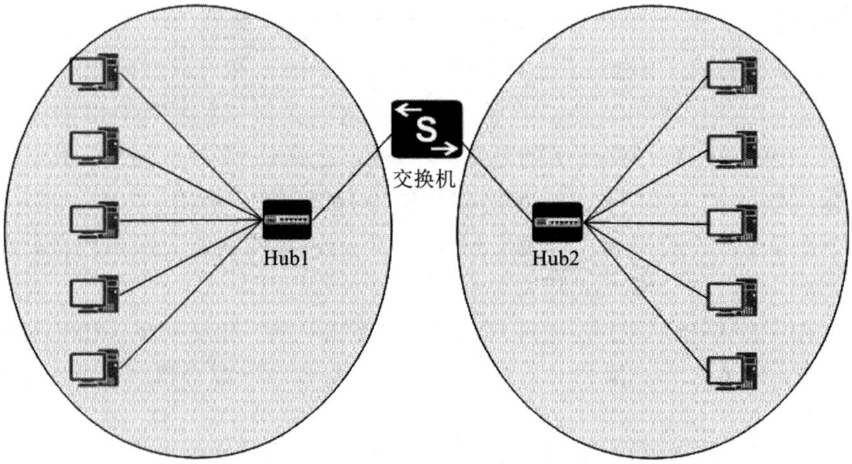

图 5.13　两个冲突域（2 台集线器、1 台交换机）

如图 5.14 所示，交换机的一个接口对应一个冲突域，每台连接交换机的主机可独享全部的介质带宽，每台主机与交换机的连接中都能有效地建立专用的点到点连接，同时消除了设备之间的介质竞争。交换机还支持全双工模式，即一台主机在发送数据的同时也能接收数据。

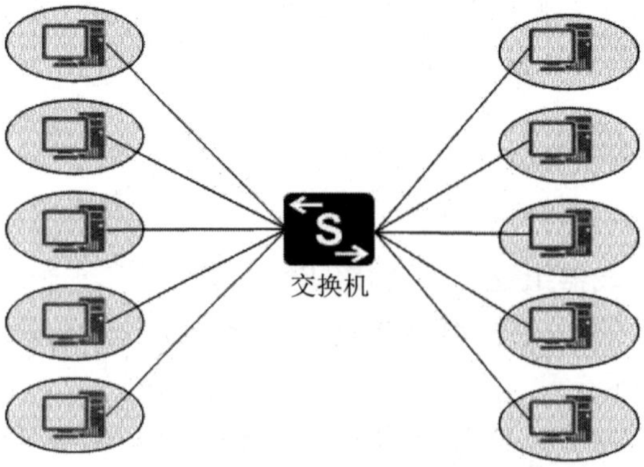

图 5.14　交换机一个接口对应一个冲突域

早期交换机的成本昂贵，这也导致在网络中直接替换掉集线器不现实，但随着交换机成本的降低，集线器也逐渐退出网络。

前文提到，交换机在收到广播帧时采用泛洪处理，将广播帧向所有接口扩散。由此可见，无论是工作在第 1 层的集线器还是工作在第 2 层的交换机，对广播帧的处理都是一致的，即向所有接口泛洪，直到广播帧泛洪到 3 层设备（如路由器）为止。将广播帧所传递覆盖的范围视为一个广播域，3 层设备隔离广播域如图 5.15 所示。

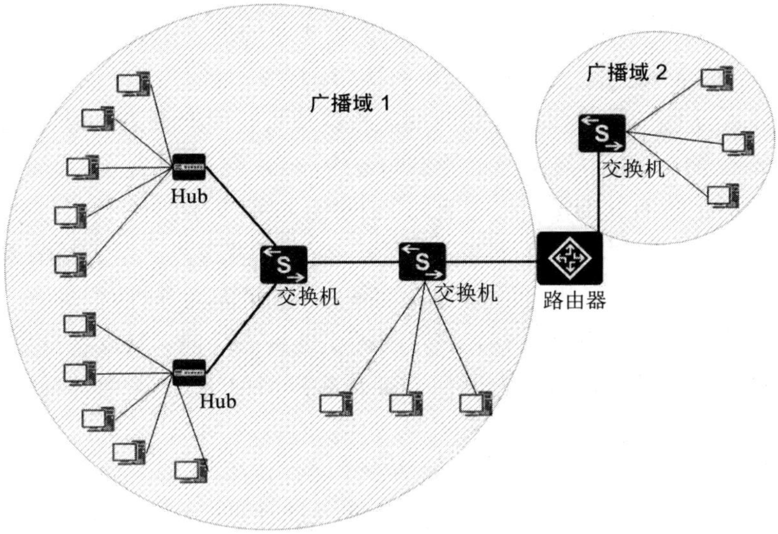

图 5.15　路由器隔离广播域

5.2 重点知识讲解

5.2.1 MAC 地址表

交换机被视为工作在第 2 层的网络设备，它之所以区别于集线器（对收到的任何帧都执行泛洪转发），执行有选择性的转发，是因为交换机维护着 MAC 地址表，MAC 地址表也被称为交换表或 MAC 表。当交换机的接口收到数据帧后，会将数据帧的源 MAC 地址放入 MAC 表中，在转发时再通过 MAC 表来指导数据帧的转发，将数据帧发往相应的接口，这样就实现了选择性转发。MAC 表保存在交换机的缓存中（断电后丢失），缓存越大，MAC 表存放的 MAC 地址越多，代表所支持的网络规模越大。一个交换机有多个接口，这些接口可以连接终端设备，也可以连接其他网络设备。

最简易的 MAC 地址表由两个参数组成，即交换机的接口和 MAC 地址。交换机所有的操作都是围绕着维护 MAC 地址表以及使用 MAC 地址表来进行的，具体可以分为以下五个操作。

操作 1：过滤。在某些情况下，帧不会被转发，此过程称为帧过滤。在帧过滤中，交换机不会将帧转发到接收帧的接口，还会丢弃前文提到无效帧（没有通过帧校验、长度不符合要求、不是整数字节的帧）。人们还可以在交换机上制定相应安全规则，并利用安全规则进行帧过滤。

操作 2：创建表项。在数据帧经过交换机时，交换机动态创建 MAC 地址和接口的映射关系。我们将接口和地址这一行的值合并起来，称为一条表项或记录。

当一个数据帧从某个接口进入交换机时，交换机将会检查该数据帧的源 MAC 地址。通过查询 MAC 地址表中的所有表项，交换机将确定表中是否已经包含该 MAC 地址的条目。如果没有包含，交换机将使用源 MAC 地址在 MAC 表中新建一条表项，然后将地址与帧到达的接口进行关联映射。其后，交换机可以使用该表项指导帧进行转发。

MAC 地址表中 MAC 地址及其对应的接口是以成对的形式出现的，一个接口可以关联多个 MAC 地址，但一个 MAC 地址只能关联一个接口，后映射的接口会替换掉原有的映射接口。

操作 3：泛洪。从接口收到数据帧后，交换机在执行转发时会查询 MAC 表。如果该帧的目的 MAC 地址不在 MAC 表中，交换机就不知道应向哪一个接口发送，此时交换机会将帧发送到除接收接口以外的所有其他接口（泛洪）。在网络设备中，从一个接口收到了报文，通常不会再将该报文从相同接口转发出去。前文已提到，交换机发送广（组）播帧采用泛洪处理。

操作 4：选择性转发。交换机之所以通信效率高，就是因为其针对单播帧可以执行选择性转发，将单播帧只发往应该发送的接口，这是交换机的核心功能。当设备将数据帧发送到交换机时，交换机实际上通过 MAC 地址表保存了该设备的 MAC 地址。当有其他设备的数据帧发往该设备时，交换机会在 MAC 表中的表项中比对帧的目的 MAC 地址，此时必然存在该设备 MAC 地址的对应表项，交换机通过该表项将帧转发到相应的接口。此时交换机不是将帧泛洪到所有端口，而是通过表项中的指定端口发送出去，这种操作称为选择性转发。

操作 5：过期和刷新。在 MAC 地址表中，通过动态创建的每一条表项都具有时间戳。该时间戳用于精简 MAC 地址表，删除老旧表项。当某条表项在 MAC 表中创建之后，就会使用其时间戳作为起始值，开始递减计数，计数到 0 后则删除该条表项，所经历的这段时间也称为老化时间。大多数交换机的默认老化时间为 300s。

当交换机从某个接口接收帧时，如果 MAC 表中已存在对应表项，则将会刷新该表项在 MAC 表中的老化时间，重新计时。

【例 5.3】交换网络中的一次通信。

以一次交换网络通信为例，分析交换机是如何使用 MAC 地址表进行数据帧转发的，如图 5.16 所示。为了方便记忆和描述，PC1 的 MAC 地址记为 0A，PC2 的 MAC 地址记为 0B，依此类推。假定每台 PC 都已经获得其他 PC 的 MAC 地址（后续会介绍如何获得）。以 PC1 和 PC2 的一次 ping 过程为例，来学习交换机如何使用 MAC 地址实现数据帧转发。

当 PC1 获得 PC2 的 MAC 地址后，PC1 可以进行第 3 层数据包和第 2 层数据帧的封装，于是 PC1 将数据帧发送出去。该数据帧的源 MAC 地址为 0A，目的 MAC 地址为 0B。假定此时交换机 S1、S2、S3 的 MAC 地址表都为空。S1 执行操作 2，S1 会检查该数据帧的源 MAC 地址，得到 PC1 的 MAC 地址 01。交换机会对 MAC 地址表进行操作，检查 MAC 地址表中是否存在 MAC 地址 01 的相关表项。因为已假定 MAC 表为空，所以不存在 01 的相关表项，此时 S1 会将该数据帧的源 MAC 地址（0A）和接收该数据帧的端口（GE 0/0/2）关联起来放入 S1 的 MAC 表。此时 S1 的 MAC 地址表见表 5.4。

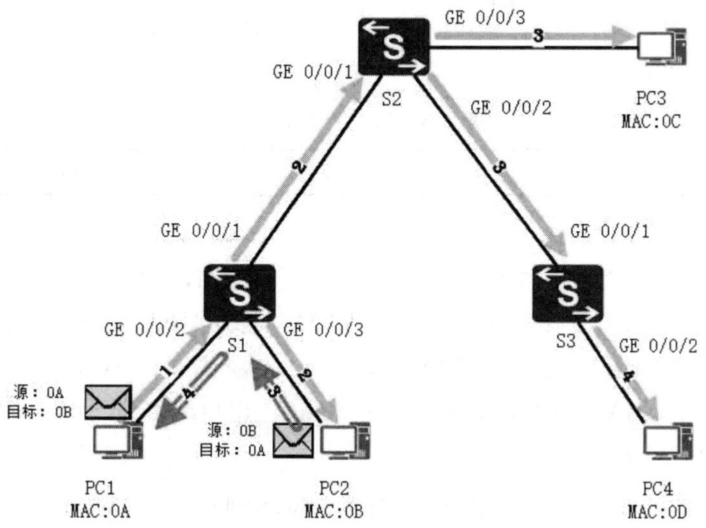

图 5.16 维护与使用 MAC 地址表

表 5.4 S1 的 MAC 地址表

接口	MAC 地址
GE 0/0/2	0A

创建完该表项后，交换机需要将该数据帧转发出去，此时会查看该数据帧的目的 MAC 地址为 0B。同时交换机会在 MAC 表中查找该地址（0B），但此时 MAC 表中无 0B 的表项。S1 执行操作 3，将该数据帧泛洪，此时 PC2 和 S2 都会收到该数据帧。接下来分别对发往 PC2 一端和 S2 一端的通信过程加以分析。

（1）复制帧（源：0A；目标：0B）泛洪发往 PC2 一端的具体情况如下。

PC2 检查帧的目的 MAC，发现与自身 MAC 匹配，对其进行回应。此时应答数据帧的源 MAC 为 PC2（0B），目的 MAC 为 PC1（0A）。当该数据帧抵达 S1 后，执行操作 2，将 PC2 的 MAC 地址（0B）与接收接口（GE 0/0/3）关联起来放入 S1 的 MAC 地址表。此时 S1 的 MAC 地址表见表 5.5。

表 5.5 S1 的 MAC 地址表

接口	MAC 地址
GE 0/0/2	0A
GE 0/0/3	0B

S1 继续查看该数据帧的目的 MAC 为 0A，在 MAC 表中查找是否存在相应表项，发现存在（GE 0/0/2，0A），执行操作 4，向关联的接口（GE 0/0/2）转发该数据帧，即发往了 PC1，PC1 收到帧后发现目的 MAC 为自身，向上层提交，终端显示 ping 测试结果。PC1 与 PC2 的一次收发过程完成。

（2）复制帧（源：0A，目标：0B）泛洪发往 S2 一端的具体情况如下。

S2 会执行操作 2，将源 MAC 地址（0A）与接收接口（GE0/0/1）关联，放入 S2 的 MAC

地址表。然后执行操作 3，向 S3 的 GE 0/0/2 接口（S3）和 GE 0/0/3 接口（PC3）泛洪。此时 S2 的 MAC 地址表见表 5.6。

表 5.6　S2 的 MAC 地址表

接口	MAC 地址
GE 0/0/1	0A

PC3 收到后，通过检查得知该数据帧的目的 MAC（0B）不是自身的 MAC（0C），丢弃，这一路通信终止。而 S3 收到该数据帧后，执行 S2 类似的操作，即操作 2 和操作 3，将 PC1 和接收该数据帧的接口添加进 S3 的 MAC 地址表，并泛洪发往 PC4。PC4 收到后，通过检查得知该数据帧的目标 MAC（0B）不是自己的 MAC（0D），丢弃，这一路通信终止。此时 S3 的 MAC 地址表见表 5.7。

表 5.7　S3 的 MAC 地址表

接口	MAC 地址
GE 0/0/1	0A

此时三台交换机的 MAC 表都存在 PC1（0A）的表项，但只有 S1 存在 PC2（0B）的表项。此后该网络中如果没有通信，经过 300s 后，执行操作 5，三台交换机将 PC1 和 PC2 的 MAC 地址从 MAC 表中删除。

5.2.2　ARP

ARP 协议也称地址解析协议（Address Resolution Protocol），其基本功能是通过目标设备的 IP 地址查询目标设备的 MAC 地址，保证通信能够顺利进行。ARP 协议属于 TCP/IP 协议族，是工作在数据链路层之上的协议，如图 5.17 所示。在 IPv4 的以太网中，ARP 协议是必不可少的协议；在 IPv6 的以太网中，ARP 协议被邻居发现协议（Neighbor Discovery Protocol，NDP）所替代。

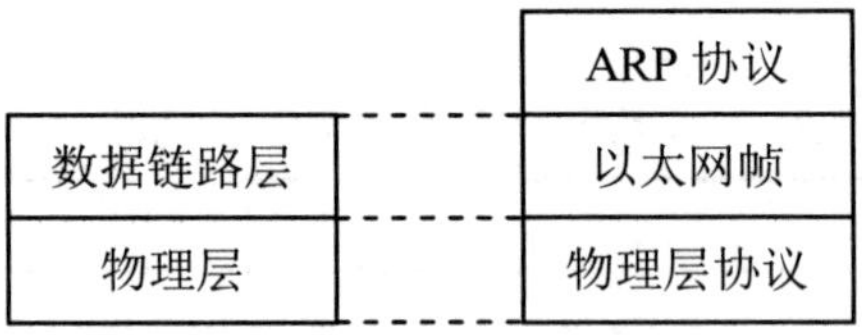

图 5.17　ARP 协议与 OSI 参考模型

ARP 协议具有两项基本功能：

- 通过 IPv4 地址解析得到 MAC 地址。
- 维护 ARP 映射表。

虽然信息在物理层是以比特流的形式发送的，但其首先得在数据链路层封装成帧。发送设备自身的 MAC 地址是可以轻易获悉的，但其发送的数据帧中还必须包含目的 MAC 地址。当第 3 层 PDU（数据包）送到第 2 层（数据链路层）作为数据封装成帧时，设备将参照其内存中的 ARP 表来查找映射至目标 IP 地址的 MAC 地址。

ARP 表的每一行都有一对值：IP 地址和 MAC 地址。这两个值之间的关系称为映射，表示可以在表中查找 IP 地址并发现对应的 MAC 地址。ARP 表中缓存了局域网中其他设备的 IP 地址、MAC 地址映射，如图 5.18 所示。

```
C:\Users\1> arp -a

接口: 192.168.3.27 --- 0x17
  Internet 地址         物理地址              类型
  192.168.3.1           dc-33-3d-4a-3d-e7     动态
  192.168.3.26          ec-41-18-16-1d-6f     动态
  192.168.3.255         ff-ff-ff-ff-ff-ff     静态
  224.0.0.2             01-00-5e-00-00-02     静态
  224.0.0.22            01-00-5e-00-00-16     静态
  224.0.0.251           01-00-5e-00-00-fb     静态
  224.0.0.252           01-00-5e-00-00-fc     静态
  239.255.255.250       01-00-5e-7f-ff-fa     静态
```

图 5.18　PC 中的 ARP 表（Windows）

设备动态获取 ARP 映射的方法有以下两种：

一种是当设备收到 ARP 请求报文且自身为 ARP 请求的目标设备时，将 ARP 请求报文中的发送方 IP 和发送方 MAC 放入 ARP 表；其他设备收到该 ARP 请求将不做处理直接丢弃。如图 5.19 所示，假设某设备的 IP 地址为 192.168.3.27（与目标 IP 地址吻合），将 ARP 报文中的发送方 IP（192.168.3.26）和 MAC 地址（ec:41:18:16: 1d: 6f）作为记录放入接收设备的 ARP 表中。当设备需要向对方发送数据时，将调用 ARP 表中的映射记录并封装成帧。

```
> Ethernet II, Src: ec:41:18:16:1d:6f (ec:41:18:16:1d:6f), Dst: Broadcast (ff:ff:ff:ff:ff:ff
v Address Resolution Protocol (request)
    Hardware type: Ethernet (1)
    Protocol type: IPv4 (0x0800)
    Hardware size: 6
    Protocol size: 4
    Opcode: request (1)
    Sender MAC address: ec:41:18:16:1d:6f (ec:41:18:16:1d:6f)
    Sender IP address: 192.168.3.26
    Target MAC address: 00:00:00_00:00:00 (00:00:00:00:00:00)
    Target IP address: 192.168.3.27
```

图 5.19　ARP 请求报文

另一种方法是通过广播 ARP 请求报文，获得对方的 ARP 应答报文，将 ARP 应答报文的目标 IP 和目的 MAC 放入 ARP 表。需要发送数据的一方发送 ARP 请求报文并广播到局域网中的所有设备。ARP 请求报文中包含发送方的 IP 地址和 MAC 地址以及目标 IP，目的 MAC 地址未知为全 0。接收方（目标设备）将 ARP 应答报文作为单播帧返回给发送方，如图 5.20 所示，接收方将自身的 IP 地址和 MAC 地址作为响应。发送方设备收到 ARP 应答报文后在 ARP 表中创建映射条目，并将上层数据封装成帧发往接收方。

ARP 表中这些动态条目都会加上时间戳，加时间戳的方式与交换机中的 MAC 表条目非常类似。如果在时间戳到期时没有从特定设备收到帧，该特定设备的对应条目将会从 ARP 表中删除。这段时间称为 ARP 老化时间，不同设备、不同系统的默认 ARP 老化时间可能不同，但一般都在 20min 以内。

```
> Ethernet II, Src: 54:05:db:89:01:a3 (54:05:db:89:01:a3), Dst: ec:41:18:16:1d:6f (ec:41:18:
v Address Resolution Protocol (reply)
    Hardware type: Ethernet (1)
    Protocol type: IPv4 (0x0800)
    Hardware size: 6
    Protocol size: 4
    Opcode: reply (2)
    Sender MAC address: 54:05:db:89:01:a3 (54:05:db:89:01:a3)
    Sender IP address: 192.168.3.27
    Target MAC address: ec:41:18:16:1d:6f (ec:41:18:16:1d:6f)
    Target IP address: 192.168.3.26
```

图 5.20　ARP 应答报文

以下为两台主机彼此将对方的信息放入自身的 ARP 表的过程。

【例 5.4】PC1 通过 ARP 获得 PC4 的 MAC 地址如图 5.21 所示。

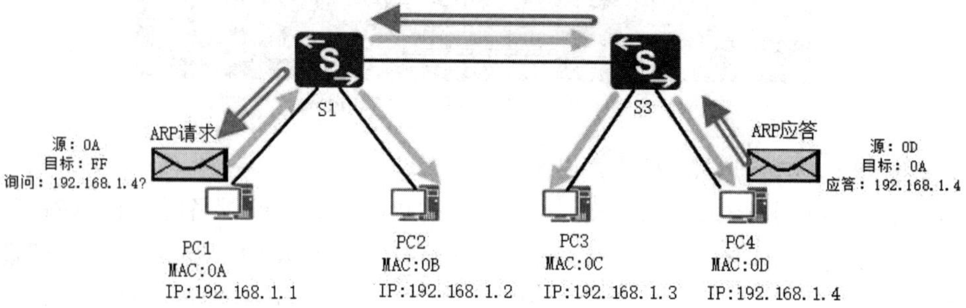

图 5.21　通过 ARP 获得 IP 地址

当 PC1 和 PC4 在同一个网段（子网）时，PC1 要向 PC4 发送信息，其 ARP 地址解析过程如下。

（1）PC1 首先查看自己的 ARP 表，确定其中是否包含 PC4 对应的 ARP 表项。如果找到了对应的 MAC 地址，则 PC1 直接利用 ARP 表中的 MAC 地址对 IP 数据包进行帧封装，并将数据包发送给 PC4。

（2）如果 PC1 在 ARP 表中找不到对应的 MAC 地址，则将缓存该数据报文，然后以广播方式发送一个 ARP 请求报文。该报文封装在以太网广播帧中，ARP 请求报文中携带了发送方的 IP 地址（192.168.1.1）和 MAC 地址（0A），以及目标（询问对象）的 IP 地址（192.168.1.4）。由于 ARP 请求报文以广播帧的形式封装，交换机进行泛洪处理，所有主机都可以接收到该请求，但其他主机的 IP 都不为目标 IP（192.168.1.4），对 ARP 请求不予响应，只有被请求的主机（PC4）会对该请求进行处理。

（3）PC4 比较自己的 IP 地址和 ARP 请求报文中的目标 IP 地址，比对后发现两者一致。PC4 将 ARP 请求报文中的发送端（PC1）的 IP 地址和 MAC 地址存入自己的 ARP 表中。PC4 此时已获悉 PC1 的 IP 地址和 MAC 地址，并以单播方式发送 ARP 应答报文给 PC1，其中包含了自己的 MAC 地址和 IP 地址。

（4）PC1 收到 ARP 响应报文后，将 PC4 的 MAC 地址和 IP 地址一并加入自己的 ARP 表中，以用于后续报文的转发，同时将 IP 数据包进行封装并发送出去。

（5）PC1 和 PC4 在各自的 ARP 表老化时间过期后，在表中将老化的表项删除。

以上是正常 APR 工作流程，但实际通信时还有可能没有设备响应 ARP 请求，如询问的目标设备已经下线或者广播帧无法送达等，此时发送方就无法创建帧，并将封装失败结果报告给设备的上层。如果该设备是中间设备（如路由器），上层可能会选择以 ICMPv4 数据包中有错误来响应源主机。

还有一个在以太网通信中值得关注的问题，当一台主机需要访问的是本地网络的主机（简称“本地主机”时），以太网帧中的目的 MAC 地址应该直接封装目标主机（本地主机）的 MAC 地址，这一过程使用以上 ARP 流程可以实现。但是当这台主机需要访问本地主机以外的主机（简称“远程主机”，如 Internet 上的一台服务器）时，则帧的目的 MAC 地址封装网关的 MAC 地址。在网络中，发送方判断访问目标是“本地主机”还是“远程主机”，是通过第 3 层 IP 来进行判断的。详细判断过程需要学习 IP 子网划分，此处不再展开介绍。访问本地网络和远程网络示意图如图 5.22 所示。

图 5.22　访问本地网络和远程网络示意图

网关，即本设备需要访问外部网络设备时，一定要经过的中转设备，充当本地网络和外部网络之间访问的桥梁。简而言之，如果目标主机和主机自身的 IP 是同一个子网的，则无需网关；如果目标主机和主机自身的 IP 不是同一个子网的，要访问远程主机则必须先将报文送往网关。对于后者，虽然第 3 层数据包的目标 IP 是远程主机的 IP，但是第 2 层的目标 MAC 应该封装网关的 MAC 地址。所以，如果是针对远程主机的访问，则首先在 ARP 表中查询是否有网关的相关记录，如果有，则按记录信息封装成帧；如果没有，则通过 ARP 请求报文询问网关的 MAC 地址。询问后，如果得到 ARP 应答，则将记录添加到 ARP 表中，并以此封装成帧；如果没有得到 ARP 应答，则视为网关设备不存在，通信失败，并向上层通告。无论是访问本地主机还是网关，应该通过广播就能够将信息传递到，通信源主机（发送方）和网关以及本地主机必须在同一个广播域，否则 ARP 报文无法送达。生活中最常见的 Windows 主机中的网关如图 5.23 所示。

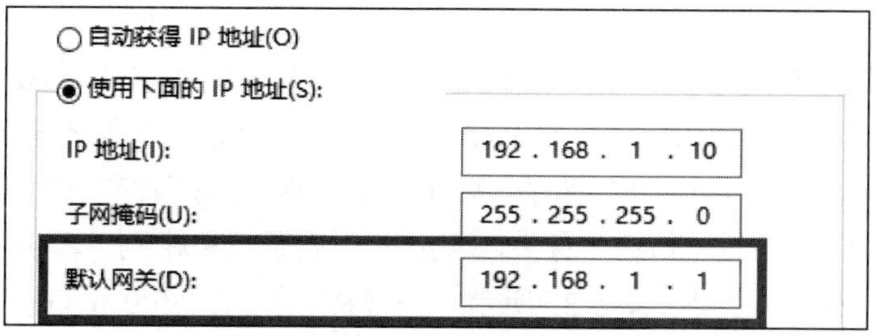
○ 自动获得 IP 地址(O)
◉ 使用下面的 IP 地址(S):

IP 地址(I):	192 . 168 . 1 . 10
子网掩码(U):	255 . 255 . 255 . 0
默认网关(D):	192 . 168 . 1 . 1

图 5.23　Windows 主机中的网关

5.2.3 ARP 知识扩展

1. 免费 ARP

在未经管理员允许的情况下，使用者在局域网内为主机随意配置 IP 地址，而恰巧该 IP 地址在网络中已被其他主机使用，此时在同一个局域网中出现重复 IP 地址。这种情况需要避免，设备在 IP 地址配置后和使用前，应通过免费 ARP（Gratuitous ARP）判断 IP 地址是否已被使用。

假设一台设备配置了 192.168.3.9 的 IP 地址，在启用前主动使用待使用的 IP 地址作为 ARP 报文中的目标 IP 地址发送广播 ARP 请求，此种 ARP 报文称为免费 ARP，如图 5.24 所示。正常情况下不会收到 ARP 应答，即可以正常使用该 IP 地址。但是如果收到 ARP 应答，则表明本地网络中出现重复 IP 地址情况。后续处理方法因设备、软件不同而异，如后配置 IP 地址的设备提示地址冲突并且 IP 地址未生效，又如 IP 冲突设备不断发出 ARP 应答报文以发出告警提示 IP 地址产生冲突。总而言之，重复 IP 地址的情况在局域网中应尽量避免。

```
> Ethernet II, Src: HuaweiTe_3e:61:d9 (00:e0:fc:3e:61:d9), Dst: Broadcast (ff:ff:ff:ff:ff:ff)
v Address Resolution Protocol (request/gratuitous ARP)
    Hardware type: Ethernet (1)
    Protocol type: IPv4 (0x0800)
    Hardware size: 6
    Protocol size: 4
    Opcode: request (1)
    [Is gratuitous: True]
    Sender MAC address: HuaweiTe_3e:61:d9 (00:e0:fc:3e:61:d9)
    Sender IP address: 192.168.3.9
    Target MAC address: 00:00:00_00:00:00 (00:00:00:00:00:00)
    Target IP address: 192.168.3.9
```

图 5.24　免费 ARP

2. 代理 ARP

代理 ARP（Proxy ARP）指设备可以作为 ARP 请求中目标主机的代理，代为回答原本应该无应答的 ARP 请求。

在使用代理 ARP 的场景中，源主机会发送 ARP 请求，要求获得目标主机的 MAC 地址，但是目标主机是存在于本地网络范围以外的主机，即请求询问 IP 地址的设备和主机不在同一个广播域。需要注意的是源主机和目标主机 IP 地址的关系，目标主机必须和源主机在同一个子网，否则源主机使用 ARP 查询的就不是目标主机的 MAC 地址，而是网关设备的 MAC 地址。

为了向这些主机提供 MAC 地址，3 层设备（如路由器）的接口使用代理 ARP 代表这些远程主机进行响应。这意味着，请求设备的 ARP 缓存中将会包含映射至本地网络以外任何 IP 地址的网关的 MAC 地址。使用 ARP 代理时，就好像路由器接口是具有 ARP 请求所请求的 IPv4 地址的主机一样。路由器通过“仿造”身份，承担了将数据包路由到“真正”目标设备的职责。

代理 ARP 拓扑及网络配置如图 5.25 所示，在 AR1 的 GE 0/0/0 和 GE 0/0/1 的接口开启了 ARP 代理，此时 PC1 和 PC2 的 IP 配置在同一个子网 172.16.0.0/16 中。

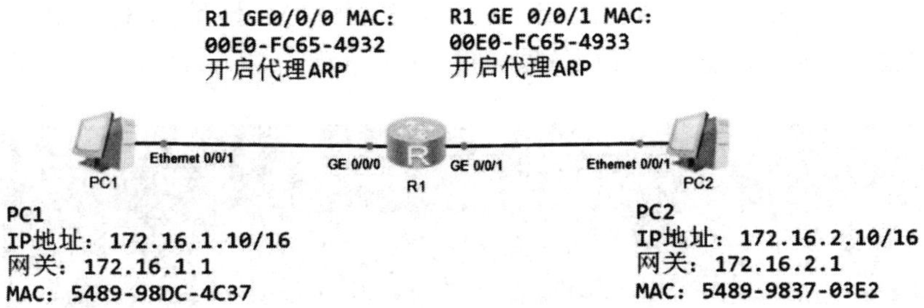

图 5.25　代理 ARP 拓扑及网络配置

PC1 访问 PC2 时，根据 IP 设置，PC1 判断目标主机属于本地网络，直接询问 172.16.2.10 的 MAC 地址，如图 5.26 所示。在 AR1 上的 ARP 表中，已经通过正常的 ARP 工作流程，映射了 PC1 和 PC2 的真实 IP 与 MAC 关系，如图 5.27 所示。

```
> Ethernet II, Src: HuaweiTe_dc:4c:37 (54:89:98:dc:4c:37), Dst: Broadcast (ff:ff:ff:ff:ff:ff)
v Address Resolution Protocol (request)
    Hardware type: Ethernet (1)
    Protocol type: IPv4 (0x0800)
    Hardware size: 6
    Protocol size: 4
    Opcode: request (1)
    Sender MAC address: HuaweiTe_dc:4c:37 (54:89:98:dc:4c:37)
    Sender IP address: 172.16.1.10
    Target MAC address: Broadcast (ff:ff:ff:ff:ff:ff)
    Target IP address: 172.16.2.10
```

图 5.26　PC1 使用 ARP 请求报文询问 PC2 的 MAC

```
[AR1]display arp
IP ADDRESS      MAC ADDRESS     EXPIRE(M) TYPE        INTERFACE   VPN-INSTANCE
                                          VLAN/CEVLAN PVC
------------------------------------------------------------------------------
172.16.1.1      00e0-fc65-4932            I -         GE0/0/0
172.16.1.10     5489-98dc-4c37  2         D-0         GE0/0/0
172.16.2.1      00e0-fc65-4933            I -         GE0/0/1
172.16.2.10     5489-9837-03e2  14        D-0         GE0/0/1
------------------------------------------------------------------------------
Total:4         Dynamic:2       Static:0     Interface:2
```

图 5.27　AR1 上的 ARP 表

AR1 开启了代理 ARP 后，使用自身的 GE 0/0/0 的 MAC 地址作为 172.16.2.10 映射 MAC 回应了 PC1 的 ARP 请求，如图 5.28 所示。

```
v Address Resolution Protocol (reply)
    Hardware type: Ethernet (1)
    Protocol type: IPv4 (0x0800)
    Hardware size: 6
    Protocol size: 4
    Opcode: reply (2)
    Sender MAC address: HuaweiTe_65:49:32 (00:e0:fc:65:49:32)
    Sender IP address: 172.16.2.10
    Target MAC address: HuaweiTe_dc:4c:37 (54:89:98:dc:4c:37)
    Target IP address: 172.16.1.10
```

图 5.28　AR1 使用自身的 MAC 代理回应 PC1 的 ARP 请求

此时观察 PC1 的 ARP 表，AR1 的 GE 0/0/0 接口的 MAC 地址同 3 个 IP 地址都形成了映射关系，如图 5.29 所示。PC2 获得 PC1 的 MAC 地址过程与 PC1 类似，此处不再赘述。

```
PC>arp -a

Internet Address      Physical Address     Type
172.16.2.1            00-E0-FC-65-49-32    dynamic
172.16.2.10           00-E0-FC-65-49-32    dynamic
172.16.1.1            00-E0-FC-65-49-32    dynamic
```

图 5.29　PC1 的 ARP 表

3. ARP 带来的安全问题

从代理 ARP 的介绍可以知道，一个 MAC 地址可以对应多个 IP 地址。上层应用需要发送去往这些 IP 地址的数据，发送端按照 ARP 表中该 IP 的映射关系查找到相应 MAC 地址，完成以太网帧的封装，这样设备就完成了数据通信。至于该 MAC 地址是不是真正需要转发的设备地址，仅靠 ARP 是无法识别的。

但是反过来，一个 IP 地址不能对应多个 MAC 地址。假定一个 IP 地址对应多个 MAC 地址，此时需要向该 IP 设备发送数据，那么发送方就不知如何处理了。所以设备在使用 ARP 的过程中，遵循一个原则：设备在维护 ARP 表时，如果在多个 ARP 报文中，同一个 IP 地址映射多个 MAC 地址，则使用后到的 ARP 信息放入设备的 ARP 表。这就给使用 ARP 的网络带来安全隐患。

如图 5.30 所示，假定我们是场景二中的那台 PC，可以通过某些操作让路由器 R1 认为它是在场景一中吗？作为人类，我们很容易从图中区分两种场景，场景一有很多 PC 接入，而场景二只有一台 PC。我们能得出这个结论，是因为图中已经标出来了。但是，路由器 R1 可不会看图，对 R1 来说，场景一是正常允许的，场景二也是正常允许的，它都尽力去工作，努力履行自己的通信职责。以下是 ARP 泛洪攻击的一个示例。

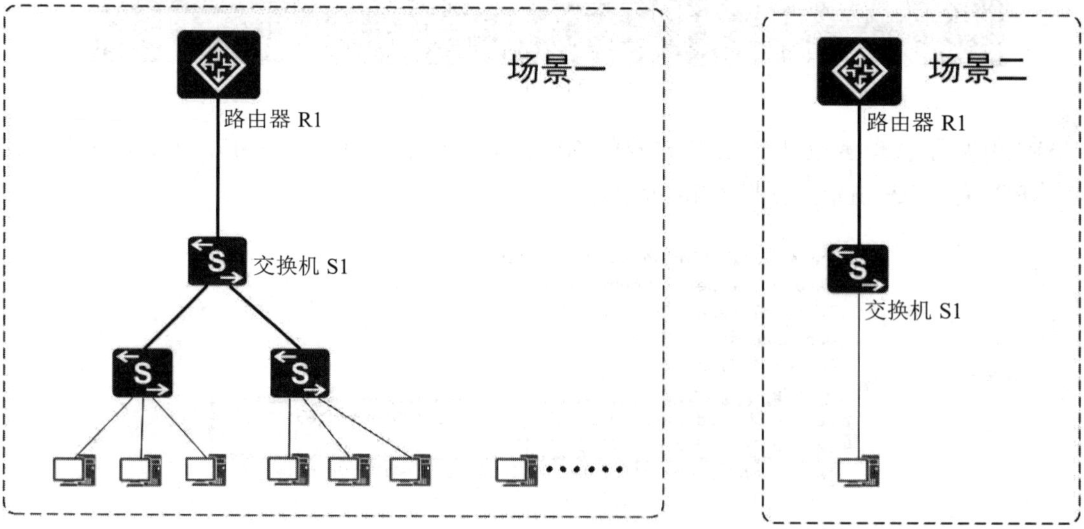

图 5.30　理解 ARP 攻击

如图 5.31 所示，路由器 R1 充当网络终端设备的网关。在泛洪攻击场景中，攻击者（PC）向路由器 R1 发送大量 ARP 请求报文，占用路由器 CPU 去处理这些 ARP 请求报文，当 CPU 达到一定使用率后路由器无法正常工作。路由器在维护 ARP 表时，会发送正常 ARP 请求，攻击者则会发送虚假的 ARP 应答报文，使虚假的 ARP 信息充满路由器的 ARP 表，使之无法正常维护更新 ARP 表，这也会导致路由器无法正常工作。此时也会消耗网络的带宽资源，不过相对于高带宽的局域网来说，单台 ARP 攻击者占用的网络带宽资源相对不大。

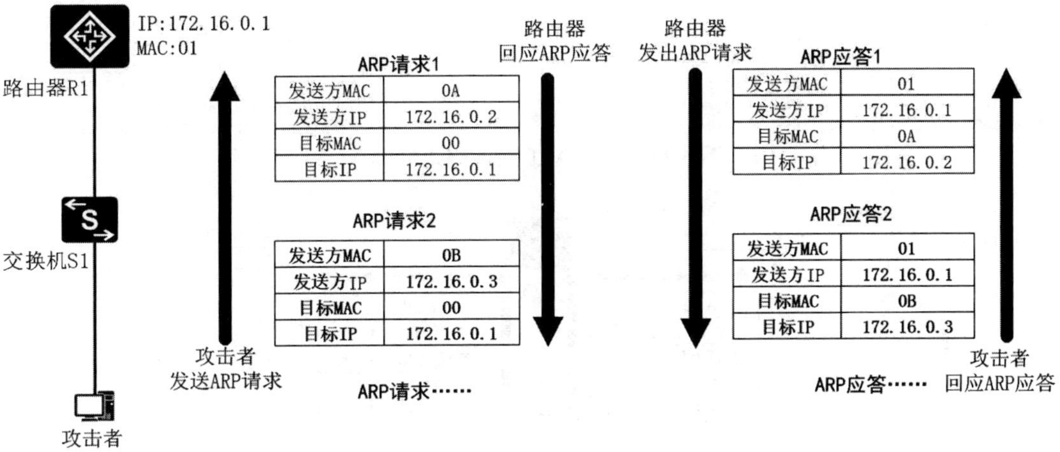

图 5.31 ARP 泛洪攻击

以下是 ARP 欺骗攻击（中间人攻击）的一个示例。如图 5.32 所示，PC1 和 PC2 是以太网中的两台设备，这里也可将其中一台 PC 看作路由器充当网关，IP 地址使用各自的设备名代替，图中标明了 PC 的 ARP 表以及交换机的 MAC 地址表。

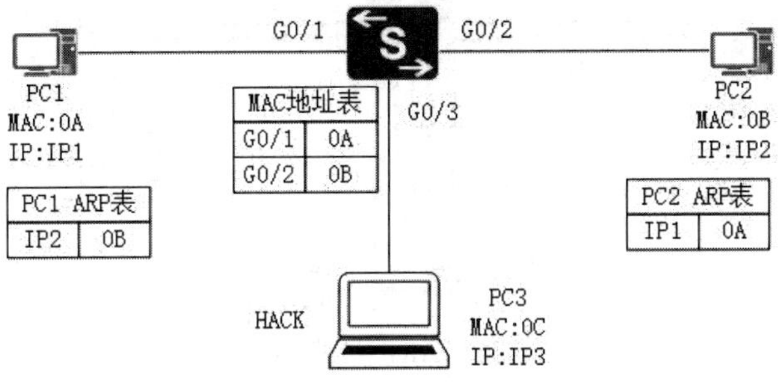

图 5.32 ARP 欺骗攻击前各设备状态

攻击者 PC3 接入网络后，首先扫描嗅探网络，掌握被攻击者 PC1 和 PC2 的相关信息，如图 5.33 所示。

PC3 持续不断地向 PC1 和 PC2 发送 ARP 应答报文，刷新 PC1 和 PC2 的 ARP 表，使原本指向 PC1 和 PC2 的映射中的 MAC 指向 PC3 的 MAC，如图 5.34 所示。

被攻击后的设备 ARP 表及 MAC 地址表如图 5.35 所示，此时 PC1 和 PC2 发送的数据都将交给 PC3，如果其传输的数据没有进行加密，比如使用 HTTP 或 FTP 等协议发送，则攻击者可以轻易获悉该传送数据。

1…	48.634154	ec:41:18:16:1d:6f	Broadcast	ARP	60 Who has 192.168.3.2? Tell 192.168.3.26
1…	48.654141	ec:41:18:16:1d:6f	Broadcast	ARP	60 Who has 192.168.3.3? Tell 192.168.3.26
1…	48.674157	ec:41:18:16:1d:6f	Broadcast	ARP	60 Who has 192.168.3.4? Tell 192.168.3.26
1…	48.694107	ec:41:18:16:1d:6f	Broadcast	ARP	60 Who has 192.168.3.5? Tell 192.168.3.26
1…	48.714117	ec:41:18:16:1d:6f	Broadcast	ARP	60 Who has 192.168.3.6? Tell 192.168.3.26
1…	48.734138	ec:41:18:16:1d:6f	Broadcast	ARP	60 Who has 192.168.3.7? Tell 192.168.3.26
1…	48.754141	ec:41:18:16:1d:6f	Broadcast	ARP	60 Who has 192.168.3.8? Tell 192.168.3.26
1…	48.774155	ec:41:18:16:1d:6f	Broadcast	ARP	60 Who has 192.168.3.9? Tell 192.168.3.26
1…	48.794125	ec:41:18:16:1d:6f	Broadcast	ARP	60 Who has 192.168.3.10? Tell 192.168.3.26
1…	48.814115	ec:41:18:16:1d:6f	Broadcast	ARP	60 Who has 192.168.3.11? Tell 192.168.3.26
1…	48.834150	ec:41:18:16:1d:6f	Broadcast	ARP	60 Who has 192.168.3.12? Tell 192.168.3.26
1…	48.854145	ec:41:18:16:1d:6f	Broadcast	ARP	60 Who has 192.168.3.13? Tell 192.168.3.26
1…	48.874113	ec:41:18:16:1d:6f	Broadcast	ARP	60 Who has 192.168.3.14? Tell 192.168.3.26
1…	48.894140	ec:41:18:16:1d:6f	Broadcast	ARP	60 Who has 192.168.3.15? Tell 192.168.3.26
1…	48.910685	dc:33:3d:4a:3d:e7	Broadcast	ARP	60 Who has 192.168.3.23? Tell 192.168.3.1
1…	48.914115	ec:41:18:16:1d:6f	Broadcast	ARP	60 Who has 192.168.3.16? Tell 192.168.3.26
1…	48.934120	ec:41:18:16:1d:6f	Broadcast	ARP	60 Who has 192.168.3.17? Tell 192.168.3.26
1…	48.954173	ec:41:18:16:1d:6f	Broadcast	ARP	60 Who has 192.168.3.18? Tell 192.168.3.26
1…	48.974122	ec:41:18:16:1d:6f	Broadcast	ARP	60 Who has 192.168.3.19? Tell 192.168.3.26
1…	48.994148	ec:41:18:16:1d:6f	Broadcast	ARP	60 Who has 192.168.3.20? Tell 192.168.3.26

图 5.33 使用 ARP 对网络进行嗅探

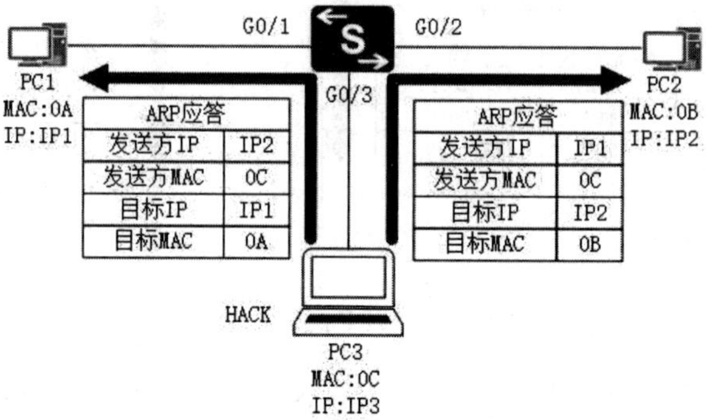

图 5.34 发送伪造 ARP 应答刷新对方 MAC 表

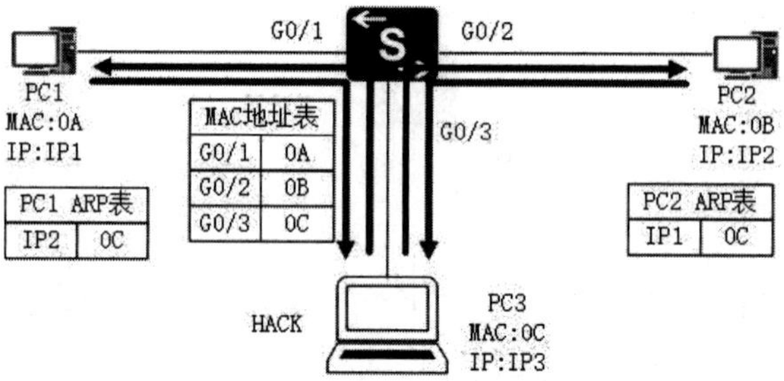

图 5.35 ARP 欺骗攻击

从以上介绍中我们不难看出，ARP 欺骗攻击之所以能实施，主要是由于 ARP 表基于“后到优先”原则，使得 ARP 表中的 IP 与 MAC 的映射信息能被覆盖；攻击时通过伪造 ARP 应答报文，构造“指向攻击者”的 IP 和 MAC 映射，覆盖主机的 ARP 表（也称为“ARP 毒化”），最终截取用户的数据流。

以上提到的都是动态 ARP，还有一种静态 ARP。配置静态 ARP 的表项不会老化，不会被动态 ARP 表项覆盖，因此配置静态 ARP 表项可以增加通信的安全性。

在应对 ARP 攻击时，可以从 ARP 报文的合法性、ARP 报文内容与第 2 层封装的一致性、ARP 表建立映射的条件、报文限速等方面着手。

5.3 项目实施

任务 5.1 MAC 地址表应用

MAC 地址表应用

请观察以下 MAC 地址表和连接示意图（图 5.36），说出收到该帧后的 MAC 地址表操作及转发动作。

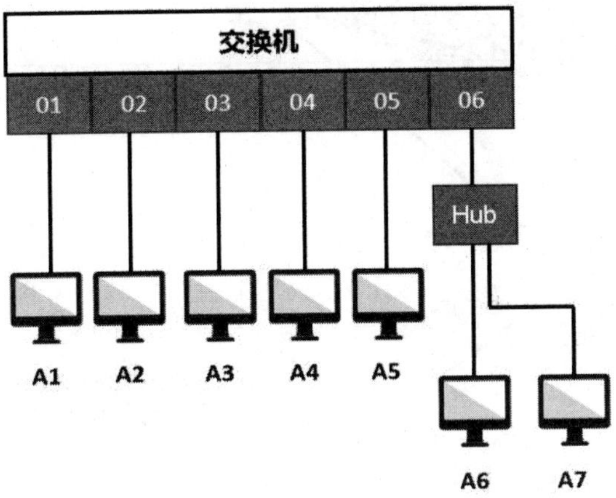

MAC地址表	
接口	MAC
01	A1
02	A2
06	A7

图 5.36 MAC 地址表和连接示意图

收到该帧后的 MAC 地址表操作及转发动作如下（FF 代表广播 MAC 地址）。

（1）交换机从 01 接口收到的帧：源 MAC=A1，目的 MAC=A7。

（2）交换机从 03 接口收到的帧：源 MAC=A3，目的 MAC=A5。

（3）交换机从 04 接口收到的帧：源 MAC=A4，目的 MAC=FF。

（4）交换机从 06 接口收到的帧：源 MAC=A6，目的 MAC=A7。

任务 5.2 通过代理 ARP 实现数据流量分摊

通过代理 ARP 实现数据流量分摊

如图 5.37 所示，图中已标明 PC1 和 PC2 的配置，网关指向 R3 的环回口 loopback0。在 R1、R2、R3 中运行 OSPF 协议，R1 和 R2 通过 OSPF（IGP）学习到 172.16.0.1/32 的路由，且在连接 PC 的接口开启 ARP 代理，在主机使用同一 IP 地址作为网关的同时，实现了 172.16.1.0/24 网段流量通过 R1 链路传输、172.16.2.0/24 网段流量通过 R2 链路传输的目标。

PC1 和 PC2 在通过 ARP 请求报文寻找网关 172.16.0.1 时，R1 和 R2 的 GE 0/0/0 接口能收到 ARP 查询报文，并且此时路由表中存在 172.16.0.1 的路由条目。如果未开启 ARP 代理，R1 和 R2 不予应答。开启 ARP 代理后，R1 和 R2 会将自身的 GE 0/0/0 接口的 MAC 地址充当（或者称伪装为）172.16.0.1 返回给主机，此时就打破了“发出 ARP 请求设备和目标 IP 设备在同一个广播域”的限制。

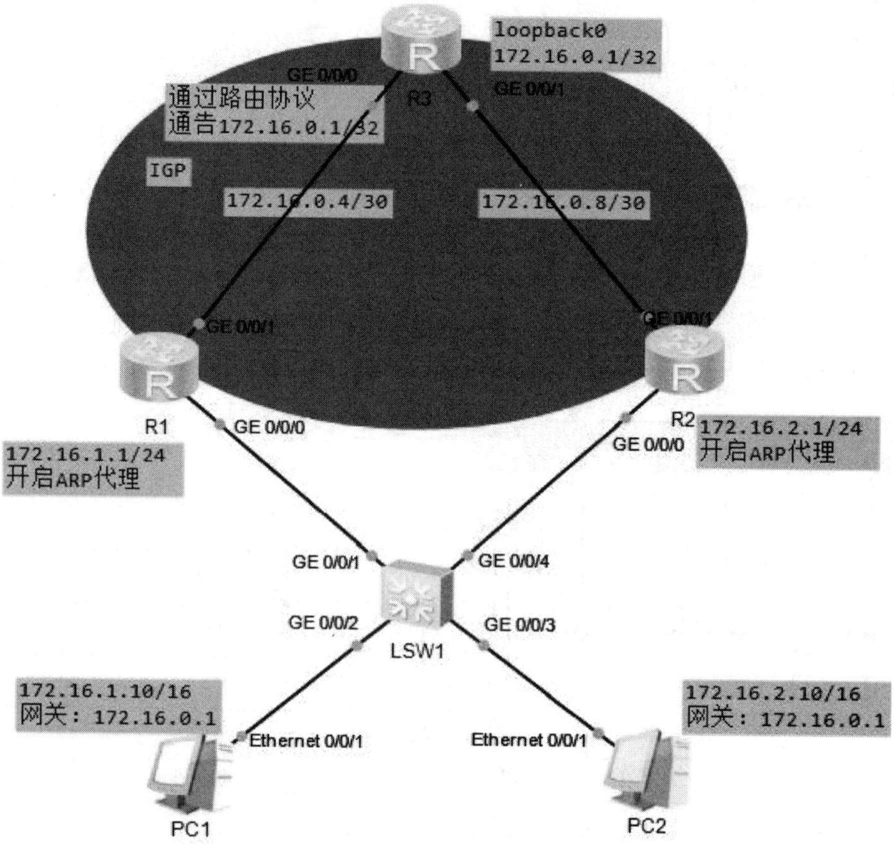

图 5.37　ARP 代理应用

此时 PC1 和 PC2 可以从 R1 或 R2 访问网关 172.16.0.1，实现流量分担。

图 5.38 至图 5.41 分别为 R1、R2、PC1 和 PC2 的 ARP 表信息。

```
<R1>display arp
IP ADDRESS      MAC ADDRESS     EXPIRE(M) TYPE          INTERFACE   VPN-INSTANCE
                                          VLAN/CEVLAN   PVC
------------------------------------------------------------------------------
172.16.1.1      00e0-fcce-2910            I -           GE0/0/0
172.16.1.10     5489-989d-7ee3  19        D-0           GE0/0/0
172.16.0.6      00e0-fcce-2911            I -           GE0/0/1
172.16.0.5      00e0-fc0e-1a8b  3         D-0           GE0/0/1
------------------------------------------------------------------------------
Total:4         Dynamic:2       Static:0     Interface:2
```

图 5.38　R1 的 ARP 表

```
<R2>display arp
IP ADDRESS      MAC ADDRESS     EXPIRE(M) TYPE          INTERFACE   VPN-INSTANCE
                                          VLAN/CEVLAN   PVC
------------------------------------------------------------------------------
172.16.2.1      00e0-fc92-1501            I -           GE0/0/0
172.16.2.10     5489-98fa-60d1  4         D-0           GE0/0/0
172.16.0.10     00e0-fc92-1502            I -           GE0/0/1
172.16.0.9      00e0-fc0e-1a8c  2         D-0           GE0/0/1
------------------------------------------------------------------------------
Total:4         Dynamic:2       Static:0     Interface:2
```

图 5.39　R2 的 ARP 表

项目5

```
PC>ping 172.16.0.1

Ping 172.16.0.1: 32 data bytes, Press Ctrl_C to break
Request timeout!
From 172.16.0.1: bytes=32 seq=2 ttl=254 time=47 ms
From 172.16.0.1: bytes=32 seq=3 ttl=254 time=31 ms
From 172.16.0.1: bytes=32 seq=4 ttl=254 time=32 ms
From 172.16.0.1: bytes=32 seq=5 ttl=254 time=31 ms

--- 172.16.0.1 ping statistics ---
  5 packet(s) transmitted
  4 packet(s) received
  20.00% packet loss
  round-trip min/avg/max = 0/35/47 ms

PC>arp -a

Internet Address      Physical Address     Type
172.16.2.1            00-E0-FC-92-15-01    dynamic
172.16.2.10           54-89-98-FA-60-D1    dynamic
172.16.1.1            00-E0-FC-CE-29-10    dynamic
172.16.0.1            00-E0-FC-CE-29-10    dynamic
```

图 5.40　PC1 的 ARP 表

```
PC>ping 172.16.0.1

Ping 172.16.0.1: 32 data bytes, Press Ctrl_C to break
Request timeout!
From 172.16.0.1: bytes=32 seq=2 ttl=254 time=46 ms
From 172.16.0.1: bytes=32 seq=3 ttl=254 time=32 ms
From 172.16.0.1: bytes=32 seq=4 ttl=254 time=31 ms
From 172.16.0.1: bytes=32 seq=5 ttl=254 time=47 ms

--- 172.16.0.1 ping statistics ---
  5 packet(s) transmitted
  4 packet(s) received
  20.00% packet loss
  round-trip min/avg/max = 0/39/47 ms

PC>arp -a

Internet Address      Physical Address     Type
172.16.2.1            00-E0-FC-92-15-01    dynamic
172.16.1.1            00-E0-FC-CE-29-10    dynamic
172.16.1.10           54-89-98-9D-7E-E3    dynamic
172.16.0.1            00-E0-FC-92-15-01    dynamic
```

图 5.41　PC2 的 ARP 表

R1 配置如下：

```
interface GigabitEthernet0/0/0
 ip address 172.16.1.1 255.255.255.0
 arp-proxy enable
#
interface GigabitEthernet0/0/1
 ip address 172.16.0.6 255.255.255.252
#
ospf 1 router-id 1.1.1.1
 area 0.0.0.0
 network 172.16.0.6 0.0.0.0
 network 172.16.1.1 0.0.0.0
```

R2 配置如下：

```
interface GigabitEthernet0/0/0
 ip address 172.16.2.1 255.255.255.0
```

```
 arp-proxy enable
#
interface GigabitEthernet0/0/1
 ip address 172.16.0.10 255.255.255.252
#
interface GigabitEthernet0/0/2
#
interface NULL0
#
ospf 1 router-id 2.2.2.2
 area 0.0.0.0
 network 172.16.0.10 0.0.0.0
 network 172.16.2.1 0.0.0.0
```

R3 配置如下：

```
interface GigabitEthernet0/0/0
 ip address 172.16.0.5 255.255.255.252
#
interface GigabitEthernet0/0/1
 ip address 172.16.0.9 255.255.255.252
#
interface LoopBack0
 ip address 172.16.0.1 255.255.255.255
#
ospf 1 router-id 3.3.3.3
 area 0.0.0.0
 network 172.16.0.1 0.0.0.0
 network 172.16.0.5 0.0.0.0
 network 172.16.0.9 0.0.0.0
```

5.4 习题

一、选择题

1．有关以太网的说法，不正确的是（　　）。

A．以太网的介质可以是同轴电缆、双绞线缆、光纤

B．历史上所有的以太网络都支持 CSMA/CD

C．以太网技术如今已不仅应用在局域网

D．以太网技术涉及 OSI 模型的第 1 层和第 2 层

2．以太网标准是（　　）。

A．802.3　　B．802.4

C．802.5　　D．802.11

3．以下（　　）是千兆非屏蔽双绞线以太网物理层标准。

A．1000BASE-SX　　B．1000BASE-LX

C．1000BASE-CX　　D．1000BASE-T

4．从长度来判断，长度为（　　）的帧不是无效以太网帧。

A．60 字节　　B．100 字节 4 比特

C．200 字节　　D．1600 字节

5．以下 MAC 地址为单播地址的是（　　）。

A．0100-5E00-0005　　B．FFFF-FFFF-FFFF

C．000B-BEBC-6D19　　D．0B00-00E1-DDE3

6．我们在描述以太网帧构成时包括（　　）。

A．帧间隙　　B．前导符

C．帧首定界符　　D．帧校验

7．以太网中最常见的 DIX Ethernet V2（Ethernet II）标准中，帧的固定长度部分为（　　）字节，由 4 个字段构成。

A．64　　B．8

C．18　　D．46

8．MAC 地址的长度为（　　）位二进制数，常见表示形式为十六进制，在十六进制表示中前（　　）位称为 OUI。

A．4　　B．6　　C．8　　D．16

E．32　　F．48

9．在以太网传输中，不同设备是依赖（　　）区分的。

A．IP 地址　　B．端口号

C．MAC 地址　　D．域名

10．关于 MAC 地址的生成，以下说法不正确的是（　　）。

A．单播 IP 地址和单播 MAC 地址存在关联

B．组播 IP 地址和组播 MAC 地址存在关联

C．通过 I/G 位可以区分该地址是否是单播 MAC 地址

D．通过 G/L 位可以区分该地址是否是全球唯一

二、简答题

1．请简述 CSMA/CD 的中文名称和工作原理。

2．请说明 DIX Ethernet V2 帧的字段构成、字节大小。

3．如何区分以太网中的单播帧、组播帧和广播帧？

4．以太网交换机如何维护 MAC 地址表？

5．以太网交换机如何使用 MAC 地址表实现数据帧转发？

6．设备在何种情况下将映射关系添加进自身的 ARP 表？

拓展阅读

F5G 全光网[1]

F5G 即 The 5th Generation Fixed Networks，第五代固定网络。在 F5G 提出之前，并没有 F1G～F4G。在 2019 年之前，这个世界上还没有 F5G。2019 年，随着 5G 的高速发展，固网（固定网络）专家们认为，移动通信领域有 ITU、3GPP[2]、GSMA[3]三个国际组织在协调行动，其中 ITU 负责技术研究和频谱分配，3GPP 负责代际定义和标准制定，GSMA 承担产业合作与发展。三者合作，造就了移动通信产业和 5G 的辉煌。反观固网领域，ITU、IEEE、ETSI[4]、BBF[5]、OIF[6]等组织各管一摊，没有形成紧密的协同机制，也没有给出清晰的代际划分和演进路线图，在很大程度上阻碍了固网技术及其应用的发展。于是，他们决定成立一个新组织，牵头固网技术的协调发展，推动技术的标准化。2019 年下半年，包括中国电信、中国信息研究院、华为、意大利电信、葡萄牙电信在内的 10 家公司，共同倡议成立 F5G 工作组。这个倡议在 12 月份得到了 ETSI 的批准。2020 年 2 月，ETSI 宣布成立 ETSI F5G ISG（ISG：行业规范组）。该工作组的启动会议于 2 月 20 日至 21 日举行，小组成员选举卢卡·佩桑多（Luca Pesando）博士（意大利电信）担任主席，来自中国电信研究院的蒋铭博士担任副主席。

ETSI F5G ISG 成立之初，就提出了“光联万物（Fibre to Everywhere）”的产业愿景。F5G 具备确定性大带宽、海量连接、低时延和零丢包的特点，可以通过广泛的覆盖来提供高品质的网络连接服务。

F5G 的标准性技术包括 10G-GPON、Wi-Fi 6、200G/400G、OXC、NG OTN。

10G-GPON：目前正在普及的无源光网络技术，现在很多省份主推的千兆家庭宽带，就是基于 10G-GPON 技术的，但 10G-GPON 技术不仅可以应用到运营商，也可以应用到教育、医疗、大企业、安平、数字政府等千行百业，实现千行百业的全光连接。Wi-Fi 6：现在运营商和设备商经常提的“三千兆”，是指“千兆 5G+千兆 Wi-Fi+千兆宽带”。千兆 Wi-Fi 就是 Wi-Fi 6，千兆宽带是 10G-GPON。200G/400G：主要是指骨干承载网要进一步推进单波大带宽的落地。OXC：光交叉连接（Optical Cross-Connect），目前运营商都在推动 ROADM 网络向全光交叉连接网络（全 OXC）升级，以全光背板替代 ROADM 日益复杂的连纤，实现无纤化、光端口全互联，最终实现全光网 2.0。NG OTN：下一代 OTN（光传送网），加强版的 OTN，时延更低、效率更高，支持无损带宽调整，更智能。

[1] CSDN，https://baijiahao.baidu.com/s?id=1678252148438774915。

[2] 3GPP：全称为 3rd Generation Partnership Project，为第三代合作伙伴计划。

[3] GSMA：全称为 Global System for Mobile Communications Association，全球移动通信系统协会。

[4] ETSI：全称为 European Telecommunications Standard Institute，欧洲电信标准化协会。

[5] BBF：全称为 Broadband Forum，为宽带论坛。

[6] OIF：全称为 Optical Internetworking Forum，为光互联论坛。

项目 6　网络层协议及 IP 编址

项目导读

编址是网络层协议的关键功能，可使位于同一网络或不同网络中的主机之间实现数据通信。Internet 协议第四版（IPv4）为传送数据的数据包提供分层编址服务。设计、实施和管理有效的 IPv4 编址规划能确保网络高效率地有效运行。本项目将详细分析 IPv4 地址的结构及其在建立和测试 IP 网络与子网中的应用。

通过学习本项目可掌握如下内容。

- 解释 IP 地址的结构并掌握换算 8 位二进制和十进制数字的能力。
- 按照类型对给定的 IPv4 地址分类并描述其在网络中的使用方式。
- 确定主机地址的网络部分并说明子网掩码在划分网络中的作用。
- 根据给定的 IPv4 地址信息和设计标准，计算相应的地址组成部分。
- 在主机上使用常用的测试实用程序来验证和测试网络连通性以及 IP 协议栈的运行状态。

项目要点

- IP 协议介绍
- IP 地址
- 二进制表示
- IP 地址规划

6.1　基础知识链接

6.1.1　IP 协议介绍

IP 协议是 TCP/IP 协议栈中最核心的协议，所有的 TCP、UDP 等数据的传输都是靠 IP 协议来完成的。IP 协议是一个不可靠的、无连接的协议。

不可靠：IP 协议仅提供最好的传输服务，它不能保证 IP 数据报能成功地到达目的地。如果发生某种错误，如某个路由器暂时用完了缓冲区，IP 协议有一个简单的错误处理算法，即丢弃该数据报，然后发送 ICMP 消息报给信源端。任何要求的可靠性必须由上层来提供（如 TCP）。

无连接：IP 协议并不维护任何关于后续数据报的状态信息，每个数据报的处理是相互独立的。这也说明，IP 数据报可以不按发送顺序接收。如果一个信源向相同的信宿发送两个连续的数据报（先是 A，然后是 B），每个数据报都是独立地进行路由选择，它们可能选择不同的路线，则 B 可能在 A 到达之前先到达。

IP 报文格式如图 6.1 所示，具体介绍如下。

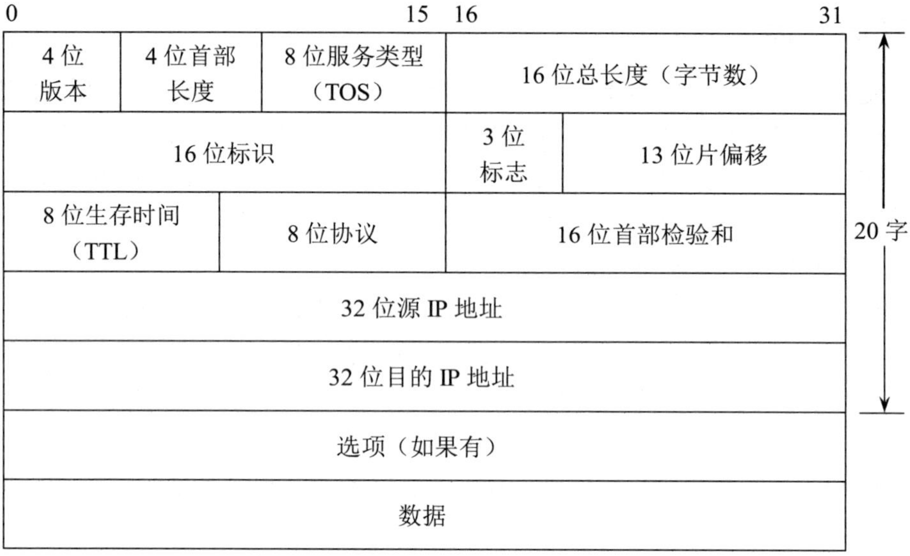

图 6.1　IP 报文格式

4 位版本：主要有 IPv4 和 IPv6 两个版本。

4 位首部长度：单位是 4 个字节，所以能表示的范围是 0～60 个字节。

8 位服务类型（Type Of Service，TOS）：3 位优先权字段（已弃用），4 位 TOS 字段和 1 位保留位（必须为 0），4 位 TOS 分别表示最小延时、最大吞吐量、最高可靠性、最小成本，四者相互冲突，最多有一个能置位 1，应用程序应该根据实际需要来对其进行设置。比如像 SSH 和 Telnet 这样的登录程序需要的是最小延时服务，而文件传输程序 FTP 则需要最大吞吐量的服务。

16 位总长度：IP 数据报的最大长度为 65535 个字节，但是由于 MTU（最大传输单位）的限制，长度超过 MTU 的数据报都会被分片，所以实际长度是达不到最大值的。

16 位标识：因为 IP 协议有分包组包的机制，所以就需要标识哪些数据片是属于同一个数据报的。

3 位标志：3 位标志分别为 R、DF、MF，目前仅有后两位有效。R 保留。DF 表示“禁止分片”，DF 为 1 时，且报文长度超过了 MTU，这时 IP 就会丢弃这个报文，表示不分片；DF 为 0 则表示分片。MF 表示“更多分片”，MF 为 1 表示更多的片，为 0 表示最后一片，相当于一个结束标记。

13 位片偏移：标记同一个包的不同分片的先后顺序。

8 位生存时间（TTL）：每个 IP 数据报有一个初始生存时间，可能是 32 或 64，IP 数据报每经过一个设备的转发，TTL 就会减 1，当减到 0 时，IP 模块就会丢弃这个包，并发送 ICMP 报文通知源主机。

8 位协议：指出这个 IP 数据报携带的数据部分属于哪个传输层协议（传输层协议是通过端口号来指出数据是属于哪一个应用层协议的）。

16 位首部校验和：验证数据是否有效（数据部分的数据已经在上层协议中验证过了）。

6.1.2 IPv4 介绍

1. 认识 IP 地址

网络中的每台设备都必须具有唯一定义。在网络层，需要使用通信两端系统的源地址和目的地址来标识该通信的数据包。采用 IPv4 就意味着每个数据包的第 3 层报头中都有一个 32 位源地址和一个 32 位目的地址。

数据网络中以二进制形式使用这些地址，设备内部则运用数字逻辑解释这些地址。但是我们却难以解读 32 位字符串，要记住它更是难上加难。因此，我们使用点分十进制格式来表示 IPv4 地址。

2. IPv4 地址的标识方法

（1）点分十进制。以点分十进制表示 IPv4 地址的二进制形式时，用点号分隔二进制形式的每个字节（称为一个二进制八位数）。之所以称为二进制八位数，是因为每个十进制数字代表一个字节，即 8 个位。

例如，地址 10101100000100000000010000010100 的点分十进制表示 172.16.4.20。请注意，设备使用的是二进制逻辑，采用点分十进制是为了方便人们使用和记忆地址。

（2）网络部分和主机部分。每个 IPv4 地址都会用某个高阶比特位部分来代表网络地址。在第 3 层，我们将网络定义为网络地址部分的比特模式相同的一组主机。

尽管全部 32 个比特位定义的都是 IPv4 主机地址，但我们将其中数量不等的比特位称为该地址的主机部分。主机部分中使用的比特位数决定了网络中可以容纳的主机数量。

例如，某个特定网络至少需要容纳 200 台主机，则需要在主机部分使用足够的比特位才能代表至少 200 个不同的比特模式。要为 200 台主机分配唯一地址，需要使用最后一个二进制八位数的全部 8 个比特位。使用 8 个位共计可得到 256 个不同的比特模式。这表示前 3 个二进制八位数的所有比特位将代表网络部分。

3. 私有地址和公有地址

IPv4 中大部分是公有地址，用于可以通过 Internet 访问的网络中，但也有一些地址块用于需要限制或禁止 Internet 访问的网络中，此类地址称为私有地址。

（1）私有地址。私有地址块如下：

1）10.0.0.0～10.255.255.255（10.0.0.0/8）。

2）172.16.0.0～172.31.255.255（172.16.0.0/12）。

3）192.168.0.0～192.168.255.255（192.168.0.0/16）。

私有空间地址块供私有网络使用。这些地址即便在网络外部不是唯一地址，也可在内部使用。不需要自由访问 Internet 的主机可以无限制使用私有地址。不过，内部网络仍然必须设计网络地址方案，确保私有网络中的主机使用其所在网络环境中唯一的 IP 地址。

位于不同网络中的许多主机可以使用同一个私有地址。使用此类地址作为源地址或目的地址的数据包不得出现在公有网络上。位于这些私有网络边界的路由器或防火墙设备必须阻止或转换此类地址。即使此类数据包应该转发到 Internet，路由器也没有路由可将其转发到相应的私有网络。

借助将私有地址转换为公有地址的服务，在内部采用私有编址方案的网络中的主机就可以访问 Internet 上的资源。此类服务称为网络地址转换（Network Address Translation，NAT），可以在位于私有网络边缘的设备上实施。NAT 使网络中的主机可以“借用”公有地址与外部网络通信。尽管 NAT 存在一些限制和性能问题，但大多数应用程序的客户端仍可通过 Internet 访问服务而不会遇到显著问题。

（2）公有地址。IPv4 单播主机范围内的绝大多数地址都是公有地址，此类地址可供从 Internet 公开访问的主机使用。即使在这些地址块中，也有许多地址被指定用于其他特殊用途。

4. 特殊的地址

有一些地址因为各种原因而不能分配给主机。还有些特殊地址可以分配给主机，但这些主机在网络内的交互方式却受到限制。

网络地址和广播地址：正如前面解释过的，每个网络中的第一个和最后一个地址都不能分配给主机。它们分别是网络地址和广播地址。

默认路由：以 0.0.0.0 表示 IPv4 默认路由。在没有更具体的路由可用时，可将默认路由作为“无限”路由使用。此地址的使用还保留 0.0.0.0～0.255.255.255（0.0.0.0/8）地址块中的所有地址。

环回：环回是主机用于向自身发送通信的一个特殊地址。环回地址为同一台设备上运行的 TCP/IP 应用程序和服务之间相互通信提供了一条捷径。同一台主机上的两项服务若使用环回地址而非分配的 IPv4 主机地址，就可以绕开 TCP/IP 协议栈的下层。通过 ping 环回地址，还可以测试本地主机上的 TCP/IP 配置。此类保留地址之一是 IPv4 环回地址 127.0.0.1。

尽管只使用 127.0.0.1 这一个地址，但地址 127.0.0.0～127.255.255.255 均予以保留。此地址块中的任何地址都将环回到本地主机中，绝不会出现在任何网络中。

链路本地地址：地址块 169.254.0.0 到 169.254.255.255（169.254.0.0/16）中的 IPv4 地址被指定为链路本地地址。在没有可用 IP 配置的环境中，操作系统可以自动将此类地址分配给本地主机。这些地址可用于小型点对点网络中，或者供无法从动态主机配置协议（DHCP）服务器自动获取地址的主机使用。

使用 IPv4 链路本地地址通信仅仅适用于与连接到同一个网络的其他设备通信的情况。主机不能将目的地址为 IPv4 链路本地地址的数据包发送到任何路由器进行转发，而应该将这些数据包的 TTL 设置为 1。链路本地地址不提供本地网络之外的服务，不过，许多客户端/服务器应用程序和点对点应用程序使用 IPv4 链路本地地址也能正常工作。

6.1.3 IPv6 介绍

1. IPv4 的局限性

IPv4 是目前广泛部署的互联网协议，经过多年的发展，已非常成熟，易于实现，得到所有厂商和设备的支持，但也有一些不足之处。IPv4 能够提供的地址空间不足且分配不均；互联网骨干路由器的路由表非常庞大。

2. IPv6 的优势

IPv6 采用 128 位地址长度，其地址数量总数可达 2^{128} 个，甚至有人说它能让地球上每一粒沙子都可拥有一个 IP 地址。这不但解决了网络地址资源数量的问题，同时也为限制万物互联的 IP 地址数量扫清了障碍。因此，相比 IPv4，IPv6 具有诸多优点：

- 地址空间巨大。
- 层次化的路由设计。
- 效率高，扩展灵活。
- 支持即插即用。
- 更好的安全性保障。
- 引入了流标签的概念。

相较于 IPv4，IPv6 进行了如下改进：

- 采用 128 位分层编址，用以提高编址能力。
- 简化报头格式，用以改进数据包处理过程。
- 提高对扩展和选项的支持，用以增强可扩展性，延长生命周期并改进数据包处理过程。
- 增加流标签功能，作为 QoS 机制。
- 增加身份验证和隐私权功能，用于集成安全性。

IPv6 并不仅仅是一个新的第 3 层协议，更是一个新的协议簇。为了支持这一新协议，研究者们制定了协议栈各层的多个新协议。其中有新的消息协议（ICMPv6）和新的路由协议。由于 IPv6 增加了报头的大小，其对底层网络基础架构也产生了影响。

由上可知，IPv6 的设计具有支持网际网络多年发展的可扩展性。但是，IPv6 的实施缓慢，而且仅限于选定的网络中。得益于过去数年涌现的更加先进的工具、技术和地址管理，IPv4 目前仍受到广泛使用，而且此情况很可能在未来还将持续一段时间。不过，IPv6 还是可能会最终取代 IPv4，成为主要的 Internet 协议。

6.2 重点知识讲解

6.2.1 进制转换

要了解设备在网络中的运行情况，需要以设备使用的方式（即二进制记法）来查看地址和其他数据。这意味着我们需要具备转换二进制与十进制数据的技能。

以二进制表示的数据对于网络来说可能代表很多不同形式的数据，本节所指的二进制与IPv4编址有关。也就是说，我们将每个字节（二进制八位数）视为从0～255范围内的一个十进制数字。

1. 二进制转换为十进制

二进制地址转换为十进制地址的步骤如图6.2所示。

在将二进制IPv4地址10101100000100000000010000010100转换为172.16.4.20时请牢记以下步骤：

- 将32个比特位划分为4个二进制八位数。
- 将每个二进制八位数转换为十进制数。
- 在每个十进制数字之间添加“.”号。

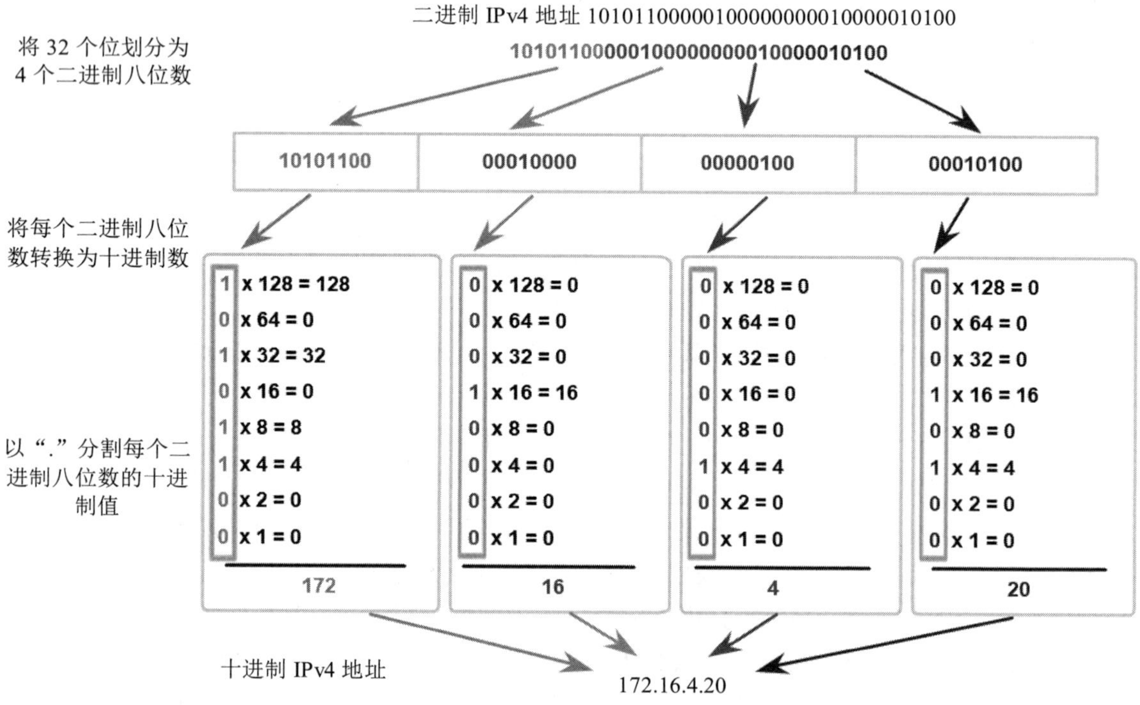

图6.2 二进制地址转换为十进制地址的步骤

2. 十进制转换为二进制

我们经常要分析以十进制表示的地址的一个二进制八位数。例如，若地址为172.16.4.20的主机使用28个比特位来代表网络地址，我们就需要分析最后一个二进制八位数的二进制数字才会发现此主机位于网络172.16.4.16中。因此我们不仅要能够将二进制转换为十进制，还要能够将十进制转换为二进制。

由于表示地址的十进制数值仅限于一个二进制八位数，因此我们只需要研究将8位二进制数字转换成0～255的十进制数值（地址的值为0～255）的过程即可。

开始转换时，首先要确定十进制数字是否等于或大于最高位所代表的最大十进制数值。也就是说，在最高位上，要确定其值是否等于或大于 128。如果该值小于 128，则在 128 位的位置上置入 0，然后转到 64 位的位置。

如果 128 位位置上的值大于或等于 128，则在 128 位置上置入 1 并从要转换的数字中减去 128。然后，将此运算的余数与下一个较小值（即 64）相比较。接下来，对所有剩余位的位置重复此过程。

图 6.3 中列举了将 172 转换为 10101100 的步骤。

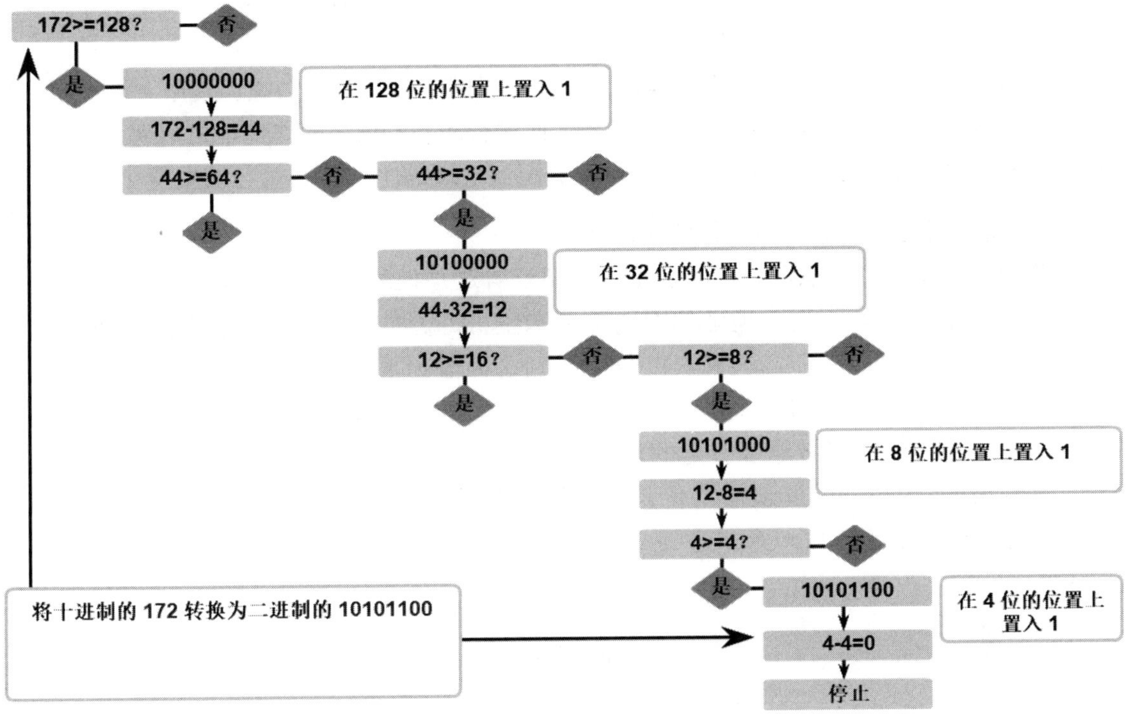

图 6.3　十进制到二进制的转换步骤

6.2.2　网络地址、广播地址和可用主机地址数

每个 IPv4 网络的地址范围内都有三种类型的地址：

（1）网络地址：指代网络的地址。网络地址是指代网络的标准方式。例如，我们可以称某网络为“10.0.0.0 网络”。比起用“第一个网络”之类的词汇来称呼该网络，这种方式既方便又有描述性。10.0.0.0 网络中所有主机的网络位相同。在网络的 IPv4 地址范围内，最小地址保留为网络地址，此地址的主机部分的每个主机位均为 0。

（2）广播地址：用于向网络中的所有主机发送数据的特殊地址。IPv4 广播地址是每个网络都有的一个特殊地址，用于与该网络中的所有主机通信。某主机若要向某个网络中的所有主机发送数据，只需以该网络广播地址为目的地址发送一个数据包即可。广播地址使用该网络范围内的最大地址，即主机部分的各比特位全部为 1 的地址。在有 24 个网络位的网络 10.0.0.0

中，广播地址应为10.0.0.255。此地址也称为定向广播。

（3）主机地址：分配给网络中终端设备的地址。如前所述，每台终端设备都需要唯一的地址（即主机地址）才能向该主机传送数据包。在IPv4地址中，我们将介于网络地址和广播地址之间的地址范围分配给该网络中的设备作为主机地址。

1. 网络前缀

如何才能知道有多少位代表网络部分？多少位代表主机部分？表示IPv4网络地址时，我们在网络地址后添加一个前缀长度，该前缀长度指示地址的网络部分的比特位数。例如在172.16.4.0/24中，/24就是前缀长度，它告诉我们前24位是网络地址。这样，剩下的8位，即最后一个二进制八位数就是主机部分。

分配给网络的前缀并不一定都是/24，具体取决于网络中的主机数量。使用不同的前缀数字会改变网络的主机范围和广播地址。请注意，前缀长度不同时，网络地址可以保持不变，但主机范围和广播地址会发生变化，网络中可以分配到地址的主机数量也会发生变化。

2. 计算网络地址、主机地址和广播地址

计算网络地址、主机地址和广播地址，需要查看这些地址的二进制形式。在具体实施网络划分时，需要查看前缀划分地址的网络部分和主机部分的那个二进制八位数。它在此处的所有示例中都是最后一个二进制八位数。尽管这种情况很常见，但前缀也可以划分任何一个二进制八位数。要了解确定地址分配的这一过程，我们可以将一些示例分解为二进制位。请参阅172.16.20.0/25网络地址分配的详细步骤。在步骤1中，我们看到的是网络地址的表示。其前缀为25位，因此最后7位是主机位。为了表示该网络地址，这些主机位全部为“0”。这样，该地址的最后一个二进制八位数就是0，因此网络地址就是172.16.20.0/25，如图6.4所示。

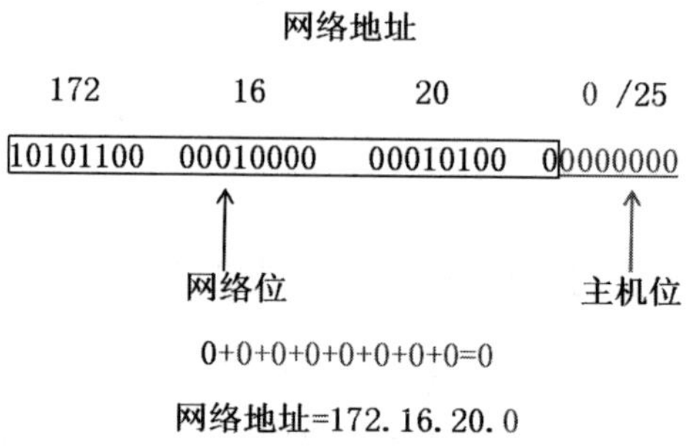

图6.4 计算机网络地址

图6.5为该网络最小主机地址的计算。最小主机地址始终比网络地址大1。在本例中，七个主机位的最后一位变成了“1”。由于主机地址的最低位设置为1，因此最小主机地址就是172.16.20.1。

图6.6为该网络广播地址的计算。根据广播地址定义，其七个主机位应均为“1”。通过计算得出最后一个二进制八位数为127。这说明广播地址是172.16.20.127。

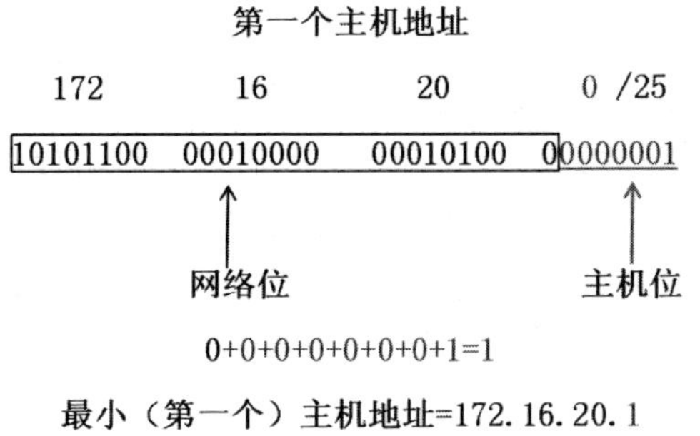

图 6.5　计算最小主机地址

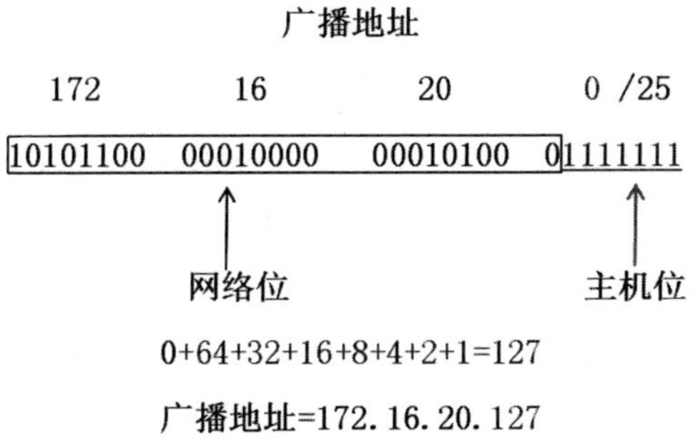

图 6.6　计算广播地址

图 6.7 为该网络最大主机地址的计算。网络的最大主机地址始终比广播地址小 1。这表示最低主机位为“0”，而所有其他主机位均为“1”。如此计算后得到此网络的最大主机地址 172.16.20.126。

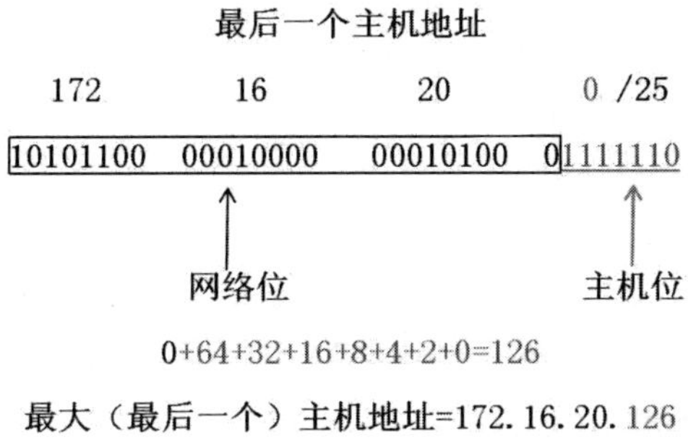

图 6.7　计算最大主机地址

尽管计算本示例时展开了所有二进制八位数，但实际只需要查看划分给主机的二进制八位数的内容即可。

6.2.3　子网掩码

子网掩码（Subnet Mask）又称网络掩码、地址掩码、子网络遮罩，它用来指明一个 IP 地址的哪些位标识的是主机所在的子网，哪些位标识的是主机的位掩码。子网掩码不能单独存在，它必须结合 IP 地址一起使用。

1. 子网掩码基础

子网掩码是在 IPv4 地址资源紧缺的背景下为了解决 IP 地址分配而产生的虚拟 IP 技术，通过子网掩码可将不同类型的地址划分为若干子网，从而显著提高 IP 地址的分配效率，有效缓解了 IP 地址资源紧张的局面。另一方面，在企业内网中为了更好地管理网络，网管人员也利用子网掩码，人为地将一个较大的企业内部网络划分为更多个小规模的子网，再利用三层交换机的路由功能实现子网互联，从而有效解决了网络广播风暴和网络病毒等诸多网络管理方面的问题。

根据 RFC950 定义，子网掩码是一个 32 位的二进制数，其对应的网络地址的所有位都置为 1，对应的主机地址的所有位置都为 0。子网掩码告知路由器，地址的哪一部分是网络地址，哪一部分是主机地址，使路由器能正确判断任意 IP 地址是否属于本网段，从而正确地进行路由。网络上，数据是依靠 IP 寻址从一个地方传到另外一个地方的。从逻辑上来讲，这一过程分为两步：第一步，从 IP 中找到所属的网络，类似于去找人是哪个小区的；第二步，再从 IP 中找到主机在这个网络中的位置，类似于在小区里面找到某人。

子网掩码的设定必须遵循一定的规则。与二进制 IP 地址相同，子网掩码由 1 和 0 组成，且 1 和 0 分别连续。子网掩码的长度也是 32 位，左边是网络位，用二进制数字“1”表示，1 的数目等于网络位的长度；右边是主机位，用二进制数字“0”表示，0 的数目等于主机位的长度。这样做的目的是让掩码与 IP 地址做按位与运算时用 0 遮住原主机数，而不改变原网络段数字，而且很容易通过 0 的位数确定子网的主机数（因为主机号全为 1 时表示该网络广播地址，全为 0 时表示该网络的网络地址，这是两个特殊地址）。通过子网掩码，才能表明一台主机所在的子网与其他子网的关系，使网络正常工作。

2. 子网掩码的功能

子网掩码是一个 32 位地址，是与 IP 地址结合使用的一种技术。它的主要作用有两个：一是用于屏蔽 IP 地址的一部分以区别网络标识和主机标识，并说明该 IP 地址是在局域网上，还是在远程网上；二是用于将一个大的 IP 网络划分为若干小的子网络。

使用子网是为了减少 IP 的浪费。因为随着互联网的发展，越来越多的网络产生，有的网络有几百台主机，有的只有区区几台主机，这样就浪费了很多 IP 地址，所以要划分子网。使用子网可以提高网络应用的效率。通过计算机的子网掩码判断两台计算机是否属于同一网段的方法是，将两台计算机十进制的 IP 地址和子网掩码转换为二进制的形式，然后进行二进制“与”（AND）运算（全 1 则得 1，不全 1 则得 0），如果得出的结果是相同的，那么这两台计算机就属于同一网段。

子网掩码的具体功能有以下两点：

（1）声明网络地址与主机地址。子网掩码一定是配合 IP 地址来使用的。对于常用网络 A、B、C 类 IP 地址，其默认子网掩码的二进制与十进制对应关系见表 6.1。子网掩码工作过程是，将 32 位的子网掩码与 IP 地址进行二进制形式的按位逻辑“与”运算得到的便是网络地址，将子网掩码二进制和 IP 地址二进制进行逻辑“与”运算，得到的就是主机地址。如 192.168.10.11 AND 255.255.255.0，结果为 192.168.10.0，其表达的含义为，该 IP 地址属于 192.168.10.0 这个网络，其主机号为 11，即这个网络中编号为 11 的主机。

表 6.1 默认子网掩码

类别	子网掩码的二进制数值	子网掩码的十进制数值
A	11111111 00000000 00000000 00000000	255.0.0.0
B	11111111 11111111 00000000 00000000	255.255.0.0
C	11111111 11111111 11111111 00000000	255.255.255.0

（2）划分子网。子网掩码机制提供了子网划分的方法。子网划分的作用是减少网络上的通信量；节省 IP 地址；便于管理；解决物理网络本身的某些问题。使用子网掩码划分子网后，子网间可以通信，跨子网不能通信，子网间通信应该使用路由器，并正确配置静态路由信息。划分子网应遵循子网划分结构的规则，即用连续的 1 在 IP 地址中增加表示网络地址，同时减少表示主机地址的位数。例如，IP 地址为 130.39.37.100，网络地址为 130.39.37.0、子网地址为 130.39.37.0，子网掩码为 255.255.255.0，网络地址部分和子网标识部分为“1”所对应，主机标识部分为“0”所对应。具体表现形式为 130.39.37.100/24，即 IP 地址/掩码长度。其中第 3 个字节上的 255 所对应的 8 位二进制数值就是主机地址位数借给网络地址的部分，其充当了划分子网的位数。

3. 子网掩码的计算方式

由于子网掩码的位数取决于可能的子网数目和每个子网的主机数目，因此在定义子网掩码前，必须弄清楚本来使用的子网数和主机数目。

（1）根据子网数来计算子网掩码。

1）将子网数目转化为二进制来表示。

2）取得该二进制的位数，为 N。

3）取得该 IP 地址的类子网掩码，将其主机地址部分的前 N 位置为 1 即得出该 IP 地址划分子网的子网掩码。

（2）根据主机数来计算子网掩码。

1）将主机数目转化为二进制来表示。

2）如果主机数小于或等于 254（注意去掉保留的两个 IP 地址），则取得该主机的二进制位数，为 N，且 $N<8$。如果主机数大于 254，则 $N>8$，表示主机地址占据不止 8 位。

3）使用 255.255.255.255 将该类 IP 地址的主机地址位数全部置为 1，然后从后向前地将 N 位全部置为 0，即为子网掩码值。

4. 子网掩码的分类

子网掩码一共分为两类：一类是默认（自动生成）子网掩码，另一类是自定义子网掩码。具体分类如下。

（1）默认子网掩码。默认子网掩码即未划分子网，对应的网络号位都置为 1，主机号都置为 0。A 类网络、B 类网络和 C 类网络默认子网掩码具体如下：

1）A 类网络默认子网掩码：255.0.0.0。

2）B 类网络默认子网掩码：255.255.0.0。

3）C 类网络默认子网掩码：255.255.255.0。

在默认子网掩码下的 IP 地址中，网络地址和广播地址的计算很简单，虽然按照计算方法需要进制转换和与运算，但是在实际使用当中，我们已经可以快速写出结果。网络地址的计算就是将子网掩码中 0 对应的地方变 0，255 对应的地方不变即可；而广播地址则是将子网掩码中 0 对应的地方变 255，255 对应的地方不变。

（2）自定义子网掩码。自定义子网掩码是将一个网络划分为几个子网，需要每一段使用不同的网络号或子网号，实际上我们可以认为自定义子网掩码是将主机号分为两个部分：子网号、子网主机号。形式如下：

1）未做子网划分的 IP 地址：网络号+主机号。

2）做子网划分后的 IP 地址：网络号+子网号+子网主机号。

也就是说 IP 地址在划分子网后，以前的主机号位置的一部分给了子网号，余下的是子网主机号。

5. 变长子网掩码

变长子网掩码（Variable-Length Subnet Mask，VLSM）就是每段 IP 地址使用不同长度的子网掩码，其可以对子网进行层次化编址，以便最有效地利用现有的地址空间。变长子网掩码的出现打破了传统的以类（Class）为标准的地址划分方法，是为了缓解 IP 地址紧缺而产生的。它的作用是节约 IP 地址空间，减少路由表大小。需要注意的是，使用 VLSM 时，所采用的路由协议必须能够支持它，这些路由协议包括 RIPv2、OSPF、EIGRP 和 BGP。

变长子网掩码是将一个网段拆成多个子网的应用，这种应用在教育网内特别普遍。教育网使用的是电信运营商提供的互联网出口，电信运营商为教育网提供了数个 C 类的公网 IP 地址，但是教育网的网管又希望每个学校都处于各自不同的网段，如果全市（包括县区在内）有上百所学校，为了适应上述要求，就必须使用变长子网掩码来重新规划网络。

变长子网掩码是网络规划中的一种常见应用，它的目的是最大限度地节省 IP 地址。网管员可根据自己单位实际的网络情况，为不同网段灵活地定义不同的子网掩码，但是很多用户由于不了解变长子网掩码的相关知识从而进行了错误的设置，从而导致 IP 地址浪费。

6. IPv6 与子网掩码

IPv6 中没有子网掩码的概念，也没有网络号与主机号的概念。IPv6 是端到端的连接通信，不需要子网。但是，目前人们多在 IPv4 上通过隧道的方式使用 IPv6，完全消灭 IPV4 还需要相当长的时间，子网掩码目前不能消失。

IPv6 的前缀长度可以当作子网掩码来理解，接口 ID 可以当作主机号来理解。在当前的主流操作系统中，IPv6 地址的前缀长度默认为 64 位。IPv6 的地址空间过于广大，可能一个子网的子网都要比整个 IPv4 的地址空间大很多，所以子网的概念在 IPv6 世界里已经淡化了。但是，IPv6 中同一站点的主机要想直接通信（不经过路由器）的前提还是前缀相同。

7. 子网掩码定义网络部分和主机部分

正如我们前面学过的，IPv4 地址包括网络部分和主机部分，其中网络部分的比特位数称为前缀长度。前缀是定义网络部分的一种方式，可以人工读取。数据网络也必须定义地址的这个网络部分。

前缀和子网掩码都代表地址的网络部分，是两种不同的方式。如前缀/24 以子网掩码表示即为 255.255.255.0（11111111.11111111.11111111.00000000）。子网掩码的其余各位（低位）均为 0，表示该网络中的主机地址。子网掩码在主机上与 IPv4 地址一起配置，用于定义该地址的网络部分。以主机地址 172.16.4.35/27 为例：

主机地址：172.16.4.35，对应的二进制为 10101100.00010000.00000100.00100011。

子网掩码：255.255.255.224，对应的二进制为 11111111.11111111.11111111.11100000。

网络地址：172.16.20.32，对应的二进制为 10101100.00010000.00010100.00100000。

由于子网掩码的高位都是 1，因此一个二进制八位数中可能存在的子网值数量有限。我们只需要展开划分网络部分和主机部分那个二进制八位数即可。因此，地址掩码中使用的 8 位模式数量有限，具体模式如下：

00000000 = 0

10000000 = 128

11000000 = 192

11100000 = 224

11110000 = 240

11111000 = 248

11111100 = 252

11111110 = 254

11111111 = 255

如果某个二进制八位数的子网掩码表示为 255，则地址中该二进制八位数对应的所有位均是网络位。同理，如果某个二进制八位数的子网掩码表示为 0，则地址中该二进制八位数对应的所有位均是主机位。上述情况均无须将该二进制八位数展开为二进制即可确定网络部分和主机部分。

6.3 项目实施

任务 6.1 等长子网划分

等长子网划分

通过子网划分可以从一个地址块中创建出多个逻辑网络。由于我们使用路由器将这些网络连接在一起，因此路由器上的每个接口都必须有唯一的网络 ID。路由器所处网络链路上的每个节点都位于同一个网络中。

可以使用一个或多个主机位作为网络位创建子网。具体做法是延长掩码，从地址的主机部分借用若干位来增加网络位。使用的主机位越多，可以定义的子网也就越多。每借用一个位，可用的子网数量就翻一番。例如，借用 1 个位可以划分出 2 个子网；借用 2 个位可以划分出 4

个子网。因此计算子网数量的公式为 2^n，其中 n 代表向后面主机位借用的位数。每借用一个位，每个子网可用的主机地址就会减少，直至无法满足需求为止。

下面请将地址块 192.168.1.0/24 划分成 2 个、3 个、6 个子网。

1. 划分成 2 个子网

向主机位借 1 位就可以分成 2 个子网，使用的公式就是 2 的 1 次方（2^1），此时主机位就只剩下 7 位。计算每个网络的可用主机数量可以使用公式 2^n-2，此时的 n 指被借完后的主机位数，减去的 2 代表的是每个子网中不能被主机使用的地址，即网络地址和广播地址。本任务中 n 为 7，即 $2^7-2=12$，6 可算出每个子网可包含 126 台主机。每个子网的子网掩码相同，均为 255.255.255.128。划分成 2 个子网的编制方案见表 6.2。

表 6.2　划分成 2 个子网的编制方案

子网	网络地址	可用主机范围	广播地址
子网 1	192.168.1.0	192.168.1.1～192.168.1.126	192.168.1.127
子网 2	192.168.1.128	192.168.1.129～192.168.1.254	192.168.1.255

2. 划分成 3 个子网

向主机位借用 2 位，代入公式就是 2 的 2 次方（$2^2=4$），可以划分为 4 个子网，供用户按需选择其中的 3 个子网。此时主机位就只剩下 6 位，计算每个网络的可用主机数量为 $2^6-2=62$，即每个子网可包含 62 台主机，每个子网的子网掩码相同，均为 255.255.255.192。划分成 3 个子网的编制方案见表 6.3。

表 6.3　划分成 3 个子网的编制方案

子网	网络地址	可用主机范围	广播地址
子网 1	192.168.1.0	192.168.1.1～192.168.1.62	192.168.1.63
子网 2	192.168.1.64	192.168.1.65～192.168.1.126	192.168.1.127
子网 3	192.168.1.128	192.168.1.129～192.168.1.190	192.168.1.191
子网 4	192.168.1.192	192.168.1.193～192.168.1.254	192.168.1.255

3. 划分成 6 个子网

为了提供 6 个网络，需要向主机位借 3 位，代入公式为 2 的 3 次方（$2^3=8$），即可以分成 8 个子网，供用户按需选择其中的 6 个子网。此时主机位就只剩下 5 位，计算每个网络的可用主机数量为 $2^5-2=30$，即每个子网可包含 30 台主机。划分成 6 个子网的编制方案见表 6.4。

表 6.4　划分成 6 个子网的编制方案

子网	网络地址	可用主机范围	广播地址
子网 1	192.168.1.0	192.168.1.1～192.168.1.30	192.168.1.31
子网 2	192.168.1.32	192.168.1.33～192.168.1.62	192.168.1.63
子网 3	192.168.1.64	192.168.1.65～192.168.1.94	192.168.1.95

续表

子网	网络地址	可用主机范围	广播地址
子网 4	192.168.1.96	192.168.1.97～192.168.1.126	192.168.1.127
子网 5	192.168.1.128	192.168.1.129～192.168.1.158	192.168.1.159
子网 6	192.168.1.160	192.168.1.161～192.168.1.190	192.168.1.191
子网 7	192.168.1.192	192.168.1.193～192.168.1.222	192.168.1.223
子网 8	192.168.1.224	192.168.1.225～192.168.1.254	192.168.1.255

任务 6.2 VLSM 变长子网划分

VLSM 变长子网划分

采用传统的子网划分来确定主机总数时，每个子网分配的地址数量相同。如果所有子网对主机数量的要求相同，这些固定大小的地址块效率就会很高。但是，绝大多数情况并非如此，此时需要细分子网，即使用 VLSM 变长子网划分，实现根据实际需求情况将网络划分为子网，并限制浪费的主机和子网数量。下面完成如图 6.8 所示的子网划分。

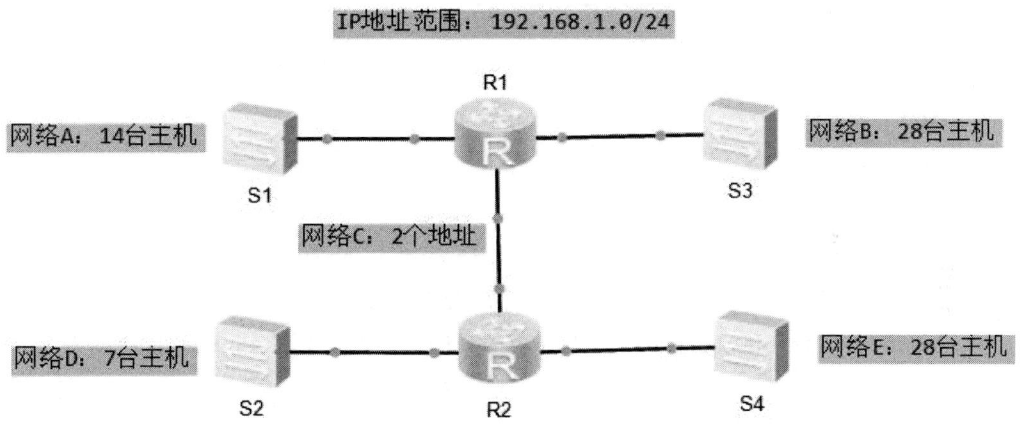

图 6.8 VLSM 变长子网划分

图 6.8 中所示为 5 个不同的子网，每个子网的主机要求各不相同。给定的 IP 地址范围是 192.168.1.0/24。主机或地址要求如下：

- 网络 A：14 台主机。
- 网络 B：28 台主机。
- 网络 C：2 个地址。
- 网络 D：7 台主机。
- 网络 E：28 台主机。

具体划分方法如下。首先要为主机要求最高的网络划分子网。在本任务中，要求最高的是网络 B 和网络 E，各包含 28 台主机。根据公式（可用主机数量=2^n-2），网络 B 和 E 的主机部分应剩余 5 个位，算式为 $2^5-2=30$，即提供 30 个可用主机地址。因此，可以考虑借用 3 个位代表子网，留下 5 个位代表主机，这样可提供各包含 30 台主机的 8 个子网。

确定方案后，接下来为网络分配地址。首先为网络 B 和网络 E 分配地址，网络 B 将使用子网 1（192.168.1.0/27），主机地址范围为 1～30，网络 E 将使用子网 2（192.168.1.32/27），主机地址范围为 33～62。剩下的还未分配的网络中，主机数量需求最高的是网络 A，需要 14 个地址，其次是网络 D 需要 7 个地址。此时利用网络地址 192.168.1.64/27 再借用一个位将此网络地址划分为 2 个子网，网络 A 将使用子网 1（192.168.1.64/28），主机地址范围为 65～78，网络 D 将使用子网 2（192.168.1.80/28），主机地址范围为 81～94，此分配支持每个子网包含 14 台主机，因此符合要求。网络 C 是路由器之间的网络，需要 2 个 IP 地址，从剩余网络 192.168.1.96/28 中借用 2 个位即可满足此要求，得到子网 192.168.1.96/30 和 192.168.1.100/30。网络 C 将使用子网 1（192.168.1.96/30），主机地址范围为 97～98。本任务从已经划分子网的地址中借用主机位，这样划分完后满足了所有要求，而且没有浪费过多的潜在子网和可用地址。

6.4 习题

一、选择题

1．属于 C 类地址是（　　）。

A．192.168.1.2　　B．170.20.30.5

C．10.3.4.6　　D．226.23.56.23

2．（　　）是不合法掩码。

A．255.255.128.0　　B．255.255.255.0

C．225.255.232.0　　D．255.255.255.0

3．二进制地址 11111000.11110010.11110110.11101010 换算成十进制地址表示为（　　）。

A．192.168.1.2　　B．248.242.246.234

C．128.56.32.58　　D．128.65.96.32

4．十进制地址 192.168.1.12 换算成二进制地址表示为（　　）。

A．11111000.11110010.11110110.11101010

B．11010011.10101110.11100101.11101101

C．11000000.10101000.00000001.00001100

D．11010010.11010111.10100101.11011000

5．下列说法中错误的是（　　）。

A．子网掩码又称网络掩码、地址掩码

B．地址可以分为网络部分和主机部分

C．主机部分中的网络地址和广播地址不能作为可用 IP 地址

D．一个 24 位地址块最多可以提供 256 个可用 IP 地址

二、简答题

1．请计算 192.168.1.64/26 地址范围中的网络地址、主机地址和可用地址数。

2．将 192.168.10.0/24 划分为等长的 8 个子网，请计算每个子网的网络地址、广播地址、地址范围、子网掩码。

拓展阅读

维护网络安全，人人有责[1]

2022 年 9 月 5 日至 11 日是国家网络安全宣传周，近日网络上出现了很多关于网络安全的主题宣传活动。维护网络安全，人人皆有责，因为在互联网时代，几乎没有人能够置身网外。网络安全不仅事关国家安全，也和我们每个人的生活息息相关。

众所周知，互联网没有时空和地域的限制，任何一个地方的电脑和手机等设备都可能面临病毒侵入、黑客攻击的风险，造成系统瘫痪、信息泄露。我们能够使用支付宝、微信等平台购物，也有可能在不经意间遭遇网络诈骗。因此，开展网络安全宣传是非常必要的，只有每个人都培养出高度的安全意识，不断提高文明的网络素养，严格遵守文明上网的行为习惯，掌握必备的网络防护技能，才能真正维护网络安全。

在互联网时代，网络已融入我们的日常生活。网络上的“黑手”和“病毒”如地雷般隐藏在网络上的不同角落，这就需要我们每个人都行动起来。网络安全绝不是某一个地方、某一个单位、某一个部门的事，而是全民之事、全民之责。维护网络安全需要人人参与，只有每个人都行动起来，我们才能不断提升在网络空间的获得感、幸福感、安全感，才能看得安心、买得放心。

[1] 林锐磊，揭阳文明网，http://www.jywenming.cn/news_detail.asp?id=24752。

项目7 数据传输

项目导读

在 TCP/IP 协议簇中，传输层位于应用层和网络层之间，为应用层提供服务，并接收来自网络层的服务，属于面向通信部分的最高层，同时也是用户功能中的最低层。我们可以把传输层比喻成客户程序和服务器程序之间的联络人，其在两个应用层之间提供进程到进程的服务，一个进程在本地主机，另一个进程在远程主机。传输层是 TCP/IP 协议簇中的核心，是互联网上一点到另一点传输数据的端到端的逻辑传输介质。

使用逻辑连接提供通信，意味着两个应用层的载体可以相距很远，实现“跨洋”交流。传输层的协议主要有传输控制协议（TCP）和用户数据协议（UDP），本项目将深入讨论这两个协议的工作原理和使用方法，并且分析两种协议对数据的封装过程。

项目要点

- 传输层提供的服务
- UDP 的格式及特点
- TCP 可靠传输的实现

7.1 基础知识链接

7.1.1 进程到进程的通信

传输层协议的首要任务是提供进程到进程的通信。进程是使用传输层服务的应用层实体，也就是机器正在运行着的程序。网络层负责计算机层次的通信，但网络层协议只是把报文传递到目的计算机，显然这是不完整的传递，报文仍然需要递交给正确的进程，这部分就需要由传输层来负责，传输层中的协议负责将报文传输到正确的进程。图 7.1 给出了网络层和传输层的工作范围。

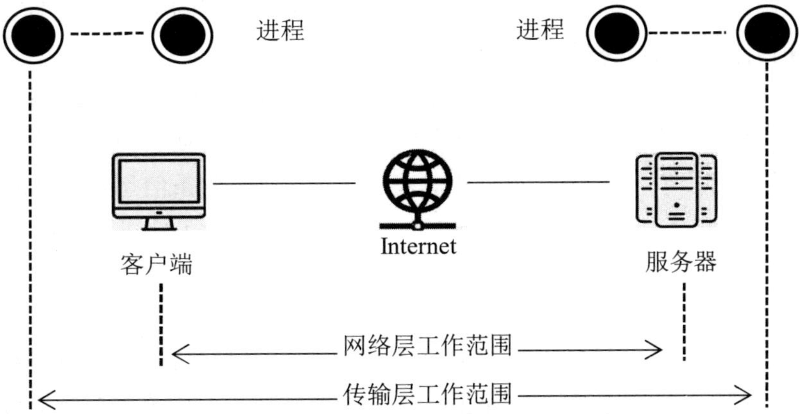

图 7.1　网络层和传输层的工作范围

7.1.2　寻址

尽管有些方法可以实现进程到进程的通信，但是最常用的方法是采用客户端/服务器模式，也就是我们常说的 C/S 模式。其中客户端就是本地的主机，它经常会请求远程主机提供的服务，这台提供服务的远程主机就是服务器。

客户端和服务器的服务进程通常会有相同的名字。例如，如果要从服务器上获取当前的日期和时间，那么我们需要在本地客户端运行 Daytime 进程，同时也需要在服务器上运行 Daytime 进程。

目前的操作系统支持多用户和多程序运行的环境。一个远程计算机在同一时间可以运行多个服务器程序，就像许多本地计算机可在同一时间运行一个或多个客户应用程序一样。通信必须定义本地主机、本地进程、远程主机以及远程进程。计算机使用 IP 地址来定义本地主机和远程主机。为了定义进程，计算机需要第二个标识符——端口号。在 TCP/IP 协议簇中，端口号是在 0～65535 之间的 16 位整数。

客户端程序用端口号定义自己，称为临时端口号。“临时”这个词表示其是短期的，称为临时端口号是因为客户的生命周期通常很短。为了客户端/服务器程序能够正常工作，临时端口号推荐值应大于 1023。

同时，服务器进程也需要一个端口号来定义自己，但是这个端口号不能随机选择。如果服务器站点的计算机运行一个服务器程序，并随机分配一个数字作为端口号，那么在客户端站点的进程想访问该服务器并且使用对应的服务时，将不知道该服务的端口号。虽然这个问题可以通过发送一个特殊分组，并请求一个特定服务的端口号来解决，但是这需要更多的额外的开销。

因此，TCP/IP 决定使用全局端口号来解决这个问题。这个全局端口号也称为熟知端口。互联网名称与数字地址分配机构（The Internet Corporation for Assigned Names and Numbers，ICANN）已经把端口号划分为三种，具体如下：

（1）熟知端口：端口号的范围是 0～1023。

（2）注册端口：端口号的范围是 1024～49151。

（3）动态端口：端口号的范围是49152～65535。这一范围的端口号既不受控制也不需要注册，可以由任何进程使用，称为临时或私有端口号。

在TCP/IP协议簇中的传输层协议需要IP地址和端口号，它们各自在一端建立一条连接，一个IP地址和一个端口号结合起来称为套接字地址。为了使用互联网中的传输服务，我们需要一对套接字地址：客户套接字地址和服务器套接字地址。这四条信息是网络层分组头部和传输层分组头部的组成部分。第一个头部包含IP地址，而第二个头部包含端口号。

7.1.3 封装与解封装

为了将报文从一个进程发送到另一个进程，传输层协议负责封装与解封装报文。

（1）封装。封装在发送端发生。当进程有报文要发送时，发送端将报文与一组套接字地址和其他信息一起发送到传输层，这依赖于传输层协议。传输层接收数据并加入传输层头部。Internet中传输层的分组称为用户数据报、段或者分组，具体名称取决于使用的传输层协议。

（2）解封装。解封装发生在接收端。报文达到目的传输层时，头部就会被丢弃，传输层将报文传递给在应用层进行的进程。如果需要响应接收到的报文，发送端发送的套接字地址也要被发送给进程。封装与解封装的过程如图7.2所示。

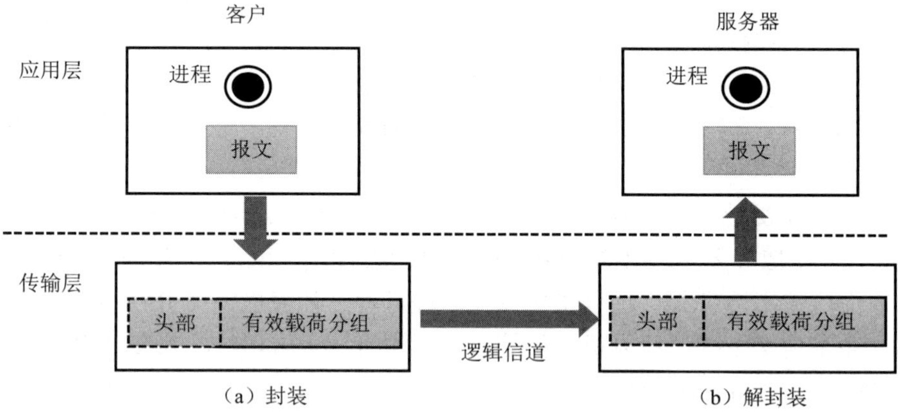

图7.2　封装与解封装

7.1.4 多路复用与多路分解

一个实体从一个以上的源接收到数据项时，就称为多路复用；一个实体将数据项传递到一个以上的源时，就称为多路分解。源端的传输层执行多路复用，目的端的传输层执行多路分解。

图7.3给出了一个客户和两个服务器之间的通信示意图，客户端运行三个客户进程：P1、P2和P3。进程P1和进程P3需要将请求发送到对应的服务器进程，进程P2需要将请求发送到位于另外一个服务器的服务器进程。客户端的传输层接收到来自三个进程的三个报文并且创建了三个分组，起到多路复用器的作用。分组1和分组3使用相同的逻辑信道到达第一个服务器的传输层，当它们到达服务器时，传输层起到多路分解器的作用，并将报文分发到两个不同的进程。第二个服务器的传输层接收分组2并将它传递到相应的进程。此外，尽管服务器2只有一个报文，我们依然用到了多路分解。

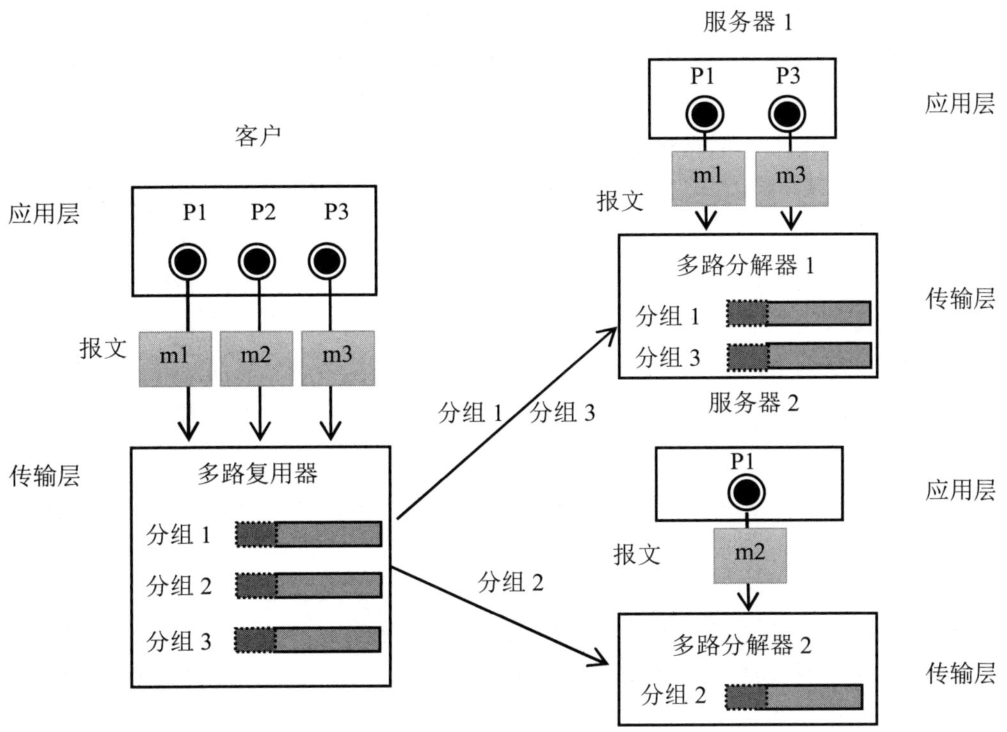

图 7.3 多路复用和多路分解

7.1.5 流量控制与差错控制

1. 流量控制

当有一个实体创建数据项并且有另一个实体在消耗它们时，就会存在生产速率和消费速率的平衡问题，其中，创建数据项的实体是生产者，消耗数据项的实体是消费者。如果数据项的生产比消费快，那么消费者可能被淹没并且可能还要丢弃一些数据项。如果数据项生产比消费慢，那么消费者必须等待，系统就会变得低效。流量控制与第一种情况相关，我们需要在消费者端采取一定的机制来防止数据项丢失。

从生产者到消费者的数据项传递有两种方式：推或拉。生产者无须事前获得消费者的请求就发送数据项的，传递称为“推”。如果生产者在消费者请求这些数据项之后进行发送，那么这种传递称为“拉”。图 7.4 给出了这两种传递类型的运作过程。

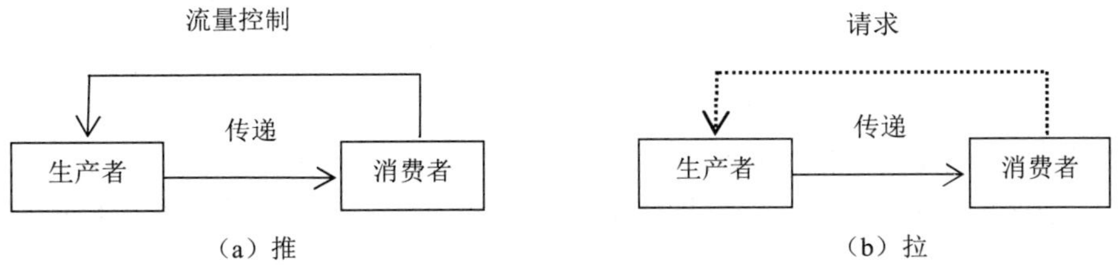

图 7.4 数据的推和拉

当生产者“推”数据项时，消费者可能被淹没，所以需要相反方向的流量控制，以此来防止丢弃这些数据项。换言之，当生产速度过快时，消费者需要警告生产者停止传递，待消费者再次准备好接收数据时通知生产者继续传递。当消费者“拉”数据项时，它会在自身做好准备时进行请求。这种情况下不需要流量控制。

在传输层通信中，我们需要处理四个实体：发送方进程、发送方传输层、接收方传输层和接收方进程。应用层的发送方进程仅仅是一个生产者，它生产报文块，并把它们推送到传输层。发送方传输层有两个作用：它既是消费者也是生产者，它消费生产者推来的报文，将报文封装进行分组并传递到接收方传输层。接收方传输层也有两个作用：作为消费者，它消费从发送方那里接收来的分组；作为生产者，它解封装报文并且传递到应用层。然而，最后的传递通常是拉传递，传输层等待，直到应用层进程请求报文。接收方进程是一个消费者，它消费由传输层产生的分组。

传输层通信至少需要两种流量控制：从发送方传输层到发送方应用层的流量控制和从接收方传输层到发送方传输层的流量控制。

尽管流量控制可以通过多种方式实现，但最常用的方式就是使用两个缓冲区：一个位于发送方传输层，另一个位于接收方传输层。缓冲区是一组内存单元，它可以在发送端和接收端存储分组。消费者向生产者发送信号从而进行流量控制通信，当发送方传输层的缓冲区已满时，它就会通知应用层停止传输报文块；当有空闲位置时，它就通知应用层可以再次传输报文块。当接收方传输层的缓冲区已满时，它就通知发送方传输层停止传输分组；当有空闲位置时，它就通知发送方传输层可以再次传输分组。

2. 差错控制

在 Internet 中，由于网络层是不可靠的，如果应用层需要可靠性，那么需要使传输层变得可靠。可靠性可以通过在传输层加入差错控制服务来实现。传输层的差错控制负责以下几个方面。

（1）发现并丢弃被破坏的分组。

（2）记录丢失和丢弃的分组并重传。

（3）识别重复分组并丢弃它们。

（4）缓冲失序分组直到丢失的分组到达。

差错控制与流量控制不同，它仅涉及发送方和接收方的传输层（假设在应用层和传输层之间交换传输层的报文块是不会产生差错的）。图 7.5 给出了发送方和接收方传输层的差错控制过程。正如传输控制一样，在大多数情况下，接收方传输层管理差错控制，它通过告知发送方传输层存在的问题来进行管理。差错控制需要发送方传输层知道哪个分组要被重传，并且接收方传输层需要知道哪个分组是重复的、哪个分组是失序的。如果分组是有编号的，那么上述问题就可以解决。我们可以在传输层分组中加入一个字段来保存分组的序号。当分组被破坏或丢失时，接收方传输层可按某种方式通知发送方传输层利用序号重传分组；如果接收到的两个分组具有相同的序号，那么接收方传输层也能发现重复分组；接收方传输层还可以通过观察序号的间隔来辨别失序分组。

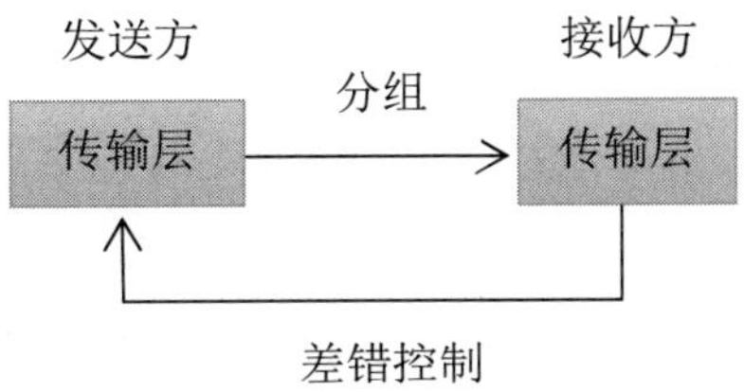

图 7.5 传输层的差错控制

由上可知，分组一般按序编号，由于需要在分组的头部包含每个分组的序号，因此需要设置一个界限。如果分组的头部允许序号最多为 m 位，那么序号范围就是 0 到 2^m～1。例如，如果 m 是 4，那么序号范围是[0,15]。

差错控制是通过发送积极或者消极的信号实现的，此处只讨论在传输层中最常见的积极信号。接收方可以为每一组正确到达的分组发送一个确认字符 ACK，也可以简单地丢弃被破坏的分组，发送方如果使用计时器，就可以发现丢失分组。当一个分组被发送时，发送方就开启一个计时器，如果 ACK 在计时器超时之前没有到达，那么发送方就会重发这个分组。重复的分组可以被接收方丢弃，失序的分组既可以被丢弃，也可以存储起来直到丢失的那个分组到来。

3. 流量和差错控制的组合

我们已经讨论过，流量控制要求使用两个缓冲区，一个在发送端，另一个在接收端；差错控制要求两端均使用序号和确认号。如果需要使用两个带序号的缓冲区，一个位于发送端，一个位于接收端，那么需要将这两个缓存区结合起来。在发送端，当准备发送分组时，我们使用下一个缓冲区空闲位置号码 x 作为分组的序号。当分组被发送时，一个分组的备份存储在内存位置 x，等待来自另一端的确认。当与被发送分组相关的确认到达时，分组被清除，内存位置空闲出来。

在接收端，当带有序号 y 的分组到达时，它被存储在内存位置 y 上，直到应用层准备好接收它。这时发送一个确认表明分组 y 的到达。

在环形滑动窗口中，由于序号进行模 2^m 操作，因此一个环可以代表 0～2^m-1 的序号（图 7.6）。缓冲区由一组片段来代表，称为滑动窗口，它随时占据环的一部分。在发送端，当一个报文被发送时，相应的片段就会被标记。当所有的片段都被标记时，就意味着缓冲区已满且不能从应用层进一步接收报文。当确认报文到达时，相应片段将被取消标记。如果从窗口开始处有一些连续的片段没有被标记，那么窗口将会滑过这些相应序号的范围，允许更多的片段进入窗口尾部。图 7.6 给出了发送方的环形滑动窗口，序号以 16 为模（m=4）且窗口大小为 7。请注意滑动窗口仅仅是一个抽象，实际情况是使用计算机变量来保存下一个和最后一个待发送的分组。

大多数协议使用线性形式来表示滑动窗口。虽然线性滑动窗口与环形滑动窗口的思想是相同的，但是线性滑动窗口通常会占用更少的页面空间，图 7.7 给出了这种表示方法，其中深色的部分表示未完成的分组。如果将图 7.7 中每一幅图的两个端点相连接，并且弯曲它们，我们就可以得到与图 7.6 相同的图。

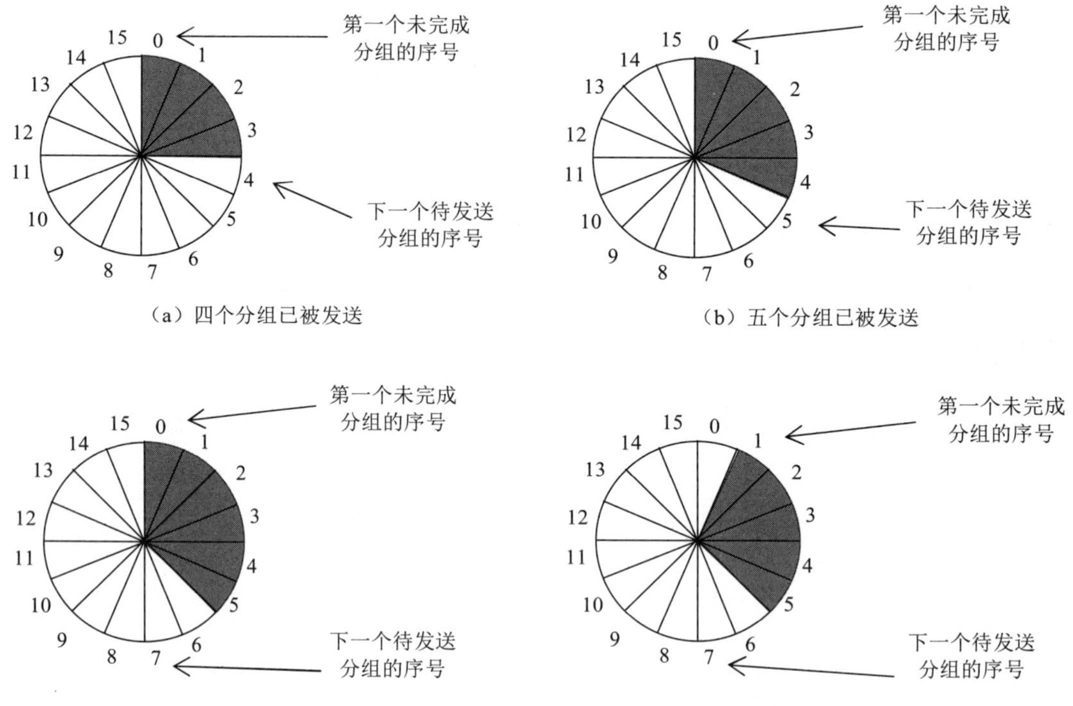

（a）四个分组已被发送

（b）五个分组已被发送

（c）七个分组已经被发送，窗口已满

（d）分组 0 已经被发送，窗口滑动

图 7.6　环形滑动窗口

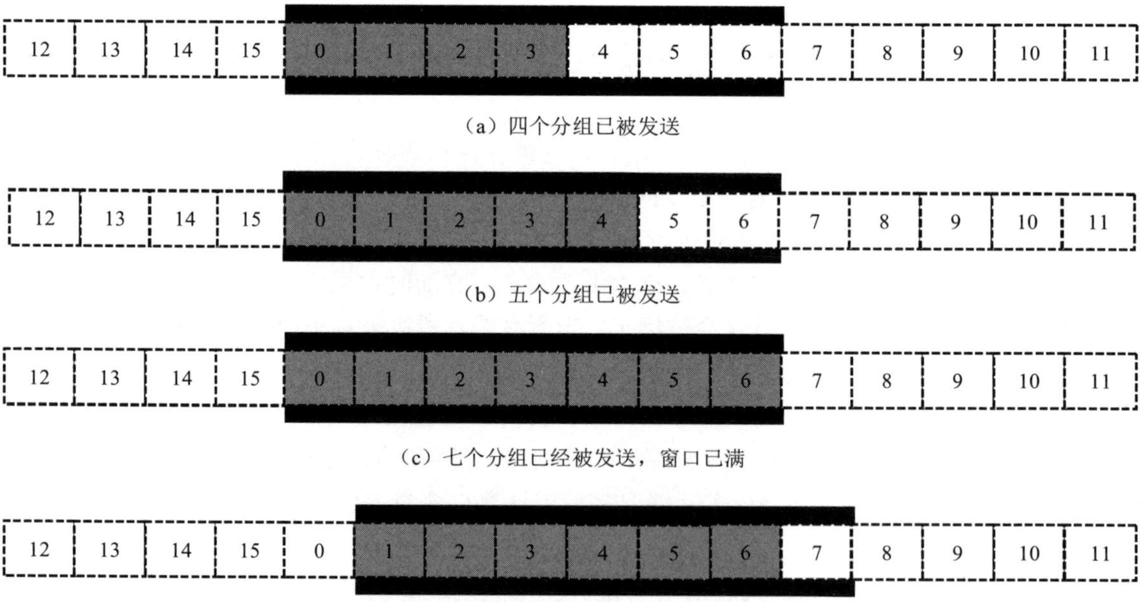

（a）四个分组已被发送

（b）五个分组已被发送

（c）七个分组已经被发送，窗口已满

（d）分组 0 已经被发送，窗口滑动

图 7.7　线形滑动窗口

7.2 重点知识讲解

UDP 是 User Datagram Protocol 的简称，也就是常说的用户数据报协议。它是一种无连接的传输层协议，提供面向事务的简单不可靠的信息传送服务。它适合用于一次传输少量数据的情况。

由于 UDP 报文没有可靠性保证、顺序保证和流量控制字段，因此可靠性较差。但是正因为 UDP 的控制选项较少，所以其在数据传输过程中的延迟小、数据传输效率高，适用于对可靠性要求不高的应用程序，或者可以保障可靠性的应用程序，如域名服务协议（DNS）、简单文件传输协议（TFTP）、简单网络管理协议（SNMP）等。

7.2.1 UDP 的用途

用户数据报协议（UDP）直接工作在 IP 的上层，在 IP 的数据报服务之上增加了端口的功能，但无差错检测功能。虽然 UDP 只能提供不可靠的交付，但是其在某些方面也有特殊的优点，具体如下。

- 发送数据之前不需要建立连接，同时数据传输结束之后也不需要释放连接，因而减少了相应的开销以及数据发送之前的延迟。
- UDP 没有拥塞控制，也不保证可靠交付，因此主机不需要维持具有许多参数的连接状态表。
- UDP 头部包含的字节较少，比传输控制协议（Transmission Control Protocal，TCP）头部消耗少，传输效率高。
- 由于 UDP 没有拥塞控制，因此网络出现的拥塞不会使源主机的发送速率降低，这对某些实时应用是很重要的。很多的实时应用（如 IP 电话、实时视频会议等）均要求源主机以恒定的速率发送数据，并且允许在网络发生拥塞时丢失一些数据，但不允许数据有太大的时延。UDP 正好满足这种要求。

虽然某些实时应用需要使用没有拥塞控制的 UDP，但当很多源主机同时向网络发送高速率的实时视频流时，网络就有可能发生拥塞，导致无法正常接收数据，因此 UDP 可能会引起网络产生严重的拥塞问题。还有些使用 UDP 的实时应用需要对 UDP 的不可靠传输进行适当的改进以减少数据的丢失，在这种情况下，应用进程本身可在不影响应用的实时性的前提下增加一些提高可靠性的措施，如采用前向纠错或重传已丢失的报文。

鉴于 UDP 的特点，其一般用于即时通信（如 QQ 聊天等对数据准确性和丢包要求比较低，但速度必须快的应用）、在线视频（速度一定要快，保证视频连续，偶尔“花”了一个图像帧还是能接受的）、网络语音电话（VoIP 语音数据包一般比较小，需要高速发送，偶尔断音或串音也没有问题，VoIP 即基于 IP 的语言传输协议）等。

在具体实现方面，UDP 与 TCP 的不同之处具体如下（TCP 的相关内容将在后续小节进行详细介绍）。

- UDP 不进行数据分片，保持用户数据完整投递，用户可以直接将从 UDP 接收到的数据解释为应用程序认定的格式和意义。
- UDP 没有对承载的整个用户数据的到达进行确认，这个确认将由用户来完成，相对于 TCP 来说这是一个缺点。
- UDP 没有连接的概念，不提供流量控制，也不存在连接建立和维护。
- UDP 进行数据校验，与 TCP 一样将保持其首部和数据的校验和，不同的是，这是一个端到端的检验和，当校验和出现差错的时候，UDP 除抛弃数据外，没有任何动作。

7.2.2 UDP 的数据报格式

UDP 拥有两个字段，即首部字段和数据字段。首部字段有 8 字节，由 4 个字段组成，每个字段都是 2 字节，如图 7.8 所示。头两个字段定义了源和目的端口号。第三个字段定义了用户数据报的总长度，即头部加上数据的总长度。长度字段共有 16 位，可以定义的总长度范围是 0～65535，然而实际总长度需要更小一些，这是因为 UDP 数据报存储在总长度为 65535 的 IP 数据报中。最后一个字段可以携带可选校验和，防止 UDP 用户数据报在传输中出错。

例如，十六进制格式的 UDP 头部内容为 CB84000D001C001C。那么，源端口号就是头 4 位十六进制数字$(CB84)_{16}$，这意味着源端口号就是 52100；目的端口号是第二组 4 位十六进制数字$(000D)_{16}$，这意味着目的端口号是 43；第三组 4 位十六进制数字$(001C)_{16}$，定义了整个 UDP 分组的长度，长度是 28 字节，那么数据长度就是整个分组的长度减去头部长度，即 28-8=20 字节。

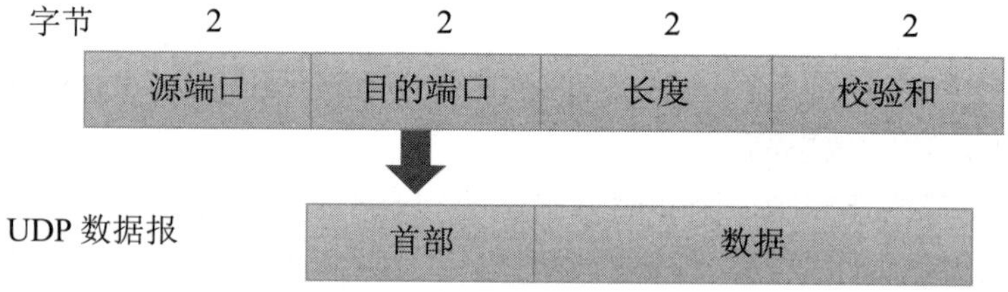

图 7.8　用户数据报格式

UDP 用户数据报首部检验和的计算方法有些特殊。在计算检验和时要在 UDP 用户数据报之前增加 12 字节的伪首部。所谓“伪首部”是指其并不是 UDP 用户数据报真正的首部，只是在计算检验和时，临时和 UDP 用户数据报连接在一起，得到的一个过渡 UDP 用户数据报。检验和就是按照这个过渡的 UDP 用户数据报来计算的，伪首部既不向下传送，也不向上递交。图 7.9 说明了伪首部各字段的内容。

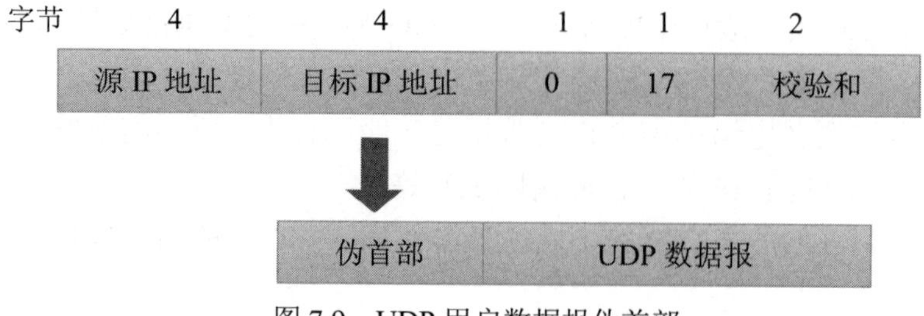

图 7.9　UDP 用户数据报伪首部

UDP 计算检验和的方法与计算 IP 数据报首部检验和的方法相似。发送端首先将全零放入检验和字段；可将伪首部以及 UDP 用户数据报（包括数据字段）看成是由许多 16 位的字串接起来的，若 UDP 用户数据报的数据部分不是偶数字节，则要填入一个全零字节（但此字节不发送），然后按二进制反码计算出这些 16 位字的和；将此和的二进制反码写入检验和字段后，发送此 UDP 用户数据报。接收端将收到的 UDP 用户数据报连同伪首部（以及可能的填充全零字节）一起，按二进制反码求这些 16 位字的和。当无差错时其结果应为全 1，否则就表明有差错出现，接收端应将此 UDP 用户数据报丢弃（也可以上交给应用层，但要附上出现了差错的警告）。伪首部的第 3 个字段是全 0，第 4 个字段是 IP 首部中的协议字段的值。对于 UDP，此协议字段值为 17，第 5 个字段是 UDP 用户数据报的长度。因此可以看出，这样的检验和既检查了 UDP 用户数据报的源端口号、目的端口号以及 UDP 用户数据报的数据部分，又检查了 IP 数据报的源 IP 地址和目标 IP 地址。

7.2.3 UDP 的特点

1. 无连接服务

由于 UDP 是无连接协议，因此同一个应用程序所发送的 UDP 分组之间是独立的。这个特性可以看作优势也可以看作劣势，这要取决于应用要求。例如，如果一个客户应用需要向服务器发送一个短的请求并接收一个短的响应，那么无连接服务就是优势。如果请求和响应各自可以填充进一个数据报，那么无连接服务可能更可取，因为在这种情况下，建立和关闭连接的开销可能很大。在面向连接的服务中，要达到以上目标，至少需要在客户端和服务器之间交换 9 个分组，在无连接服务中只需要交换 2 个分组即可。总之，相比于面向连接的服务，无连接服务的延尺更小，如果延迟是应用的重要问题，那么无连接服务更可取。

2. 缺乏差错控制

UDP 不提供差错控制，它提供的是不可靠服务。尽管很多应用期待从传输层协议中得到可靠服务，但是这可能会有一些副作用，这些副作用对某些应用来说是不可接受的。当一个传输层提供可靠服务时，如果报文的一部分丢失或者被破坏，整个报文就需要被重传，这意味着接收方传输层不能向应进层即时传送那一部分，导致传向应用层的不同报文部分会有不一致的延迟。某些应用根本注意不到这些不一致的延迟，而对于有些应用来说这些延迟是十分致命的。

3. 缺乏拥塞控制

UDP 不提供拥塞控制。因而，在倾向于出错的网络中，UDP 没有创建额外的通信量。TCP 可能多次重发一个分组，因此这个行为会促使拥塞发生或者使得拥塞状况加重。因此，在某些情况下，当拥塞是一个大问题时，UDP 中的缺乏差错控制可以看作一个大优势。

7.2.4 TCP 报文段的首部格式

TCP 报文段分为首部和数据两部分，如图 7.10 所示。TCP 的全部功能都体现在它的首部的各个字段中，如果没有选项，那么首部是 20 字节；如果有选项，那么首部最多是 60 字节，因此 TCP 首部的最小长度是 20 字节。

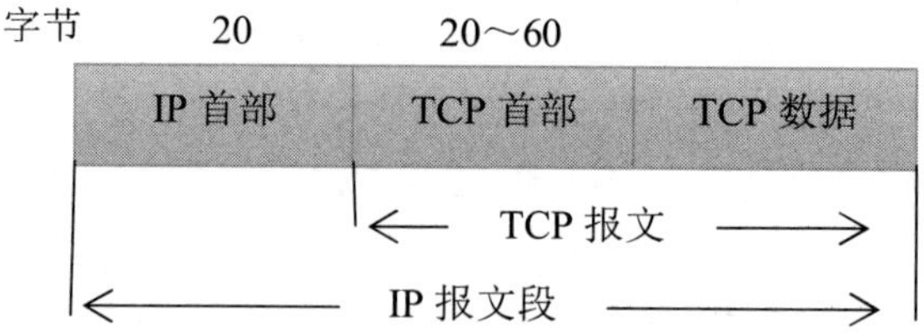

图 7.10　用户数据报格式

TCP 首部数据格式如图 7.11 所示，下面将结合 TCP 的主要机制来学习这些字段的意义和目的。

（1）源端口号。源端口号是一个 16 位的字段，它定义了在主机中发送该段的应用程序的端口号。这与 UDP 头部的源端口号的作用是一样的。

（2）目的端口号。目的端口号是一个 16 位的字段，它定义了在主机中接收该段的应用程序的端口号，这与 UDP 头部的目的端口号的作用是一样的。目的端口和源端口既可以用来将若干高层协议向下复用，也可以用来将传输层协议向上分用。

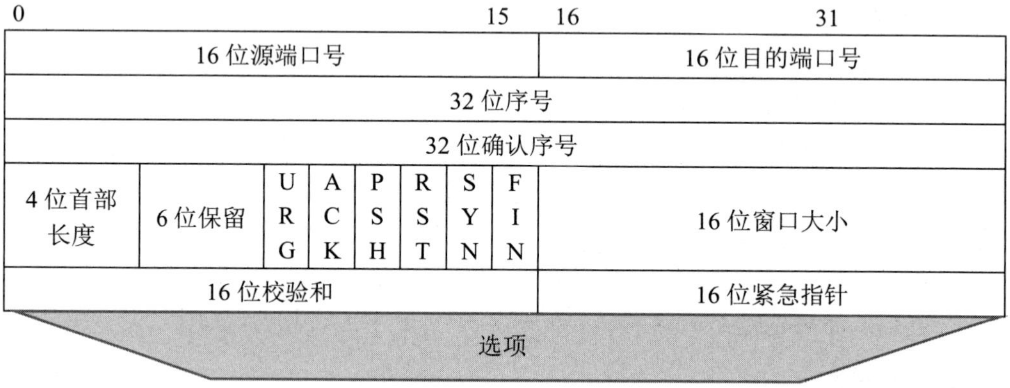

图 7.11　TCP 首部数据格式

（3）序号。序号是由 32 位字段定义的一个数，它将分配给段中数据的第一字节。TCP 是一种字节流传输协议，为了确保连通性，要对发送的每一字节都进行编号。序号用于告诉目的端，在这个序列中哪一个字节是该段的第一字节。在连接建立时，每一方都使用随机数生成器产生一个初始序号 ISN，通常每一个方向的 ISN 都不同。例如，某报文段的序号字段的值是 301，而携带的数据共 100 字节，则本报文段的数据的第一字节的序号是 301，而最后一个字节的序号 400。这样，下一个报文段的数据序号应当从 401 开始，因而下一个报文段的序号字段的值应为 401。

（4）确认序号。确认序号是一个 32 位的字段，定义了段的接收方期望接收的字节号。如果段的接收方成功地接收了对方发来的字节号 x，它就将确认序号定义为 x+1，确认序号和数据可一起发送。例如，正确收到了一个报文段，其序号字段的值是 301，数据长度是 100 字节，这就表明确认序号在 301～400 之间的数据均已正确收到。因此在响应的报文段中应将确认序号置为 401。由于确认序号字段的长度为 32 位，可对 4GB（即 4 千兆字节）的数据进行编号，这样就可以保证当序号重复使用时，旧序号的数据早已在网络中消失了。

（5）首部长度。首部长度是 4 位的字段，指明了 TCP 头部中共有多少个 4 字节长的字。由于 TCP 头部的长度可以在 20 字节到 60 字节之间，因此首部长度字段的值在 5（5×4=20）到 15（15×4=60）之间。

（6）保留。保留是一个 6 位的字段，保留为今后使用，但目前应置为 0。

（7）控制。这个字段定义了 6 种不同的控制位或标记，在同一时间可以设置一位或多位。这些位用于进行 TCP 的流量控制、连接建立和终止、连接失败和数据传送等。它们的具体作用和意义如下。

紧急指针 URG：当 URG=1 时，表明紧急指针字段有效。URG 用于告诉系统此报文段中有紧急数据，应尽快传送（相当于高优先级的数据），而不需要按原来的排队顺序来传送。例如，一个已经发送了很长时间的程序要在远地的主机上运行，但后来发现了一些问题，需要取消该程序的运行，因此用户从键盘发出中断命令（Ctrl+C）。如果不使用紧急数据，那么这两个字符将存储在接收端 TCP 缓存的末尾，只有在所有的数据被处理完毕之后这两个字符才被交付到接收应用进程；而当使用 URG 时，发送应用进程就告诉发送端 TCP 这两个字符是紧急数据，于是发送 TCP 将这两个字符插入报文段数据的最前面，其余的数据都是普通数据。这时要与首部中第 5 个 32 位字中的一半“紧急指针”（Urgent Pointer）字段配合使用，紧急指针指出本报文段中的紧急数据的最后一个字节的序号，使接收方知道紧急数据共有多少字节，紧急数据到达接收端并都被处理完之后，TCP 就告诉应用传输层程序恢复到正常操作。

确认位 ACK：当 ACK=1 时确认序号字段有效，当 ACK=0 时，确认序号无效。

请求推送位 PSH：当两个应用进程进行交互式通信时，有时在一端的应用进程希望在输入一个命令后能够立即收到对方的响应，在这种情况下，TCP 就可以使用推送操作，发送端 TCP 将推送位 PSH 置 1，并立即创建一个报文段发送出去。接收端 TCP 收到推送位置 1 的报文段，就尽快（即“推送”向前）交付给接收应用进程，而不再等到整个缓存都填满了后再向上交付。

连接复位位 RST：当 RST=1 时，表明 TCP 连接中出现了严重的差错（如由于主机崩溃或其他原因），必须释放连接，然后再重新建立传输连接。连接复位位还用来拒绝一个非法的报文段或拒绝打开一个连接。

同步序号 SYN：同步序号用于建立连接的过程中。当 SYN=1 而 ACK=0 时，表明这是一个连接请求报文段。对方若同意建立连接，则响应的报文段中 SYN=1，ACK=1。因此，将同步位 SYN 置为 1，就表示这是一个连接请求或连接接收报文。

终止连接位 FIN：用来释放一个连接，当 FIN=1 时，表明此报文段的发送端数据都已发送完毕，并要求释放传输连接。

（8）窗口大小。窗口大小字段定义对方必须维持的窗口的大小（以字节为单位）。注意，这个字段的长度是 16 位，这意味着窗口的最大长度是 65535 字节，这个值通常被称为接收窗口，由接收方确定，发送方必须服从接收端的支配。

（9）校验和。这个 16 位的字段包含了校验和。TCP 校验和的计算过程与前面描述的 UDP 所采用的计算过程相同。但是，在 UDP 数据报中校验和是可选的。然而，对 TCP 来说，将校验和包含进去是强制的，起相同作用的伪头部被加到段上。对于 TCP 伪头部，协议字段的值是 6，若使用 IPv 6，则相应的伪首部也要改变。

（10）紧急指针。这个 16 位的字段只有当紧急标志置位时才有效，其包含了紧急数据。紧急指针定义了一个数，将此数加到序号上就可以得出此段数据部分中最后一个字节。

（11）选项。TCP 常见的选项有最大报文段长度（Maximum Segment Size，MSS）选项和 NOP（No-Operation）选项。MSS 用于指明数据字段的最大长度，数据字段的长度加上 TCP 首部的长度才等于整个 TCP 报文段的长度。同时，MSS 值指示也是期望对方发送 TCP 报文段时数据字段的长度。一般认为，MSS 应尽可能大些，只要在 IP 层传输时不需要再分片即可。在连接建立的过程中，双方都将自己能够支持的 MSS 写入这一字段，在以后的数据传送阶段，MSS 取双方提出的较小的那个数值。若主机未填写此选项，则 MSS 的默认值是 536 字节。因此，所有 Internet 上的主机都能接收的报文段长度是 536+20=556 字节。MSS 只出现在 SYN 报文中，即 MSS 出现在 SYN=1 的报文段中。NOP 则是填充不足的选项，同时也可以用来分割不同的选项字段。注意，TCP 要求选项部分中的每种选项的长度必须是 4 字节的倍数。

7.2.5 TCP 的编号与确认

TCP 工作在传输层，是一种可靠的面向连接的数据流协议。TCP 之所以可靠，是因为它保证了传送数据包的顺序，其中顺序是用一个序列号来保证的。响应包内也包括一个序列号，表示要求接收方准备好这个序列号的包。在 TCP 传送一个数据包时，它会把这个数据包放入重发队列中，同时启动计时器；如果收到了关于这个包的确认信息，便将此数据包从队列中删除；如果在计时器超时的时候仍然没有收到确认信息，则需要重新发送该数据包。另外，TCP 通过数据分段中的序列号来保证所有传输的数据都可以按照正常的顺序进行重组，从而保障数据传输的完整性。

TCP 为在一个连接中传输的所有数据字节编号，在每个方向上序号都是独立的。当接收来自进程的一些数据字节时，TCP 将它们存储在发送缓冲区中并为它们编号。编号不必从 0 开始，而是在 0～2^{32}-1 之间生成一个随机数作为第一个字节的序号。例如，如果随机数是 1057，并且发送的全部字节个数是 6000，那么这些字节的序号就是 1057～7056。

字节被编号之后，TCP 对发送的每一个段分配一个序号。在每一个方向上序号的定义如下。

（1）第一段的序号是初始序号，这是一个随机数。

（2）其他段的序号是之前段的序号加上之前段携带的字节数。

例如，假设一个 TCP 连接正在传送一个 5000 字节的文件，第一个字节序号是 10001。如果数据段被分为 5 个段，每一个数据段携带 1000 字节，则每个段的序号见表 7.1。

表 7.1　TCP 各段序号对应表

段号	序号	范围
1	10001	10001～11000
2	11001	11001～12000
3	12001	12001～13000
4	13001	13001～14000
5	14001	14001～15000

当一个段携带数据和控制信息时，它将使用一个序号。如果一个段没有携带数据，那么它在逻辑上不被定义序号，虽然字段存在，但是值是无效的。然而，有些段仅携带控制信息也需要有一个序号用于接收方的确认，这些段用于建立或终止连接。

正如前面所讨论过的那样，TCP 中的通信是全双工的，当建立一个连接时，双方同时都能发送和接收数据。双方为字节编号时常使用不同的起始字节号。双方的序号表明该段所携带的第一个字节的序号，也使用确认序号来确认已收到的字节。同时，确认序号定义了该方预期接收的下一个字节的序号。另外，确认序号是累积的，这意味着接收方记下已安全而且完整地接收到的最后一个字节的序号，然后将它加 1，并将这个结果作为确认序号进行通告。例如，如果一方使用 5643 作为确认号，则表示它已经接收了所有从开始到序号为 5642 的字节。但要注意的是，这并不是指接收方已经接收了 5642 字节，因为第一个字节的编号通常并不是从 0 开始的。

7.2.6 TCP 的连接管理

TCP 是一种面向连接的传输协议。面向连接的传输协议在源端和目的端之间建立一条虚路径，然后，属于一个报文的所有段都沿着这条虚路径发送，整个报文使用单一的虚路径有利于确认处理以及对损坏或丢失的帧的重发，那么一个无连接协议如何能够面向连接呢？关键就在于 TCP 的连接是虚连接，不是物理连接。TCP 在一个较高层次上操作，其使用 IP 服务向接收方传递独立的段并控制连接本身。如果一个段丢失了或损坏了，则重新发送它。与 TCP 不同的是，IP 并不知道这个重新发送的过程，如果一个段失序到达，则 TCP 会一直保存此段直到缺少的段到达 IP 是不知道这个重新排序过程的。

在 TCP 中，面向连接的传输需要三个过程：连接建立、数据传输和连接终止。

1. 连接建立

TCP 以全双工的方式传输数据。当两个机器中的两个 TCP 建立连接之后，它们就能够同时向对方发送报文段。这就表示，在建立连接的过程中要使每一方都能够确知对方的存在，就要允许双方协商一些参数（如最大报文段长度、最大窗口大小、服务质量等），并且能够传输实体资源（如缓存大小、连接表中的项目等）进行分配。

TCP 的连接和建立采用的是客户端服务器的方式。主动发起连接建立的进程称为客户端（Client），而被动等待连接建立的进程称为服务器（Server），在 TCP 中的连接建立可以简单地称为三次握手。

假设主机 B 中运行了一个服务器进程，它先发出一个被动打开命令，告诉它的 TCP 要准备接收客户进程的连接请求。然后服务器进程就处于监听的状态，不断检测是否有客户进程要发起连接请求，如有即做出响应。客户端进程运行在主机 A 中，它先向其 TCP 发出主动打开命令，表明要向某个 IP 地址的某个端口建立传输连接，

然后进行如图 7.12 所示的三次握手，其过程具体如下。

第一步：主机 A 的 TCP 向主机 B 的 TCP 发出连接请求报文段，其首部中的同步位 SYN 应置为 1，同时选择一个序号 x，表明在后面传送数据时的第一个数据字节的序号是 x。

第二步：主机 B 的 TCP 收到连接请求报文段后，如同意则发回确认。在确认报文段中应将 SYN 置为 1，确认序号应为 x+1，同时也为自己选择一个序号 y。

第三步：主机 A 的 TCP 收到此报文段后，还要向主机 B 给出确认，其确认序号为 y+1。主机 A 的 TCP 通知上层应用进程，连接已经建立，当主机 B 的 TCP 收到主机 A 的确认后，通知上层应用进程，连接已建立。

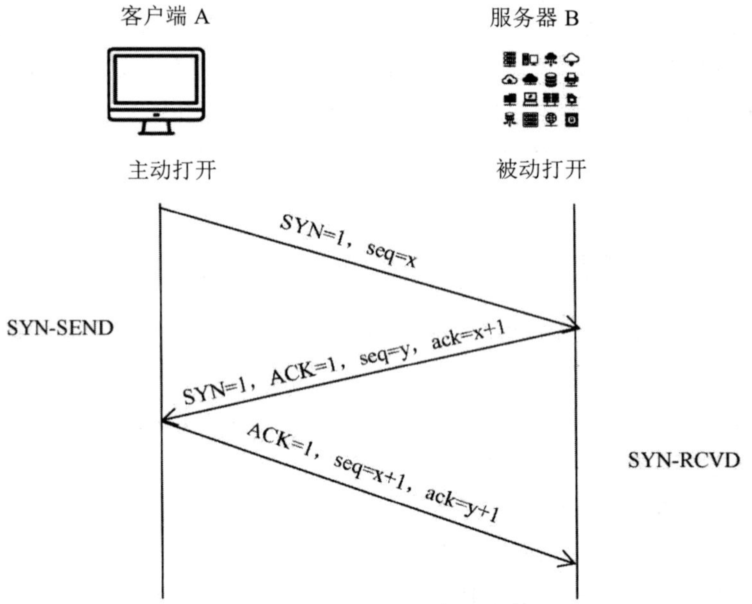

图 7.12　使用三次握手建立连接

三次握手建立连接时，发送方再次发送确认主要是为了防止已失效的连接请求报文段突然又传到了主机 B 从而产生错误。假定出现一种异常情况，即主机 A 发出的第一个连接请求报文段并没有丢失，而是在某些网络节点长时间滞留了，一直延迟到连接释放以后的某个时间才到达主机 B，本来这是一个早已失效的报文段，但主机 B 收到此失效的连接请求报文段之后，就误认为是主机 A 又一次发出新的连接请求，于是就向主机 A 发出确认报文段，同意建立连接。假定不采用三次握手，那么只要主机 B 发出确认，新的连接就建立了，这样主机 B 就会一直等待主机 A 发来数据，主机 B 的许多资源就这样白白浪费了。

2. 数据传输

连接建立之后，可进行双向数据传输，客户端与服务器双方都可以发送数据和确认。这就是数据捎带确认。图 7.13 给出了一个例子。

在这个例子中，在连接建立之后，客户端用两个段发送 2000 字节的数据。然后，服务器用一个段发送 2000 字节的数据，客户端发送另一个段。前面三个段携带数据与确认，但是最后一个段仅携带确认，这是因为已经没有数据发送了。注意序号与确认序号的数值，客户端发送的数据段有 PSH 标志，所以服务器 TCP 知道在接收到数据时立刻传递给服务器。另一方面，来自服务器的段没有设置推送标志。大多数 TCP 的实现都有可选标志，可设置也可不设置。

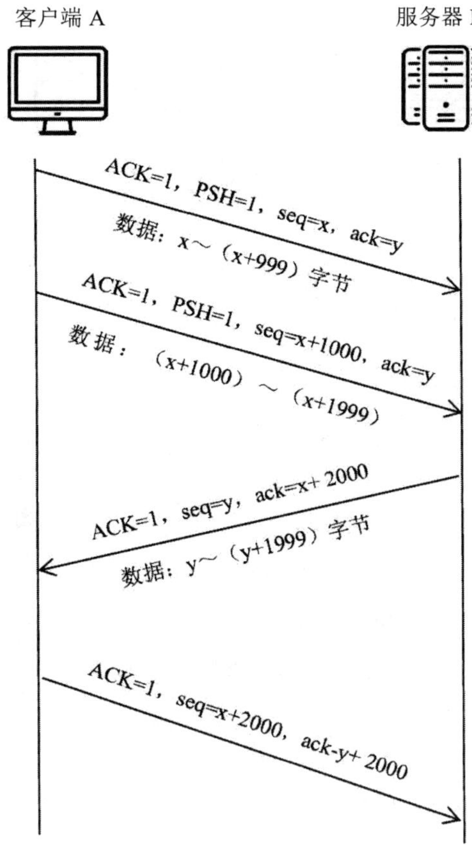

图 7.13　TCP 数据传输

可以看到，发送方 TCP 可以选择段的大小，并使用缓冲区存储来自发送方应用程序的数据流。接收方的 TCP 在数据到达时也对数据进行缓存，并当应用程序准备就绪时或当接收端 TCP 认为方便时将这些数据传递给应用程序。这种灵活性提高了 TCP 的效率。

但是，在有些情况下，应用程序并不需要这种灵活性。例如，应用程序与另一方应用程序进行交互式通信，一方的应用程序打算将其击键操作发给对方应用程序，并希望对方接收到后立即响应，数据的延迟传输和延迟传递对这个应用程序来说是不可接受的。

TCP 可以处理这种情况。发送端的应用程序可请求推送操作，这就表示发送端的 TCP 不必等待发送窗口被填满，它创建一个段就可立即将其发送。发送端的 TCP 还必须设置推送位以告诉接收端的 TCP，这个段所包含的数据必须尽快地传递给接收应用程序，而不用等待更多数据的到来。这意味着 TCP 由面向字节改为面向块，但是 TCP 可以选择是否使用这个特性。

3. 连接终止

由于 TCP 连接是全双工的，因此每个方向都必须单独进行关闭。连接终止的原则是当一方完成它的数据发送任务之后就能发送一个 FIN 来终止这个方向的连接。收到一个 FIN 只意味着这一方向上没有数据流动，一个 TCP 连接在收到一个 FIN 后仍能发送数据。首先进行关闭的一方将执行主动关闭，而另一方将执行被动关闭。TCP 采用四次挥手来关闭连接，如图 7.14 所示。

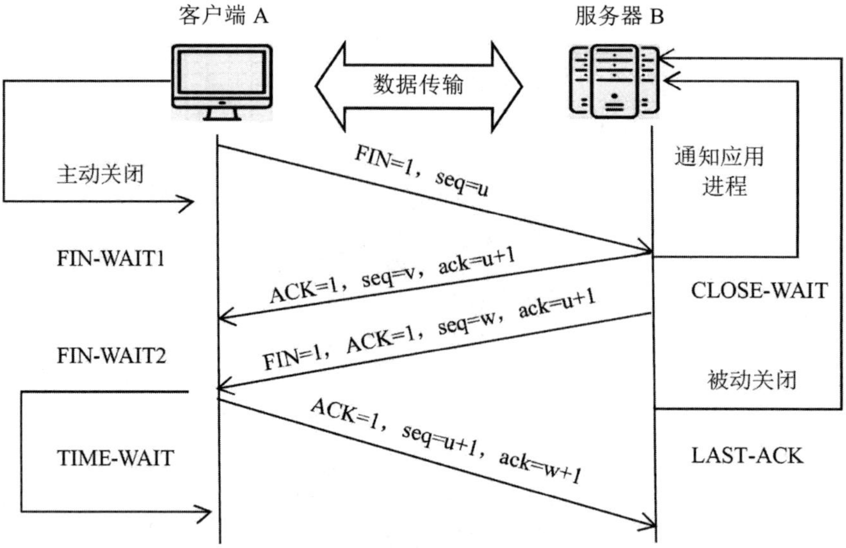

图 7.14　TCP 四次挥手关闭连接

第一步：数据传输结束后，主机 A 的应用进程先向其 TCP 发出释放连接请求，不再发送数据。TCP 通知对方要释放从 A 到 B 的连接，将发往主机 B 的 TCP 报文段首部的终止位 FIN 置为 1，序号 u 等于已传送数据的最后一字节的序号加 1。

第二步：主机 B 的 TCP 收到释放连接通知后发出确认，其序号为 u+1，同时通知应用进程，这样 A 到 B 的连接就释放了，连接处于半关闭状态。主机 B 不再接收主机 A 发来的数据，但主机 B 还向主机 A 发送数据，主机 A 若要正确接收数据则仍需要发送确认。

第三步：在主机 B 向主机 A 的数据发送结束之后，其应用进程就通知 TCP 释放连接。主机 B 发出的连接释放报文段必须将终止位置为 1，并使其序号 w 等于前面已经传送过的数据的最后一字节的序号加 1，还必须重复上次已发送过的 ACK=u+1。

第四步：主机 A 对主机 B 的连接释放报文段发出确认，将 ACK 置为 1，ACK=w+1，seq=u+1。这样才把从 B 到 A 的反方向连接释放掉，主机 A 的 TCP 再向其应用进程发送报告，整个连接已经全部释放。

四次挥手释放连接时，客户端 A 等待 2 倍的报文最大生存时间（2MSL）。第一是为了保证主机 A 发送的最后一个 ACK 报文段能够到达主机 B。这个 ACK 报文段有可能丢失，因而使处在 LAST-ACK 状态的主机 B 收不到对已发送的 FIN 和 ACK 报文段的确认。主机 B 会超时重传这个 FIN 和 ACK 报文段，而主机 A 就能在 2MSL 时间内收到这个重传的 ACK+FIN 报文段，接着主机 A 重传一次确认。第二是防止上面提到的已失效的连接请求报文段出现在本连接中。主机 A 在发送完最后一个 ACK 报文段后再经过 2MSL，就可以使本连接持续的时间内所产生的所有报文段都从网络中消失。

连接的建立和释放所要求的步骤可以用一个有限状态机来表达，该状态机有 11 种状态。每一种状态中都存在一些合法的事件，当合法事件发生的时候，可能需要采取某个动作；当非合法事件发生的时候，则报告一个错误。TCP 状态转移图如图 7.15 所示，TCP 传输过程中主机的状态及描述见表 7.2。

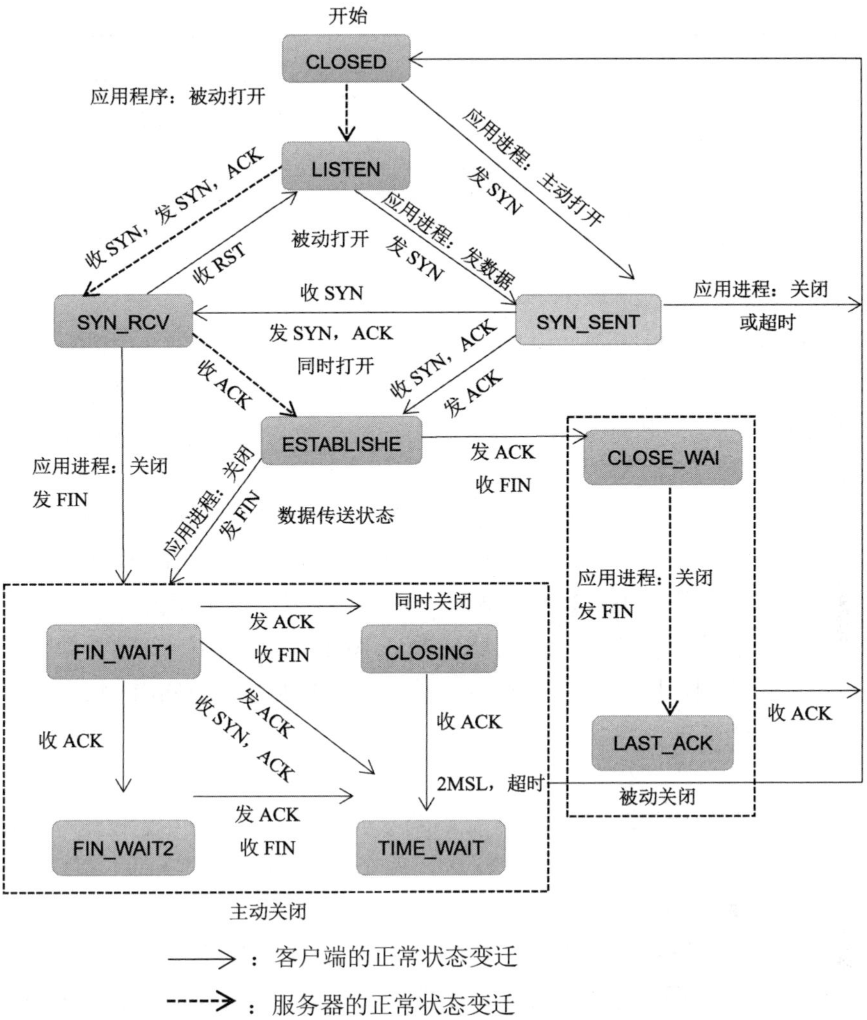

应用进程：应用执行某种操作时发生的状态变迁
收：收到 TCP 报文段时状态的变迁
发：为了进行某个状态变迁要发送的 TCP 报文段

图 7.15　TCP 状态转换图

表 7.2　TCP 传输过程中主机的状态及描述

状态	描述
CLOSED	关闭状态，没有连接活动或正在进行
LISTEN	监听状态，服务器正在等待连接进入
SYN_RCVD	收到一个连接请求，尚未确认
SYN_SENT	已经发出连接请求，等待确认
ESTABLISHED	连接建立，正常数据传输状态
FIN_WAIT 1	（主动关闭）已经发送关闭请求，等待确认
FIN_WAIT 2	（主动关闭）收到对方关闭确认，等待对方关闭请求

续表

状态	描述
TIME_WAIT	完成双向关闭，等待所有分组死掉
CLOSING	双方同时尝试关闭，等待对方确认
CLOSE_WAIT	（被动关闭）收到对方关闭请求，已经确认
LAST_ACK	（被动关闭）等待最后一个关闭确认，并等待所有分组死掉

客户端进程变迁的过程具体如下。

连接建立：假设一个主机的客户端进程发起连接请求（主动打开），这时本地 TCP 实体就会创建传输控制块（TCB），发送一个 SYN 为 1 的报文，进入 SYN_SENT 状态。当收到来自进程的 SYN 和 ACK 时，TCP 就发送出三次握手中的最后一个 ACK，进而进入连接已经建立的 ESTABLISHED 状态。

连接释放：假设运行客户端进程主机本地 TCP 实体发送一个 FIN 置为 1 的报文，等待着确认 ACK 的到达，此时状态变为 FIN WAIT_1。当运行客户端进程主机收到确认 ACK 时，一个方向的连接已经关闭，状态变成 FIN_WAIT_2。当运行客户端进程的主机收到运行服务器进程的主机发送的 FIN 置为 1 的报文后，应响应确认 ACK，这时另一个连接关闭。但此时 TCP 还要等待一段时间后才删除原来建立的连接记录，返回初始的 CLOSED 状态，这是为了保证原来连接上的所有分组都从网络中消失。

服务器进程变迁的过程具体如下。

连接建立：服务器进程被动打开，进入 LISTEN 状态。当收到 SYN 置为 1 的连接请求报文后，发送确认 ACK，并且报文中的 SYN 也置为 1，然后进入 SYN_RCVD 状态。在收到三次握手最后一个确认 ACK 时，就转为 ESTABLISHED 状态。

连接释放：当客户端进程的数据已经传送完毕，就发出 FIN 置为 1 的报文给服务器进程，进入 CLOSE_WAIT 状态。服务器进程发送 FIN 报文段给客户端进程，变为 LAST_ACK 状态。当收到客户进程的 ACK 时，服务器进程就释放连接，删除连接记录，回到原来的 CLOSED 状态。

7.3 项目实施

任务　传输层协议分析

传输层协议分析

为加深理解 TCP 报文首部格式和字段的作用，TCP 连接的建立和释放过程，TCP 数据传输中编号与确认的作用，现请结合前文所学的知识原理完成如下操作：应用 TCP 应用程序传输文件，截取 TCP 报文，分析 TCP 报文首部信息、TCP 连接的建立过程、TCP 数据的编号和确认机制。

具体步骤如下。

步骤 1：在 Wireshark 中设置过滤条件，协议为 TCP HTTP，地址为本机→any，并开始截获报文，如图 7.16 所示。

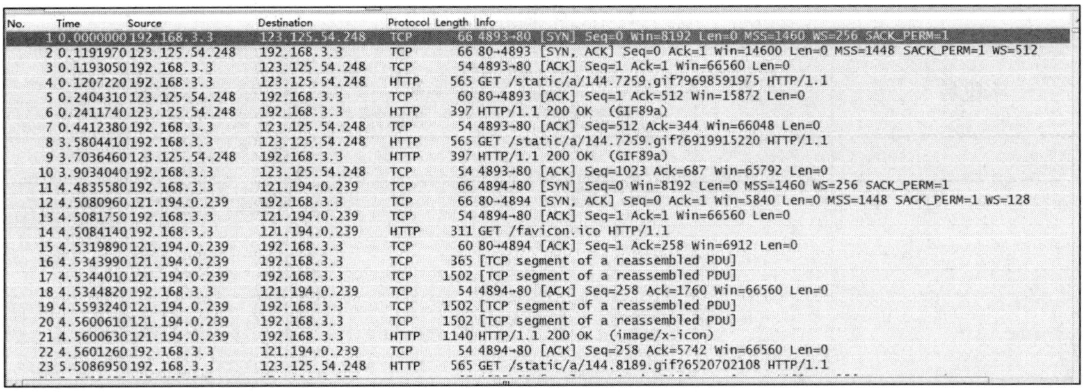

图 7.16　Wireshark 截获数据

步骤 2：打开新浪网，完成后保存截获的报文并命名为“TCP 学号”，分析捕获的报文。这里，TCP 的连接和建立采用的是三次握手方式，本机是 192.168.3.3，远端主机是 192.168.3.183。

步骤 3：分析 TCP 连接建立过程的前 3 个报文，相关信息见表 7.3。

表 7.3　TCP 建立过程的三个报文信息

字段名称	第一条报文	第二条报文	第三条报文
报文序号	1704	1716	1718
Sequence Number	830	849	835
ACK Number	289	291	237
ACK	1	291	1
SYN	1	1	1

步骤 4：分析截获报文中数据发送部分的第一条 TCP 报文及其确认报文，如图 7.17 所示，报文中的字段值见表 7.4。

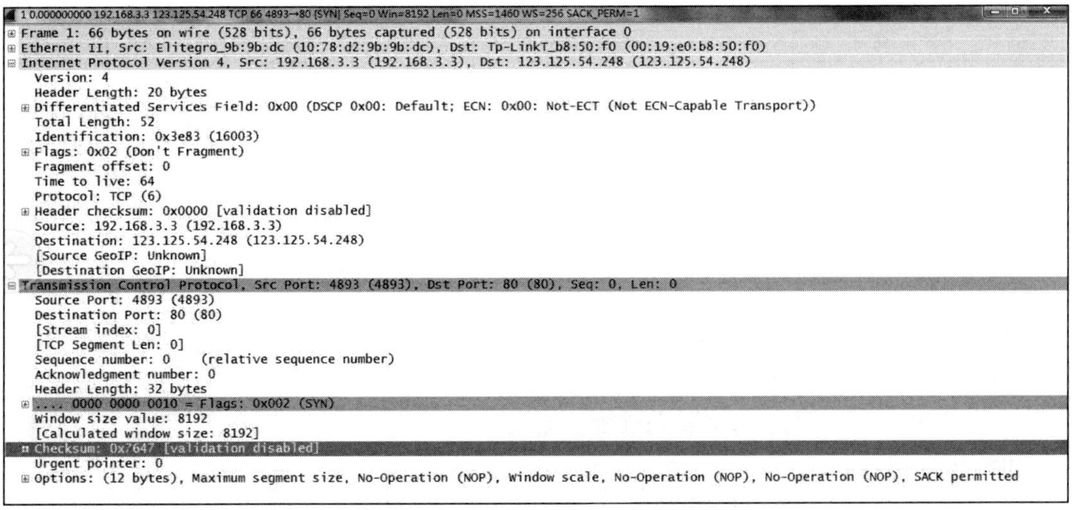

图 7.17　第一条 TCP 报文及其确认报文

表 7.4　TCP 报文首部信息

字段名	长度	字段值		字段意义
		发送报文	确认报文	
源端口	16	发送		
目标端口	16	确认		端口号是唯一标识
序号	32			
确认号	32	确认		
头部长度	4			
保留	6			保留字段
窗口	16			
校验和	16			
紧急指针	16			
选项（长度可变）				

步骤 5：分析 TCP 数据传送阶段的前 8 个报文，如图 7.18 所示，报文信息见表 7.5。

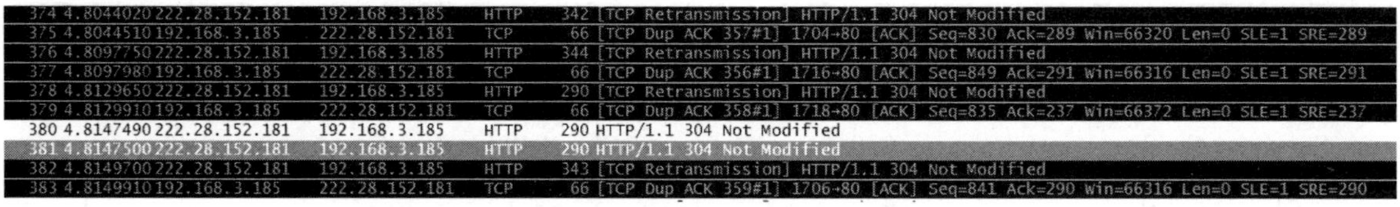

图 7.18　TCP 数据传送阶段的前 8 个报文

表 7.5　TCP 数据传送部分的前 8 个报文

报文序号	报文种类	序号字段	确认号字段	数据长度	被确认报文序号	窗口
3744	确认	289	1	324	289	123
3754	发送	1	0	66		16580
3764	确认	1	1	344	291	123
3784	发送	1	0	66		16579
3794	确认	237	1	290	237	123
3804	发送	1	0	66		16593
3814	确认	289	0	290	290	16768
3824	确认	290	1	290	290	16768

通过分析截获的 TCP 报文首部信息，可以看到首部中的序号、确认号等字段是 TCP 可靠连接的基础。

请分析 TCP 头部信息和三次握手过程。通过对数据传送阶段报文的初步分析，了解数据的编码和确认机制。

总之，TCP 协议中的各项设置都是为了在数据传输时提供可靠的面向连接的服务。

7.4 习题

简答题

1．试说明传输层的作用。

2．为什么在 TCP 首部中有一个首部长度字段，而 UDP 的首部中就没有这个字段？请说明 UDP 各个字段的作用。

3．与 TCP 相比，用 UDP 进行数据传输具有什么优势？

4．TCP 采用了哪些策略来保证数据传输的可靠性？

5．试说明 TCP 的“三次握手”和“四次挥手”的具体过程。

拓展阅读

伟大抗疫行动中的神器——健康码

健康码是以实际真实数据为基础，由市民或者返工返岗人员通过自行网上申报，经后台审核后，即生成的属于个人的二维码。该二维码作为个人在当地出入通行的一个电子凭证，实现一次申报，全市通用。健康码的推出，旨在让复工复产更加精准、科学、有序 。

健康码依托移动通信网络，综合运用互联网、物联网、大数据等技术，是 2020 年武汉疫情之后的一个有效经验总结，现已经推广到全国各地。健康码的有效使用，体现了我国强大的数据跟踪和实时处理能力，同时也彰显了全国人民团结一致、众志成城的强大凝聚力，是我国伟大抗疫成就和抗疫精神的重要体现。

当前，全国各地健康码实现了互通互认，同时，与阿联酋等国家也达成了互认原则。为了有效融入各地文化特色，我国各省市对于健康码的命名也颇具特色，主要有河北码、随申码、八闽码、粤康码、安康码、渝康（渝快码）、新疆好地方、浙江码、健康宝、吉事办、辽事通、苏康码、广州穗康码、甘康码等。

项目8 无线网络

项目导读

传统的计算机网络由计算机、路由设备及传输介质等构成，经过几十年的发展逐步形成了全球最大的互联网络 Internet，并衍生出无数新的应用，极大地改变了人们的工作、学习和生活方式。然而，伴随着社会节奏加快，技术发展，人们不再满足于只能在家或办公室上网，而是需要随时随地、及时可靠、不受时空限制地上网处理工作、生活中的各种事务。无线通信技术的进步推动了无线网络的发展，很好地满足了人们移动上网的需求。

无线通信技术的飞速发展，智能移动终端的普及，也推动了许多新的网络应用产生，给人们的生活带来了许多便利，如利用手机微信，人们可以通过视频、语音或文字随时进行在线交流，可以关注微信公众号办理各类业务。

无线网络技术是计算机网络和无线通信技术结合的产物。它依然是计算机网络，无论是软件开发还是应用，都与有线网络兼容。但是，由于无线网络是利用射频技术取代传统的双绞线来实现各端点间的数据传输的，因此在实现技术上与有线网络相比具有一些差异。什么是无线网络？它是如何分类的？又有哪些传输技术和核心协议？通过本项目的学习，让我们一起来认识无线网络。

项目要点

- 无线网络概念及分类
- 无线广域网的概念和相关传输技术
- 蜂窝移动通信网络概念及相关系统
- 802.11 无线局域网的概念、标准、拓扑结构、CSMA/CA 协议
- 无线局域网的安全性

8.1 基础知识链接

无线网络，简单地说就是通过无线通信技术实现通信设备互联的网络，它是无线通信技术和计算机网络技术结合的产物，包括无线传输和无线接入两个部分。

按照无线网络覆盖范围，可以将无线网络划分为无线广域网（Wireless Wide Area Network，WWAN）、无线城域网（Wireless Metropolitan Area Network，WMAN）、无线局域网（Wireless Local Area Network，WLAN）和无线个人局域网（Wireless Personal Area Network，WPAN），

如图 8.1 所示。

- 无线广域网覆盖范围非常广，为全球、洲或一个国家提供无线通信服务，通常是移动通信基础设施，由网络运营商，例如中国移动、中国联通、软件银行（Softbank）集团等经营，典型的无线广域网有蜂窝移动通信网络。
- 无线城域网通常指范围覆盖一座城市，能实现语音、数据、图像、多媒体、IP 等多业务接入服务的网络，其覆盖范围的典型值为 3～5km，点到点链路的覆盖可以高达几十千米，代表技术是 2002 年提出的 IEEE 802.20。
- 无线局域网是在较小范围内通过无线通信技术将计算机设备互联起来，构成可以互相通信和实现资源共享的网络体系，它的网络连接能力非常强大。目前，无线局域网络是以 IEEE 学术组织的 IEEE 802.11 技术标准为基础的，即所谓的 Wi-Fi 网络。值得注意的是，无线广域网和无线局域网不是完全互相独立的，无线局域网可以通过无线广域网使用户接入 Internet。另外，WLAN 还可以作为有线网络的补充，覆盖办公大楼内不易布线的地方。
- 无线个人局域网是指用于个人设备短距离（通常只有几米）无线通信的网络，比如一台计算机可以通过蓝牙、红外等技术，将无线键盘、鼠标、耳机、手机、打印机、扫描仪等互联成一个系统，而不需要线缆连接。目前，无线个人局域网主要使用蓝牙、红外技术传输数据。

图 8.1 无线网络分类

根据应用场景的不同，还可以将无线网络划分为无线传感器网络（Wireless Sensor Network，WSN）、无线网状网络［也称为多跳网络（Multi-hop Network）］、可穿戴式无线网络和无线体域网络（Wireless Body Area Network，WBAN）等。

与有线网络相比，无线网络具有以下特点：

（1）高灵活性。无线网络使用无线信号通信，只要有无线信号的地方，人们就可以将网络设备（如手机）接入公共网络（Internet），完全不受时空限制，这是传统网络无法做到的。

（2）网络可扩展性强。无线网络终端设备对接入设备数量几乎没有限制，相比于传统有线路由设备，无线路由器容许多个无线终端设备同时接入无线网络，人们可以随时随地接入无线网络，网络配置与扩展也更加便捷。

（3）设备安装简单，价格低廉。无线网络不需要大量布线，仅安装一个无线网络发射设备即可，极大地降低了网络前期安装和后期维护的成本费用。

在应用层面，现代无线网络和有线网络十分相似，最大区别在于传输媒介不同。无线网络突破了传统有线网络通信方式的束缚，人们可以在家里、户外等任何一个角落，使用笔记本电脑、手机等移动设备访问 Internet。无线网络正改变着我们的工作、生活和学习，变得越来越重要。

那么，无线网络的传输介质有哪些？移动设备是如何实现语音通话和 Internet 访问的呢？接下来将为大家简单介绍无线传输技术和无线广域网 WWAN 的相关知识，帮助大家了解无线传输介质及适用场景，学习移动设备通过 WWAN 实现语音通话和网上冲浪的原理。

8.1.1 无线传输技术

如今，无线网络无处不在，人们每天通过手机、平板、笔记本电脑等终端设备上网进行购物、就医、在线聊天等各种活动，这些都需要无线网络提供 Internet 接入服务，本质上就是在无线空间中实现数据的传输，即无线传输。无线传输技术按传输媒介大致可以分为两大类，即光学传输和无线电波传输。传输媒介为光的技术主要包括红外线和激光，而以无线电波为媒介的技术主要有蓝牙、微波等。下面就让我们一起来了解一下具有代表性的无线传输技术。

1. 红外线传输

红外线（Infrared Ray，IR）是电磁波的一部分，其波长介于微波与可见光之间，约为 750nm～1mm，是比红光长的非可见光。红外线传输系统一般由红外线发射端和接收端（两端均由调制解调功能）组成，发射端对红外线辐射源调制后发送红外线信号，接收端通过光学设备和红外线探测器进行接收并解调信号。例如，家庭使用的家电遥控器通常采用红外线传输技术。注意，为保证红外线传输的质量，红外线发射端和接收端保持大致在一条直线上。

红外线传输方式主要包括点对点传输和广播两种方式。点对点传输是红外线传输最常用的方式，这种方式使用高度聚集的红外线光束发送信息。广播方式则是向一个较大的区域传送信号，并允许多个红外设备接收，相比点对点方式，广播方式的移动性更好。

红外线传输具有以下优点：

（1）抗干扰性强。作为一种无线局域网的传输方式，红外线传输的最大优点是不易受无线电波的干扰。除此之外，红外线传输几乎不会受到电气、雷电和其他的人为干扰。在通信环境无法架设有线线路，而使用无线电又担心被干扰的情况下，使用红外线通信是比较好的。

（2）保密性强，不易被人发现和截获。在室内发射的红外线信号在室外是无法接收的，这就有效地避免了不同空间内红外线信号相互干扰，保证了通信质量，并可有效地进行数据的安全性和保密性控制。

然而，红外线通信机虽然具有体积小、质量轻、结构简单、价格低廉等优点，但是它只能在直视距离内通信（可以简单地认为只能在视线可达的直线短距离内通信），传输距离有限，且容易受天气的影响，例如红外线受太阳光的干扰大且不能穿过坚实的物体（如砖堵等）。因此，红外线一般仅用于室内通信。

2. 激光传输

激光传输系统同样由发射端和接收端两个部分组成。发射端包括激光发射器、光调制器和光学发射天线，接收端包括光学接收天线、光学滤波器和光探测器。激光传输的工作原理如图 8.2 所示，具体介绍如下。

（1）发射端通过光调制器将要发送的信息调制到激光中。

（2）发射端通过光学发射天线将激光发射到接收端。

（3）接收端通过接收天线捕获光信号，经光学滤波器将有效信号送至光探测器。

（4）光探测器将激光信号转换为电信号，然后放大、解调后还原为原始信息。

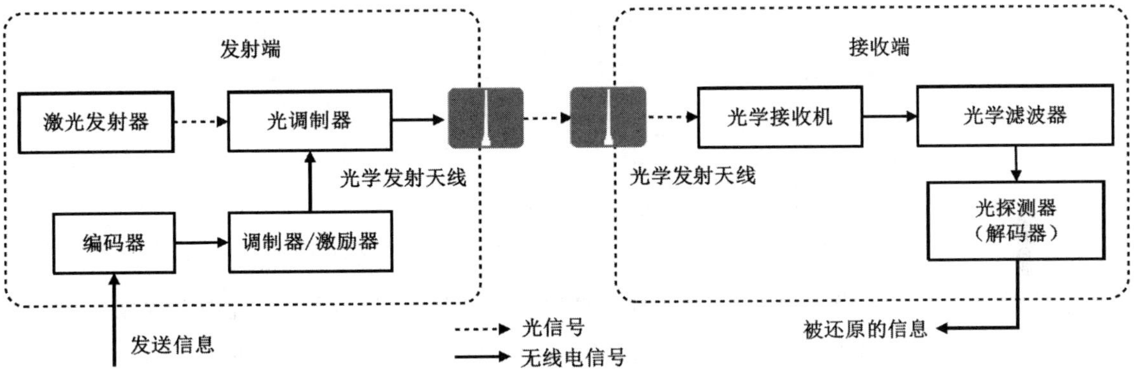

图 8.2 激光通信原理

激光通信具有通信容量大、保密性强、设备轻便等优点。但其缺点也非常显著，如只能视距通信、受天气条件影响大、发射端和接收端对准困难等。

激光通信主要应用于地面间短距离通信和多路通信、卫星反射的全球通信等领域。

3. 蓝牙技术

蓝牙（Bluetooth）是一种短距离数据和语音传输的全球性开放式技术规范，同时也是一种数字化设备之间近距离无线通信的技术。

蓝牙技术在居家、工作、驾驶、多媒体和娱乐等诸多场景中得到了广泛的应用。例如，无线鼠标、键盘的应用在一定程度上突破了空间的限制，使人们可以更加舒适便捷地使用计算机；智能手机之间可以利用蓝牙传输文件、共享资源。

蓝牙技术使用 2.4GHz 的 ISM 波段的 UHF 无线电波，可实现固定设备或移动设备之间的短距离数据传输，通信距离一般在 10～15m，最长可达 100m，数据传输速率为 1～24Mb/s。蓝牙以低成本的近距离无线连接为基础，为固定或移动通信设备之间提供通信链路，使得近距离内各种信息设备能够共享资源。

蓝牙技术具有以下特征：

（1）全球范围内适用。

（2）可同时传输语音和数据。

（3）可建立临时的对等连接（Ad-Hoc Connection）。

（4）具有很好的抗干扰性。

（5）蓝牙模块体积小、功耗低，便于集成。

（6）具有开放的接口标准。

蓝牙使用时分多路复用（Time Division Multiplexing，TMD）方式和跳频扩频（Frequency Hopping Spread Spectrum，FHSS）技术构建基本网络单元微微网（Picnet），每个微微网由一个主设备和最多 7 个从设备组成，如图 8.3 所示。

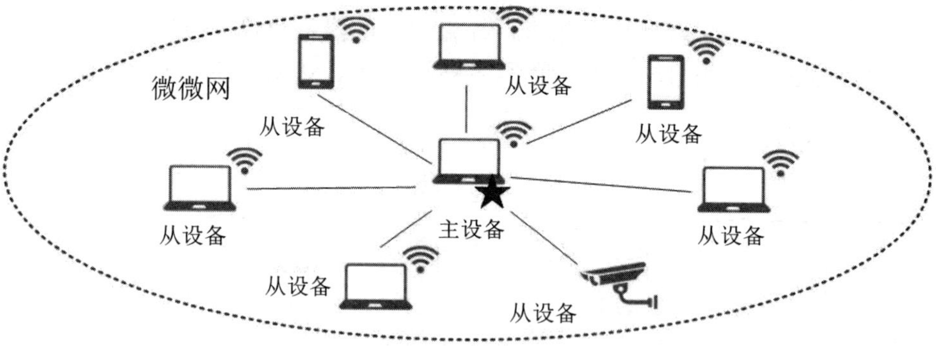

图 8.3　微微网结构图

微微网中每个蓝牙设备都有自己的地址码和活动成员地址，组网过程中首先发起呼叫的设备即为主设备，其余的为从设备。在微微网中，从设备只能和主设备通信，从设备之间不可以直接通信，必须经过主设备转发。在同一个微微网中，所有用户均用同一跳频序列同步，主设备确定此微微网中的跳频序列和时序。在一个互联的分布式网络中，一个节点设备可同时存在于多个微微网中，但不能在两个微微网中处于激活状态。

一个设备可以在不同的微微网中充当主设备或从设备，通过这种共享的方式可以将多个微微网连接起来，形成更大的散射网（Scatternet），如图 8.4 所示。其中，设备 B 既是微微网 A 的从设备，又是微微网 B 的主设备。

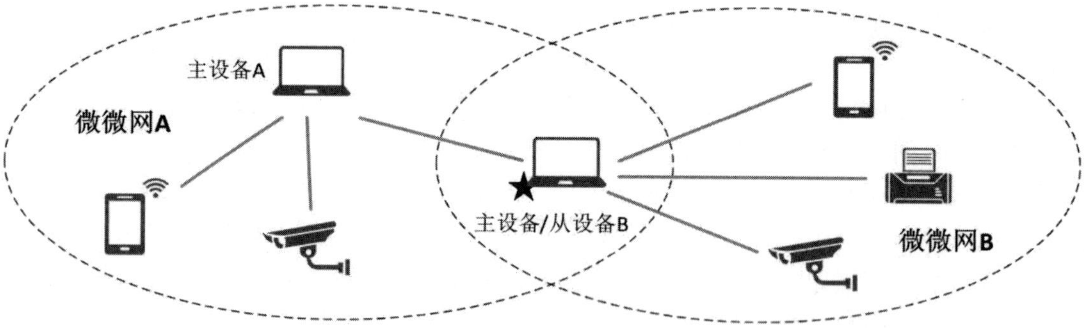

图 8.4　散射网结构图

组成散射网的每个微微网都有一个属于自己的互不相同的主节点，独立地进行跳变。每个微微网的跳频序列互不相同，序列的相位由各自的主节点确定。信道上的分组携带不同的信道接入码，信道接入码是由主节点的设备地址决定的。如果有多个微微网覆盖同一个区域，节点根据使用的时间可以加入到两个甚至多个微微网中，要参与某个微微网，就必须使用相应的

项目8

主节点的地址和时钟偏移，以获得正确的相位。参与了两个或两个以上的微微网的节点就称为网桥节点，负责微微网之间的通信中继任务。网桥节点可以在一些微微网中担任从节点；也可以在一个微微网中担任主节点，而在其他微微网中担任从节点。

4. 无线电波传输

无线电波是指在自由空间（如真空、空气）中传播的射频频段的电磁波，它是电磁波的一种，一般为频率小于 30GHz 或波长大于 1mm 的电磁波。无线电波的波长越短、频率越高，相同时间内传输的信息也越多。无线电波在空间中的传播方式有直射、反射、折射、穿透、绕射（衍射）和散射，当受到各种传输介质的干扰时，接收端收到的信号会出现衰减等现象，传输质量不稳定。

根据介质或介质分界面对电波传播产生的影响，可将常见的电波传播方式分为地波传播（电波传播主要受地球表面的影响）、对流层电波传播（电波传播主要受对流层影响）、电离层电波传播（电波传播主要受电离层影响）、地-电离层波导电波传播（电波传播主要受电离层下缘和地面的影响，此外还受埋地天线、地壳中电波传播、火箭喷焰、再入等离子体鞘套和核爆炸等影响）。

（1）地波传播（Propagation of Ground Wave）。沿地球表面的无线电波的传播称为地波传播，其特点是信号比较稳定。在视线传播的情况下，如果收发天线离地高度远大于波长，则接收点处的地波为直射波与地面反射波相干涉的结果（这种情况下必须考虑对流层的折射影响），例如微波中继通信即是这种传播方式。在超地平传播的情况下，目标点接收到的地波为绕过弧形地面的表面波。在现实中，中波和长波常常利用地波形式传播，但在某些情况下，也会出现它们的电离层反射波。

（2）对流层电波传播（Tropospheric Radio Propagation）。无线电波在对流层与平流层中的传播称为对流层电波传播，通常情况下这种传播方式会使电波射线因折射而弯曲。此外，对流层中的云、雾、雨、雪等对电波也会有吸收与散射作用。按物理机制或传播情况的不同，对流层电波传播可以分为下列四种传播方式：

1）视线传播。视线传播简单地说就是信号发射点和接收点都在对方的无线电视线范围以内，目前广泛应用于微波中继通信与卫星通信，已成为远距离大容量通信的主要方式。

2）对流层散射传播。这种传播方式具有抗核爆能力强、通信容量大且距离远、保密性好等特点，主要应用于米波与分米波的超地平通信。

3）障碍绕射传播。对于短波高端、超短波和微波无线电通信电路，这种传播方式在超短波和微波的传输路径上存在山峰时较为实用，某些情况下甚至还会有障碍增益。

4）大气波导传播。大气波导传播是电磁波传输过程中在某些特殊条件下（对流层的折射指数梯度）出现的超折射现象。

（3）电离层电波传播（Ionospheric Radio Propagation）。顾名思义，这种传播方式是指无线电波在电离层中的传播，其传播特性十分复杂，传播过程往往会受到地磁场的影响而分裂成寻常波和非常波，这种现象称为磁离子分裂。电离层对短波的折射和吸收在一定的条件下会形成反射，从而使无线电波回到地面。而对于中频段的电波，通常的情况则是在电离层距离地面

70～90km 的 D 层和 100～120km 的 E 层中出现吸收现象，在 F 层中形成反射。甚高频段电波在绝大部分情况下都能透过电离层，只有在极少数情况且满足特定条件时，才能在电离层反射。

依据物理机制的不同，电离层电波传播可以分为下列三种传播方式：

1）短波经电离层反射的传播方式，这是应用最早且应用领域最为广泛的方式，主要用于通信、广播等。

2）甚高频经电离层不均匀体散射传播。

3）甚高频经流星余迹反射的传播。

（4）地-电离层波导电波传播（Radio Propagation in the Earth-Ionosphere Waveguide）。以低电离层下缘和地面为两壁，构成的同心球壳形波导，在其中的电波传播称为地-电离层波导传播。地-电离层波导的传播方式结构和变化均较为复杂，常用于远距离可靠通信、远距离无线电导航、标准频率与时间信号的广播等。

无线电波易产生、传播距离远、穿越障碍能力强、可以全方向传播、发射和接收装置不必要求精确对准等特点，使其被广泛应用于室内和室外无线通信。无线电波通信使用的频率一般为 10～16kHz，它的传播特性与频率有关。在低频段，无线电波能轻易地绕过一般障碍物，但其能量随着传播距离的增大而急剧减少；在高频段，无线电波趋于直线传播并易受障碍物的阻挡。无线电波通信存在着显而易见的缺陷，如不能满足高速网络通信要求、使用的频率难以控制。如果有其他频率与无线电通信的频率在相似范围之内，信号就会受干扰。同时，无线电波易受自然环境的影响，如山峰会减弱或干扰信号的传输。

8.1.2 无线广域网

无线广域网（Wireless Wide Area Network，WWAN）是指能覆盖较大范围（如全球、一个洲或一个国家）并提供无线接入的无线网络。WWAN 是采用无线网络把地理位置极为分散的局域网（LAN）连接起来的通信方式，它强调移动快速性，能满足超出一个城市范围的信息交流和网际接入需求。

IEEE 802.20 是 WWAN 的重要标准，它实现了高速移动环境下的高速率数据传输，弥补了 IEEE 802.1x 协议族在移动性上的劣势，有效解决了移动性与传输速率相互矛盾的问题。IEEE 802.20 标准是一种适用于高速移动环境下的宽带无线接入系统空中接口规范，其工作频率小于 3.5GHz，具有性能好、效率高、成本低和部署灵活等特点，在物理层以正交频分复用技术（Orthogonal Frequency Division Multiplexing，OFDM）和多输入多输出技术（Multiple Input Multiple Output，MIMO）为核心，极大地提高了系统的频谱效率，能够很好地满足无线通信高移动性和高吞吐量的需求。

WWAN 接入技术可以使各种类型的移动设备（如智能手机、平板等）在无线广域网的覆盖范围内连接到 Internet。目前已经形成了多种窄带和宽带的 WWAN 技术，如 GSM、CDPD 技术、GPRS 技术、CDMA2000 技术、W-CDMA 技术、TD-SCDMA 技术、卫星通信技术等。

典型的无线广域网有蜂窝移动通信、卫星通信等，最常用的还是蜂窝移动通信。通常，我们所说的 3G、4G 和 5G 指的就是第三代/第四代/第五代蜂窝移动通信技术。

蜂窝移动通信技术到底是什么？其有哪些代表性的系统？有限信道资源是如何满足海量

通信需求的？要实现和有线网络一样的 Internet 访问功能需要哪些协议？接下来，我们将简单介绍蜂窝移动通信的概念、GSM 和 GPRS 系统组成及工作原理、信道复用技术 CDMA、无线应用协议 WAP，帮助大家全面了解 WWAN。

1. 蜂窝移动通信简介

蜂窝通信技术非常复杂，完整地掌握其相关知识点可能需要单独学习无线通信专业知识，由于篇幅限制，这里只简单介绍和计算机网络相关的蜂窝通信技术。

蜂窝移动通信又称为小区制移动通信，它将整个网络服务区划分为许多小区（Cell，即蜂窝，有时也称为发射区），每个小区都设有一个基站，负责其覆盖区域内的移动站点的通信、信号收发。相邻的小区使用不同频道的信道（相隔一定距离的小区可以使用相同频段的信道），小区内部的移动设备收发数据都必须经过基站。一个小区（发射区）覆盖的区域大小取决于很多因素，包括基站的发射功率、小区内的障碍物、天线的高度等。

另外一个和蜂窝移动通信紧密相关的概念就是漫游。漫游指的是无线终端设备从当前无线接入点换到另一个无线接入点并保持网络连接的过程。整个漫游过程对用户来讲是透明的，虽然提供连接服务的基站发生了切换，但对用户的服务不会被中断。简单来说，漫游过程就是先断开现有网络中的 AP 关联，再请求与所处新网络中的 AP 关联。通常，随着用户移动会不停地和相邻小区重复上述断开-关联的过程，所以漫游技术的实现必须满足相邻 AP 配置为不同的工作信道的要求。

蜂窝网络的基本结构如图 8.5 所示，每个基站通过一个有线基础设施连接到广域网中，如公用电话网或 Internet。

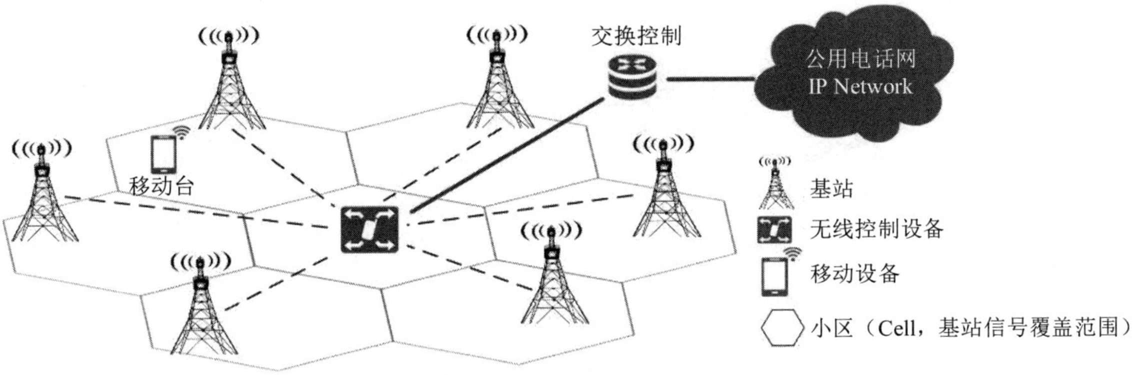

图 8.5 蜂窝网络基本结构

这里要介绍一个重要概念，即空中接口，它表示基站和移动站之间的无线传输规范。空中接口定义每个无线信道的使用频率和带宽，或者采用的编码方法。在一个给定的发射区中，经常会有许多用户同时呼叫，这些呼叫需要共享分配给蜂窝服务提供商的无线电频谱段。蜂窝系统使用频分多址（FDMA）和时分多址（TDMA）的组合、码分多址（CDMA）等无线空口技术来共享无线电频谱。

FDMA/TDMA 组合的系统中，信道被划分为一组频率子带，在每个子带中，时间又被划分为帧和时隙。因此，如果一个信道被划分为 F 个子带，每个子带被划分为 T 个时隙，那么

该信道就能支持 $F \times T$ 个用户同时呼叫，这极大地提高了信道的利用率。CDMA 则是让所有用户同时共享同样的无线电频率，每个用户分配一个独立的码片序列（比特序列），接收方使用同样的码片序列从接收的消息中将发送方传输的数据恢复出来。

2. GSM 和 GPRS

（1）GSM。GSM 全称为 Global System for Mobile Communication，即全球移动通信系统，是由欧洲电信标准化协会 ETSI 制定的一个数字移动通信标准，其空中接口采用 FDMA/TDMA 组合技术。GSM 开发的目的就是让全球各地可以共同使用一个移动电话网络标准，让用户使用一部手机就能行遍全球。

GSM 具有开放的接口和通用的接口标准（这一点非常重要，它是 GSM 系统能持续生存的根本保证），支持电信、承载和补充业务，具有强大的跨区域（甚至跨国）漫游能力，使用以国际移动用户识别码（IMSI）对用户身份信息进行鉴权的认证活动来保障信息的安全。另外，GSM 系统还具有较高的频谱利用率、较好的语音质量，有容量大、抗干扰能力强等特点。

自 20 世纪 90 年代中期投入商用以来，GSM 曾被全球超过 100 个国家采用。GSM 的信令和语音信道都是数字式的，因此 GSM 被看作第二代（2G）移动电话系统。

1）GSM 网络结构通常由移动台（MS）、基站子系统（BSS）、网络子系统（NSS）、操作与维护子系统（OMC）四部分组成，如图 8.6 所示。

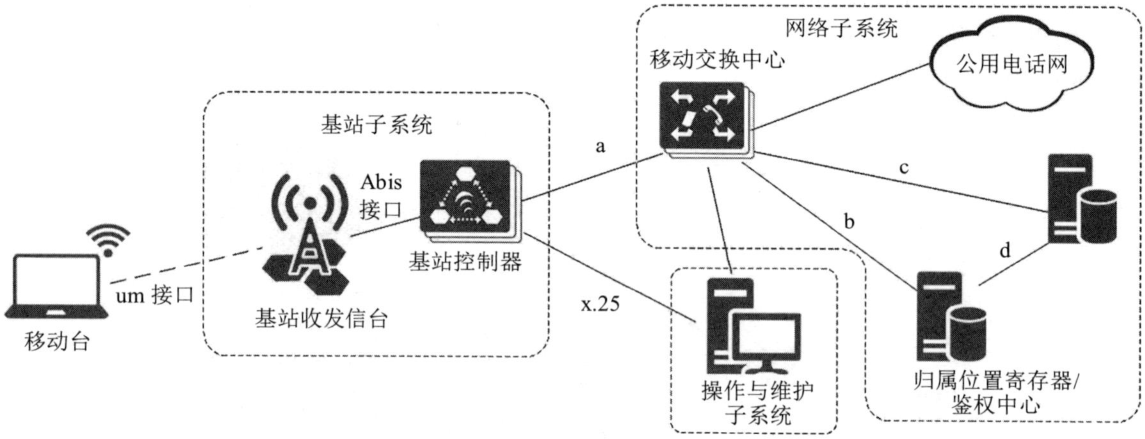

图 8.6　GSM 网络结构

移动台（MS）是指 GSM 系统中的用户设备，分为车载型、手持型和便携型。每一个 MS 均含有用户识别模块（SIM）、SIM 卡和硬件设备，其中 SIM 卡是接入 GSM 的必要条件，即如果 MS 设备没有 SIM 卡，它就无法接入 GSM 网络。另外，每个 MS 都有自己的识别码，即国际移动设备识别号（IMEI），GSM 网络可以对 IMEI 进行检查，核实入网许可等信息，以便进行关断 MS 等操作。移动台除可以完成语音通话、传真等传统业务外，还可以完成短消息收发等非传统业务。最为典型的移动台就是手机。

2）基站子系统（BSS）是 GSM 系统和无线蜂窝系统最基本的组成部分，起到了中继的作用。BSS 通过无线接口直接和移动台连接，具有无线传输和控制功能，主要完成无线信号的发送、接收和处理工作。BSS 主基站和网络子系统通过有线连接，实现移动用户之间或移动用户与固定网络用户之间的通信，而基站之间则通过无线信道连接。具体来说，就是基站之间接收和转发无线信号，简单处理后再转发给移动交换中心，经交换设备处理后最终发送给用户，实现用户间的通信。

BSS 通常由基站收发信台（BTS）和基站控制器（BSC）构成。

- 基站收发信台（BTS）。基站收发信台属于基站子系统的无线部分，包括无线接收/发射设备、天线和无线信号处理设备。BTS 由基站控制器控制，通常作为一个区域的无线收发设备，负责本区域无线信号的接收、处理和发送服务。
- 基站控制器（BSC）。基站控制器是 BSS 子系统中的控制器，主要包括小区控制器（CSC）、语音信道控制器（VCC）、信令信道控制器（SCC）和用于扩充的多路端接口（EMPI）。BSC 主要负责管理 BTS，通常一个 BSC 管理多个 BTS，实现信道资源管理、越界切换等功能。例如用户越界移动到另外一个基站的覆盖范围，基站控制器就负责进行基站切换，并始终和移动交换中心保持连接。

3）网络子系统（NSS）是整个 GSM 通信的“调度室”，负责 GSM 系统指令交换和路由选择，同时提供用户数据管理、移动性能管理和安全管理（如鉴权）所需的数据库功能，并对 GSM 用户之间或 GSM 网络用户与其他网络用户之间的通信进行管理。可以认为 NSS 既是一个控制器，也是一个数据库。NSS 通常由移动交换中心（MSC）、访问位置寄存器（VLR）、归属位置寄存器（HLR）、设备识别寄存器（EIR）和鉴权中心（AUC）构成。

- 移动交换中心（MSC）。移动交换中心是整个 GSM 网络的核心，是对位于自身覆盖区域内的移动台进行话路交换和控制的功能实体，也是 GSM 网络与其他网络进行通信的接口。MSC 可以从访问位置寄存器、归属位置寄存器、设备识别寄存器和鉴权中心获取用户位置和呼叫信息，也可以根据用户最新数据更新寄存器。另外，MSC 作为 GSM 网络的核心，还可以完成通信信道的分配与管理、呼叫处理、用户位置登记、信息加密、跨区切换和自动漫游等工作。
- 访问位置寄存器（VLR）。访问位置寄存器是一种存储用户位置信息的动态链接库。用户进入某个 MSC 后，必须先在 VLR 中登记，VLR 从用户所在的归属位置寄存器中获取用户信息，为其分配一个新的漫游号（MSRN），并通知用户所属的 HLR 更新位置信息，为用户呼叫和被呼叫准备条件。当用户离开该 VLR 时，要再次向新区域的 VLR 登记，新的 VLR 通知原来的 VLR 删除该用户的位置信息。值得注意的是，一个 VLR 可以服务于一个或相邻的多个 MSC，但通常一个 VLR 只服务于一个 MSC。
- 归属位置寄存器（HLR）。归属位置寄存器是一个存储 GSM 网络所有移动用户静态数据（例如移动用户识别码、用户类别等）的数据库。HLR 还存储着归属它的用户的动态数据，如用户漫游的 MSC/VLR 信息等。
- 设备识别寄存器（EIR）。设备识别寄存器是一种存储移动台设备参数的数据库，用于完成对移动设备的识别、监视及闭锁等功能，只有被识别为合法的移动设备才能接入 GSM 网络。

- 鉴权中心（AUC）。鉴权中心直接与移动设备的 HLR 相连，是用于认证移动设备身份并产生相应认证参数（随机号码 RAND、符合响应 SRES、密钥 Key）的功能实体。手机在经过鉴权后才能进行通话接续。

4）操作与维护子系统（OMC）是 GSM 系统的管理与服务中心，主要包括网络管理中心（NMC）、安全性管理中心（SEMC）、集中计费管理的数据后处理系统（DPPS）及用户识别卡个人化管理中心（PCS），用于实现移动用户管理、移动设备管理、网络操作控制与管理等功能。

（2）GPRS。GPRS 是通用分组无线业务（General Packet Radio Service）的英文简称，是一种 2G 迈向 3G 的过渡性技术。GPRS 是基于 GSM 系统发展出来的一种新的端对端分组交换业务，目的是为 GSM 用户提供分组数据传输能力。GPRS 网络分为无线接入和核心网两个部分，无线接入在移动台和基站子系统（BSS）之间传输数据；核心网在基站子系统和标准数据网络路由器之间中继地传递数据。

为了实现数据分组传输业务，GPRS 系统添加了几种新的网络单元，如分组控制单元、服务 GPRS 支持节点、网关 GPRS 支持节点和其他为数据业务管理提供辅助功能的单元。GPRS 网络结构如图 8.7 所示。

1）分组控制单元（Packet Control Unit，PCU）位于基站控制器中，既可以作为 BSC 的插卡，也可以独立存在，主要负责为分组数据业务提供物理和逻辑接口，管理分组分段和规划，管理无线信道，实现传输错误检测和自动重发等功能。PCU 和 BSC 之间没有通用接口。

2）服务 GPRS 支持节点（Serving GPRS Support Node，SGSN）是 GPRS 系统核心网分组域设备重要组成部分，主要完成分组数据包的路由转发、会话管理、逻辑链路管理、移动性管理、鉴权和加密等功能。

3）网关 GPRS 支持节点（Gateway GPRS Support Node，GGSN），顾名思义，它主要起网关作用，可以连接不同类型的网络（如 ISDN、PSPDN 和 LAN 等）。在不产生歧义的情况下，我们有时也称 GGSN 为 GPRS 路由器。GGSN 通过对 GSM 网络中传输的分组数据包进行协议转换，把这些分组数据包传送到远端的 TCP/IP 或 X.25 网络。

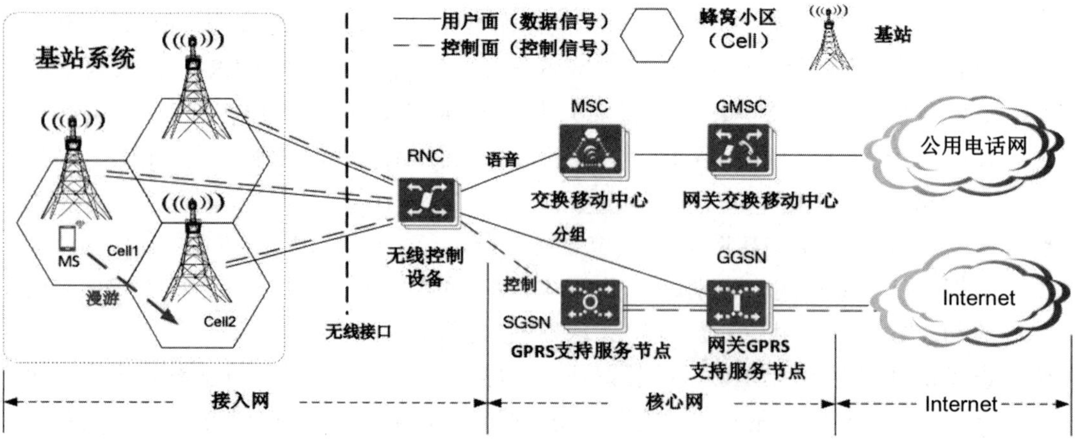

图 8.7　GPRS 网络结构

GPRS 网络中的 MS 只有进行 GPRS 附着后才能获得 GPRS 业务的使用权。简单地说，就是 MS 要想通过 GPRS 网络进行网页访问等操作，就必须先附着到 GPRS 上，更准确地说是与 SGSN 连接。MS 在附着的过程中需提供自己的身份标识 IMSI、所在区域的路由标识 RAI 和附着的类型等信息。附着成功后，MS 进入了 READY 状态，并在 MS 和 SGSN 之间建立了 MM 上下文，之后 MS 就可以进行激活 PDP 上下文的过程。注意，MS 在未附着之前处于脱离 GPRS 网络的状态，不能进行任何数据业务操作。MS 附着的过程如图 8.8 所示，简述如下。

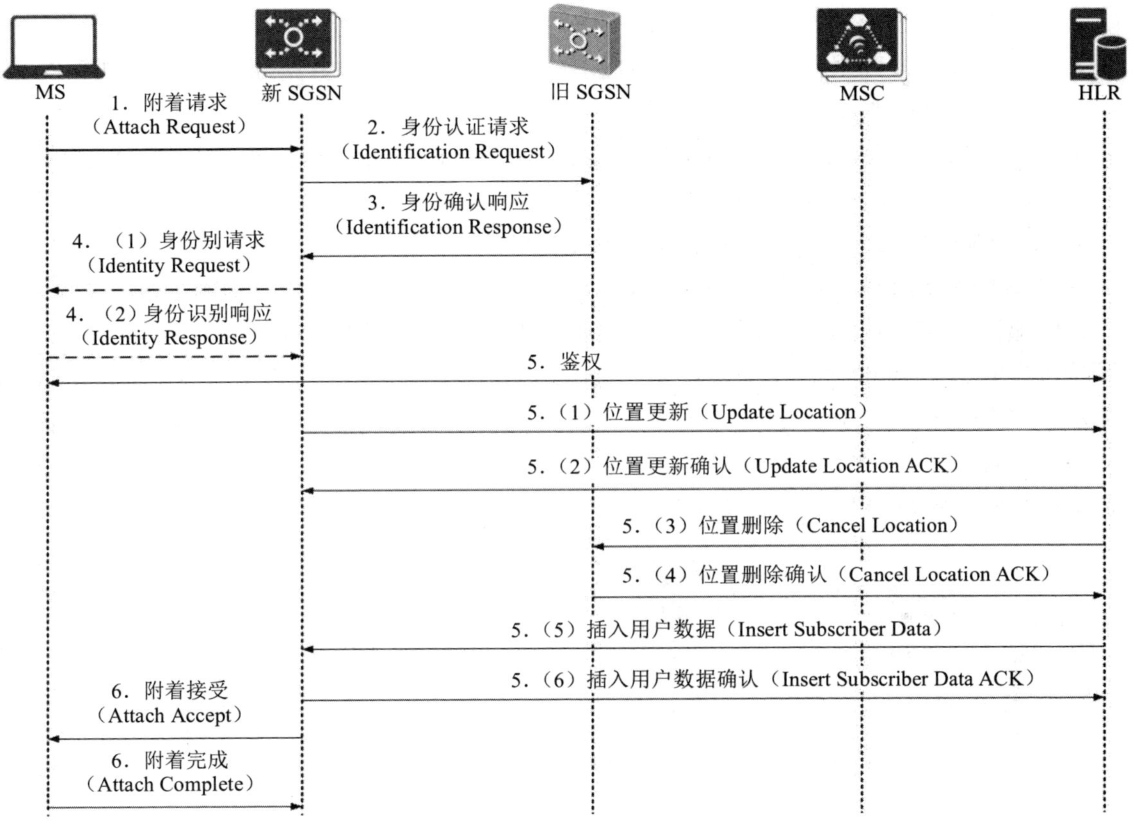

图 8.8　MS 附着过程

1）MS 向所在区域的 SGSN（移动后的新 SGSN）发出附着请求（Attach Request）消息，该消息包含附着类型（初次附着 GPRS、IMSI 已被附着的情况下附着 GPRS、GPRS/IMSI 联合附着）、身份标识等信息。

2）当新 SGSN 收到附着请求后，根据请求中 MS 的身份标识和路由标识导出旧 SGSN 地址，向其发出身份认证请求（Identification Request）消息。

3）旧 SGSN 收到身份认证请求后，如能确认 MS 身份，则向新的 SGSN 发送身份确认响应（Identification Response）消息，该消息中包含该 MS 对应的 IMSI 和鉴权三元组。如无法识别，则返回错误提示消息。

4）如新 SGSN 无法获取 MS 身份识别信息，则向 MS 发送身份别请求（Identity Request）消息，并从 MS 的身份识别响应（Identity Response）中获取 MS 的标识。

5）MS、SGSN 和 HLR 之间的鉴权过程。

- 如果鉴权成功，新 SGSN 向 HLR 发送一条位置更新（Update Location）消息，通知 HLR 该 MS 的最新位置。
- HLR 向新 SGSN 发送位置更新确认（Update Location ACK）消息。
- HLR 收到位置更新消息后，将其中的信息存储到本地，然后向旧 HLR 发送位置删除（Cancel Location）消息。
- 旧 SGSN 收到消息后，将删除所有该 MS 的信息，然后向 HLR 发送位置删除确认（Cancel Location ACK）消息。
- HLR 收到位置删除确认消息后，向新 SGSN 发送插入用户数据（Insert Subscriber Data）消息，以提供 SGSN 所需的信息。
- 新 SGSN 收到消息后，向 HLR 发送插入用户数据确认（Insert Subscriber Data ACK）消息。

6）新的 SGSN 向 MS 发送附着接受（Attach Accept）消息。

7）MS 向新 SGSN 发送附着完成（Attach Complete）消息。

MS 附着到 GPRS 后，就建立了 MS 和 GPRS 网络之间的通信通道，要接入 Internet 等外网还需要发起激活 PDP 上下文请求，建立 MS 和外网的通信。所谓 PDP 上下文激活是指为 MS 分配 IP 的过程。PDP 上下文包含与某个接入网络（APN）相关的地址映射及路由信息，移动用户通过激活 PDP 上下文得到动态地址，可以通过 GGSN 建立一条逻辑通路，进行数据传输。GPRS 激活 PDP 上下文的过程如图 8.9 所示。

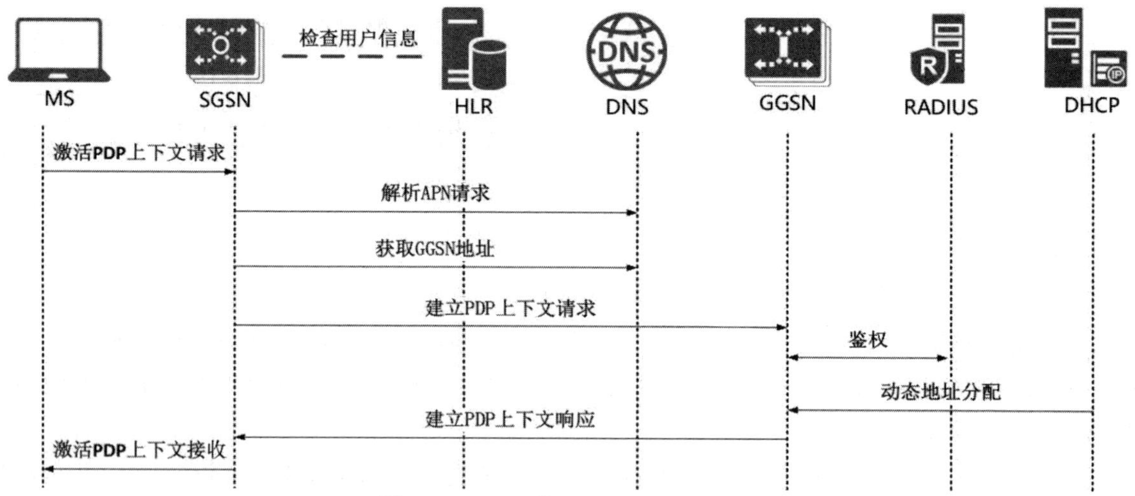

图 8.9　GPRS 激活 PDP 上下文过程

1）MS 向 SGSN 发出激活 PDP 上下文请求。该请求中包含接入点名称（APN）、IP 地址（地址为空表示为动态）。

2）SGSN 收到请求后和 HLR 通信，检查用户信息，包括可达的 APN 列表、IP 地址的类型等。

3）SGSN 请求域名系统（Domain Name System，DNS）服务器对 APN 进行解析，得到

APN 对应的 GGSN 的 IP 地址。

4）SGSN 发送建立 PDP 上下文的请求消息给被选定的 GGSN，消息中应包含 APN、PDP 类型及 PDP 地址等信息（若 PDP 地址为空则代表请求动态分配 IP 地址、更新用户的信息）。

5）GGSN 对用户进行认证，认证通过后使用远程认证拨入用户服务（Remote Authentication Dial In User Service，RADIUS）服务器、动态主机配置协议（Dynamic Host Configuration Protocol，DHCP）服务器或直接由 GGSN 为用户分配动态 IP 地址，GGSN 向 SGSN 返回建立 PDP 上下文相应消息。

6）SGSN 向移动终端发送激活 PDP 上下文接收消息。

至此 PDP 上下文的激活过程全部完成，移动终端与外部网络建立起数据通路，终端就能以 IP 数据报的形式进行通信。

3. 码分多址 CDMA

码分多址（Code Division Multiplexing Access，CDMA）最早由美国高通公司（Qualcomm）研制出来并用于商业，当时正值 GSM 统领移动通信市场的时期，因此几乎没有一个移动通信运营商敢使用它。直到 20 世纪 90 年代初，韩国政府致力于寻找发展本国电子制造业的机会，决定发展 CDMA，由此 CDMA 开始发展起来。

CDMA 由扩频、多址接入、蜂窝组网和频率复用等几种技术结合而成，具有频谱利用率高、语音质量好、保密性强、掉话率低、电磁辐射小、系统容量大、覆盖广等优点。CDMA 系统采用码分多址技术，所有移动用户都占用相同带宽和频率，通过复用方式使得频谱利用率高；CDMA 系统采用软切换技术，这样就完全克服了硬切换所带来的容易掉话的缺点，使得掉话率降低；CDMA 采用功率控制和可变速率声码器，使 CDMA 无线发射功耗低且语音质量好。CDMA 技术也是第三代移动通信系统（3G）的技术基础。

下面我们一起来看 CDMA 是如何实现信道复用的。

CDMA 是一种信道复用技术，它根据信号码型的不同来实现信号分割。用户通过使用特别挑选的码型，可以在相同的时间使用同样的信道进行通信，而不会相互干扰。由于 CDMA 复用技术具有很强的抗干扰性，因此最初被应用于军事领域通信，频谱和白噪声类似，可以有效防止被敌军发现。随着技术进步，CDMA 设备逐渐小型化，价格大幅下降，已广泛应用于民用移动通信，尤其是无线局域网通信。

CDMA 的工作原理是将每个比特时间划分为 m 个短间隔（时间槽），称为码片（Chip），通常每比特划分为 64 或 128 个时间槽。每一个使用 CDMA 的站点被指定一个唯一的码片序列（Chip Sequence），就好像该站地址一样（具有唯一性）。站点如果发送 1，就发送自己的码片序列；如果发送 0，则发送该码片序列的反码。例如，假设某个站点 S 的码片序列是 00011011，当站点发送比特 1 时，就发送 00011011；而当站点 S 发送比特 0 就发送 1110010。一般来说，按照网络惯例，会将码片序列中的 0 改为-1，1 改为+1，因此站点 S 的码片序列为(-1-1-1+1+1-1+1+1)。

假定站点 S 发送数据的速率为 $b$bit/s，每个比特都要转换为 m 个码片，因此实际发送速率提高到了 mbbit/s，所占用的频道宽度也提高了 m 倍，这种通信方式是扩频方式的一种，即直接序列扩频（Direct Sequence Spread Spectrum，DSSS）。

CDMA 系统给每个站点分配的码片序列不仅各不相同，还必须是相互正交的，用数学公式可以很清晰地表达这种正交关系。假设用向量 $\boldsymbol{S}(\boldsymbol{S}_1,\boldsymbol{S}_2,\ldots,\boldsymbol{S}_m)$ 表示站点 S 的码片序列，向量 $\boldsymbol{T}(\boldsymbol{T}_1,\boldsymbol{T}_2,\ldots,\boldsymbol{T}_m)$ 表示其他站点的码片序列，所谓码片序列正交就是向量 $\boldsymbol{S}$ 和 $\boldsymbol{T}$ 的规格化内积为 0，公式如下：

$$\boldsymbol{S}\cdot\boldsymbol{T}=\frac{1}{m}\sum_{i=1}^{m}\boldsymbol{S}_i\boldsymbol{T}_i=0$$

任何一个码片向量与该码片自身的规格化内积为 1，与该码片向量自身反码的向量的规格化内积为–1，公式如下：

$$\boldsymbol{S}\cdot\boldsymbol{S}=\frac{1}{m}\sum_{i=1}^{m}\boldsymbol{S}_i\boldsymbol{S}_i=\frac{1}{m}\sum_{i=1}^{m}\boldsymbol{S}_i^{\,2}=\frac{1}{m}\sum_{i=1}^{m}\pm1^2=1$$

通常，各站点发送信号到达接收端是叠加的，例如站点 S 发送码片向量 $\boldsymbol{S}_x\,(-1,+1,+1,-1)$，站点 T 发送码片向量 $\boldsymbol{T}_x\,(-1,-1,+1,+1)$，到达接收端的信号向量就是 $\boldsymbol{T}_x+\boldsymbol{S}_x\,(-2,0,2,0)$ 。另外，接收端必须事先知道发送端的码片向量，才能正确识别发送端的信号。下面通过几个例子简要介绍 CDMA 的工作原理。

【例 8.1】假设站点 S 发要送数据 1、1、0 三个码元，每个码元扩展为 8 个码片，且站点 S 的码片向量为 $\boldsymbol{S}_x$（−1,−1,−1,+1,+1,−1,+1,+1），站点 T 也要发送 0、1、0 三个码元，T 的码片向量 $\boldsymbol{T}_x$（−1,−1,+1,−1,+1,+1,+1,−1）。因所有站点均使用相同的频率，所以接收端可以同时接收到站点 S 和 T 发送的信号，对于本例来说，就是 $\boldsymbol{S}_x+\boldsymbol{T}_x$。接收端收到叠加信号后，使用站点 S 的码片向量对接收到的叠加信号向量 $\boldsymbol{S}_x+\boldsymbol{T}_x$ 求规范化内积，即可得到站点 S 发送的信息。站点 S 和 T 发送的第一个码元不同，下面就以接收端识别站点 S 发送的第一个码元为例说明 CDMA 工作原理，如图 8.10 所示。

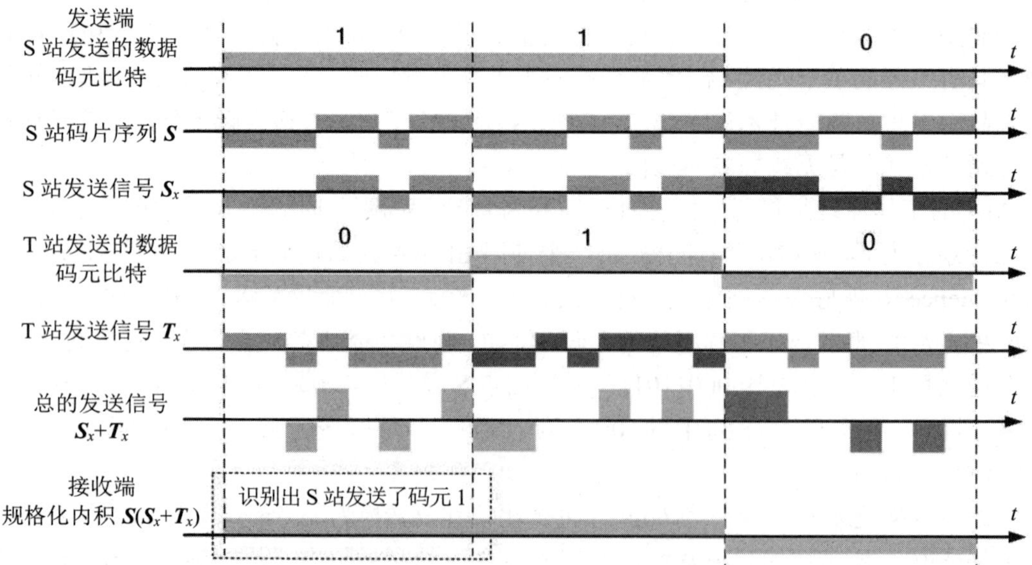

图 8.10　CDMA 工作原理

接收站点收到第一个码片序列的叠加向量 $\boldsymbol{S}_x+\boldsymbol{T}_x=\boldsymbol{M}$ (0,0,−2,+2,0,−2,0,+2)后，使用站点 S 的码片向量对 $\boldsymbol{M}$ 计算规范化内积公式如下：

$$1/8S_x \cdot M = 1/8(-1,-1,-1,+1,+1,-1,+1,+1)\cdot(0,0,-2,+2,0,-2,0,+2)=1$$

经过计算，接收端识别出站点 S 向其发送了码元 1。实际上从数学公式中也可以推导出类似结论，公式如下：

$$\boldsymbol{S}_x\cdot(\boldsymbol{S}_x+\boldsymbol{T}_x')=\boldsymbol{S}_x\cdot\boldsymbol{S}_x+\boldsymbol{S}_x\cdot\boldsymbol{T}_x'=1+0=1$$

式中，$\boldsymbol{T}_x'$ 表示站点 T 发送码元 0 是的码片向量反码。

【例 8.2】假设有 4 个站点 A、B、C、D 进行 CDMA 通信，4 个站点的码片序列分别如下：

A：(−1 −1 −1 +1 +1 −1 +1 +1)　　B：(−1 −1 +1 −1 +1 +1 +1 −1)

C：(−1 +1 −1 +1 +1 +1 −1 −1)　　D：(−1 +1 −1 −1 −1 −1 +1 −1)

现收到码片序列 M(−1+1−3+1−1−3+1+1)，判断是哪个站点发送的数据，是 1 还是 0。

根据站点的码片向量 $\boldsymbol{S}$ 和自身的规格化内积为 1，而不同站点码片向量的规格化内积为 0 的原理，分别用 4 个站点的码片序列（向量）和收到的码片序列（向量）求规格化内积，如果结果为 1 则发送了 1；如果结果为 0 则没有发送数据；如果结果为−1，实际发送的数据为 0。计算如下。

$$\boldsymbol{A}\cdot\boldsymbol{M}=1/8(-1,-1,-1,+1,+1,-1,+1,+1)\times(-1,+1,-3,+1,-1,-3,+1,+1)=1$$

$$\boldsymbol{B}\cdot\boldsymbol{M}=1/8(-1,-1,+1,-1,+1,+1,+1,-1)\times(-1,+1,-3,+1,-1,-3,+1,+1)=-1$$

$$\boldsymbol{A}\cdot\boldsymbol{M}=1/8(-1,+1,-1,+1,+1,+1,-1,-1)\times(-1,+1,-3,+1,-1,-3,+1,+1)=0$$

$$\boldsymbol{A}\cdot\boldsymbol{M}=1/8(-1,+1,-1,-1,-1,-1,+1,-1)\times(-1,+1,-3,+1,-1,-3,+1,+1)=1$$

因此，A 发送了 1，B 发送了 0，C 未发送数据，D 发送了 1。

码分多址 CDMA 复用技术主要用于无线通信系统，特别是移动通信系统。

4. 无线应用协议 WAP

随着移动通信技术和互联网技术的快速发展，利用智能移动设备（如智能手机）访问 Internet 浏览网页、收发邮件等的需求快速增长。然而，与传统的有线通信设备相比，无线移动设备具有带宽较窄、时延较长、连接可靠性较低、CPU 性能低和存储容量小等特点，导致传统的有线网络通信协议无法应用到移动通信中，必须制定新的、适合无线网络环境的通信协议。在这样的背景下，无线应用协议（Wireless Application Protocol，WAP）应运而生。

1998 年，WAP 论坛推出了 WAP 1.0，该版本包括 WAP 协议栈、无线标记语言 WXL 和 WXLScript 等内容。不久之后又相继推出了 WAP 1.1 和 WAP 1.2 版本，增加了用户代理等内容。2001 年 8 月，WAP 论坛推出了 WAP 2.0，增加了对 HTTP、TCP 等协议的支持，使支持 WAP 2.0 标准的移动终端可以直接访问 Internet（WAP 1.x）。那么，WAP 到底是什么呢？

无线应用协议 WAP 是一个专门为具有窄带宽、高时延、有限容量、低处理能力等特点的无线移动设备访问 Internet 而制定的开放的协议标准，它类似于 TCP/IP 协议栈的协议集，规定了适用于多种无线设备的网络协议和应用程序框架，目标是让人们通过它使用手机等移动通信终端设备可以随时接收各种信息、上网冲浪、浏览网页、收发电子邮件、进行网上电子商务。WAP 是无线通信技术和互联网技术的结合，是移动网络和 Internet 之间的桥梁。

WAP 协议充分考虑了无线通信环境的特点，采用了“瘦客户端”的设计理念，应用相对简单的微浏览器，尽可能少地占用 CPU、内存等资源，增强了 WAP 网关的处理能力，将各种计算、逻辑处理等功能放在服务器端运行，通过增强网络和服务器端的能力来弥补移动终端的不足。

WAP 协议标准具有开放性和易用性的特点，具体表现在以下几个方面：

（1）基于 Internet 已有的协议标准。WAP 协议标准并不是从零开始设计的，它是基于 Internet 现有的协议集（如 HTTP、TCP/IP、SSL 等），并和现有的 Internet 及 Web 技术兼容，扩展了 XML、SSL、URL 等技术和标准，用户可以通过 URL（统一资源定位符）方式申请网络访问服务。

（2）独立于无线网络。WAP 协议标准提供了一个独立于无线网络的 Internet 访问解决方案。WAP 2.0 协议栈适用于任何窄带宽、宽带无线环境，可以运行在 TDMA、CDMA、GSM 等各种承载网（如 GSM、GPRS、CDMA 2000 等）上，而不必考虑其差别。

（3）独立于移动终端。WAP 协议能运行在各种移动终端，基于 WAP 协议开发的应用可以运行在各种无线设备上，不必针对不同设备开发不同版本的程序。

（4）保证互操作性。遵循 WAP 协议，各厂商开发的设备可以交互操作。

（5）易用性。对于手机用户来说，不必再去熟悉一种新的操作界面，遵循 WAP 协议标准的应用仍然采用手机界面。

WAP 定义了一组在移动终端和网络服务器之间通信的标准组件，旨在促进移动终端与 WAP 内容服务器之间通信，具体如下：

（1）标准的命名模型：所有的内容和服务采用统一标准定位，统一资源定位符（Uniform Resource Locator，URL）定位服务内容，统一资源标识符（Uniform Resource Identifier，URI）定位本机内容。

（2）标准的内容类型：所有的 WAP 内容与 WWW 内容类型兼容，WAP 代理根据类型对内容进行处理。

（3）标准的内容格式：所有的 WAP 内容格式以 WWW 内容格式为基础，同时提供标记语言等。

（4）标准的通信协议：WAP 参考 WWW 协议栈，使移动设备终端的浏览请求可以和 Internet 上的服务器进行通信。

WAP 网关既有代理服务器功能，又有网关功能，可以完成协议转换和内容编解码。

（1）协议转换功能。WAP 网关把来自 WAP 协议栈（包括无线会话协议 WSP、无线事务协议 WTP 等）的请求转化为 WWW 协议栈（如 HTTP 等）的请求。

（2）内容编解码功能。WAP 网关在发送客户端请求时，将无线标记语言（Wireless Markup Language，WML）内容转化为符合 ASCII 码的内容，将服务器响应内容转换为 WML 内容，以便移动设备识别。

WAP 应用模型采用了客户端/服务器模式，包括 WAP 客户端、WAP 网关和 Web 服务器（源服务器）三个部分，其中 WAP 网关起协议的“翻译”作用，是无线移动终端与 Web 服务器的桥梁。WAP 应用模型（图 8.11）通过代理技术实现了无线设备和 WWW 之间的连接，保证了移动用户可以浏览 WAP 内容，供应商能够创建大量移动终端的服务和应用。注意，WAP 代理内容和应用可以驻留在 WWW 服务器上。

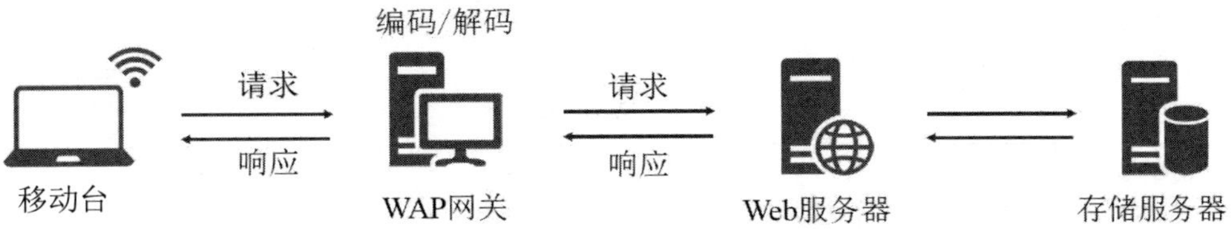

图 8.11　WAP 应用模型

整个 WAP 应用模型的工作过程如下：

（1）移动台（用户）发送网络访问请求（包含 Web 服务器的 URL 等信息），信号经过无线网络，以 WAP 协议方式发送请求至 WAP 网关。

（2）WAP 网关通过编码、解码将用户请求以 HTTP 协议方式转发至 Web 服务器。

（3）Web 服务器从存储服务器中提取请求信息，并通过一系列计算等逻辑处理过程生成响应结构。

（4）Web 服务器将响应结果发送到 WAP 网关。

（5）WAP 网关进行编码、解码等过程，然后将响应内容处理成二进制文件流（BINARY）返回到客户的 WAP 手机屏幕上。

图 8.12 展示了 WAP 应用模型的简单网络示例。如图所示，WAP 用户首先向 WAP 代理发送 WML 二进制流格式的请求，WAP 代理将请求转化为 WWW 格式，发送给 Web 服务器。Web 服务器处理后发回响应内容，如果响应格式为 WML，则 WAP 代理直接提取并转发给用户；如果是 HTML 格式，则由 HTML Filter 转化为 WML 格式内容，经 WAP 代理转发给用户。WAP 标准还定义了无线电话应用（Wireless Telephony Applications，WTA），它直接使用 WML 二进制数据流实现 WTA 服务器（WTA Server）和客户端的通信，使得 WAP 用户可以很好地与目前电信网络中的各种先进电信业务相结合，如智能网（Intelligent Network）业务。通过使用浏览器，移动用户可以应用各种智能网业务而无需修改移动终端。

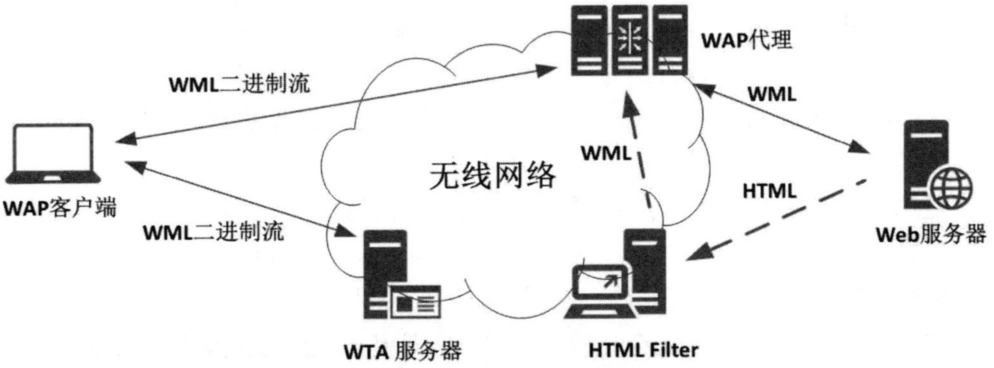

图 8.12　WAP 网络示例

WAP 1.x 协议栈采用了分层结构，内层协议均可被上层协议访问，各类应用与服务可以通过预定义的接口访问 WAP 协议栈，扩展应用可以通过接口直接访问相应层，这使得移动应用开发具有易扩展的特性。WAP 1.x 协议栈结构如图 8.13 所示。

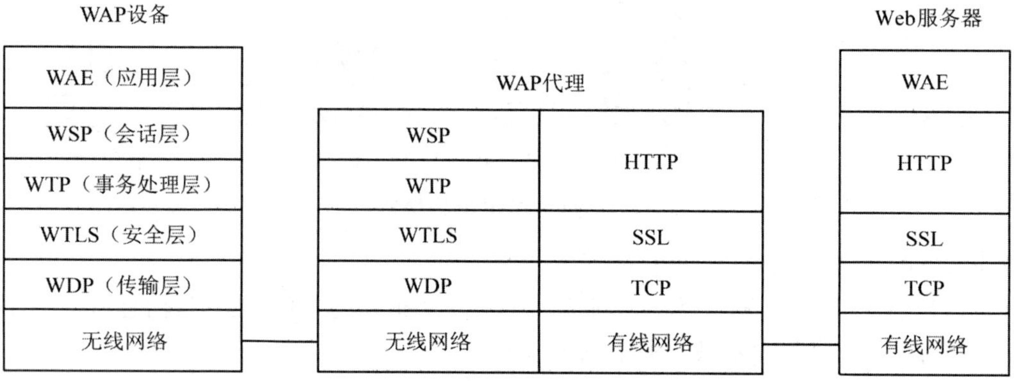

图 8.13　WAP 1.x 协议栈结构

（1）应用层。WAP 协议栈应用层的无线应用环境（Wireless Application Environment，WAE）是一种建立在 Internet 和无线通信技术基础之上的通用无线应用环境，旨在建立一个可互操作的环境，支持开发商方便迅速地生成新业务，并支持应用和服务在不同无线网络环境中运行。

WAE 分为两个逻辑层：用户代理层、业务与格式层。

用户代理层是安装在移动终端的应用软件，包含一个微浏览器，帮助用户使用 WAP 功能。一个应用环境中可以有多个用户代理、一个用户代理可以为用户提供多个服务。如 WML 代理可以接收 WML 页面和 WML 脚本程序，并将内容显示出来。WTA 代理可以让用户浏览网页时使用电话业务。

业务与格式层主要包括如下内容。

- 无线电话应用，包括 WTA 和 WTAI，即电话业务及其编程接口。
- 无线标记语言（WML、WMLScript）。WML 是一种基于标记的文档描述语言，它集成了 HTML 语言的特性，但解析时比 HTML 耗费更少的内存和 CPU 时间，更加适合无线移动设备。WMLScript 是 JavaScript 的扩展子集，运行在微浏览器中，WMLScript 对 JavaScript 进行了优化，简化了交互过程，并提供了访问外设的能力。
- 内容格式（Content Format）。内容格式是一组预定义的数据格式，包括图像、电话簿、日记以及将 WML 转化为 ASCII 码的方法。

（2）会话层。会话层用于客户端和服务器之间的信息交换，主要是建立和释放客户端和服务器之间的会话连接。其中无线会话协议（Wireless Session Protocol，WSP）针对无线网络的窄带和长时延的特点进行了优化，为上面的应用层提供两种会话服务：一种是建立在事务层协议 WTP 基础上的面向连接的会话服务；另一种是基于无线数据报服务协议 WDP 的无连接的、可靠的会话服务。两种会话连接采用统一的调用接口，这样可以对应用层屏蔽会话连接细节。

面向连接的会话服务过程如下：

1）客户端请求连接。

2）服务器接受连接。

3）客户端请求文档信息内容。

4）服务器发送文档信息内容。

5）重复3）和4），直至客户端不再请求。

6）客户端主动断开连接。

在无连接的会话服务过程中，客户端可以随时发出请求，服务器也可以随时向客户端推送消息，状态自动机不记录通信状态。

（3）事务层。事务层运行在数据报服务之上，为上层提供可靠的连接。其中无线事务协议（Wireless Transaction Protocol，WTP）是一种经过简化，能提供轻量级的面向事务处理服务的协议，是较为适合手机等“瘦客户端”设备的协议。WTP 通过提供重发证实功能来增强数据报业务的可靠性，它没有明确的连接建立和撤销过程，而是将连接信息放在数据报的头部，这样提高了连接的效率。WTP 是面向消息的而不是面向比特的，这意味着传输数据是以消息为单位的数据流，不以比特或字节为单位。

WTP 提供了三种级别的事务服务，即零级、一级和二级。

- 零级事务：提供不可靠单向请求服务。发起者发送消息，接收者不必确认。
- 一级事务：提供可靠单向请求服务。发起者发送消息，接收者必须进行确认。
- 二级事务：提供可靠双向请求和应答服务。发起者发送请求，接收者返回结果，发起者确认。

（4）安全层。WAP 协议栈安全层的无线传输层安全（Wireless Transport Layer Security，WTLS）协议是在传统工业标准的传输层安全（Transport Lager Security，TLS）协议的基础上发展起来的。相比于 TLS，WTLS 针对 WAP 传输所用的低带宽通信信道进行了优化，以处理安全事务为主，增加了更多压缩，尽量减少执行过程中的资源开销，为高层提供数据完整性校验、加密解密、身份鉴别等服务。安全层主要为数据传输提供下列功能和服务：

- 数据完整性。WTLS 可以保证客户终端和应用服务器之间传送的数据不被篡改，也不会损坏。
- 私有性。WTLS 通过加密等手段保证传送的数据即使被截获也不会被破译。
- 鉴权。WTLS 可以在客户终端和应用服务器之间建立鉴权机制。
- 拒绝服务保护。WTLS 可以检测和拒绝那些要求重传的数据或检验未通过的数据，降低拒绝服务攻击的成功率，保护上层协议的安全。
- 保证终端之间的通信安全。

（5）传输层。WAP 传输层的协议工作在各类承载网之上，向上层的 WAP 协议提供通用的接口，从而使上面各层协议独立于具体的承载网。无线数据报协议（Wireless Datagram Protocol，WDP）是 WAP 传输层协议，作为一种通用的传输协议，WDP 协议的主要目的是适配各类承载网，它提供的服务包括端口号应用寻址以及可选的错误检测。端口号用于标识高层实体，WDP 通过适配层将上层不同的传输请求映射到不同的承载网络，实现数据在各类承载网上的透明传输，为上层应用提供与具体网络无关的数据传输服务。WDP 协议结构模型如图 8.14 所示。

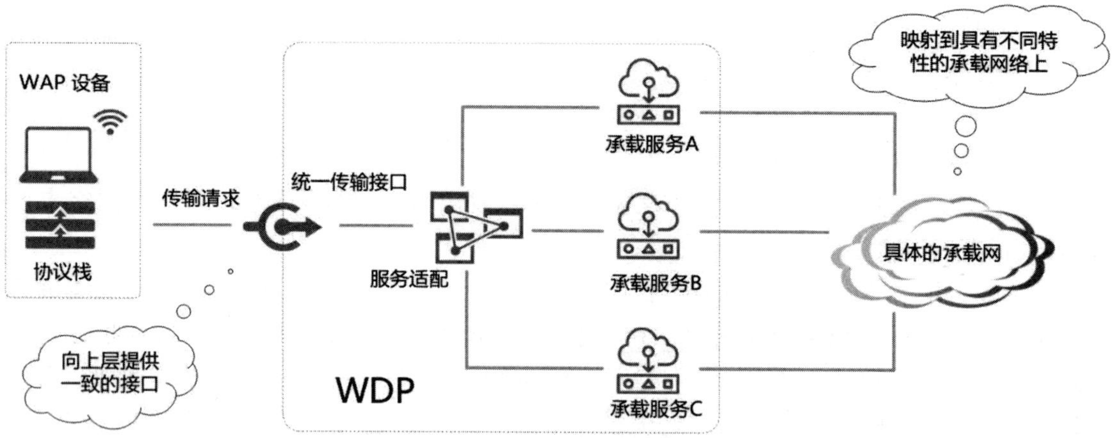

图 8.14　WDP 协议结构模型

WAP 协议栈中的承载（Bearers）指的是各类不同的承载网实体，如 GPRS、CDMA 等，它们实际负责传输数据。

WAP 2.0 在 WAP 1.x 的基础上将 Internet 的最新标准和技术应用到无线领域，这些新技术和标准包括 XHTML、TCP/IP、超文本协议（HTTP/1.1）和传输安全层（TLS）。新标准和技术的应用增强了业务处理能力，新增加了数据同步、多媒体信息服务等新的业务和应用。

与 WAP 1.x 相比，WAP 2.0 的改进主要体现如下：

- 采用最新的 Internet 标准和协议，优化了无线网络连接，提高了带宽的利用率。
- 支持向后兼容，对现有的 WAP 内容、应用和业务兼容。
- 支持 WAP 2.0 XHTML MP（XHTML Mobile Profile），兼容 WAP 1.x 内容的 WML，对 WML 1.0 完全向后兼容。WML 2.0 在 WML 1.0 的基础上增加了向后兼容的具体特性，对 XHTML MP 进行了扩展，可实现从 WML 1.0 到 XHTML MP 的名称、属性等方面的转换。
- 支持多种图片格式，例如 GIF、BMP、JPEG、PNG、WBMP 等。
- 按照 WAP 2.0 标准化组织提出的标准开发规范进行页面开发，例如支持 XHTML 的简本、层叠样式表（CSS）移动简本、多媒体信息服务（MMS）、WAP Push 等。
- 支持多种语言，包括内容标记语言、WWW Consortium（W3C）、以 XML（Extensible Markup Language）为基础规定的兼容 HTML 的 XHTML Basic 和 CSS（Cascading Style Sheets）样式单。
- 支持 Internet 标准的 TCP/IP 协议。

另外，由于 WAP 2.0 采用更加简单的编程模型，因此在很多情况下不再需要 WAP 代理，客户机和应用服务器之间的通信直接通过 HTTP 进行，这极大地提高了数据的传输速度。WAP 2.0 系统结构如图 8.15 所示。

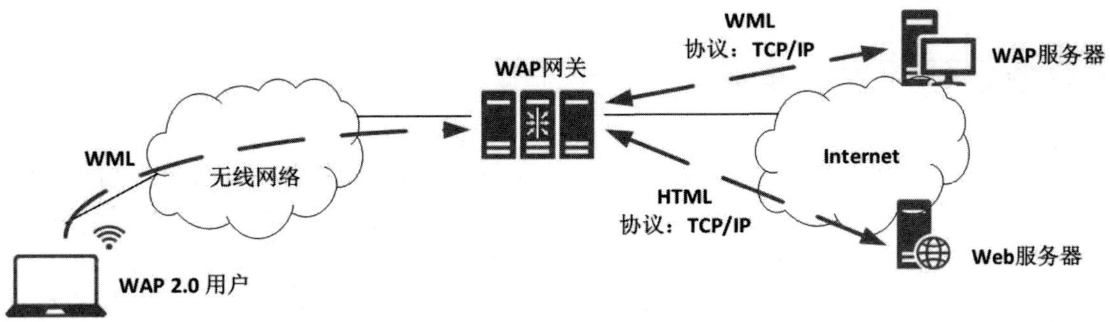

图 8.15 WAP 2.0 系统结构

WAP 1.x 协议集没有直接采用互联网中的 HTTP、TLS、TCP 等协议，而是采用了 WSP、WTP 等协议，这主要是考虑到移动设备支持能力有限，要尽可能压缩协议执行过程的资源消耗。这就造成了移动终端不能直接访问 Internet，而必须通过 WAP 代理才能上网的情况。随着移动终端技术的发展，WAP 2.0 采用了传统互联网的协议，同时兼容 WAP 1.x 的设备，最终，WAP 2.0 采用了双协议栈的结构，双协议栈包括 WAP 1.x 协议栈和 WAP 2.0 协议栈（图 8.16）。相较于 WAP1.0，WAP 2.0 主要是增加了对 TCP、HTTP 协议的支持，对提供 IP 连接的承载网络使用 W-TCP（对传统 TCP 和 HTTP 协议进行了优化，使之更加适用于无线网络）协议，而对不能提供 IP 连接的网络则仍然使用 WAP 1.x 协议栈。

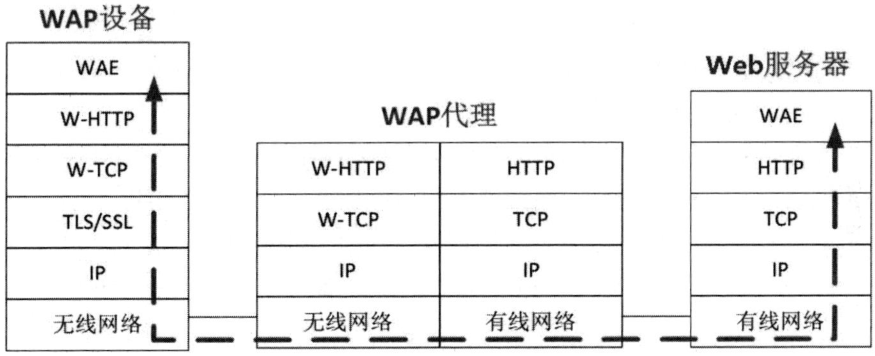

图 8.16 WAP 2.0 协议栈结构

WAP 2.0 中主要增加的协议有 W-HTTP、W-TCP 和 TLS/SSL。

- W-HTTP（Wireless Profiled HTTP）协议的核心就是 HTTP 协议。W-HTTP 协议为适应无线网络环境对 HTTP/1.1 进行了优化，支持 PUSH 和 PULL 两种操作，其中 PUSH 采用 WAP 终端承担 HTTP 服务器角色，而 PULL 则使用 HTTP 1.1 的请求/响应机制。
- W-TCP（Wireless Profiled TCP）支持两种模式：网关模式和端对端模式。网关模式和 WAP 1.x 相似，网关处于终端设备和服务器之间，分别和它们建立连接（其中网关和终端建立 W-TCP 连接，网关和服务器建立 TCP 连接）来传输数据。端对端模式则不需要网关，由终端和服务器直接建立 W-TCP 连接来传输数据。
- TLS（Transport Layer Security）协议规定了传输层端对端安全的 TLS 隧道方式，还包括加密、证书格式、签名方法等内容。

8.2 重点知识讲解

随着计算机网络技术和无线通信技术的发展，无线通信设备体积不断变小，价格不断降低，无线局域网得到了广泛的应用。无线局域网提供了移动接入的功能，给需要上网但不能使用有线网络的人员提供了方便。例如，在会议室开会的与会人员需要用笔记本电脑上网，如果都采用有线连网的方式，会造成布线困难，成本也很高，而采用无线局域网方式则很容易实现网络接入功能。

无线局域网 WLAN 指的是应用无线电波作为传输介质替代传统有线局域网中部分或全部通信电缆，将手持计算机等移动设备互联起来而构成的网络，是计算机网络技术和无线通信技术结合的产物。WLAN 具备传统局域网的所有功能，并且已经成为宽带接入的主要手段之一。随着网络技术的发展，WLAN 承载的数据业务越来越多。

虽然 WLAN 在传输速率、稳定性方面不如传统的有线局域网，但也具备一些独特的优势：

- 移动性。WLAN 设备之间通过无线电波传输数据，没有电缆的限制，通信设备可以在 WLAN 覆盖范围内实现移动通信。
- 组网灵活。相较于传统有线局域网，WLAN 组网方式更加灵活。在架设有线电缆或光缆较为困难的地区，以 Ad-Hoc 方式（点对点方式）组网，可以不依赖于基础设施，甚至可以临时在空中搭建。比如，在发生严重自然灾害的地区，地面基础设施遭到破坏，无法提供通信支持，这时就可以通过直升机、无人机等在空中搭建临时的无线局域网，为救灾提供通信支援。
- 易扩展性。对于 WLAN 来说，适当地增加无线网络接入点 AP，即可扩大网络覆盖范围（当然，有时候可能要适当调整无线控制器），而无需对网络的拓扑结构进行调整。
- 易于规划和调整。对于传统有线局域网，网络结构调整在一定程度上等同于重构，而 WLAN 不存在这样的问题，既不需要拆除设备，也不需要重新布线，规划和调整仅仅需要考虑 AP 信号覆盖范围，十分便捷。

WLAN 安装便捷、组网灵活等特点，使得它在大型会展中心、办公室、地铁等许多场所得到了广泛的应用。但是，正是因为 WLAN 使用无线传输介质替代了有线传统局域网中的电缆，在给人们带来上网便利的同时，也存在一定的局限性，主要体现如下：

- 性能和可靠性差。一方面，由于受限于无线电波频率资源，无线信道资源有限，因此 WLAN 在通信带宽和容量上无法和传统有线网络相比。另一方面，WLAN 无线信号在传输过程会自然衰减，还会受到空气、电磁波、障碍物等干扰，影响通信质量。以上因素都会影响网络的性能和可靠性。
- 速率低。WLAN 的最大传输速率为 1Gb/s，比有线局域网低很多，只适合在家庭或办公大楼内部组建小型网络。
- 安全性差。无线信号具有开放性特征，容易在传播过程中遭到窃听、篡改、干扰等攻击，无线网络的安全协议也不完善，使得 WLAN 存在很大的安全隐患。

通常，我们利用 WLAN 实现移动设备的无线接入（当然，也可能是无线设备共享）。那么，WLAN 使用了什么样的通信协议？它使用了什么样的拓扑结构？通常我们使用哪些无线设备？WLAN 的 MAC 层协议是什么？WLAN 面临哪些安全威胁，采取了哪些安全机制？我们通常使用的 Wi-Fi 在不同的工作频率下有什么区别？通过 8.2 节的学习，我们将了解这些内容，为接下来的项目实施做准备。

8.2.1 WLAN 标准

无线局域网的协议标准主要有 IEEE 802.11 协议族、Wi-Fi、蓝牙和红外（IrDA），其中占主导地位的是 IEEE 802.11 协议族，其应用最为广泛。因此，接下来就主要介绍 IEEE 802.11 协议族。

1997 年，电气与电子工程师协会 IEEE（Institute of Electrical and Electronics Engineers）发布了无线局域网的第一个协议标准 IEEE 802.11。简单来说，IEEE 802.11 标准就是无线以太网标准，该标准规定了无线局域网物理层和 MAC 层协议规范，最初主要用于可移动计算机的无线接入，其数据的存取和传输速率最高只能达到 2Mb/s。

IEEE 802.11 物理层标准定义了无线协议的工作频段、调制解码方式、最高传输速率等规范。IEEE 802.11 规定 WLAN 工作在 2.4GHz 频段，数据传输采用红外线和无线电射频技术，其中射频技术采用跳频（Frequency Hopping，FH）、直接序列（Direct Sequence，DS）和正交频分复用（Orthogonal Frequency Division Multiplexing，OFDM）扩频技术，提高信道的复用率。

IEEE 802.11 的 MAC 层标准定义了介质访问控制机制、CSMA/CA 协议、MAC 帧结构等，用于实现访问控制、可靠传输等功能。

随着无线局域网应用的不断深入，它在传输距离和传输速率上远远不能满足人们的需求，于是 IEEE 802 标准协会又推出了一系列新标准，包括 IEEE 802.11a、IEEE 802.11b 等，下面简要介绍 IEEE 802.1x 协议族各成员的情况。

（1）IEEE 802.11b。1999 年 9 月，IEEE 发布了 802.11b，它和 IEEE 802.11 协议标准兼容，并做了一定程度的修改，是最基础、最早应用的 WLAN 协议标准。IEEE 802.11b 协议使用直接序列展频技术（Direct Sequence Spread Spectrum，DSSS），工作在开放的 2.4GHz 频段，最大传输速率为 11Mb/s，基本满足工业生产、医疗、教育等领域办公的需要，得到了广泛的应用。

这里要专门提到的一点是，为了保证不同厂商的产品兼容，思科（Cisco）、微软（Microsoft）和华为等厂商成立了无线以太网兼容性联盟（Wireless Ethernet Compatibility Alliance，WECA），对不同厂商的产品进行 IEEE 802.11b 规范的验证，对符合该组织认证并经测试认可的产品，颁发 Wi-Fi 证书，因此 IEEE 802.11b 产品又称为 Wi-Fi。WECA 推动了 IEEE 802.11b 无线局域网产品的兼容性和标准化发展。IEEE 802.11b 在许多领域得到广泛应用，加速了无线局域网的发展。

（2）IEEE 802.11a。由于 IEEE 802.11b 在实际应用中的传输速率远低于理论值，因此 IEEE 在 1999 年底又发布了 IEEE 802.11a，该标准采用了和 IEEE 802.11 标准相同的核心协议，应用正交频分复用（Orthogonal Frequency Division Multiplexing，OFDM）扩频技术。其物理层最大传输速率可达 54Mb/s，工作频率为 5GHz，避开了大多数设备工作的 2.4GHz，从而干扰较小。然而，5GHz 工作频率也带来了一些问题，如穿透力不强，障碍物较多时容易出现性能不佳的情况。另外，部分国家禁止使用 5GHz 频段，也限制了 IEEE 802.11a 标准使用范围。

（3）IEEE 802.11g。2003 年，IEEE 发布了 IEEE 802.11g，该协议标准同样是在 IEEE 802.11b 基础上进行改进的，与 IEEE 802.11b 兼容，工作频率为 2.4GHz，使用正交频分复用扩频技术，最大传输速率达 54Mb/s。

（4）IEEE 802.11n。2009 年发布的 IEEE 802.11n 是在 IEEE 802.11g 和 IEEE 802.11a 的基础上发展起来的。IEEE 802.11n 沿用了 IEEE 802.11g 的正交频分复用扩频（OFDM）技术，与多入多出（MIMO）技术结合，形成了新的 OFDM+MIMO 技术，可以工作在 2.4GHz 或 5GHz 频段，最大传输速率达 600Mb/s，能兼容 IEEE 802.11b 和 IEEE 802.11g。IEEE 802.11n 兼容性能好，覆盖范围广，能很好地结合无线局域网和无线广域网。

（5）IEEE 802.11 ac。IEEE 802.11ac 是 IEEE 802.11n 的继承者，俗称 5GWi-Fi。它工作在 5GHz 频段，理论上能提供最少 1Gb/s 的带宽，进行多站式无线局域网通信，或 500Mb/s 带宽的单信道通信。

表 8.1 列出了几种常用的 IEEE 802.11 系列局域网标准。

表 8.1　几种常用的 IEEE 802.11 局域网标准

标准	频段	传输速率	物理层	优缺点
IEEE 802.11b（1999 年）	2.4GHz	最高 11Mb/s	DSSS	传输速率低、价格便宜、信号传播距离远、不易受到干扰
IEEE 802.11a（1999 年）	5GHz	最高 54Mb/s	OFDM	传输速率较高、支持多用户同时上网、价格高、信号传播距离短、易受到干扰
IEEE 802.11g（2003 年）	2.4GHz	最高 54Mb/s	OFDM	传输速率较高、支持多用户同时上网、信号传播距离最远、不易受到干扰，价格较 IEEE 802.11b 更高
IEEE 802.11n（2009 年）	2.4GHz/5GHz	最高 600Mb/s	OFDM MIMO	使用多个发射和接收天线，实现了更高的速率，使用双倍带宽（40MHz）时速率可达 600Mb/s

8.2.2　IEEE 802.11 局域网的拓扑结构

1. IEEE 802.11 局域网的硬件设备

无线局域网的主要设备包括无线网卡、无线访问接入点（AP）、无线路由器和无线天线。并不是所有的无线网络都需要这几种设备，如基于 Ad-Hoc 结构的对等网络只需要几个装有无线网卡的设备（如笔记本）就可以构建一个 WLAN，当其需要扩大网络规模或连接有线局域网时才会用到 AP，当其需要访问 Internet 时才会用到无线路由器，当其需要放大信号或扩大信号覆盖面时才会用到无线天线。

（1）站点。站点就是无线局域网的端点设备（如笔记本电脑、手机等），这些设备内含无线网卡。与传统有线局域网站点最大的区别是无线局域网站点有可移动性。WLAN 中的站点分为固定站点（服务器等）、半移动站点（在移动过程中不要求进行通信）和移动站点。

（2）无线网卡。无线网卡是一种集无线信号收发、调制和网络控制于一体的网络适配器，具有天线信号收发、扩频调制、信号收发及处理的功能。无线网卡通常由射频（Radio Frequency，RF）单元、中频（Intermediate Frequency，IF）单元、基带处理（Base Band Processor，BBP）单元和网络接口控制（Network Interface Controller，NIC）单元等部分组成，如图 8.17 所示。其中，NIC 主要负责对接收数据的控制，BBP 负责对发送数据进行调制，IF 负责将数据调制到中频载波上，然后由 RF 变频后发射出去。无线网卡的作用和以太网中的网卡的作用基本相同，它作为无线局域网的接口，能够实现无线局域网各客户机间的连接与通信。

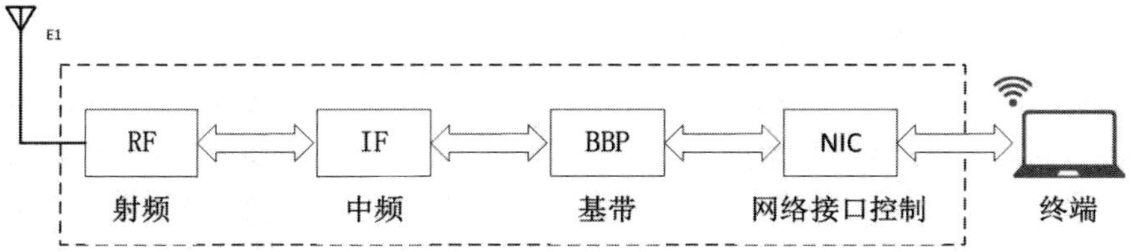

图 8.17　无线网卡结构

（3）无线访问接入点无线访问接入点也称为无线 AP，就是无线局域网的接入点，它是无线网络的核心部件，作用类似于以太网中的集线器，是无线网络的无线交换机。无线 AP 多应用于家庭、办公大楼内部，覆盖区域直径一般为几十米，用于将用户的移动设备接入有线网络上。安装在室外的无线 AP 一般称为“无线网桥”，也是用于有线局域网与无线之间的连接，当局域网之间难以实现有线连接时，就可以通过无线网桥来实现局域网之间的点对点连接。

无线 AP 通常由无线收发部分、有线收发部分、管理与软件部分、天线等部件组成，如图 8.18 所示。AP 有两个端口：一个是无线端口，连接覆盖区域内的所有移动终端；另一个是有线端口，连接的是有线网络。

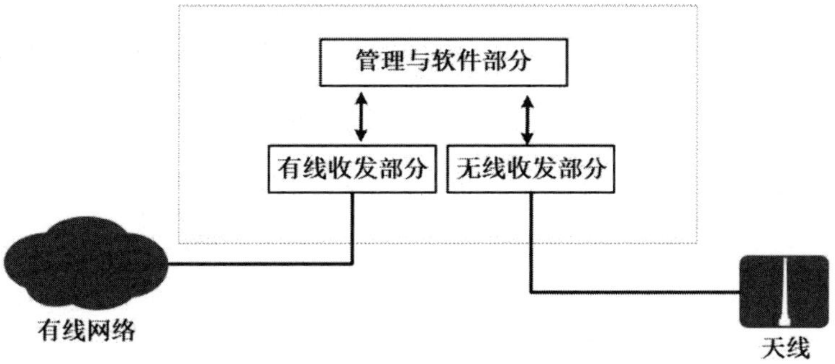

图 8.18　无线 AP 结构

（4）无线路由器。无线路由器是无线 AP 与宽带路由器的一种结合体，它借助于路由器功能，可实现家庭无线网络中的 Internet 连接共享、非对称数字用户线路（Asymmetric Digital Subscriber Line，ADSL）和小区宽带的无线共享接入。

（5）无线天线。随着设备间距离的增加，无线网络中的信号会减弱，导致传输效率降低。这时，就可以借助无线天线增强传输信号。

2. IEEE 802.11 局域网的结构

IEEE 802.11 标准定义了两种无线局域网网络拓扑结构，即基础设施网络（Infrastructure Network）结构和对等网络（Ad-Hoc Network）结构。

（1）基础设施网络（有固定基础设施的网络）。基础设施网络是最常见的无线局域网组网模式。IEEE 802.11 标准规定无线局域网中的最小构件为基本服务集（Basic Service Set，BSS），它包括一个基站（通常情况下就是无线接入点 AP）和若干移动站。在 BSS 内各站可以直接通信，但对 BSS 外的通信必须经过本 BSS 的基站。BSS 中的基站有一个不超过 32 位的服务集标识（Service Set Identifier，SSID），用来唯一表示该 BSS。一个 BSS 覆盖的区域（基站信号能覆盖的区域）称为基本服务区（Basic Service Area，BSA），其直径一般不超过 100m。

BSS 可以独立存在，也可以通过 AP 接入骨干分配系统（Distribution System，DS）来和其他 BSS 连接形成一个扩展的基本服务集（Extended Service Set，ESS），如图 8.19 所示。注意，分配系统 DS 可以使用以太网、无线网络等方式实现。ESS 可以通过门户（Portal）设备为移动用户提供接入其他 IEEE 802.x 局域网的服务，其中 Portal 的作用相当于一个网桥。

在图 8.19 中，BSS1 中的移动站 A 要想和 BSS2 中的移动站 B 通信，就必须通过基站 AP1 和 AP2 转发，即通信路径为 A→AP1→AP2→B。注意，如果 DS 为以太网实现方式，那么 AP1 和 AP2 的通信是通过有线网络实现的。

移动站进入一个 BSS 服务区后，要通过主动或被动扫描与所处的 BSS 的 AP 关联（Association）。当移动站漫游到另一个 BSS 时，首先和原 BSS 中的 AP 进行分离（Dissociation），终止与原 BSS 中 AP 的关联，再通过重关联（Ressociation）服务与新的 BSS 中的 AP 建立关联。注意，移动终端只有和 BSS 中的 AP 建立关联，才能利用 BSS 和其他站点（包括 BSS 内外的站点）进行网络通信。图 8.19 中，如果移动站 A 漫游到了 BSS2 的服务范围，应首先和 AP1 分离，再重关联到 AP2，就可以直接和 B 进行通信。

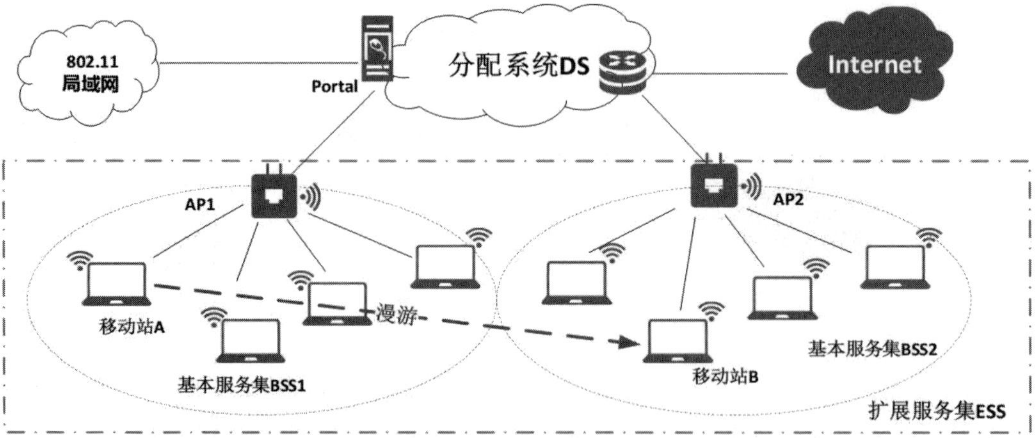

图 8.19　ESS 逻辑结构

（2）对等网络（无固定基础设施的网络）。对等网络（Ad-Hoc Network）也称为自组织网络，其相当于一个独立的 BSS，区域内没有 AP，而是由一些处于平等状态的移动站自发地相互通信组成临时网络，移动站之间通过无线网卡直接通信，如图 8.20 所示。简单地说，对等网络中的所有移动设备（通常是装有无线网卡的便携式移动设备）处于平等的地位，它们既是移动站，又是服务器，它们之间的相互通信无须设置中央控制节点。在图 8.20 中，节点 A 和节点 E 的通信要经过节点 B、C、D 的转发才能完成，即通信路径为 A→B→C→D→E，其中 A 为源节点，E 为目的节点，节点 B、C、D 充当了转发器。

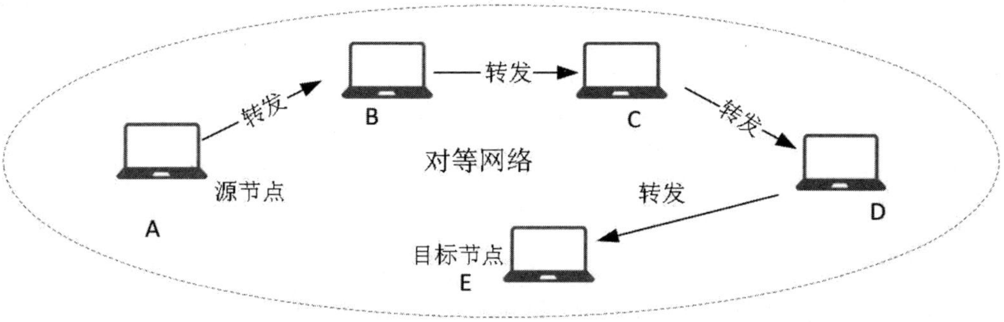

图 8.20 对等网络

由于对等网络没有 AP（即基站），拓扑结构变化快，所以覆盖的范围十分有限，通常情况下不与网络外的站点通信。另外，对等网络中的所有设备共享连接带宽，所以只适合接入设备数量少、对带宽要求不高的小型网络。

近年来，随着技术的不断发展，Ad-Hoc 组网方式在军事和民用领域都得到了很好的应用。在军事领域，由于战场情况复杂，经常会出现没有事先设置接入点的情况，这时就可以采用对等网络的方式组网。例如坦克集群冲锋时，为了保持攻击队形，坦克之间需要使用对等网络相互通信，达到相互配合，形成攻击合力的目的。Ad-Hoc 网络在民用领域的应用也很常见，如无线方式连接的打印机等。

8.2.3 IEEE 820.11 局域网的 MAC 帧

为了更好地了解 IEEE 802.11 局域网的工作原理，我们有必要先介绍一下 IEEE 802.11 局域网的 MAC 帧结构。IEEE 802.11 定义了 3 种类型的帧，即控制帧、数据帧和管理帧。图 8.21 显示了 IEEE 802.11 数据帧的格式，可以看出整个帧分为 3 个部分：

（1）帧头部（共 30 位字节），这是整个数据帧最重要的部分。

（2）帧主体，最大长度为 2312 字节，通常情况下不会超过 1500 字节。

（3）帧尾部，这部分主要是帧检验序列 FCS，长度为 4 个字节。

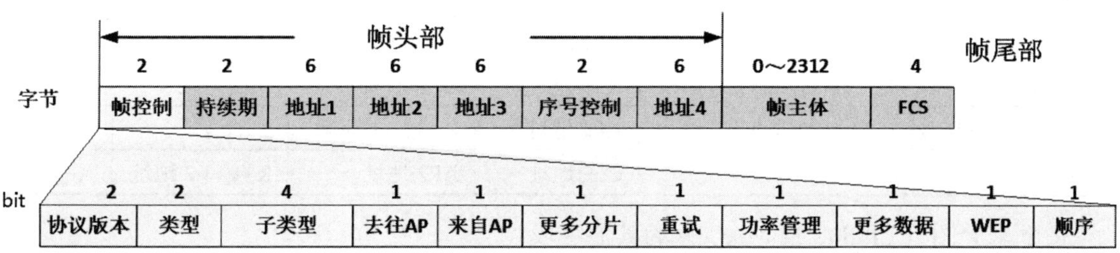

图 8.21 数据帧格式

IEEE 802.11 MAC 层的数据帧共有 4 个地址，其中“地址 4”用于 Ad-Hoc 网络，这里不深入讨论，仅介绍前 3 个地址，它们的内容和含义取决于帧控制字段“去往 AP”和“来自 AP”的具体数值。表 8.2 列出了这两个字段常用的组合及相应的“地址 1”“地址 2”“地址 3”的含义。

表 8.2 IEEE 802.11 数据帧的地址字段

去往 AP	来自 AP	地址 1	地址 2	地址 3	地址 4
0	1	目的地址	AP 地址	源地址	—
1	0	AP 地址	源地址	目的地址	—

图 8.22 中，假设站点 A 向 B 发送数据，它必须先将数据帧发送到接入点 AP1，再通过 AP1 转发到目的站点 B。接下来介绍这个过程中上面提到的几个字段的具体情况。

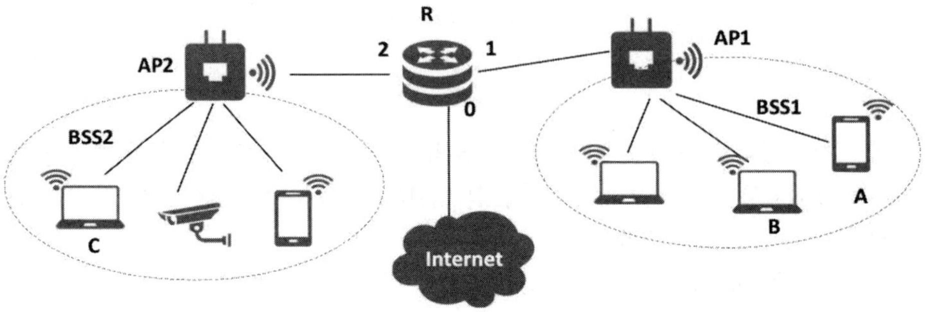

图 8.22 IEEE 802.11 MAC 帧地址字段示例

当站点 A 向 AP1 发送数据帧时，“去往 AP”的值为 1，“来自 AP”的值为 0，“地址 1”为 AP1 的 MAC 地址，“地址 2”是站点 A 的地址，“地址 3”是站点 B 的地址。

当 AP1 将数据帧转发给站点 B 时，此时数据帧是从接入点 AP 发出的，因此“去往 AP”的值为 0，“来自 AP”的值为 1，“地址 1”为站点 B 的地址，“地址 2”是 AP1 的地址，“地址 3”是站点 A 的地址（最初这个数据帧是从站点 A 发出的，它是源地址）。

下面来看一个更复杂的情况。假设图 8.22 中站点 A 要向站点 C 发送数据，此时它要先将数据帧发送到 AP1，接着 AP1 将帧发往路由 R 的接口 1，路由 R 通过地址解析协议 ARP 找到站点 C 的 MAC 地址，然后通过接口 2 转发到 AP2，最后由 AP2 发送站点 C。这个数据帧传输过程中，帧头部相关字段具体内容见表 8.3。

表 8.3 站点 A 到站点 C 数据帧传送过程帧头部相关字段内容

数据报流向	去往 AP	来自 AP	地址 1	地址 2	地址 3	地址 4
A→AP1	1	0	AP1 地址	A 的地址	B 的地址	—
AP1→R 接口 1	0	1	R 接口 1	AP1 地址	A 的地址	—
R 接口 2→AP2	1	0	AP2 地址	R 接口 2 地址	C 的地址	—
AP2→C	0	1	C 的地址	AP2 地址	R 接口 2 地址	—

接下来介绍 IEEE 802.11 MAC 帧的其他字段。

（1）序号控制字段。该字段共 16 个字节，其中序号子字段占 12 位，分片子字段占 4 位。

序号控制字段主要是使接收端能判断收到的帧是新传送的帧还是重传的帧。

（2）持续期字段。该字段共 16 字节，存储诸如 CSMA/CA 协议对信道预约的时间等信息。当然，该字段还有其他许多用途，这里就不详细介绍了。

（3）帧控制字段。帧控制字段共有 11 个子字段。其中，“类型”和“子类型”子字段用于区分帧的类型，如上面提到的控制帧、数据帧和管理帧。“更多分片”子字段用于表明这个帧是否属于一个帧的多个分片之一，当它的值为 1 时，就表示它是分片之一。

（4）WEP 字段。WEP 为 Wired Equivalent Privacy 的缩写，为有线等效加密，该字段值为 1 时，表明该帧使用了 WEP 加密算法。

8.2.4 IEEE 820.11 局域网的 MAC 层协议

IEEE 802.11 的 MAC 层协议和有线局域网 IEEE 802.3 的 MAC 层协议没有本质的区别，其包括可靠数据传输、访问控制和安全机制三个方面。

1. 可靠数据传输

无线网络传输媒介的开放性容易造成帧丢失，IEEE 802.11 规定目标站点收到源站点发送的数据帧后，必须向源站点返回一个 ACK 帧（即确认帧），如果源站点在一定时间没有收到 ACK，则重发数据。如果超过一定次数仍没有收到 ACK，则表示数据发送失败。IEEE 802.11 通过这种帧交换协议保证数据传输的可靠性。

2. 访问控制

传统的以太网使用 CSMA/CD 协议可以有效地实现接入控制。然而，在无线环境中无线电波的传播方向是向四周所有方向传播，且当遇到障碍物时传播距离会受到很大限制，这就可能出现所谓的屏蔽站问题和暴露站问题。

1）屏蔽站问题。我们假定发射站的覆盖范围为图 8.23 中圆形虚线内面积，站点 A 正在向站点 B 发送数据，与此同时，站点 C 正在检测信道空闲情况，由于站点 A 和站点 C 相隔距离较远（站点 C 在站点 A 的信号覆盖范围外），因此站点 C 可能未能检测到对方的传输信号，认为信道空闲，于是站点 C 也向站点 B 发送数据，结果发生了碰撞。这种由于未能检测出信道上其他站点的信号而发生的碰撞现象就称为屏蔽站问题。

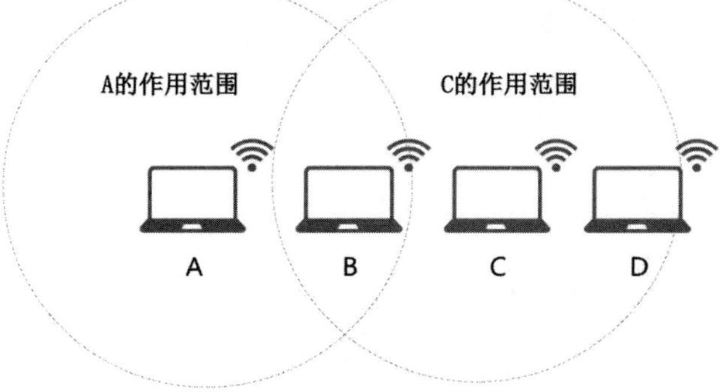

图 8.23 屏蔽站问题

2）暴露站问题。图 8.24 给出了另外一种情况，我们同样假设发射站的覆盖范围为图中圆形虚线内面积，站点 B 要向站点 A 发送数据，同时站点 C 要向站点 D 发送数据。从图上看，这两个数据传输工作可以同时进行，互相没有影响（注意，如果是 A→B 和 C→D 同时传输，那么传输是会受到干扰的）。然而，站点 C 检测到了信道上有传输信号（B 的信号，因为无线信号是向四周传播的），于是站点 C 延迟向站点 D 发送数据。

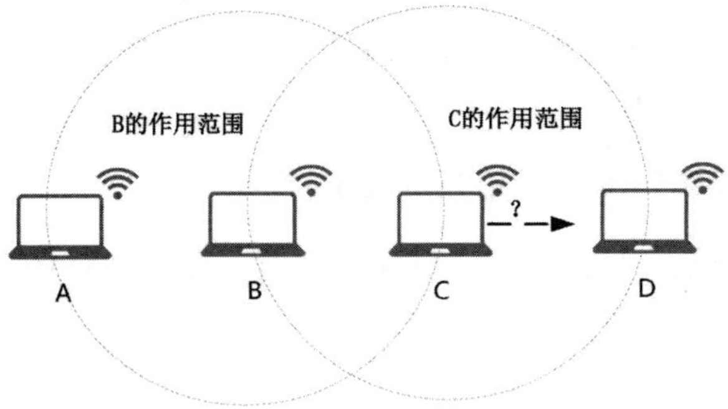

图 8.24　暴露站问题

为解决上述屏蔽站和暴露站问题，IEEE 802.11 标准采用载波侦听多路访问/冲突避免（Carrier Sense Multiple Access with Collision Avoid，CSMA/CA）机制来实现接入控制。顾名思义，Collision Avoid 翻译为“避免碰撞”，这反映出 CSMA/CA 协议设计的核心思路是要尽量地减少碰撞。

IEEE 802.11 标准定义了一种较为特殊的 MAC 层，它通过协调功能（Coordination Function，CF）实现无线信道访问控制。802.11 的 MAC 层具体包括两个子层，如图 8.25 所示。

（1）点协调功能（Point Coordination Function，PCF）。PCF 利用接入点 AP 对移动站接入实行集中控制，AP 通过询问的方式将信道的使用权轮流交给各移动站，从而避免碰撞。这种方式适合用于对时间敏感的通信（如分组语音）。由于 PCF 需要 AP 集中控制，因此不适合用于自组网络（对等网络）。

（2）分布协调功能（Distributed Coordination Function，DCF）。DCF 是 CSMA/CA 协议的基础，无任何控制中心，各移动站通过竞争来获取信道的使用权。

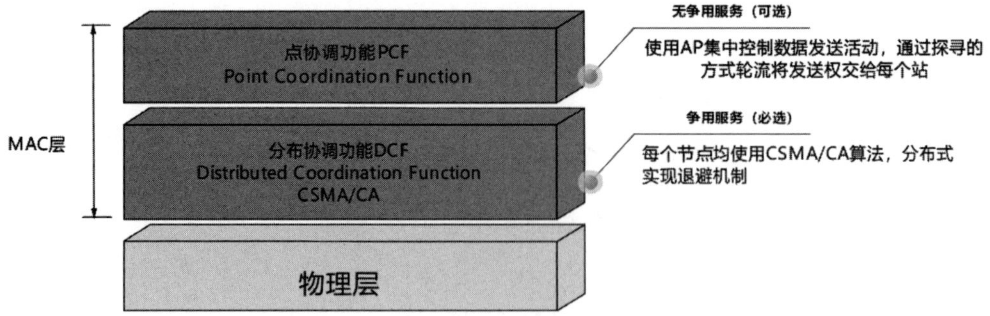

图 8.25　IEEE 802.11 MAC 结构

IEEE 802.11 协议为实现尽可能减少碰撞的目标，采用了特殊的退避机制，下面我们就简单介绍一下 CSMA/CA 是如何实现尽可能减少碰撞这一目标的。

IEEE 802.11 规定在物理层的空中接口进行载波监听，同时还采用了一种虚拟载波监听（Virtual Carrier Sense）机制。该机制在 MAC 帧的第二个字段“持续时间”中标明占用信道的时间，其他站点检测到正在信道中传输的 MAC 帧头部的“持续时间”字段后，就调整自己的网络分配向量（Network Allocation Vector，NAV），NAV 表示大概经过多次时间信道才能空闲。

IEEE 802.11 规定所有移动站发送数据后都必须等待一段时间，这段空闲时间（很短）称为帧间间隔（Inter-Frame Space，IFS），其时间长短取决于移动站发送帧的类型和优先级。引入帧间间隔的目的是让高优先级的帧能优先发送。

帧间间隔 IFS 有两种类型，具体如下：

（1）短帧间间隔（Short InterFrame Space，SIFS）：最短的帧间间隔通常为 28μs，用来分隔一次对话中的各帧。

（2）分布式帧间间隔（Distributed Inter-Frame Space，DIFS）：时间长度一般为 128μs，通常用来发送数据帧和管理帧。

当信道出现空闲时，所有要发送帧的站点都必须等待一个 DIFS，并进入争用窗口，计算退避时间以便接入信道。简单地说，信道空闲时所有欲发送数据的站点都必须先执行退避算法，尽可能减少碰撞概率。

IEEE 802.11 使用改进的二进制指数退避算法，该算法的核心思想是第 i 次退避在 $\{0,1,\ldots,2^{i+2}\}$ 个时隙中随机选择一个，其中变量 i 称为退避变量。

站点选择了争用窗口时隙后，就设置一个退避计时器，站点每经过一个时隙就检测一次信道，若信道空闲，退避计时器就开始倒计时；否则退避计时器就停止工作，直到检测到信道为空闲后，再等待一个 DIFS 并继续剩余时间倒计时。当退避计时器归零时，站点就开始发送数据。下面通过一个例子来具体说明 IEEE 802.11 的退避机制。

【例 8.3】如图 8.26 所示，站点 A 正在发送帧，此时站点 B 和站点 C 也要发送帧，但检测到信道忙，所以执行退避算法，各自随机选择退避时间。随后，站点 C 的退避计时器先归零，它立即将自己的帧发出。在站点 C 发送帧时，站点 B 检测到信道忙，于是冻结自己的退避计时器，等待信道重新空闲再开始倒计时。这时，又有站点 D 要发送帧，它检测到信道忙，同样执行退避算法并设置退避计时器。当站点 C 发送完数据并经过了 DIFS 后，站点 B 和站点 D 的退避计时器开始倒计时剩余时间，站点 B 的退避计时器先归零，于是先开始发送数据，此时站点 D 冻结自己的退避计数器。站点 B 完成数据发送后，经过一个 DIFS，站点 D 的退避计时器开始倒计时，直到退避计时器归零，才开始发送数据。

根据上面的讨论，CSMA/CA 协议的工作原理可归纳如下：

（1）要发送第一帧数据的站点先监听信道，发现信道为空闲时，等待 DIFS 间隔后发送整个第一帧。

（2）否则，执行 CMSA/CA 协议的退避算法。如果检测到信道忙，就停止退避计时器；如果信道空闲，退避计时器开始倒计时。

（3）当退避计时器归零时，发送整个帧（特别要注意，此时信道只是有可能是空闲的，不能保证信道一定是空闲的）。

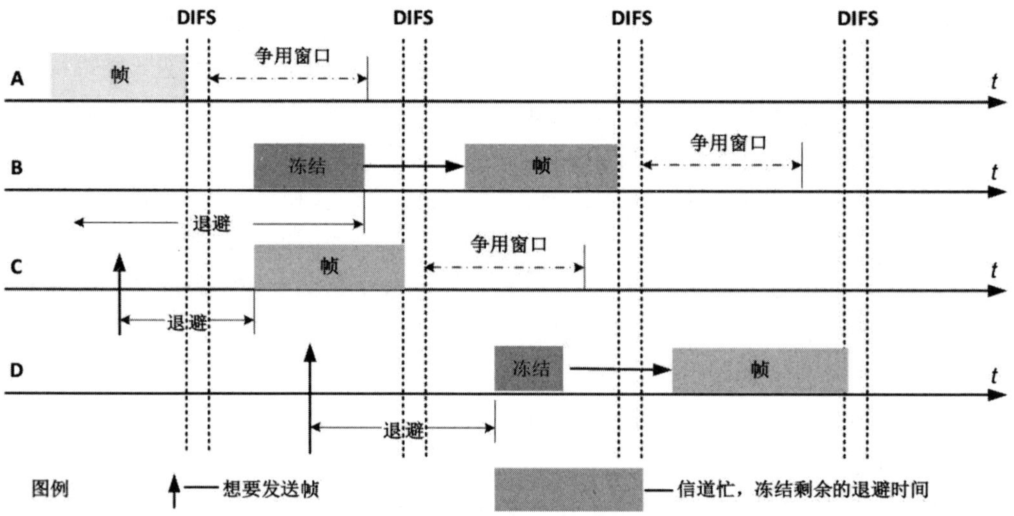

图 8.26　IEEE 802.11 的退避机制

（4）目标站点（接收站点）收到源站点发送的帧后，等待一个 DIFS 向源站点发送 ACK 帧（确认帧），原站点若收到目的站点的 ACK，并且还有帧要发送，则从（2）开始重新执行。如果源站点在预定的时间内（退避计时器设定）没有收到目标站点的 ACK 帧，则重传此帧，直至收到 ACK 帧或超过一定时间。

这里特别要指出是，只有站点检测到信道空闲，且要发送的帧是整个数据的第一个帧时才可以不使用退避算法，否则都必须在发送帧前进行退避算法处理。通常有以下三种情况：

（1）当站点检测到信道忙时，无论是否是第一个帧都必须进行退避算法处理。

（2）站点发送帧后超过规定时间未收到 ACK 确认帧，在重传前必须进行退避算法处理。

（3）每一次成功发送数据帧后也必须进行退避算法才能继续发送帧。

CSMA/CA 工作原理如图 8.27 所示。

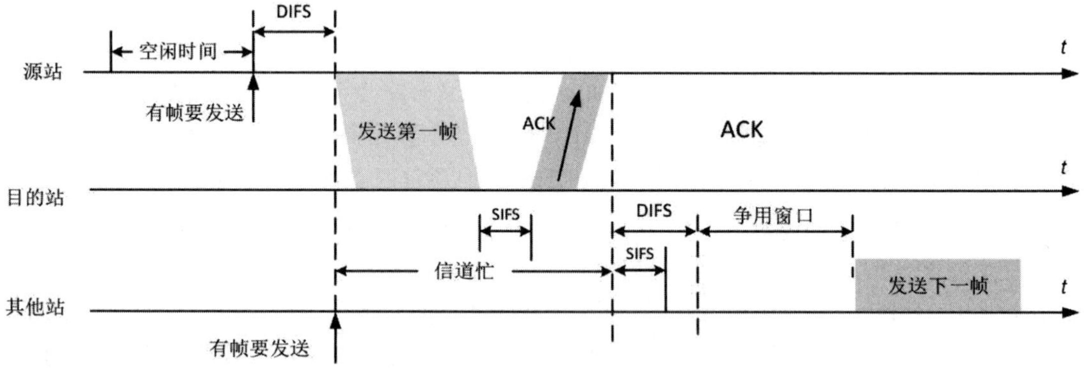

图 8.27　CSMA/CA 工作原理

前面提到了屏蔽站问题，为了更加有效地减小屏蔽站带来的碰撞概率，IEEE 802.11 允许通信站对信道进行“预约”。假设站点 A 要向站点 B 发送数据，利用信道预约减少碰撞的具体做法如下：

（1）站点 A 监听信道，如信道空闲，在等待 DIFS 后，向站点 B 发送一个请求发送（Request

To Send，RTS）短控制帧，RTS 包含源地址、目的地址和通信时间等信息。

（2）站点 B 收到 RTS 帧后，如果信道空闲，则等待 SIFS 后向站点 A 发送一个允许发送（Clear To Send，CTS）控制帧，该帧也包含通信持续的时间。

（3）站点 A 收到 CTS 帧后，再等待一个 SIFS 后向 B 发送数据帧。

（4）站点 B 收到数据帧后（如果正确收到的话），等待 SIFS 后向站点 A 发送确认帧 ACK。

注意，IEEE 802.11 规定站点 A 发送的 RTS 帧中的持续时间是指从 RTS 帧发送完毕到站点 B 发送完 ACK 帧的总时间。站点 B 发送的 CTS 帧中的持续时间是指从 CTS 发送完毕后到站点 B 发送完 ACK 帧的总时间。其他站点通常不会在这个时间间隔发送数据。

RTS/CTS 协议的思想就是通过采用小的数据包碰撞，来避免大的数据包碰撞，其并不能完全避免碰撞的发生，且 RTS/CTS 协议在实际开始传输数据之前会消耗一定的信道资源，造成一定时延。因此，如果数据包太小，则没必要采用 RTS/CTS 协议。

3. 安全机制

IEEE 802.11 网络的安全机制包括认证和加密两大功能，定义了两种认证模式，即开放系统认证和共享密钥认证，其中共享密钥认证是可选的。注意，IEEE 802.11 标准的认证是对无线终端或设备的认证，不对用户进行认证。

开放系统认证是 802.11 的一种默认协议，顾名思义，开放系统认证中的所有认证申请都会被通过，其实质上是一种空认证，无法确定用户的合法性。

共享密钥认证的功能稍微强大一些，其认证过程由站点（Station，STA）发起请求验证，而无线访问点（AP）用 WEP 加密的质询进行响应。如果站点提供的密钥是错误的，则立即拒绝请求。如果站点有正确的 WEP 密码，就可以解密该请求，并允许其接入。因此，连接共享密钥系统时，如果密钥不正确，通常会立即显示“该网络不存在”等提示。由于 WEP 已经不再安全，因此共享密钥认证方式现在已经很少使用，其认证过程（图 8.28）简单叙述如下：

（1）STA 发送一个身份认证请求到 AP。

（2）AP 收到后向 STA 发送一个认证响应，其中包含一个 128 位的随机数 Challenge。

（3）该站点使用 RC4 算法加密消息并送回到 AP。STA 收到以明文方式表示的随机数后，将随机数作为明文并使用 WEP 密钥加密此随机数，以密文和初始向量作为净荷构建认证请求帧并发送给 AP。

（4）AP 将其解密后还原出随机数，并将随机数与保留的随机数进行比较，若相等则认证成功，否则鉴别失败。

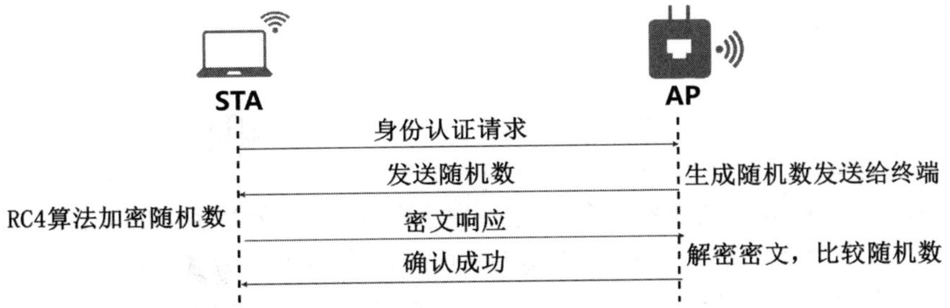

图 8.28　IEEE 802.11 共享密钥认证过程

8.2.5 WLAN 的安全性

无线局域网为网络接入带来便利的同时，也存在安全隐患。传统有线网络存在的安全威胁在无线局域网中也同样存在，如网络攻击与入侵、病毒植入、垃圾邮件等。除此之外，无线局域网还存在其他的安全威胁，例如在地铁、餐厅等公共场所，用户通过 WLAN 接入 Internet 时会担心其他用户获取自己的信息，企业、家庭等用户也可能担心自己的 WLAN 被非法访问，而这些问题在传统的有线网络中是不存在的。

传统的有线网络边界清晰，可以通过内部网络入口添加防火墙来防止外部入侵。然而，无线局域网边界不清晰，无线信号在空气中传播，没有办法像有线网络那样做物理防护，黑客可以利用内网的 AP 来监听无线信号，通过解密攻击 WLAN。如果一个单位（如学校）既有传统有线网，也有无线局域网，那么黑客可以通过无线局域网绕过有线网的防火墙入侵内网，造成危害。

1．主要的攻击方式

针对 WLAN 的攻击分为被动攻击和主动攻击，其中被动攻击包括网络窃听和网络流量分析等方式，主动攻击包括身份假冒攻击、重放攻击、中间人攻击、拒绝服务攻击和劫持服务攻击等方式。

（1）网络窃听和网络流量分析。

1）由于无线信号具有发散性，网络窃听已经成为无线局域网面临的较大问题之一。例如，利用很多商业的或免费的软件，都能够对 IEEE 802.11b 协议进行抓包和解码分析，从而获取应用层传输的数据。有些软件甚至能够直接对有线等效加密（WEP）数据进行分析和破解。

2）网络通信量分析是指入侵者通过分析无线客户端之间的通信模式和特点来获取其所需的信息，为进一步入侵网络创造条件。

（2）身份假冒攻击。WLAN 中的身份假冒攻击可以分假冒无线 AP 和假冒客户端两种。无线终端设备（如笔记本电脑、手机等）接入 AP 时，必须向 AP 出示自身的服务集标识（SSID），只有当无线终端的 SSID 和 AP 内部的 SSID 相同时允许设备接入，否则设备接入请求将被拒绝。攻击者通过非法手段获取用户的 SSID 后即可假冒用户身份接入 WLAN，即使 AP 设置了 MAC 地址过滤，但对于有经验的入侵者来说，仍然可以利用窃听手段获取用户的 MAC 地址，然后篡改自己的 MAC 地址连入 AP，从而绕过 MAC 地址过滤。

如果是假冒无线 AP，那么危害将更大，因为它可以对授权的客户端进行攻击。假冒 AP 的攻击有两种形式：一是入侵者将真实的无线 AP 设备放入 WLAN 环境中，使客户端自动连接到该 AP（装有 Windows 系统的笔记本电脑或部分手机会在用户不知情的情况下主动探测无线信号并连接）；二是采取一些辅助工具，如 HostAP 等专用软件，将入侵者的计算机伪装成 AP，让客户端自动连接到假冒的 AP，然后进行攻击。

（3）重放攻击。重放攻击是指入侵者通过截获授权客户端对 AP 的验证信息，经过一段时间对验证信息进行重放，从而达到非法接入 AP 的目的的攻击方式。

图 8.29 演示了重放攻击的过程。计算机 S 向 AP 发出了验证信息，入侵者 T 截获了验证

信息，在 S 和 AP 完成了一次通信之后，通过自己将计算机 S 的验证信息重新发送给 AP，通过 AP 验证后即可接入 WLAN。

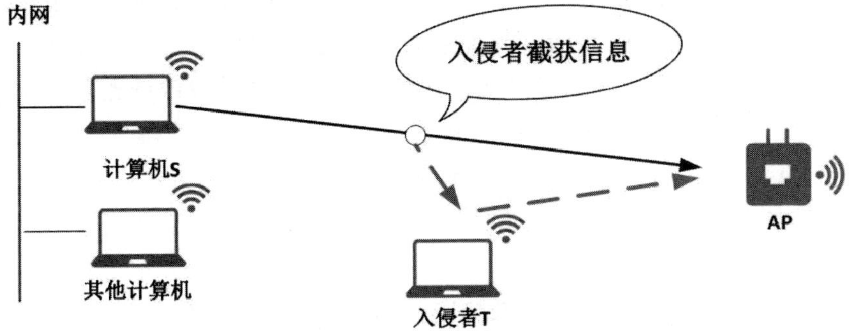

图 8.29　重放攻击过程

（4）中间人攻击。中间人攻击（Man-in-the-Middle Attack，简称“MITM 攻击”）是一种对无线 AP 和授权客户端进行双重欺骗的攻击方式。简单地说，就是当 AP 和授权客户端进行正常通信时，入侵者一方面冒充 AP 和授权客户端通信，另一方面又冒充授权客户端和 AP 通信，充当了授权客户端和 AP 之间通信的“中间人”角色，使得正常访问被重定向，从而实现对信息的非法获取和篡改。中间人攻击的过程如图 8.30 所示。

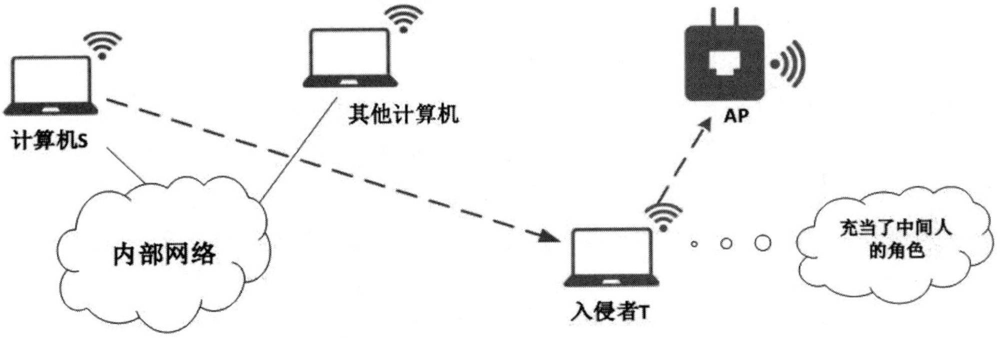

图 8.30　中间人攻击过程

（5）拒绝服务攻击。拒绝服务攻击是利用无线网络在频率、宽带和认证方式上的弱点，对无线网络进行频率干扰、宽带消耗或耗尽安全服务设备资源的攻击方式，其目的就是让目标服务器停止服务。从本质上讲，只要是利用各种手段迫使服务器停止提供服务的攻击都属于这类攻击范畴。这种攻击方式如果与其他入侵方式相结合，则具有强大的破坏性。例如，和“中间人”攻击相结合，通过伪装 AP 发送大量终止连接的命令，就会造成周边所有的无线网络客户端无法接入网络。

（6）劫持服务攻击。劫持服务攻击是一种窃取网络中用户信息的常用方法。攻击者监视网络中的数据传输，当正常客户端与访问接入点（AP）之间建立会话后，它便冒充 AP 向客户端发送一个虚假的数据包，称本会话结束。客户端在接收到此信息后便尝试与 AP 重新建立连接，但此时真正的 AP 却认为上次会话还在进行中，而将本来要发给客户端的数据发给攻击者，而使攻击者从容地获取所有通信信息。

2. 无线局域网的安全机制

从无线网络发展的初期人们就开始研究其安全性，主要从以下 3 个方面展开。

（1）机密性（Confidentiality）：是指无线传输过程中的有效信息不会被非法用户获取，这是无线通信最基本的要求，主要通过各种数据加密的算法实现。

（2）完整性（Integrity）：是指信息在传输的过程中不会被篡改或删除，主要通过数据校验技术实现。例如，用户想浏览网上商城的商品信息，如果数据在传输的过程中被恶意篡改了商品的参数或价格，会给消费者和商家带来麻烦。

（3）真实性（Authenticity）：是指数据来源的可靠性，即保证合法用户的身份不会被非法用户冒充。

下面按照无线局域网安全技术的发展顺序对相关安全技术进行介绍。

（1）MAC 地址过滤和 SSID 匹配。迄今为止，MAC 地址过滤和 SSID 匹配仍然是最基本的无线局域网安全技术。

1）MAC 地址过滤。MAC 地址过滤技术又称为 MAC 认证。每个无线终端都由唯一的物理地址（终端设备的无线网物理地址）标识，因此在 AP 中存储着一组可信的 MAC 地址列表。MAC 地址过滤技术通过检查用户数据包中的源 MAC 地址来确认用户的合法性，只有和 AP 中可信的 MAC 地址匹配的终端才被允许接入 WLAN。

MAC 地址过滤技术属于硬件认证，这种方式要求 AP 随时更新可信 MAC 地址列表，扩展能力差且操作麻烦。同时，这种方式安全性也不可靠，非法用户通过监听等手段很容易截获用户 MAC 并篡改，从而达到接入 AP 的目的。

2）SSID 匹配。SSID 匹配技术提供了一种标志无线局域网边界的方法，它要求处于同一无线局域网范围内的所有无线终端设备具有同样的 SSID，无线终端必须正确配置 SSID，才被允许通过 AP 接入 WLAN。这种方法有利于对用户进行分组，避免漫游带来的安全和性能方面的问题。然而，SSID 匹配技术的缺陷也相当明显。厂商为了安装的方便，默认让 AP 对外广播自己的 SSID，并允许所有设置正确 SSID 的用户接入；终端 SSID 是由用户自己手工设置的，很容易被非法用户获取，这些都降低了 WLAN 的安全性。

（2）WEP。鉴于 MAC 地址过滤和 SSID 匹配技术难以解决 WLAN 的安全性问题，IEEE 在 1997 年推出了第一个真正意义上的无线局域网安全措施，即 WEP 协议，它是 IEEE 802.11 标准的一部分，是可选的链路层安全机制，旨在为无线网络提供认证、数据加密和安全性检验等功能，实现和有线网络等效的数据机密性。

WEP 加密使用 40 位或 104 位的密钥，与 24 位初始化向量（Initial Vector，IV）加在一起形成 64 位或 128 位密钥，WEP 加密数据帧如图 8.31 所示。

1）WEP 的帧加密过程如下：

A．发送方选取加密密钥，提取初始化向量（IV），将 IV 以明文方式传递给接收方。

B．IV 与密钥连接后作为种子（Seed）输入，在伪随机数产生器里，通过 RC4 算法产生密钥。

C．对需要传送的数据明文进行 CRC-32 运算，生成 32 位的完整性校验值（Integrity Check Value，ICV），并将 ICV 添加到帧主体的末尾。

D. 将要发送的明文与 ICV 连接形成待加密明文，然后将待加密明文与密钥序列进行异或运算得到密文。

E. 将 IV 添加到密文前组成待发送的加密数据帧。

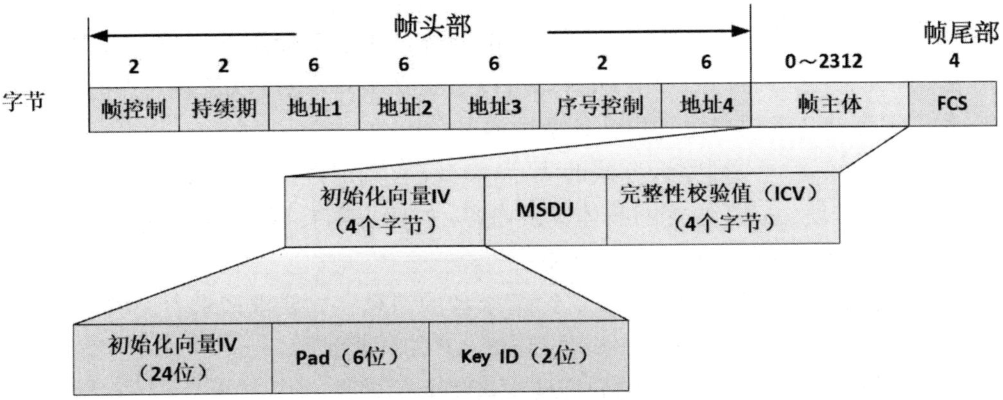

图 8.31 WEP 加密数据帧

2）WEP 数据帧的解密过程正好和加密过程相反，具体如下：

A. 将 IV 和共享密钥（Key）结合生成随机种子（Seed），然后运用 CR4 算法生成密钥流（Key Stream）。

B. 将密钥流和加密数据进行异或运算，得到明文和 ICV。

C. 根据解密后得到的明文再计算一个 ICV，将得出的 ICV 和接收到的数据包中的 ICV 进行比较，判断是否相等，以此实现数据的可靠性传输。

WEP 加密机制也存在缺陷，其缺乏密钥管理机制，完整性校验值（ICV）算法易受攻击，RC4 加密算法存在严重漏洞，攻击者可在短时间内破解，进而获取密钥，从而非法接入 WLAN。鉴于 WEP 在保证数据的机密性、完整性和安全性方面的安全缺陷，其在 2003 年被 Wi-Fi 接入保护（Wi-Fi Protected Access，WPA）淘汰，WPA 又在 2004 年由完整的 IEEE 802.11i 标准（又称为 WPA2）所取代。

（3）IEEE 802.1x 认证机制。IEEE 802.1x 标准是基于端口的网络访问控制协议，旨在实现用户级的网络接入控制（即认证）。IEEE 802.1x 所指的端口可以是物理端口，也可以是逻辑端口，对 WLAN 来说，这些端口实际上就是一条信道。IEEE 802.1x 标准的功能就是确定端口是否可用，如果端口认证成功，就“打开”这个端口，让用户正常访问网络，否则就拒绝用户的访问申请，保持端口的“关闭”状态。注意，IEEE 802.1x 并非专门针对 WLAN 设计，它适用于各种符合 IEEE 802 标准的网络。

IEEE 802.1x 的认证体系结构包括 3 个组件：请求者、认证者和认证服务器。

- 请求者：请求认证的网络设备，通常是支持 IEEE 802.1x 协议的用户终端［同时必须支持基于局域网的扩展认证协议（Extensible Authentication Protocol Over LAN，EAPOL）］。
- 认证者：对请求者身份进行验证的网络设备，它为请求者提供服务端口（可以是物理端口，也可以是逻辑端口），通常是用户的接入设备（如无线 AP）。认证者（即接入设备）通常有两个端口：受控端口和非受控端口。

➢ 受控端口：用于传输用户正常通信的数据帧。

➢ 非受控端口：用于过滤所有的网络数据流，只允许扩展认证协议（Extensible Authentication Protocol，EAP）数据帧进行通过认证。若认证通过，则通知 AP 为用户打开一个受控端口。

- 认证服务器：为认证者提供认证服务的实体，用于存储用户身份相关信息，通常是 RADIUS 服务器。注意，认证服务器可以是独立实体，也可以是接入点的一个组件（接入点需存储几组用户凭证供认证使用）。

可扩展认证协议是一系列验证方式的集合，它没有规定具体的算法，可以支持多种认证机制，允许通信双方使用它们约定的具体算法内容，如信息摘要算法（Message-Digest，MD5）、TLS 等。EPA 有 4 种格式的消息，具体如下：

- EAP-Request：用来承载 AP 发送给请求者的消息（如要求请求者提供 ID）。
- EAP-Response：用来承载请求者发送给 AP 的回复消息。
- EAP-Success：认证者发送的允许请求者接入的消息。
- EAP-Failure：认证者发送的拒绝请求者接入的消息。

IEEE 802.1x 认证机制如图 8.32 所示。IEEE 802.1x 在请求者（STA）和认证者（AP）之间使用 EAPOL 格式封装 EAP 类型数据传送认证信息，而认证者和认证服务器（AS）间则通过将 EAP 帧封装到高层协议（如 RADIUS 协议）来传送数据。当请求者连接到无线接入设备请求认证时，只启用了允许 EAPOL 数据流的非受控端口，认证者在 EAP-EAPOL 报文和 EAP-RADIUS 报文之间切换，充当转发者的角色。

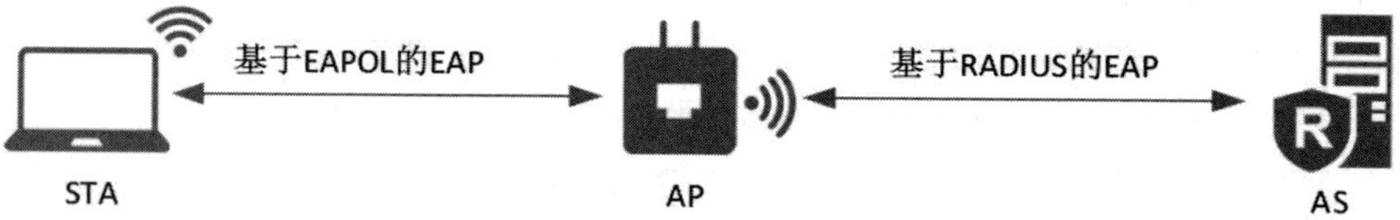

图 8.32 IEEE 802.1x 认证机制

EAPOL 有 5 种类型的消息，具体如下：

- EAPOL-Start：请求者使用此类帧消息启动认证过程。
- EAPOL-Key：请求者和认证者之间用此类型帧传送密钥。
- EAP-Logoff：请求者离开时发送此类帧给认证者，后者将端口设置为“非受控”。
- EAP-Packet：用于封装用户正常网络访问的 EAP 消息的帧。

此处为叙述方便，选用 EPA-MD5 算法来描述 IEEE 802.1x/EAP 的工作过程。

IEEE 802.1x 的认证分为中继认证和终结认证两种方式，我们以中继认证方式为例简单介绍一下 IEEE 802.1x 的认证过程（图 8.33），简述如下：

1）请求者（STA）向认证者（这里以 AP 为例，也可以是其他无线接入设备）发起连接请求（一个 EAPOL-Start 报文）。通常此情景是用户打开 IEEE 802.1x 客户端程序，输入登记的用户名和密码，此时就启动一次认证过程。

2）AP 收到认证请求的数据帧后，将发出一个 EAP-Request/Identity 报文，要求用户将用户名送上来。

3）用户响应 AP 的请求，将用户名信息通过 EAP-Response/Identity 报文发送给 AP。

4）AP 将收到的 EAP-Response/Identity 报文封装到 RADIUS Access-Request 报文中，发送给认证服务器（AS）。

5）认证服务器收到 AP 转发上来的用户名信息后，与数据库中的用户名表进行比对，找到该用户名对应的口令信息，用生成的一个随机数（Challenge）对它进行加密处理，同时也将此 Challenge 传送给 AP，并由 AP 将 RADIUS Access-Challenge 报文（包含 EPA-Request/MD5-Challenge）转发给用户，要求用户认证。

6）客户端收到由 AP 转发的 EPA-Request/MD5-Challenge 报文后，将自己的密码和 EPA-Request/MD5-Challenge 报文中的 Challenge 做 MD5 算法加密，生成 Challenged-password，并通过 EPA-Response/MD5-Challenge 报文发送给 AP。

7）AP 收到 EPA-Response/MD5-Challenge 报文，通过 RADIUS Access-Request/EAP-Response/Identity 报文将 Challenged、Challenged-password 和用户名打包发送到 RADIUS 服务器进行认证。

8）RADIUS 服务器将发送来的加密后的密码信息和其自己经过加密运算（MD5）后的密码信息进行对比，并向 AP 反馈认证通过/失败的消息。如认证成功就通知 AP 发出打开端口的消息，允许用户的业务流通过端口访问网络；否则，反馈认证失败的消息，并保持交换机端口的关闭状态。

9）如果认证成功，用户通过 DHCP 协议从 AP（或其他接入设备）获取 IP 地址，此时接入认证结束。

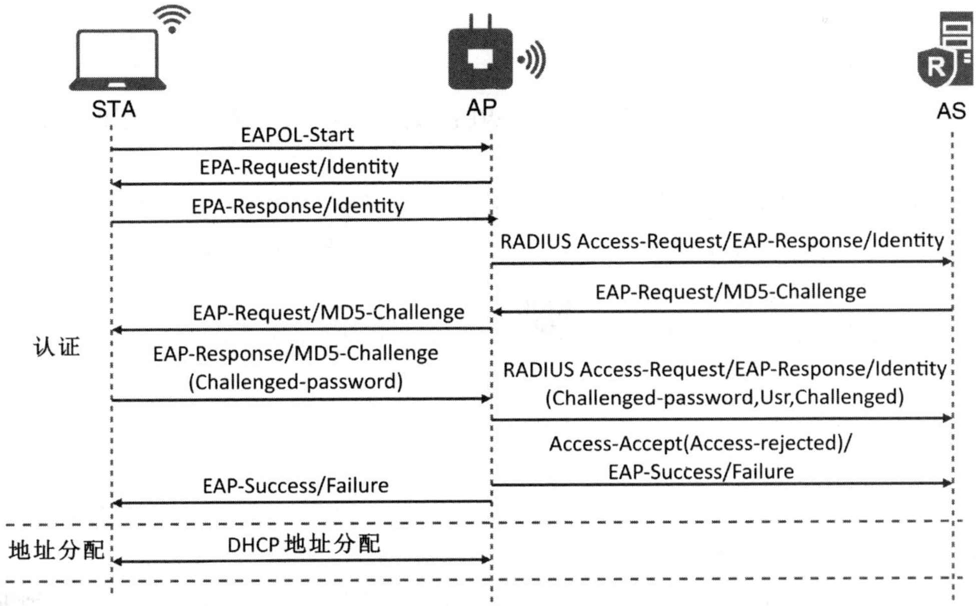

图 8.33 IEEE 802.1x 中继认证过程

IEEE 802.1x 的终结认证方式与 EAP 中继认证方式的认证流程相比，主要不同在于

IEEE 802.1x 的终结认证方式中用来对用户密码信息进行加密处理的 MD5 Challenge 是由接入设备（AP）生成的（而不是由 RADIUS 服务器生成），AP 把用户名、MD5 Challenge 和客户端加密后的密码信息一起送给 RADIUS 服务器，进行相关的认证处理。

（4）WAP/WAP2（IEEE 802.11i）标准。2004 年 6 月，IEEE 标准协会发布了全新的 IEEE 802.11i 无线网络安全标准，也称为 WPA2，该标准定义了一种新型的无线网络，名为健壮安全网络（Robust Security Network，RSN）。IEEE 802.11i 使用 EAP 可扩展认证协议和 IEEE 802.1x 对用户进行强制认证。在数据加密方面，IEEE 802.11i 定义了暂时密钥完整性协议（Temporal Key Integrity Protocol，TKIP）、计数器模式密码块链消息完整码协议（Counter-Mode/CBC-MAC Protocol，CCMP）和无线增强认证协议（Wireless Robust Authenticated Protocol，WRAP）三种加密机制，使加密过程由原来的静态变为动态，让攻击者更加难以破解。注意，RSN 安全机制只在数据链路层工作，并不提供端对端的应用层通信保护，RSN 工作在整个网络的无线部分，在基础结构的 WLAN 中不对有线网络提供保护。

IEEE 802.11i 规定接入 RSN 网的无线设备必须具备一些新的性能，要求支持硬件加密，这些是通过软件升级所不能达到的。为兼容现有的无线产品，Wi-Fi 联盟基于 RSN 的草案，仅仅对 TKIP 进行了细化，这个 RSN 的子集称为 WPA。RSN 除了支持 TKIP，也支持高级加密标准（Advanced Encryption Standard，AES）算法，而 WPA 仅支持 TKIP。

TKIP 协议是为了解决 WEP 协议密钥较短、静态密钥等问题而提出的临时性加密协议，它并不是 IEEE 802.11i 推荐的强制加密协议。TKIP 协议是对 WEP 的安全性的加强，主要是通过软件升级来实现的。这一点很重要，因为 TKIP 协议的设计原则是基于成本、CPU 负荷等现实因素考虑的，具体如下：

- TKIP 协议应通过软件升级实现 WEP 协议的安全性加强。经测算，WEP 设备部分芯片的更换成本高于更换整个设备，因此硬件升级提高安全性成本过高，只能采用软件升级的办法。
- TKIP 协议的 CPU 负荷要尽可能小。WEP 设备 CPU 的负荷很高，所以 TKIP 协议引入的 CPU 负荷要尽可能小。
- TKIP 协议应采用 RC4 算法作为核心加密算法。现有 WEP 设备大多采用 RC4 算法降低负荷，为实现软件升级目标，兼容现有 WEP 设备，TKIP 协议也必须采用 RC4 算法作为核心算法。

基于上面的设计原则，TKIP 协议采用 WEP 机制中的 RC4 算法作为核心加密算法，引入了几种新的安全机制，即扩展的 48 位 IV 和 IV 顺序规则、逐个报文的密钥构建机制（Per-packet Key Construction）、Michael 消息完整性代码（Message Integrity Code，MIC）、密钥重新获取和分发机制，解决了 WEP 中存在的安全漏洞，提高了安全性。另一方面，TKIP 不用修改 WEP 硬件模块，只需修改驱动程序，升级起来也具有很大的便利性。因此，采用 TKIP 代替 WEP 是合理的。

CCMP 基于 AES 加密算法和 CCM（Counter- Mode/CBC-MAC）认证方式，是实现 RSN 的强制性要求。由于 AES 对硬件要求比较高，因此，CCMP 无法通过现有设备的软件升级来实现。

整个 IEEE 802.11i 协议结构如图 8.34 所示。

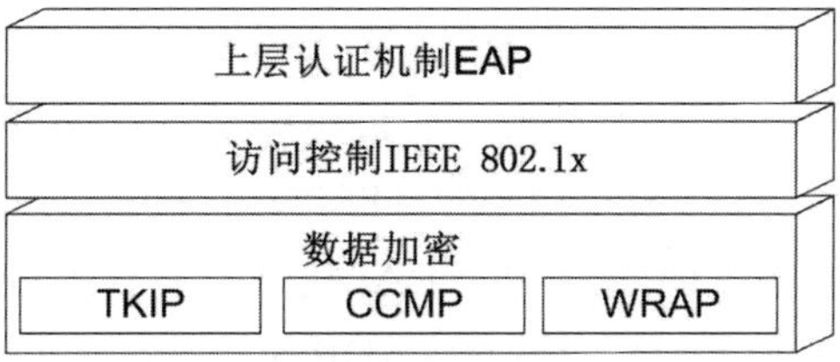

图 8.34 IEEE 802.11i 协议结构

RSN 定义了三种类型的设备：STA（无线终端设备，请求者）、AP（无线网络接入设备，认证者）、AS（认证设备，为 STA 提供认证服务）。

在 IEEE 802.11i 的认证中，使用 IEEE 802.1x 协议为 STA 和 AS 提供双向认证，由发现 AP、IEEE 802.1x 认证、密钥管理和安全数据传输四个阶段来组成 RSN 的安全工作机制，如图 8.35 所示。

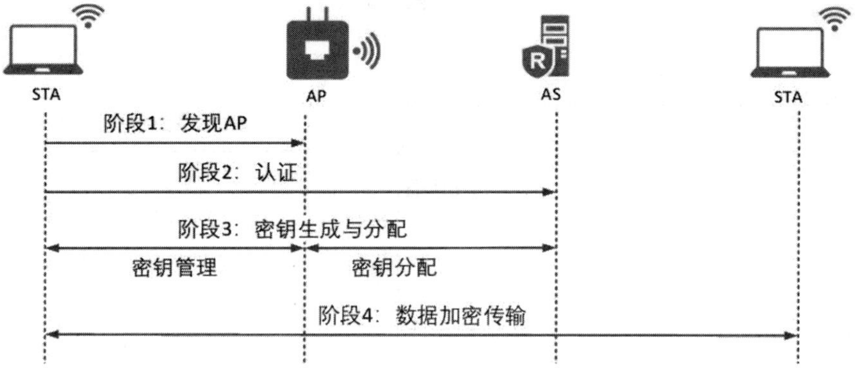

图 8.35 RSN 安全工作机制

1）发现 AP 阶段。有时也将此阶段称为“安全能力通告协商阶段”。在这个阶段，AP 首先向外发布自己对 WPA2 的支持，会对外发送一个包含 AP 的安全配置信息（包括加密算法及认证方法等安全配置信息）的帧。STA 根据接收到的消息进行安全设置，将其封装在向 AP 发送的 Association-Request 报文中（即向 AP 发出 IEEE 802.1x 系统认证请求），随后 AP 发送 Association-Response 报文响应认证结果。具体过程如图 8.36 所示。

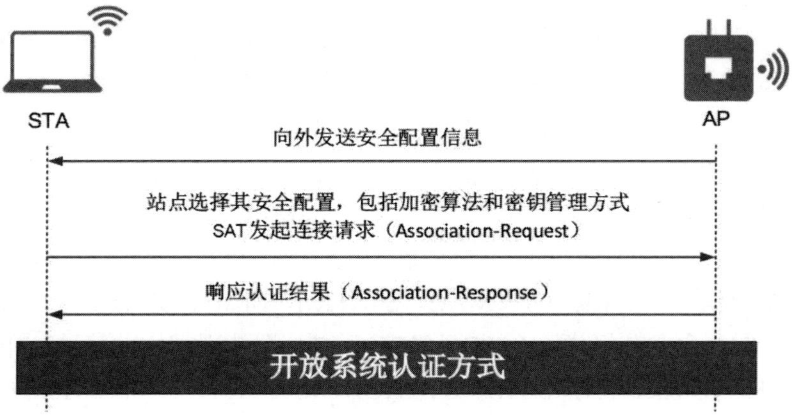

图 8.36 发现 AP 阶段

2）802.1x 认证阶段。该阶段主要进行用户身份认证，并产生双方的成对主密钥（Pairwise Master Key，PMK）。PMK 是所有密钥数据的最终来源，可由 STA 和认证服务器动态协商而成，或由配置的预共享密钥（Pre-Shared Key，PSK）直接提供。

STA 与 AP 建立关联之后，如果网络中有 RADIUS 服务器作为认证服务器，那么 STA 就使用 IEEE 802.1x 方式进行认证；如果网络中没有 RADIUS，STA 与 AP 就会采用预共享密钥的方式。

根据 IEEE 802.11i 协议框架，STA 首先向 AP 发送 EAP 认证请求，AP 通过 RADIUS 消息验证用户合法性。用户通过 IEEE 802.1x 身份认证后，认证服务器会发送给 AP 一个会话密钥（Session Key）并让其转发给 STA，作为用户和 AP 的 PMK（对于采用预共享密钥产生 PMK 的方式来说，PSK 即 PMK）。安全接入认证阶段过程如图 8.37 所示。

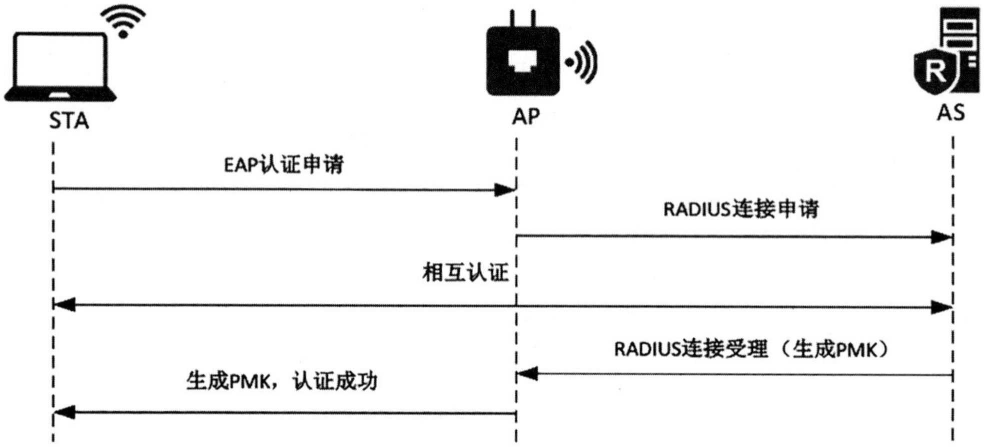

图 8.37　IEEE 802.11i 认证过程

3）密钥管理阶段。该阶段主要是进行通信密钥协商，生成成对传输密钥（Pairwise Transient Key，PTK）和组临时密钥（Group Temporal Key，GTK），分别用来加密单播和组播报文。经过 IEEE 802.1x 认证后，用户和 AP 获得了相同的 PMK 作为通信密钥，通过四次握手和组密钥握手等过程，重新生成一系列密钥，分别安装在 STA 和 AP 上，为数据通信的安全性提供保护。

AP 与 STA 通过 EAPOL-Key 四次握手过程确认对方是否持有与自己一致的 PMK，如不一致，四次握手过程就宣告失败。四次握手过程如图 8.38 所示，具体描述如下。

AP 使用自身的 SSID 等作为参数，使用哈希算法生成 PMK，然后以广播的方式发送 SSID、AP_MAC。

STA 接收到的 SSID、AP_MAC，使用同样算法产生 PMK。接着 STA 发送一个消息［包含一个随机数 SNonce 和 STATION_MAC（含 STA 的 MAC 地址）］给 AP。

AP 端接收到 SNonce、STATION_MAC 后产生一个随机数 ANonce，并发送给 STA；同时通过 SHA1_PRF 算法，用 PMK、AP_MAC、STATION_MAC、SNonce、ANonce 产生 PTK，提取这个 PTK 前 16 个字节组成一个 MIC KEY。STA 端使用同样的算法，用接收到 ANonce 和之前产生 PMK、SNonce、AP_MAC、STATION_MAC（SA）产生 PTK，提取这个 PTK 前 16 个字节组成一个 MIC。

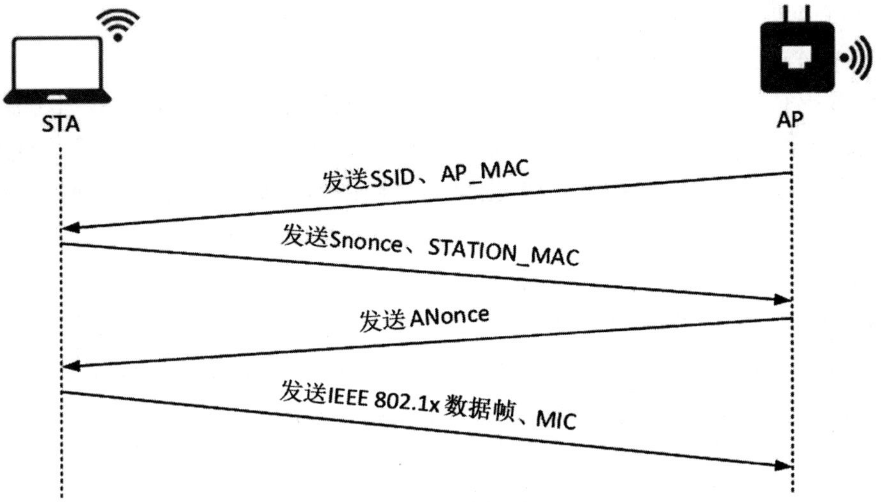

图 8.38　四次握手

STA 发送 IEEE 802.1X 数据帧和 MIC 给 AP。如果发送给 AP 的 MIC 和 AP 产生的 MIC 相等，则握手成功，否则握手失败。

AP 与 STA 经过协商计算出一个 512 位的 PTK，并将该 PTK 分解成为五种不同用途的密钥，如图 8.39 所示。AP 与 STA 之间使用的密钥也称为“每用户密钥”。

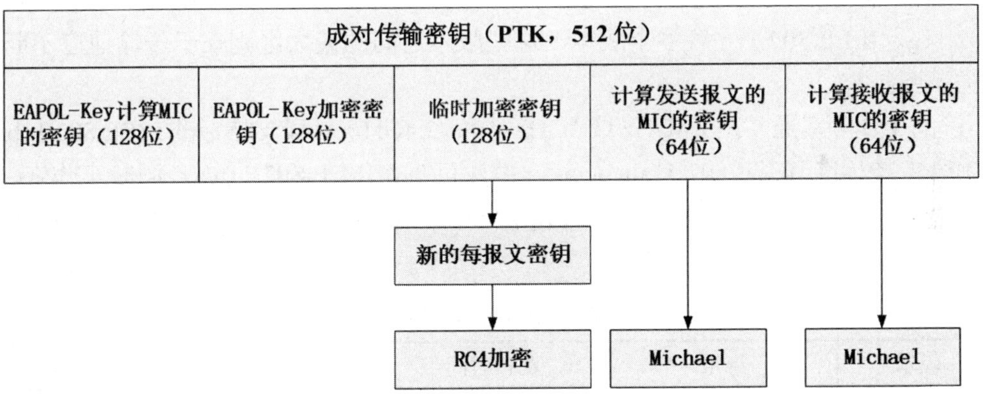

图 8.39　PTK 结构

在确认双方所持的 PMK 一致后，AP 通知 STA 安装并使用 PTK，STA 在向 AP 发送一个 EAPOL-Key 相应报文后，把相应的密钥安装到无线网卡中。

特别需要注意的是，为了使现有的设备能够通过软件/固件升级实现 WPA2，协议规定 AP 可以不采用 PTK 方式，而是利用 GTK 作为 AP 向 STA 发送单播报文时的密钥。四次握手成功后，AP 要生成一个 256 位的 GTK，GTK 是一组全局加密密钥，所有与该 AP 建立关联的 STA 均使用相同的 GTK。AP 用这个 GTK 来加密所有与它建立关联的 STA 的通信报文，STA 则使用这个 GTK 来解密由 AP 发送的报文并检验其 MIC。AP 使用 EAPOL-Key 加密密钥将 GTK 加密并发送给 STA，并指明是否允许 STA 将该 GTK 用作发送报文。STA 成功接收到该报文，将 GTK 解密后，向 AP 发送应答报文，并根据 AP 所指示的 Key Index 将其安装在无线网卡的相应位置。如果 AP 使用 GTK 作为向某一 STA 单播传输的密钥，则该 STA 也需要使用 GTK 作为向 AP 发送单播报文的密钥。

4）安全数据传输阶段。该阶段主要是 STA 和 AP 之间数据的传输，数据传输过程主要通过 TKIP、CCMP 和 WRAP 来保证数据的加密性和完整性。需要特别指出的是，TKIP 或 CCMP 加密算法并不直接使用由 PTK/GTK 分解出来的密钥作为加密报文的密钥，而是将该密钥作为基础密钥（Base Key），经过两个阶段的密钥混合过程生成一个新密钥。每一次报文传输都会生成不一样的密钥。

IEEE 802.11i 使用消息完整性代码（MIC）来避免传送的数据帧被入侵者篡改。简单来说，在该数据完整性机制中，发送端和接收端都会通过一定规则对 MIC 进行计算和比较，如果计算结果不相等，则接收端会认为数据帧被篡改过，直接丢弃，并要求发送端重传，这极大地降低了数据帧被篡改的风险。

8.2.6　2.4GWi-Fi 和 5GWi-Fi 比较

Wi-Fi（Wireless Fidelity）又称为“行动热点”，是基于 IEEE 802.11 标准的无线局域网技术，是一种短距离无线通信技术标准。Wi-Fi 是当前使用最广泛的一种无线传输技术，几乎所有的智能手机、智能电子产品、笔记本电脑等移动网络设备都支持 Wi-Fi 功能。只要将传统的路由器换成无线路由器，通过简单设置即可实现 Wi-Fi 无线网络共享。从 1999 年开始，IEEE 对 IEEE 802.11x 技术标准进行了多次升级，先后出现了 IEEE 802.11a、IEEE 802.11b、IEEE 802.11g、IEEE 802.11n 等多个版本，这些版本之间的最大区别在于传输速度不断提升、信号覆盖不断扩容。

Wi-Fi 的工作频率通常是 2.4GHz 或 5GHz 频段，2.4GHz 频段支持标准 IEEE 802.11b/g/n/ax，5GHz 频段支持标准 IEEE 802.11a/n/ac/ax。由此可见，IEEE 802.11n/ax 同时工作在 2.4GHz 和 5GHz 频段，所以这两个标准是兼容双频工作的。表 8.4 列出了各种版本的 Wi-Fi 支持的标准、发布时间最高速率和工作频段。

表 8.4　各版本 Wi-Fi 对比

Wi-Fi 版本	标准	发布时间	最高速率	工作频段
Wi-Fi 0	IEEE 802.11	1997 年	2Mb/s	2.4GHz
Wi-Fi 1	IEEE 802.11a	1999 年	54Mb/s	5GHz
Wi-Fi 2	IEEE 802.11b	1999 年	11Mb/s	2.4GHz
Wi-Fi 3	IEEE 802.11g	2003 年	54Mb/s	2.4GHz
Wi-Fi 4	IEEE 802.11n	2009 年	600Mb/s	2.4GHz 或 5GHz
Wi-Fi 5	IEEE 802.11ac	2014 年	1Gb/s	5GHz
Wi-Fi 6	IEEE 802.11ax	2019 年	11Gb/s	2.4GHz 或 5GHz

我们经常听到 2.4GWi-Fi 和 5GWi-Fi 的说法，其中 2.4GWi-Fi 是指基于 IEEE 802.11b 开发的无线技术标准，因为 IEEE 802.11b 是基于 2.4GHz 的频段的 IEEE 802.11 系列标准的产品。5GWi-Fi 则是指基于 IEEE 802.11ac 标准开发的无线技术，因为 IEEE 802.11ac 技术本身工作

在 5GHz 频段，因而又称 5GWi-Fi。要特别指出的是，不是工作在 5GHz 频段的 Wi-Fi 都称为 5GWi-Fi，只有采用 IEEE 802.11ac 协议的 Wi-Fi 才是 5GWi-Fi。

2.4GWi-Fi 信号较 5GWi-Fi 好，根据电磁波的物理特性，波长越长，衰减越少，2.4GWi-Fi 的频率低波较长，所以信号穿过障碍物时衰减相对较少，进而能传播的距离更远。然而，2.4GWi-Fi 信号频宽较窄，由于家电、无线设备大多使用 2.4GHz 频段，无线环境更加拥挤，干扰较大。

5GWi-Fi 信号频宽较宽，无线环境比较干净，干扰少，网速稳定，且 5GWi-Fi 可以支持更高的无线速率。然而，5GWi-Fi 信号频率较高，在空气或障碍物中传播时衰减较大，覆盖距离一般比 2.4GWi-Fi 信号小。

2.4GWi-Fi 和 5GWi-Fi 的对比见表 8.5。

表 8.5 2.4GWi-Fi 和 5GWi-Fi 对比

对比指标	2.4GWi-Fi	5GWi-Fi
工作频率	2.4GHz	5GHz
标准	IEEE 802.11、802.11a/b/g/n	IEEE 802.11ac
传输速率	通常为 54Mb/s，最高能达到 600Mb/s	入门级速率为 433Mb/s，部分高性能的 5GWi-Fi 速率可达 1Gb/s
传播距离	频率低，传播遇到障碍物时衰减比较小，可以传播到更远的距离	频率高，信号传播时衰减比较大，穿墙能力远小于 2.4GWi-Fi，传播距离相对较近
干扰性	信号频宽较窄，无线环境比较拥挤，干扰大	信号频宽较宽，无线环境更干净，干扰较少

综合考虑 2.4GWi-Fi 和 5GWi-Fi 的优缺点，这两者几乎是互补的，2.4GWi-Fi 的信号好但带宽较 5GWi-Fi 的小。所以建议在选择无线路由器时，尽量选择双频的无线路由器，这样就能同时兼顾 2.4GWi-Fi 和 5GWi-Fi 的优缺点了。

8.3 项目实施

恭喜大家完成了本项目理论知识部分的学习，接下来完成一个任务，组建一个家庭无线局域网（即家庭 Wi-Fi），巩固一下所学的知识。

任务 组建一个安全的无线局域网

组建一个安全的无线局域网

市面上供家庭、办公室使用的小型 Wi-Fi 产品很多，下面以中兴通讯（ZTE）的 ZXHN E1600 智能无线路由器为例，对其进行配置。通常情况下，无线局域网的配置可以通过以下几个步骤完成：

步骤 1：进入设备配置页面。

（1）通常在新购置的无线路由器背面都会有一个产品型号及初始化配置信息的标签，如图 8.40 所示。

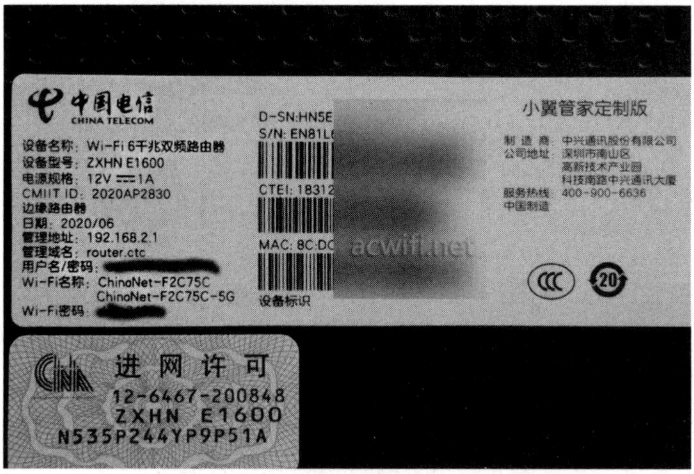

图 8.40　无线路由器产品型号及初始化配置信息

从该产品标签可以了解到，设备提供了一个默认配置，包括管理地址、管理域名、用户名/密码、Wi-Fi 名称和密码等信息，通过这些信息我们可以进入无线路由器的管理页面进行网络配置。

（2）打开浏览器，在地址栏中输入无线路由器的管理地址 192.168.2.1，打开无线路由器登录页面，如图 8.41 所示。

图 8.41　无线路由器登录页面

（3）输入用户名和密码，进入配置页面，如图 8.42 所示。

图 8.42　无线路由器配置页面

步骤 2：根据任务要求，在 Wi-Fi 配置页面中配置一个安全的无线网络。

（1）在无线路由器配置页面中单击“进入专家模式”按钮，选择“网络配置”→“上网设置”选项，在“上网方式”的下拉菜单中选择“自动 IP（DHCP）”选项，使我们可以自动获取 IP 地址，如图 8.43 所示。

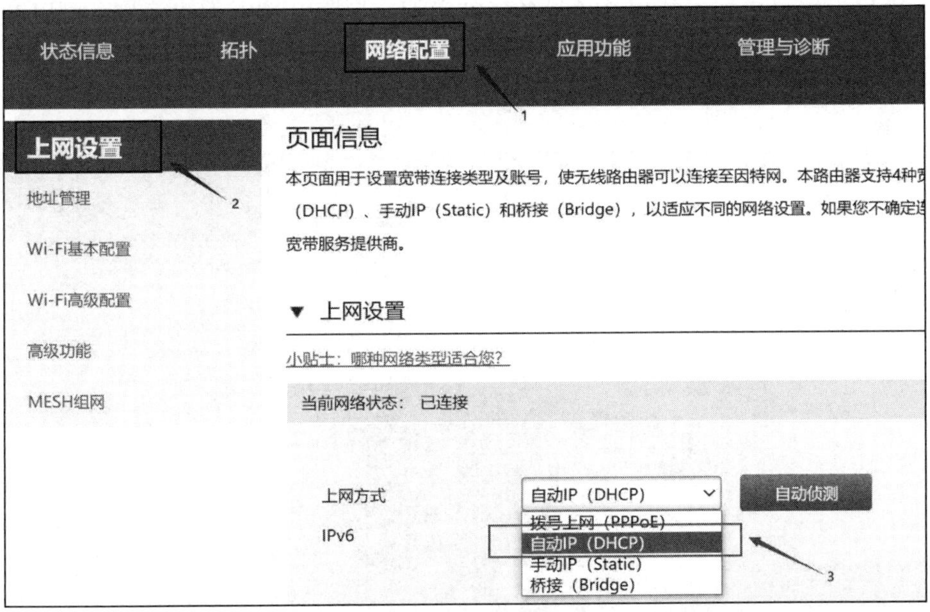

图 8.43　设置上网方式

（2）选择“网络配置”→“Wi-Fi 基本设置”选项，设置 Wi-Fi 的名称和密码，如图 8.44 所示。

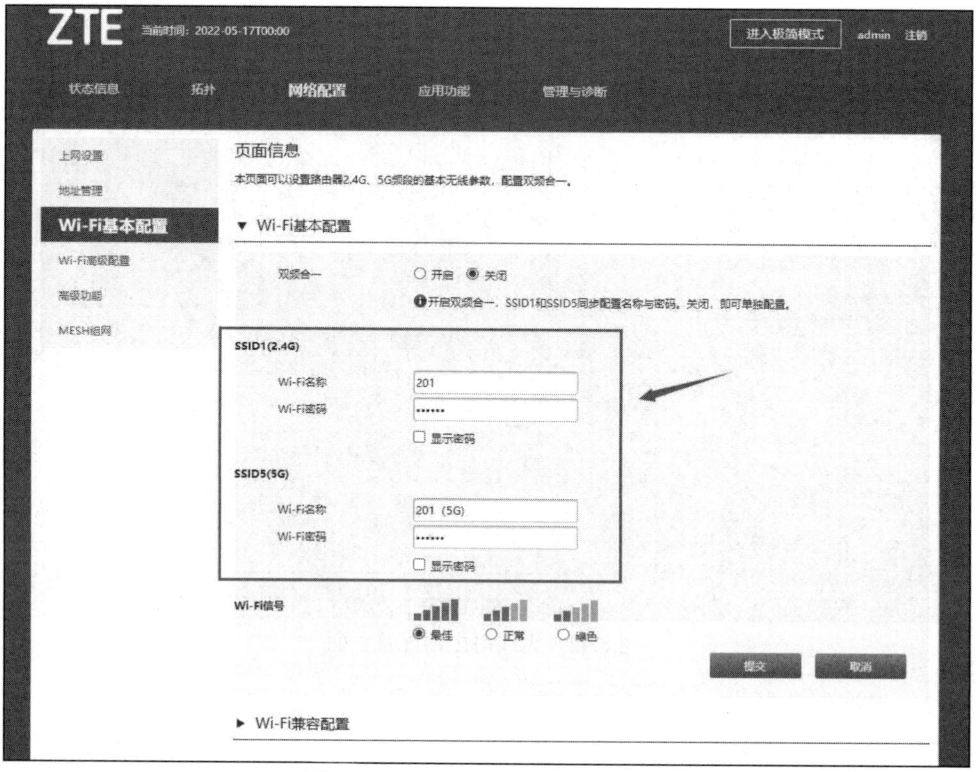

图 8.44　设置 Wi-Fi 的名称和密码

步骤 3：接入无线网络。

（1）重启无线路由器，使用移动设备（如笔记本电脑）搜索无线信号，可以看到刚刚设置的网络连接“201”和“201（5G）”（图 8.45），用户选择其中一个输入密码即可接入无线网络。此时，不知道密码的外来人员将无法接入无线网络，这极大地提高了无线网络的安全性。

图 8.45　新设置的无线信号

（2）在键盘使用组合键“Win+R”打开“运行”对话框，使用 ipconfig 命令查看本机的 IP 地址信息，结果如图 8.46 所示（ipconfig 命令将在后文进行详细介绍）。

```
无线局域网适配器 WLAN:

   连接特定的 DNS 后缀 . . . . . . . :
   本地链接 IPv6 地址. . . . . . . . : fe80::e500:f116:68fe:a331%15
   IPv4 地址 . . . . . . . . . . . . : 192.168.2.71
   子网掩码  . . . . . . . . . . . . : 255.255.255.0
   默认网关. . . . . . . . . . . . . : 192.168.2.1
```

图 8.46 查看本机 IP 配置

从结果看，本机成功连接到了无线网络，获取的 IP 地址为 192.168.2.71。

（3）执行 ping 192.168.2.1 命令，测试与无线路由器的连接情况，如图 8.47 所示。

```
C:\Users\admin>ping 192.168.2.1

正在 Ping 192.168.2.1 具有 32 字节的数据:
来自 192.168.2.1 的回复: 字节=32 时间=2ms TTL=64
来自 192.168.2.1 的回复: 字节=32 时间=1ms TTL=64
来自 192.168.2.1 的回复: 字节=32 时间=2ms TTL=64
来自 192.168.2.1 的回复: 字节=32 时间=2ms TTL=64

192.168.2.1 的 Ping 统计信息:
    数据包: 已发送 = 4，已接收 = 4，丢失 = 0 (0% 丢失)，
往返行程的估计时间(以毫秒为单位):
    最短 = 1ms，最长 = 2ms，平均 = 1ms
```

图 8.47 执行 ping 192.168.2.1 命令

从结果上看，本机发送了 4 个测试包，无线路由器均正常收到。

8.4 习题

一、选择题

1．在设计点对点 WLAN（Ad-Hoc）模式的小型局域网时，应选用的无线局域网设备是（　　）。

A．无线网卡　　B．无线接入点

C．无线网桥　　D．无线路由器

2．一个学生在寝室里使用无线网连接室友的笔记本电脑，这是（　　）无线网络。

A．Ad-Hoc 模式　　B．基础结构模式

C．固定基站模式　　D．漫游模式

3．当一名工作人员在他的办公室将一台台式计算机连接到一个 WLAN 的 BSS 时，使用的是（　　）无线网络。

A．Ad-Hoc 模式　　B．基础结构模式

C．固定基站模式　　D．漫游模式

4．关于 IEEE 802.1x 和 RADIUS 两种技术的关系，下列选项描述正确的是（　　）。

A．IEEE 802.1x 和 RADIUS 是同一种技术的不同名称

B．IEEE 802.1x 是一个技术体系，它包含了 RADIUS 技术

C．RADIUS 是一个技术体系，它包含了 IEEE 802.1x 技术

D．IEEE 802.lx 和 RADIUS 是不同的技术，但经常一起配合使用，共同完成对终端用户的接入控制

5．对于 IEEE 802.1x 模型，下列说法错误的是（　　）。

A．受控端口传输认证信息　　B．受控端口传输用户数据

C．非受控端口传输认证信息　　D．非受控端口传输用户数据

二、填空题

1．无线网络按照覆盖范围进行分类可分为__________、__________、__________、__________。

2．IEEE 802.11 规定了多种 WLAN 的通信标准，其中__________与其他标准采用的频段不同，因而不能兼容。

3．IEEE 802.11MAC 子层定义的竞争性访问控制协议是__________，该协议实现接入控制。

4．IEEE 802.11b 协议射频技术使用__________，工作频率为__________，最大传输速率为__________。

5．为了弥补 WEP 协议的安全缺陷，WPA 安全认证方案增加的机制是__________。

三、简答题

1．简述无线网络按覆盖范围的分类及各类型无线网络的特点。

2．无线局域网 WLAN 的 MAC 协议有哪些特点？为何要在 WLAN 中使用 CSMA/CA 协议？简述其工作原理。

3．比较 IEEE 802.3 和 IEEE 802.11 局域网，找出它们之间的主要区别。

4．Wi-Fi 与无线局域网 WLAN 是否为同义词？请说明理由。

5．简述 2.4GWi-Fi 和 5GWi-Fi 的区别以及如何选择路由设备。

拓展阅读

华为领跑 5G 时代[1]

目前，在世界 5G 科技领域中，华为是 5G 技术最先进的制造商，无论是 5G 芯片还是 5G 专利，华为都领先于高通等公司。更难得的是，目前为止华为是全球唯一的 5G 端到端服务提

[1] 创科记．超过 2800 亿，华为 5G 依然稳居第一，打的谁的脸？https://page.om.qq.com/page/OSDn_6oDsJxxp69arxpedkSQ0。

供商。因此，许多国家和地区运营商都选择与华为合作建设 5G 网络。华为已成为全球最大的 5G 技术设备供应商，合同数量居世界第一。

华为的快速崛起引来了一些别有用心的国家的打压，面对打压，华为没有一蹶不振，反而联合中国众多企业发奋图强，希望在自己研发道路中有所突破。经过两年多发展，华为拿出了亮眼的成绩，2021 年，华为 5G 业务收入超过 2800 亿元。此外，全球 5G 基站数量约为 220 万座，华为贡献的供货量超过 120 万。已经超过了 50%。

这样的结果主要是因为以下两点：

第一，华为作为 5G 技术的领导者，即使没有美国的技术和组件，仍然可以只用自主技术制造 5G 模块产品并将其推向全球市场。

第二，华为每年在研发上的投入超过 1200 亿元人民币，使华为实现了一批设备的国产化，或通过投资国内厂商加速了技术上的突破，可以说华为在 5G 设备上已经完全脱离了美国技术。

正如习近平总书记在庆祝中国共产党成立 100 周年大会上发出的号召：“新时代的中国青年要以实现中华民族伟大复兴为己任，增强做中国人的志气、骨气、底气，不负时代，不负韶华，不负党和人民的殷切期望！”

华为在 5G 领域的成就让我们倍感自豪，同时，也让我们清醒地认识到“自主创新、自力更生”对国家、对企业都非常重要，关键的核心技术一定要原创，必须掌握在自己手中，只有这样才不会受制于人。

项目 9　Internet　接　入

项目导读

广域网（Wide Area Network，WAN）有时又称为远程网，是指将分布在全国甚至全球范围内的各种局域网、计算机、终端等互联在一起的计算机通信网络。

区分局域网和广域网的关键是网络的规模。广域网能按需要连接地理位置距离较远的许多节点，每个节点内有许多计算机。例如，广域网应能连接一个大公司散布于数千平方千米内几十个不同地点的所有计算机。另外，还必须使大规模网络的性能达到相当的水平，否则也不能称为广域网。也就是说，广域网不仅仅是连接许多计算机，它还必须有良好的性能，使得大量计算机之间能同时通信。

目前，常见的广域网有公用电话网、公用分组交换网、公用数字数据网等。

项目要点

- Internet 接入技术简介
- 广域网路由
- 家用路由器实现 Internet 接入

9.1　基础知识链接

ARPANET 的出现标志着以资源共享为目的的计算机网络诞生。在发展初期，网络一般是为某一机构组建的专用网。专用网的优点是针对性强、保密性好；缺点是资源重复配置，造成资源的浪费，系统封闭，使系统之外的用户很难进入。随着计算机应用的不断深入发展，一些小规模的机构甚至个人也有了联网需求，这就促进了通信公用数据网的诞生。

广域网由节点以及连接这些节点的链路组成，链路就是传输线，也可称为线路、信道或干线等，用于在计算机之间传送比特流；节点也可称为交换机、分组交换节点或路由器。节点执行分组存储转发的功能，节点之间是点到点连接的。广域网基于报文交换或分组交换技术，当信息数据沿输入线到达路由器后，路由器经过路径选择，找出适当的输出线并将信息数据转发出去。

广域网和局域网有较大的区别和联系。从范围上看，广域网比局域网的覆盖范围要大得多。从组成上看，广域网通常是由一些节点交换机以及连接这些交换机的链路组成，为了提高网络的可靠性，通常一个节点交换机与多个节点交换机相连；而局域网通常采用多点接入、共享传输媒体的方法。从层次上看，广域网使用的协议在网络层，主要考虑路由选择问题；而局域网使用的协议主要在数据链路层以及物理层。从应用上看，广域网强调的是数据传输，侧重于网络能够提供什么样的数据传输业务以及用户如何接入网络等；而局域网则侧重于资源共享，更多关注如何根据应用需求进行规划、建立和应用。

9.1.1 X.25 网

1. X.25 网简介

X.25 网是采用 X.25 协议标准建立的网络。X.25 协议标准是在 1976 年建立的，它是联网技术的标准和一组通信协议，也就是说，它只是一个针对公共分组交换网（Packet Switched Network，PSN）接口的规范，并不涉及网络内部的功能实现，因此 X.25 网中该网络与网络外部数据终端设备（DTE）的接口遵循 X.25 的标准。X.25 协议标准开创了分组交换技术的先河，建立 X.25 协议标准的目的是使用标准的电话线建立分组交换网。

2. X.25 体系结构

X.25 的出现早于 OSI 参考模型，所以没有被精确地定义成与 7 层模型相同的术语。X.25 协议通常被描述成如下结构，近似对应于 OSI 互连参考模型的底 3 层，其对应关系如图 9.1 所示。

图 9.1　X.25 协议分层模型

在 X.25 中将物理层称为 X.21 接口，该接口规定了数据终端设备和 X.25 网络之间的电气和物理接口。X.25 的链路访问层描述了 X.25 支持的数据类型和帧结构，同样也描述了建立虚电路的链路访问，在平衡异步会话中的流量控制与传送结束后电路拆除等过程。在分组层，X.25 建立了一个贯穿分组交换网络的可靠虚拟连接，使得 X.25 能够提供点对点的数据分组投递，而不是无连接的或多点之间的数据分组传输。

3. X.25 服务

X.25 服务接收从终端用户发来的数据包，并将数据包经过计算机网络传输后，送到指定的终端用户。在 X.25 中，有许多差错检查功能，用以保证数据的完整性。这是因为 X.25 是利用电话线进行数据传输的，但电话线传输不能保证可靠性。

4. X.25 的性能

在 X.25 的发展初期，其网络传输设施基本借用了模拟电话线路，这种线路非常容易受噪声的干扰，从而引起误码。为了确保无差错的传输，X.25 在每个节点上都要做大量的处理，这样就导致较长的时延，并且除了数据链路层，分组层协议为确保分组在各个逻辑信道上按正确顺序传送，也需要有一些处理开销。在一个典型的 X.25 网络中，分组在传输过程中在每个节点大约有 30 次的差错检测或其他处理步骤，有效吞吐量远远低于构成网络的物理链路的额定容量。

现今越来越多的数字网络使用光纤介质，可靠性大大提高。由于带宽足够大，发生拥塞的可能性很小，不再需要流量控制，而且错误恢复可由必须处理错误恢复的高层处理。因此，X.25 的某些差错控制过程就可以被简化。帧中继技术正是基于这一思想发展起来的。

9.1.2 ISDN 网

1. ISDN 的定义

综合业务数字网（Integrated Services Digital Network，ISDN）基本上是对电话系统重新设计后建立的，ISDN 不遵照 OSI，而是遵照 CCITT 和各国的标准化组织开发的一组标准，该标准决定了用户设备到全局网络的连接，使之能方便地用数据形式处理声音、数字和图像的通信。1984 年 10 月，CCITT 推荐的 CCITT ISDN 标准中给出了 ISDN 的定义：ISDN 是由综合数据电话网发展起来的一个网络，它提供端到端的数据连接以支持广泛的服务（包括声音和非声音），用户的访问是通过少量多用途的用户网络接口标准实现的。

由 CCITT 的定义看出，ISDN 提供多种业务、开放式的标准接口和端到端的数字连接。

2. ISDN 的特点

ISDN 首先对音频服务做了改进，使信息能与语音进行同步传输。例如，当电话接通时，可在显示屏上显示拨号人的电话号码、姓名、地址等信息。ISDN 中另一个通信业务是交互式服务，这种服务使一些日常的服务部门工作能被方便快速地完成，如预定票、预定旅馆、银行转账等工作。

ISDN 的特点主要表现在以下几个方面：

（1）综合性。ISDN 能通过一对用户线提供电话、数据、传真、图像、可视电话等多种服务。既可以向用户提供可以交换的实时连接业务，也可以提供用于专线的永久连接业务。在可交换业务中，ISDN 既可以提供电路交换业务，也可以提供分组交换业务。

（2）经济性。ISDN 能够在一对用户线上最多连接 8 个终端，并且可以使 3 个以上的终端同时通信。对于基本连接情况下的 ISDN 用户-网络接口，用户可以有两个 64kb/s 的信息通道和一个 16kb/s 的信息通道。所以说无论是从网络运营的角度还是从用户的角度来看，使用 ISDN 都会降低费用。

（3）支持多种应用。因为 ISDN 可以为用户提供端到端的透明连接，用户可以根据自己的应用需要传递各种信息。目前，ISDN 的用户主要是中小企业和公司，同时也正向住宅用户发展，如一些需要在家办公的人员。

3. ISDN 的实现

ISDN 为用户提供了一种连接电信用户和远程支持到企业局域网或 Internet 的高效、经济的方案，同时还提供了如拨号备份（Dial Backup）和装载平衡（Load Balancing）等冗余选项。虽然电信部门开发了新的宽带服务，例如 x 数字用户线（x Digital Subscriber Line，xDSL）和电缆（这两种技术以更快速、更便宜、更简单的访问方法迅速占领了家庭市场），但 ISDN 在商业领域仍有广泛的用户基础，典型的应用是用 T1/E1 线路上的综合业务数字网主速度接口（ISDN PRI）连接综合业务数字网基本速率接口（BRI），然后进行大量数据传输。ISDN 在数据网络中的应用如下。

（1）基本网络连接。ISDN 经常用来作为家庭和小型公司的基本网络连接，其中典型的情况是通过公用交换网络将基于局域网的计算机和电话线连接到其他网络上。

（2）远程局域网间的网络连接。远程 ISDN 连接可分成 3 种类型：远程访问、远程节点、小型办公室/家庭办公室。

远程访问连接允许远程用户通过使用模拟或 ISDN 调制解调器/路由器的拨号连接来访问公司局域网。移动用户一般使用具有内置的 V.90 调制解调器的便携式计算机拨号进入企业网络来收发邮件或传输文件。因为其利用普通老式电话服务（Plain Old Telephone Service，POTS），所以这种访问类型最便宜，使用也最广泛。

属于远程节点的用户能够连接到中心站点，并且除了速度稍慢之外，它们和本地用户一样。为了利用这种类型的启动方式，远程节点必须配备客户端软件和连接企业访问服务器的调制解调器。企业访问服务器是汇聚拨号用户的路由设备。

小型办公室/家庭办公室一般需要比模拟的拨号服务更多的带宽，增加的带宽用来为到企业局域网或 Internet 的数字拨号连接实现综合业务数字网基本速率接口（ISDN BRI），如图 9.2 所示。

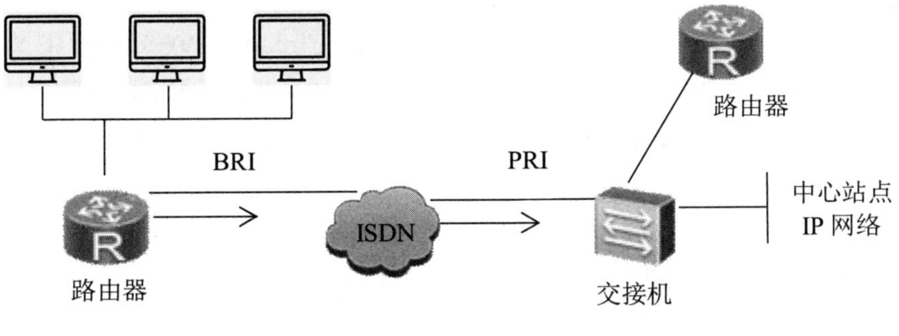

图 9.2 ISDN 的小型办公室/家庭办公室网络

（3）随时拨号远程联网。使用 ISDN 的一个好处就是能通过随时拨号远程联网（拨号路由 DDR）的特征，来按需发送载荷。利用 DDR，仅当路由器接收到定义为“感兴趣的”的载荷时，才建立 ISDN 连接。

（4）网络冗余与溢出。任务紧急的应用程序具有很高的可靠性与可用性需求，这使得容错性能成为网络设计中的一个重要准则，冗余通常是实现容错的首选方式。例如，很多公司使用租用的一条线路作为广域网主连接，以确保能连续获得一条数据通路，同时又租用另外一条线路作为备份。然而这种方案实现起来非常昂贵，备份线路仅在主线路失灵或者出现故障的情况下才使用，而无论其是否真正被使用，公司都要为该冗余线路交付每月的租金。

拨号连接（如一条 ISDN BRI 线路）是较为合理的主线路备份解决方案。如图 9.3 所示，当主线路失灵或者出现故障时，拨号线路由中心互连网络设备自动激活，在该过程中，不会出现明显的网络服务降级。若主线路是运行于 T1 或 E1 速率的高速信道，则几个较低速率的拨号线路可以聚集起来，实现同等的高带宽容量。

图 9.3　网络冗余

当数据负载增加时，ISDN 也可以用来传送溢出的数据流。当主线路达到最大容量时，网桥或路由器可以检测到带宽瓶颈，实时拨通一条或者多条 ISDN 线路，通过 B 信道来路由溢出的通信数据流。

4. ISDN 的发展前景

就目前已成熟的网络技术来说，ISDN 是接入 Internet 的较好方式。ISDN 本身也在不断发展中，其主要发展方面如下。

（1）将新的用户数据传输技术用于 ISDN。这种技术可以使现有用户线的传输速率超过 2Mb/s。

（2）由 ISDN 提供交换虚电路（Switching Virtual Circuit，SVC）的帧中继业务。虽然已经在数据网络中使用，但这只是永久虚电路（Permanent Virtual Circuit，PVC）业务。SVC 还是要靠 ISDN 来提供。连接的建立有赖于共路信令系统的建设。

（3）ISDN 新业务、新应用的开发和推广使用。ISDN 是一个网络条件，以此为基础可发展的新业务、新应用包括远程教育、远程购物、远程医疗、远程控制家用电器等。

（4）ISDN 技术和 Internet 技术的集成。可考虑将 Internet 的路由器技术甚至 ISP 与 ISDN 交换机集成在一起，以提高网络的经济性和性能。

（5）新的 ISDN 终端的开发。例如，研制集图像、数据声音和接入 Internet 各种功能于一体的新型终端等。

9.1.3　ATM 技术

异步传输模式（Asynchronous Transfer Mode，ATM）是建立在电路交换和分组交换的基础上的一种面向连接的新的交换技术。

1. ATM 的特点

在 ATM 网络中，ATM 交换机占据核心地位。ATM 交换技术融合了电路交换方式和分组交换方式的优点而形成的新型交换技术，主要具有以下特点。

（1）ATM 以固定长度的信元作为信息传输的单位，采用硬件进行交换处理，能够支持高速、高吞吐量和高服务质量的信息交换，有效提高了交换机的处理能力，更加有利于带宽的高速交换。

（2）ATM 采用面向连接的方式传送，类似于电路交换的呼叫连接控制方式。在建立连接时，交换机为用户在发送端和接收端之间建立虚电路，减少了信元传输处理时延，有效保证了交换的实时性，尤其适合对实时性要求很高的信息传输。具备该特征是为了预订和留用网络资源，以满足应用服务需求。面向连接还表明在 ATM 网络中的每个交换机都维持一个信元路由选择表，告诉交换机如何把进来的信元与适当的输出链路相联系。

（3）ATM 统计多路复用，将来自不同信息源的信元汇聚到一起，在缓冲器内排队，队列中的信元根据到达的先后顺序，按优先级逐个输出到传输线路上，形成首尾相接的信元流。同一信道或链路中的信元可能来自不同的虚电路，传输线路上的信元并不对应某个固定的时隙，也不按周期出现。按需分配带宽是 ATM 与生俱来的优点。

（4）ATM 显著的缺点是信元首部的开销太大，并且交换技术比较复杂，其协议的复杂性也使得 ATM 系统的配置、管理和故障定位较为困难。

（5）ATM 以异步标示其特征，表明信元可能出现的时间是不规则的，这种不规则的时间取决于应用程序的性质，而不是传输系统的成帧结构。

2. ATM 网络结构

ATM 与帧中继一样，差错控制依赖于系统自身的稳定性以及终端智能系统中的检错和纠错功能。它与帧中继的区别在于帧中继中分组的长度是可变的，而 ATM 的分组长度是固定的，每一分组都为 53 字节，这种长度固定为 53 字节的分组在 ATM 网络中就被称为信元，使用信元传输信息是 ATM 的基本特征。ATM 被定义为“以信元为信息传输、复接和交换的基本单位的传送方式”。异步传输是指特定用户信息的信元的重复出现不必具有周期性，不存在和某条虚电路对应的固定 ATM 信元位置，这种发送 ATM 信元的方式称为异步传输方式。故 ATM 所需要的额外开销比帧中继还要少，因此 ATM 设计的工作范围被大大扩展了，通常在几十到几百兆比特率之间。其网络结构如图 9.4 所示。

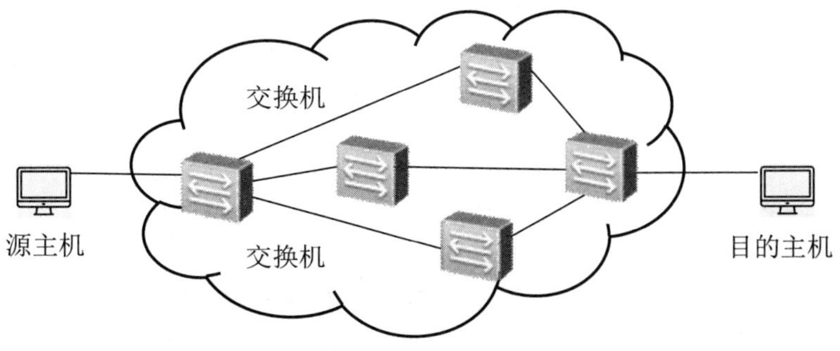

图 9.4　ATM 网络结构

3. ATM 协议栈

ATM 协议标准由国际电信联盟电信标准分局（ITU-T）和 ATM 论坛两大组织制定和完善。其中，ITU-T 负责有关 ATM 各基本标准的制定，而 ATM 论坛侧重于定义运行和管理 ATM 网络的接口标准，这些标准描述了 ATM 设备与其他设备通信的情况。ATM 标准采用了简化的网络协议，主要由 ATM 物理层、ATM 层和 ATM 适配层等 3 层组成，其中 ATM 适配层由组装子层和会聚子层组成。ATM 与 OSI 网络协议的对应关系如图 9.5 所示。其中，物理层对应 OSI 参考模型的第一层，ATM 层和 ATM 适配层对应 OSI 参考模型的第二层。此外，ATM 信头的地址具有类似于 OSI 参考模型第三层的功能。虽然 ATM 协议模型没有严格采用 OSI 参考模型，但是充分利用了 OSI 的层次概念。

<table>
<tr><th colspan="2">ATM</th><th>OSI</th></tr>
<tr><td>拆装子层</td><td rowspan="2">适配层</td><td rowspan="3">数据链路层</td></tr>
<tr><td>会聚子层</td></tr>
<tr><td colspan="2">ATM 层</td></tr>
<tr><td colspan="2">物理层</td><td>物理层</td></tr>
</table>

图 9.5　ATM 与 OSI 网络协议的对应关系

（1）物理层：ATM 物理层的主要功能是使信元以比特流的形式在传输系统中进行传送。

（2）ATM 层：类似数据链路层协议，它允许来自不同信元的用户数据通过多个虚拟信道在同一条物理链路上进行多路复用，并规定了简单的流量控制。

（3）适配层：适配层的作用是把来自高层的各种业务数据适配到下层的 ATM 层，以便使用统一的 ATM 信元形式来传送。适配层有两个子层：会聚子层和拆装子层。会聚子层又包括两个子层：特定业务会聚子层和公共部分会聚子层。拆装子层一方面把上层来的数据分割成 48 字节的 ATM 有效载荷，送到 ATM 层后加上 5 字节的信元头，构成 53 字节的信元传送；另一方面，也负责把来自 ATM 层的信元组装成报文送到上层。

4. ATM 信元结构

信元是 ATM 网络的基本传输单位。ATM 是面向连接的分组交换技术，它把应用数据帧分割成 48 字节长的信元载荷，加上 5 字节的信元头，然后把这些信元通过 ATM 网络传送，在它们的目的地再装配信元载荷，重构原来的用户数据帧。

图 9.6 所示为 ATM 信元格式。每个信元由 5 字节的头和 48 字节的信元载荷组成。其头部有包含虚拟通路标识（Virtual Path Identifier，VPI）段、虚拟通道标识（Virtual Channel Identifier，VCI）段、载荷类型（Payload Type，PT）段、信元丢弃优先级（Cell Loss Priority，CLP）段和头部差错控制（Header Error Control，HEC）段。

用户-网络接口（User Network Interface，UNI）和网络-网络接口（Network-Network Interface，NNI）上的 ATM 信元稍有不同。在 UNI 中，信元头还包含一个一般流量控制（General Flow Control，GFC）段。在 ATM 网络内部，这个 4 位的字段是虚拟通路标识的一部分。ATM 的相关字段介绍如下。

<table>
<tr><td colspan="3">8　　　　　　　　5</td><td colspan="3">4　　　　　　　　1</td></tr>
<tr><td colspan="3">一般流控（GFC）</td><td colspan="3">虚拟通路标识（VPI）</td></tr>
<tr><td colspan="3">虚拟通路标识（VPI）</td><td colspan="3">虚拟通道标识（VCI）</td></tr>
<tr><td colspan="6">虚拟通道标识（VCI）</td></tr>
<tr><td colspan="2">虚拟通道标识（VCI）</td><td colspan="2">载荷类型（PT）</td><td colspan="2">信元丢弃优先级（CLP）</td></tr>
<tr><td colspan="6">头部差错控制（HEC）</td></tr>
<tr><td colspan="6">信息字段（48 字节）</td></tr>
</table>

图 9.6　ATM 信元格式

（1）一般流量控制（GFC）：一般流量控制是一个 4 位的字段，它的使用是提供用户到网络的接口上的流量控制，而不控制在相反方向上的流量。该字段只在 UNI 接口的信元头中出现，即只在主机和网络之间起作用，在网络内部不使用一般流量控制字段。

（2）虚拟通路标识（VPI）：虚拟通路标识字段在 UNI 中有 8bit，在 NNI 格式中有 12bit。NNI 格式中多出来的 VPI 比特来自 GFC 字段，因为 GFC 字段在 NNI 格式中不存在。

（3）虚拟通道标识（VCI）：虚拟通道标识字段为 16bit。在 ATM 网络中，在信元可以开始流动之前，必须在端点站之间建立起端到端的虚通道。每个交换机对到来的每个信元做路由选择。一个信元的路由信息包含在其头部的 VPI 和 VCI 段中。所以信元的交换和复用主要通过信元头中的 VPI 和 VCI 来实现。信元交换和路径选择是通过 ATM 交换机和交叉连接设备根据连接映像表对 VPI 和 VCI 进行交换实现的，连接映像表是在虚连接被建立时由信令过程创建的。

（4）载荷类型（PT）：载荷类型是一个 3bit 的字段，用来指出载荷里装载的是用户数据、网络管理数据还是流量管理信息。PT 中有一个比特是 AAU 指示位，当该信元是 MTA30 一个数据包的最后一个信元时为 1，其他信元均为 0。PT 在终端系统中用来确定一个数据包的结束和下一个数据包的开始。

网络管理数据可以在 ATM 网络内部使用，而 ATM 层却不关心运载用户信息的 ATM 信元的内容。运载用户信息的信元以 PT 段的最高有效位置 0 表示，载荷通常应送到 ATM 适配层，然后送往用户。PT 段的最高有效位置为 1 的信元运载与网络控制有关的信息，这些信息在网络内部产生，用于网络资源管理。

在用户信息信元中，PT 段的中间一位是拥挤指示，0 表示信元没有遭遇拥挤，1 表示信元实际上经历了拥挤，见表 9.1。

表 9.1　负载类型字段编码

PT 码	解释
000	用户数据信元，AAU=0，无拥塞
001	用户数据信元，AAU=1，无拥塞
010	用户数据信元，AAU=0，拥塞
011	用户数据信元，AAU=1，拥塞

续表

PT 码	解释
100	OAM F5 段信元
101	OAM F5 段-端信元
110	资源管理信元
111	为将来的功能保留

信元丢弃优先级（CLP）：信元丢弃优先级是一个 1bit 的值，表示信元丢弃优先级，用于区分那些符合流向约定和不符合流量约定的信元。不符合流量约定的信元在出现网络拥塞时可以被丢弃。由于连接的统计复用，在 ATM 网络中发生信元丢弃是不可避免的。

5. ATM 关键技术

ATM 的关键技术如下。

（1）交通管理技术。为了更有效地利用网络资源，在多个连接之间合理分配网络资源，避免发生拥挤，ATM 论坛定义了 3 种交通类型：固定位速率、可变位速率、可用位速率。为了适应不同的交通类型，在 ATM 建立连接时，用户需要通过网络的连接受理控制（Connection Admission Control，CAC）功能同网络订立流量合同。其内容主要包括流量参数、服务质量等。ATM 交通管理的主要目的就是满足 ATM 连接的等级服务要求，确保用户和网络遵守流量合同中规定的各种参数。在网络节点接口处，网络利用网络参数控制（Network Parameter Control，NPC）功能检测来自前一级网络的信元流遵守合同情况。在网络中，交通管理可采用连接受理控制、资源管理、优先权控制、拥塞控制等方法，根据反馈控制进行 PCR 整形、速率调整、信元丢弃等工作，确保交通的畅通。

（2）ATM 信令技术。ATM 信令技术是通过 ATM 网络动态建立交换虚电路的必要手段，也是 ATM 技术成功的关键之一。交换虚拟电路的动态建立过程为一个来自源站点系统的连接请求通过网络进行传播，边传播边建立连接，直到达到最终目的端点系统。连接请求的路由和随之而来的通信流由 ATM 专用网间接口（Private Network-to-Network Interface，PNNI）控制。ATM 的 PNNI 主要描述 ATM 交换机之间的通信接口，用户通过 ATM 网络的信令和路由协议进行路由选择，在 PNNI 中的路由矩阵必须支持 ATM 的等级服务质量。

（3）ATM 交换技术。ATM 交换技术是 ATM 网络技术的核心，并由交换机构决定 ATM 的规模和性能。ATM 交换是根据信元头信息（VPI/VCI）而完成的。当某一信元到达交换机时，交换机将读出该信元头的 VPI 和 VCI 值，并对照交换机中的路由表，当找到输出端时，信元头的 VPI 和 VCI 被更新，信元被发往下一段路由。ATM 交换机设计一般分为两大结构：时分结构和空分结构。时分结构是指所有输入/输出端口共享一条高速的信元流通路，整个交换矩阵的交换容量由这个共享通路的吞吐量所限制。空分结构指的是在输入和输出端口之间有多条通路，不同的 ATM 信元流可以在不同的通路上同时通过交换机构。空分结构具有很好的硬件扩展性，不为交换机的吞吐量所限制。

（4）局域网仿真技术。局域网仿真技术的目的是允许现存的网络客户机在 ATM 骨干上传送数据并基于 ATM 的资源进行通信，而不需要基于局域网的客户机的转变。局域网仿真协议使得 ATM 网络的外观和行为方式都与以太网或令牌环局域网相似，但 ATM 网络的运行速度却比真正的局域网快得多。

9.1.4 帧中继技术

用户信息以帧为单位进行传输，并以快速分组技术为基础。帧中继技术是一种能在用户与网络接口之间提供保持顺序不变的用户信息流的双向传送服务，并对用户信息流进行统计复用的一种承载业务。帧中继只存于 OSI 参考模型的最低两层，链路的各个终端使用路由器将各自的网络连到帧中继网络上。由于帧长度是可变的，因此帧中断技术不适合用于语音和视频参数传送。

1. 帧中继的工作原理

帧中继是一种用于减少节点处理时间的技术，其基本工作原理是在一个节点收到帧的目的地址后，就立即开始转发该帧，无须等待收到整个帧和做任何相应的处理。因此在帧中继网络中，一个帧的处理时间比 X.25 网络减少一个数量级，其吞吐量要比 X.25 网络提高至少一个数量级。然而，按照帧中继的工作原理，当帧在传输过程中出现差错，并检测到差错时，该帧的大部分可能已经被转发到了下一个节点，那么解决这个问题的方法如下：当检测到该帧有差错时立即终止发送，并向下一节点发送停止转发指示，下一节点收到该指示后立即终止传输，丢弃该帧并请求重发。

由此可以看出，帧中继网络的纠错过程较为费时，但和一般分组交换网传送方式相比，帧中继的中间节点交换机只转发而不发送确认帧，只有终端节点在收到一个帧后才向源节点发回端到端的确认帧，所以只有当误码率非常低时，帧中继技术才能发挥其所具有的潜力。

帧中继由两个操作平面构成，分别为控制平面（C 平面）和用户平面（U 平面）。虚电路的建立和释放在帧中继的控制平面操作，而用户平面提供端到端的传送用户数据和管理信息服务。当虚电路建立后，用户平面就可以独立于控制平面进行数据发送，其协议的体系结构如图 9.7 所示。

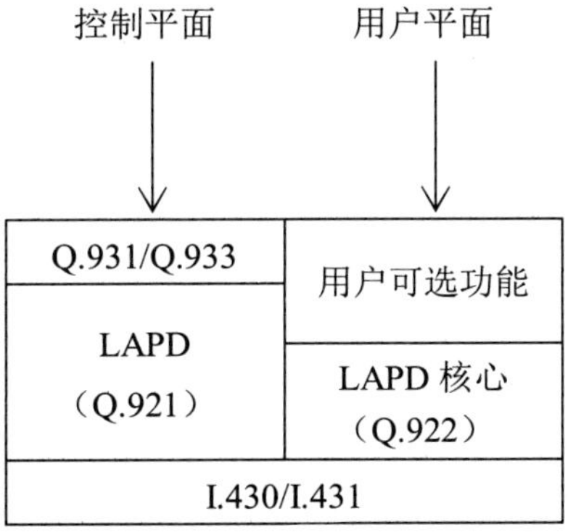

图 9.7 帧中继的协议体系结构

2. 帧中继的特点

帧中继实际上是一种简化了的 X.25 分组交换技术。与分组交换一样，帧中继采用面向连接的交换技术。根据建立虚电路的方式可以将虚电路分为交换虚电路（Switched Virtual Circuit，SVC）和永久虚电路（Permanent Virtual Circuit，PVC）。SVC 是通过信令动态建立的虚电路，通过这种虚电路传输数据需要三个阶段，即建立虚电路、通过虚电路传输数据和释放虚电路。PVC 是长期存在的、通过手工配置建立的虚电路。目前的帧中继网络中，只采用 PVC 业务。

帧中继的特点如下：

（1）高效性。帧中继将流量控制、纠错等功能留给智能终端完成，简化了中间节点交换的协议处理，从而减小了传输时延，提高了传输速率。帧中继可提供 PVC 和 SVC 业务，目前所采用的 PVC 技术是指在网络管理完成后，通信双方被认为是永久连接的，实际上只有在用户准备发送数据时，网络才为用户分配传输带宽，这样充分提高了有限带宽的利用率。

（2）高可靠性。帧中继的前提是拥有高质量线路和智能化的终端，前者保证了数据在传输中的低误码率，而后者能够纠正这些少量的差错。

（3）经济性。在帧中继的带宽控制技术中，用户可以在网络空闲时使用超过之前向帧中继业务供应商预定的承诺信息速率（Committed Information Rate，CIR）而不必承担额外的费用，这也是帧中继吸引用户的主要原因之一。

（4）灵活性。帧中继协议简单，通过对硬件设备进行修改、软件升级，即可完成帧中继网的组建，并且能够为接入该网的用户提供共同的网络传输，避免了协议的不兼容性。

3. 帧中继网的应用

帧中继通常用于广域网连接远程站点。帧中继网常用于对早期设计的，但已过时的 X.25 进行升级，其适用于处理突发性信息和可变长度帧的信息，特别适用于局域网的互连。帧中继网适合于在下列情况下使用。

（1）当用户需要数据通信，其带宽要求为 64Kbit/s～2Mbit/s，而通信节点多于 5 个或通信距离较长时，应优选帧中继网。

（2）当数据业务量为突发性时应优选帧中继网。由于帧中继网具有动态分配带宽的功能，因此可以有效地处理突发性数据。

（3）帧中继网的灵活计费方式非常适用于处理突发性的数据通信。

（4）帧中继网适用于处理对时间不敏感的数据通信。

4. 帧中继网络设计

帧中继网络设计步骤如下：

（1）编制需求说明书和通信规范说明书。

（2）确定连通的关键点。

（3）确定通信特性。

（4）选择基于网络需求的帧中继服务参数。

（5）选择符合需求的产品和服务。

（6）确定连通的关键点。

（7）确定通信特性。

确定要联网的站点数量和位置是帧中继网络设计的关键步骤。由于用户明确地知道设备处于何处，那么节点定位的主要问题是确定它是否能满足连接的要求。确定站点位置之后，网络设计者必须选择适合通信特性且满足网络需求的策略。每个站点段都必须映射和符合通信的要求。而且，掌握通信类型的准确信息非常重要，通信类型主要包括文件传输、基于 Web 的通信、电子邮件、数据库操作、选择帧中继服务参数值等。

完成以上步骤后，接下来就是决定选择哪一种帧中继服务来支持通信，可从承诺信息速率（Committed Information Rate，CIR）、站点访问速率、承诺猝发速率（Committed Burst Rate，CBR）几个方面考虑帧中继服务的选择。承诺信息速率是确保用户可用的容量，计算 CIR 首先从估算支持每一个站对站虚电路的平均数据传输率开始，可以通过使用的专线容量完成这一计算。一旦计算出某个给定的站点所支持的每个连接的 CIR 后，就可以确定该站点的访问速率。与此同时必须确定承诺猝发速率。最后就可根据以上信息选择满足广域网通信需求的服务和产品。

5. 帧中继网组成

帧中继网由以下三部分组成：

（1）帧中继接入设备：帧中继接入设备可以是任何类型的帧中继接口设备，如主机、分组交换机、路由器等。

（2）帧中继交换设备：包括帧中继交换机、具有帧中继接口的分组交换机和其他复用设备，为用户提供标准的帧中继接口。

（3）公用帧中继业务：作为中间媒介，公用帧中继业务方便业务提供者通过公用帧中继网络提供帧中继业务。

9.1.5 HDLC 协议

最早的面向比特协议是 IBM 公司研制的同步数据链路控制协议（Synchronous Data Link Control，SDLC），随后，美国国家标准协会（American National Standards Institute，ANSI）、国际标准论组织（ISO）和国际电服电话咨询委员会（CCITT）均采纳并发展了 SDLC，同时分别提出了自己的标准：ANSI 的高级通信控制过程协议（Advanced Data Communication Control Protocol，ADCCP）、ISO 的高级数据链路控制规程协议（High-level Data Link Control，HDLC）及 CCITT 的链路访问协议（Link Access Protocol，LAP）。其中，HDLC 是使用最为广泛的数据链路控制协议，LAP 是分组数据网 X.25 标准中数据链路层协议的一部分，现已改版为 LAPB。HDLC 协议是面向比特的数据链路协议，是数据链路传输的主要协议类型。

HDLC 协议规定了站的 3 种类型：主站 P（Primary）、从站 S（Seconday）和复合站 C（Combined）

在链路上用于控制目的的站称为主站，负责对数据流进行组织，对链路上的差错实施恢复，其主要功能是发送命令帧和接收应答帧。受主站控制的站称为从站，负责对主站的命令发出应答帧，与主站保持逻辑链路从而配合主站对链路的控制。一般地，主站需要比从站有更多的逻辑功能，所以当终端与主机相连时，主机一般总是主站。在一个站连接多条链路的情况下，该站对于一些链路而言可能是主站，而对另外一些链路而言又可能是从站，此时该站为复合站。复合站是主站和从站功能的复合体，它既能像主站一样发送命令帧，也能像从站一样发送响应命令帧。

从建立链路结构形式考虑，复合站在链路上兼顾主、从站的功能，所以各复合站之间信息传输的协议对称，具有同样的传输控制功能，称为平衡型链路结构，其操作为平衡操作。在计算机网络中这是一个非常重要的概念，是学习后面 HDLC 的操作方式的基础。相对的，操作时有主站、从站之分的，且各自功能不同的结构，称为非平衡型链路结构，其操作为非平衡操作。非平衡型结构又分为点对点式和一点对多点式。无论是平衡型还是非平衡型链路结构都支持全双工和半双工传输。

HDLC 的传输模式分为以下三种：

（1）正常响应模式（Normal Responses Mode，NRM）。NRM 应用于非平衡型结构，也可称为非平衡正常响应模式。该响应模式适用于面向终端的点到点或一点与多点的链路，在传输过程中主站可以在任意时刻启动数据传输，而从站只有在收到主站某个命令帧，置于此种模式时才能以应答的方式向主站发送数据帧。应答数据帧可以由一个或多个帧组成，若数据由多个帧组成，则应指出哪一个是最后一个帧。主站负责管理整个链路，且具有轮询、选择从站及向从站发送命令的权力，同时也负责对超时、重发及各类恢复操作的控制。

（2）异步响应模式（Asynchronous Responses Mode，ARM）。ARM 应用于由一个主站和一个从站组成的点对点式非平衡型结构。与 NRM 不同的是，在 ARM 下的传输过程中，从站不需要得到主站的允许，而是从启动起，即可自主地发送信息。在这种操作方式下，由从站来控制超时和重发，主站拥有对线路的控制权，如初始化、差错恢复、终止逻辑连接。这种模式一般只用于特殊的场合。

（3）异步平衡模式（Asynchronous Balanced Mode，ABM）。ABM 用于通信双方都是复合站的平衡型结构，允许任何节点来启动传输的操作模式。节点之间在两个方向上都需要较高的信息传输量，链路传输效率较高。在这种操作方式下，任何时刻、任何站都能启动传输操作，每个站既可作为主站又可作为从站，每个站都是复合站。各站都有相同的一组协议，任何站都可以发送或接收命令，也可以给出应答，并且各站对差错恢复过程都负有相同的责任。

9.1.6 PPP 协议

点对点协议（Point to Point Protocol，PPP）是 Internet 中广泛使用的链路层通信协议。对于点对点的通信链路，PPP 协议比 HDLC 协议简单。虽然用户接入互联网的方式多种多样，但无论通过什么方式，通常用户都需要连接到某个互联网服务提供者（Internet Service Provider，ISP）才能接入互联网，而 ISP 通过与高速通信线路连接的路由器，与互联网连接。PPP 协议就是用户计算机和 ISP 进行点对点线路通信时所使用的数据链路层协议，以便控制数据帧在它们之间的传输。

早在 1984 年，Internet 就开始使用面向字符的链路层协议，即串行线路网际协议。（Serial Line Internet Protocol，SLIP）。但 SLIP 没有差错校验功能，不支持除 IP 以外的其他协议。如果 SLIP 帧在传输中出了错，只能靠高层进行纠正，并且会产生不兼容等问题。为了克服 SLIP 的缺点，互联网工程任务组（IETF）于 1992 年制定了 PPP 协议，经过修订已成为 Internet 的正式标准。PPP 协议主要包括三个部分。

（1）一个将 IP 数据报封装到串行链路的方法。PPP 既支持异步链路（无奇偶检验的 8 比特数据），也支持面向比特的同步链路。IP 数据报是 PPP 帧中的信息部分，这个信息部分的长度受最大传送单元 MTU 的限制。

（2）一个用来建立、配置和测试数据链路连接的链路控制协议（Link Control Protocol，LCP）。通信双方可在数据链路连接的建立阶段，借助于链路控制协议 LCP 协商一些选项。如在 LCP 分组中，可提出建议的选项和值、接收所有选项、有一些选项不能接收和有一些选项不能协商等。

（3）一套网络控制协议（Network Control Protocol，NCP）。它包含多个协议，其中的每一个协议支持不同的网络层协议，如 IP、OSI 的网络层、DECnet 以及 AppleTalk 等。

9.1.7 DDN 协议

数字数据网络（Digital Data Network，DDN）协议既可用于计算机之间的通信，也可用于传送数字化传真、数字话音、数字图像信号或其他数字化信号。它主要包括两种类型的连接：永久性连接和半永久性连接。永久性连接的数字数据传输信道是指用户间建立的固定连接、传输速率不变的独占带宽电路。半永久性连接的数字数据传输信道对用户来说是非交换性的。

数字数据网络使用光纤作为中继干线，它将数万、数十万条以光缆为主体的数字电路，通过数字电路管理设备，构成一个传输速率高、质量好、网络时延小、全透明、高流量的数据传输基础网络。

DDN 的基本组成单位是节点，节点间通过光纤连接构成网状的拓扑结构，用户的终端设备通过数据终端单元（DTU）与就近的节点相连。

1. DDN 网络的基本组成

DDN 节点分为 2 兆节点、接入节点和用户节点 3 种类型。

（1）2 兆节点。2 兆节点是 DDN 网络的骨干节点，执行网络业务的转换功能。2 兆节点主要提供 2048kb/s（E1）数字通道的接口和交叉连接、对 $N\times$64kb/s 电路进行复用和交叉连接以及帧中继业务的转接功能。

（2）接入节点。接入节点主要为 DDN 各类业务提供接入功能，主要包括 $N\times$64kb/s、2048kb/s 数字通道的接口，$N\times$64kb/s（N=1～31）的复用，小于 64kb/s 子速率的复用和交叉连接，帧中继业务用户接入和本地帧中继功能，压缩话音/G3 传真用户入网。

（3）用户节点。用户节点主要为 DDN 用户入网提供接口并进行必要的协议转换。它包括小容量时分复用设备，通过帧中继互连的局域网中的网桥/路由器等。

实际在组建各级网络时，可以根据网络规模、业务量等具体情况，酌情变动上述节点类型的划分。例如，把 2 兆节点和接入节点归并为一类节点，或者把接入节点和用户节点归并为一类节点，以满足具体情况的需要。

2. DDN 网络提供的业务

DDN 网络是全透明网络，可支持多种业务，主要包括以下方面：

（1）提供带信令的模拟接口，用户可以直接通话，或接到自己内部小交换机进行电话通信，DDN 也提供数据、图像、语音及传真等多种传输业务。

（2）提供速率为 $N\times$64kb/s～2.08Mb/s 的半固定连接同步传输数字信道。

（3）提供满足 ISDN 要求的数字传输信道。

（4）可进行点对点专线，一点对多点轮询、广播、多点会议。DDN 的一点对多点业务适用于金融、证券等集团系统用户组建总部与其分支机构的业务网。利用多点会议功能可以组建会议电视系统。

（5）提供开放帧中继业务。用户以一条专线接入 DDN，可以同时与多个点建立帧中继电路。

（6）提供虚拟专用网业务。

3. DDN 网络的应用

（1）DDN 网络在计算机联网中的应用。DDN 作为计算机数据通信联网传输的基础，提供点对点、一点对多点的大容量信息传送通道。如利用全国 DDN 网络组成的海关、外贸系统网络中，各省的海关、外贸中心首先通过省级 DDN 网络，到达国家 DDN 网络骨干核心节点，由国家网管中心按照各地所需通达的目的地分配路由，建立一个灵活的全国性海关外贸数据信息传输网络，并可通过国际出口局与海外公司互通信息，足不出户就可进行外贸交易。

此外，通过 DDN 线路进行局域网互连的应用也比较广泛。一些海外公司设立在全国各地的办事处在本地先组成局域网络，通过路由器等网络设备经本地、长途 DDN 与公司总部的局域网相连，实现资源共享、文件传送、事务处理等功能。

（2）DDN 网络在金融业中的应用。DDN 网络常用于涉及证券业、银行、金卡工程等实时需求性较强的行业的数据交换。通过 DDN 网络可将银行的自动提款机（ATM）连接到银行系统大型计算机主机上。银行一般租用 64kb/s 的 DDN 线路把各个营业点的 ATM 机进行全市乃至全国联网。在用户提款时，对用户的身份验证、提取款额、余额查询等工作都由银行主机来完成。这样就形成一个可靠、高效的信息传输网络。

通过 DDN 网络可发布证券行情。证券公司租用 DDN 专线与证券交易中心实行联网，大屏幕上的实时行情随着证券交易中心的证券行情变化而动态地改变，远在异地的股民们也能在当地的证券公司进行操作，决定自己的资金投向。

（3）DDN 网络在其他领域中的应用。DDN 网络作为一种数据业务的承载网络，不仅可以实现用户终端的接入，而且可以满足用户网络的互连，扩大信息的交换与应用范围。如无线移动通信网利用 DDN 联网后，提高了网络的可靠性和快速自愈能力。七号信令网的组网、高质量的电视电话会议以及今后增值业务的开发，都是以 DDN 网络为基础的。

9.2 重点知识讲解

广域网是一种跨越较大的地理区域的网络，包括运行应用程序的所有计算机。通常称这些计算机为主机，有时也称为端点系统。主机通过通信子网连接，子网的功能是把消息从一台主机传到另一台主机，类似于电话系统中把声音从讲话方传送到接收方。通信子网一般由两个不同的部分组成，即传输线和交换单元。传输线也称为线路、信道或者干线，用来在计算机之间传送比特；交换单元称为路由器。

在广域网中包含大量的电缆或电话线，每一条都连接一对路由器。如果两个路由器间没有电缆连接而又希望进行通信，则必须使用间接的方法，即通过其他路由器进行通信。这说明了在广域网中路由选择的重要性。

9.2.1 路由选择机制

1. 广域网的物理地址

为了实现在计算机网络中进行通信，连接到网络的计算机必须有自己唯一的地址，只有这样，才能明确要将分组发送给谁以及由谁来接收该分组。没有地址的计算机无法在计算机网络中进行通信。

为了提高数据的传输效率，广域网采用了层次编址方法。最简单的层次编址方案是将一个地址分成前后两部分：前一部分表示分组交换机，后一部分表示连接在分组交换机上的计算机。其中一种计算机层次编址方案如图 9.8 所示。

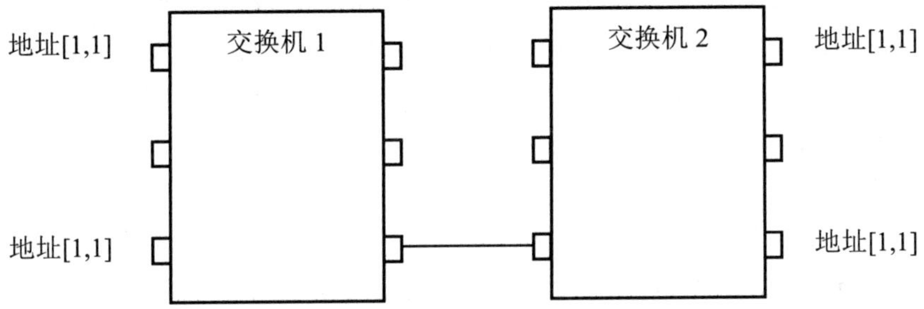

图 9.8 计算机层次编址主案

图 9.8 中用一对十进制整数来说明一个地址，如连接到交换机 1 上端口 1 的计算机的地址为[1,1]。不难看出，采用这种编址方案，广域网中的每一台计算机的地址一定是唯一的。在实际应用中，计算机的地址都用二进制数表示。二进制数中的一些位表示地址的第一部分，即交换机的编号；而其他位则表示地址的第二部分，即计算机接入的交换机的端口号。因为每个地址用一个二进制数来表示，所以用户和应用程序可将地址看成一个数，而不必知道这个地址是分层的。

交换机利用目的地址进行端口的选择。分组交换机并不需要知道所有可能的目的信息，它只需要知道为了将分组发往最终目的地所需的下一站的地址。因此，每个节点交换机中都有一个路由选择表，一般也称为路由表。当接收到一个分组时，交换机即根据分组的目的地址查找路由表，以决定分组应发往的下一站是什么。表 9.2 即为图 9.8 中交换机 2 的路由表，并且仅给出了路由表中最重要的两个内容，即一个分组将要发往的目的地，以及分组发往的下一站。

表 9.2 交换机 2 的路由表

目的地	下一站
[1,1]	端口 3
[1,3]	端口 3
[2,3]	连在端口 3 上的计算机

应该注意的是，路由表中没有源地址这一项。这是因为交换机在转发分组时，所需要的信息只与分组的目的地址有关，而与分组的源地址以及分组在到达交换机之前所走的路径无关，这种特性称为作源地址独立性。

源地址独立性使得计算机网络中的转发变得更紧凑、更有效。这是因为转发不需要源地址信息，而仅仅从分组中检查目的地址，所以所有的沿同样的路径的分组只需占用路径表的一个入口即可。

2. 层次地址和路由的关系

路由即为被转发的分组选择下一站的过程。从 9.2 表中可以看出，表中不止一个表目具有相同的下一站，如目的地为[1,1]和[1,3]的表目的下一站相同。也就是说，目的地址的第一部分相同的分组都将被发往通向同一个交换机的端口。这样，在转发分组时，交换机只需检查层次地址的第一部分即可。仅使用层次地址的一部分进行分组转发的优点如下。

（1）因为路由表可以排成索引阵列的形式，无须再逐项搜索，因此缩短了查表时间。

（2）因为每个目的交换机占用一个表项，而不是每个目的计算机占用一个表项，所以缩小了路由表的规模。

在两级地址方式中，除了最后的交换机外，其余交换机在转发分组时，都只用到分组的目的地址的第一部分；当分组到达与目的计算机相连的交换机时，交换机才检查分组目的地址的第二部分，将分组送往最终的目的计算机。

9.2.2 广域网中的路由

随着连入的计算机数目的增加，必须对广域网的容量做相应的扩展。广域网有两种扩展方式：第一，当计算机数目增加量不多时，可通过增加单台交换机的输入/输出（I/O）端口硬件或使用快速的 CPU 来扩展；第二，对于更大规模的网络扩展，就需要增加新的分组交换机。增加网络的分组交换能力只需将交换机加入网络内部，专门处理网络负载即可，不需要增加计算机。这样没有连接计算机的交换机称为内部交换机，而与计算机直接相连的交换机称为外部交换机。

不论是外部交换机还是内部交换机，都需要一张路由表，并且应都能转发分组，只有这样才能保证网络正常工作。而且，路由表必须具有下列特性：

（1）路由完备性。每个交换机的路由表必须包含所有可能目的地的下一站。

（2）路由优化性。对于一个给定的目的地而言，交换机内路由表中下一站的值必须是指向目的地的最短路径。

在广域网的拓扑中，用节点表示网络中的交换机，边表示广域网中的链路。图 9.9 所示是一个广域网及其相应的图的表示。

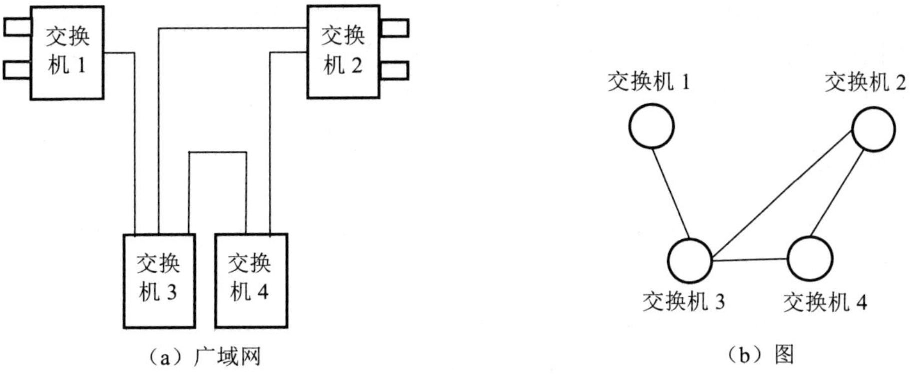

图 9.9 广域网及其相应的图

表 9.3 是图 9.9 所示网络中各交换机的路由表。

表 9.3 每个交换机的路由表 1

交换机 1		交换机 2		交换机 3		交换机 4	
目的地	下一站	目的地	下一站	目的地	下一站	目的地	下一站
1		1	[2,3]	1	[3,1]	1	[4,3]
2	[1,3]	2		2	[3,2]	2	[4,2]
3	[1,3]	3	[2,3]	3		3	[4,3]
4	[1,3]	4	[2,4]	4	[3,4]	4	

虽然层次地址减小了路由表的规模，但简化了的路由表仍然包括许多下一站相同的表项，造成表项的重复。考虑图 9.9 所示的网络，交换机 1 只有一条链路连到其他的交换机（交换机 3）上，除了给交换机 1 自己的信息外，所有的输出分组都只能发往这一条链路端口。在较小的网络中，路由表重复的表项不多；然而，在规模巨大的广域网中，有的交换机的路由表中将有大量的重复表项，这种情况下，查找路由表将很费时。为限制表项的重复，大多数的广域网采用默认的路由机制。这种方法用一个表项来代替路由表中有相同下一站值的许多表项；任何路由表中只允许有一条默认路由，而且默认路由的优先级低于其他路由；转发机制对于给定的目的地址如果找不到一条明确的路由，它就使用默认路由。利用默认路由，表 9.3 可简化为表 9.4。

表 9.4 每个交换机的路由表 2

交换机 1		交换机 2		交换机 3		交换机 4	
目的地	下一站	目的地	下一站	目的地	下一站	目的地	下一站
1		2		1	[3,1]	2	[4,2]
*	[1,3]	4	[2,4]	2	[3,2]	4	
		*	[2,3]	3		*	[4,3]
				4	[3,4]		

表中的*表示默认路由，默认路由是可选的，只有在多个目的地的下一站相同时，才有默认路由。例如路由表中交换机 3 就无需默认路由，因为交换机 3 通往每个方向的下一站都不相同；而交换机 1 则有默认路由，因为除了它自己，通往所有方向的下一站都一样。

9.2.3 路由算法

路由表主要依据路由算法来构造。一个好的路由算法应具备下列特征：正确性、简单性、健壮性、稳定性、公平性和最优性，然而这些优点往往不能兼得。例如，健壮性要求算法不受网络故障的影响，能很好地适应网络拓扑结构和流量的改变，但这往往需要定期收集各种有关的网络信息并进行复杂的计算，其算法就不能简单。再例如，为使网络的吞吐量达到最大，就必须保证数据流量大的站点优先占用最优路由进行发送，这样数据流量小的站点就只能使用较差的路由或等待较长的时间才能发送，无法保证公平性。另外所谓的最优路由算法，也不能保证所有的性能指标都是最优，例如可使网络获得最大吞吐量的路由算法，就无法使得分组在网络中的平均延迟最小。在通常情况下，一种优秀的路由算法应兼顾某几项重要的性能指标并使它们都成为较优。路由算法有非自适应路由算法和自适应路由算法两种。

1. 非自适应路由算法

非自适应路由算法又称静态路由算法。静态路由是指由网络管理员手工配置的路由所组成的路由表，该路由表在系统启动时被装入各个节点（路由器），并且在网络的运行过程中一直保持不变。这种算法没有考虑到网络运行的实际情况，当网络的拓扑结构或链路的状态发生变化时，网络管理员需要手工去修改路由表中相关的静态路由信息。静态路由信息在默认情况下是私有的，即它不会传递给其他的路由器。当然，也可以通过对路由器进行设置使之成为共享信息。

非自适应路由算法简便易行，在一个载荷稳定、拓扑变化不大的网络中运行效果很好。因为在这样的环境中，网络管理员易于清楚地了解网络的拓扑结构，便于设置正确的路由信息，因而静态路由算法广泛应用于高度安全性的军事系统和较小的商业网络。在大型和复杂的网络环境中，不宜采用静态路由。一方面因为网络管理员难以全面地了解整个网络的拓扑结构；另一方面，当网络的拓扑结构和链路状态发生变化时，需要大范围地调整路由器中的静态路由信息，这就增大了工作的难度和复杂程度。

2. 自适应路由算法

自适应路由算法也称为动态路由算法，它总是根据网络当前流量和拓扑来选择最佳路由，当网络中出现故障时，自适应路由算法可以很方便地改变路由，引导分组绕过故障点继续传输。自适应路由算法灵活性强，但算法复杂，实现难度较大，各个路由器之间须定期交换路由信息，增加了网络的负担，另外当算法对动态变化的反应太快时容易引起振荡。为了可应付各种意外情况，大型网络常被设计有多重连接，而动态路由又能使网络自动适应变化，所以大多数大型网络都采用自适应路由算法。

9.3 项目实施

任务 9.1 ADSL 宽带入网

ADSL 宽带入网

虽然现阶段我国很多城市实现了电视、电话和 Internet 的三网合一，但 ADSL 宽带仍是主要上网方式之一。

1. 设备 1：调制解调器

调制解调器是将其他信号转换为网络信号的设备，英文名称为 Modem。因英文发音与"猫"谐音，在日常生活中，习惯称其为"猫"。ADSL 宽带使用的调制解调设备称为 ADSL 调制解调器，或称为"ADSL 猫""宽带猫"。而将光信号转换为网络信号的光调制解调器，也常称作"光猫"。图 9.10 为 ADSL 调制解调器的主要接口。其中 ADSL 电话线接口用于连接移动运营商电话线路，接口标准为 RJ-11，有线局域网接口用于将网络接入家庭用户，接口标准为 RJ-45，连接双绞线。

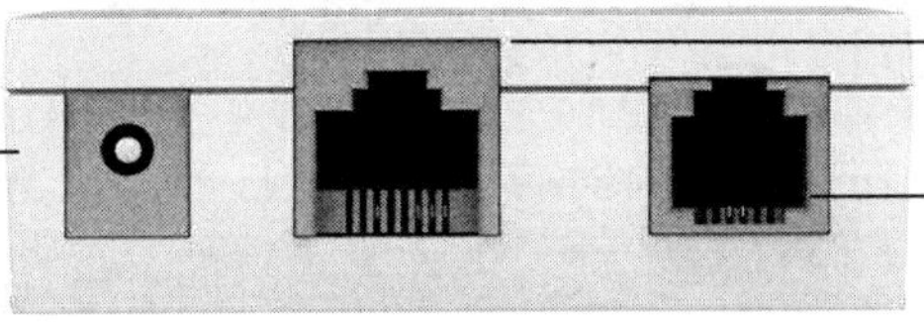

图 9.10 ADSL 调制解调器

2. 设备 2：家用路由器

家用路由器分为有线和无线两种，本任务以当前使用较多的无线路由器为例，其端口截面如图 9.11 所示。其中 WAN 口通过双绞线与 ADSL 调制解调器的有线局域网端口连接，LAN1～LAN4 口用于连接家庭计算机或者其他网络设备，无线天线用于释放 Wi-Fi 信号，方便家用移动设备通过无线上网。

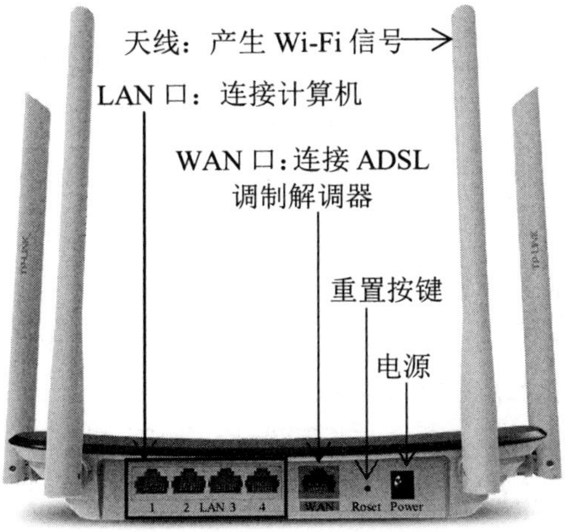

图 9.11 家用路由器端口

3. 操作方法

（1）接入路由器。对于一台出厂的新路由器，或者已经重置过的旧路由器（重置方法为长按重置按键 3～5s 至路由器所有指示灯同时熄灭再点亮），按如下步骤进行接入。

接通路由器电源。使用有线接入时利用双绞线将计算机连接到路由器任意一个 LAN 口，当对应的 LAN 口灯闪烁时表示接入成功。使用无线接入时需将计算机连接初始 Wi-Fi 信号，部分品牌初始 Wi-Fi 无密码，具体信息在路由器背面有相应标识。

图 9.12 为某品牌型号的路由器默认配置信息。

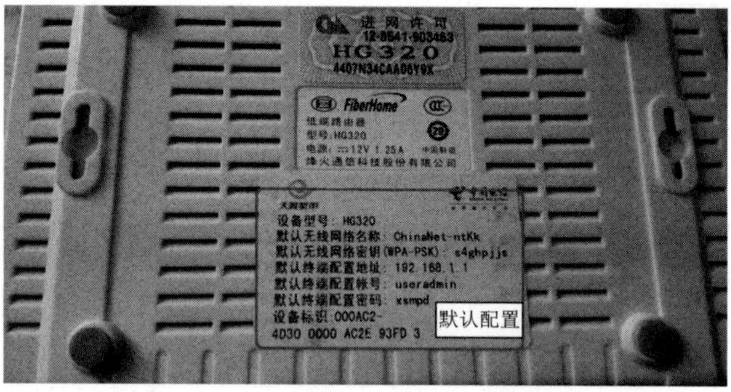

图 9.12　某品牌路由器默认配置信息

（2）进入路由器管理界面。在接入路由器的计算机上打开浏览器，依据设备默认信息提示输入配置地址，如图 9.12 中的“192.168.1.1”。进入登录页面，如图 9.13 所示。

图 9.13　登录页面

输入账号密码后，进入管理页面，如图 9.14 所示。在管理页面中，找到网络设置部分，输入从运营商处获得的账号密码，单击“保存”按钮，等待显示连接成功即可以接入互联网。

（3）测试网络。拨号成功后，可以在计算机中通过访问常见网站测试网络的连通性。

（4）其他设置。在日常应用中，新路由器成功连接 Internet 之后，为了保证家庭网络的安全性，通常可以对设备的登录密码进行修改，如图 9.15 所示。在需要无线接入时，可以重置 Wi-Fi 名称和密码，也可以对 Wi-Fi 进行隐藏，如图 9.16 所示。当路由器需要对某些设备禁止开放时，可以将指定 MAC 地址加入黑名单，限制其通过该路由器连接网络，如图 9.17 所示。

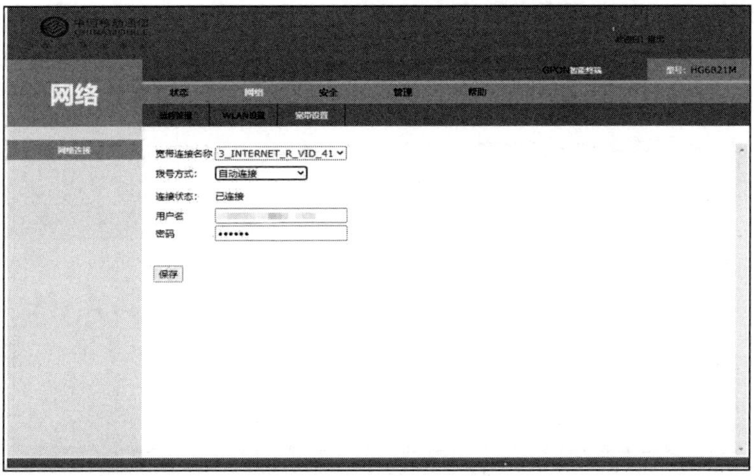

图 9.14　管理页面

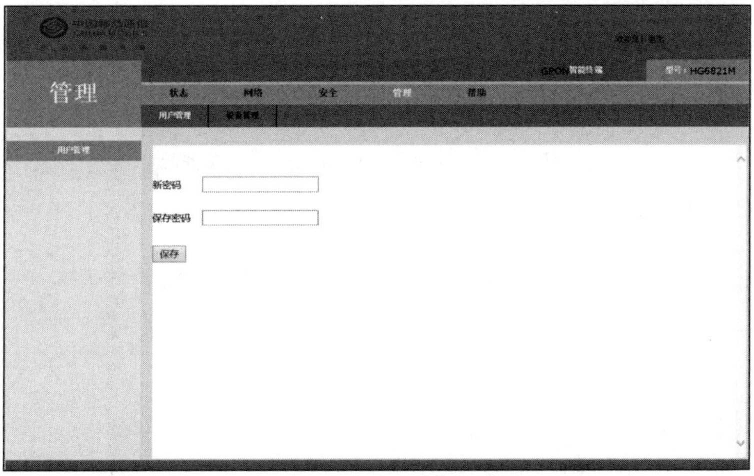

图 9.15　路由器登录密码设备

图 9.16　Wi-Fi 安全设置

项目9

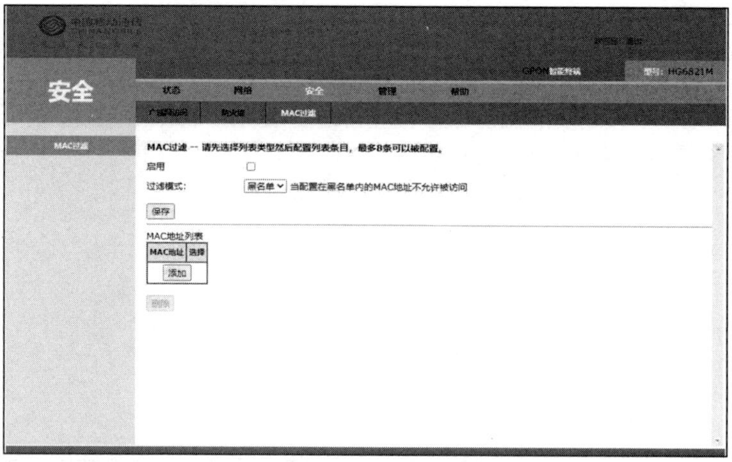

图 9.17　MAC 地址过滤

任务 9.2　光纤入网

光纤入网

1. 项目设备

光调制解调器是将光信号转换为网络信号的设备。在我国大部分地区，运营商给家庭预留的线路是一根光纤，光调制解调器留有光纤线路接入口和有线局域网接口，如图 9.18 所示。

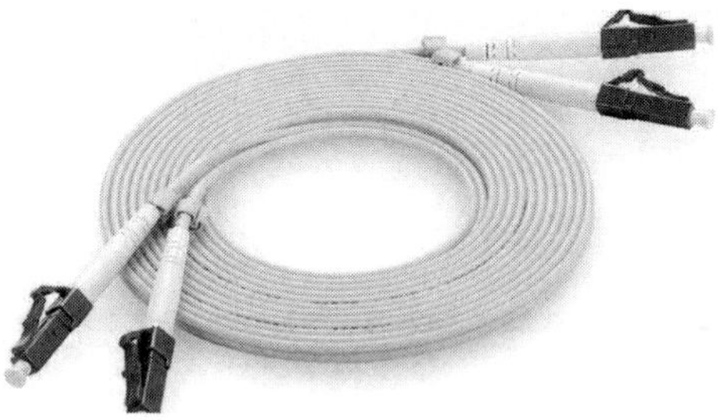

（a）光纤

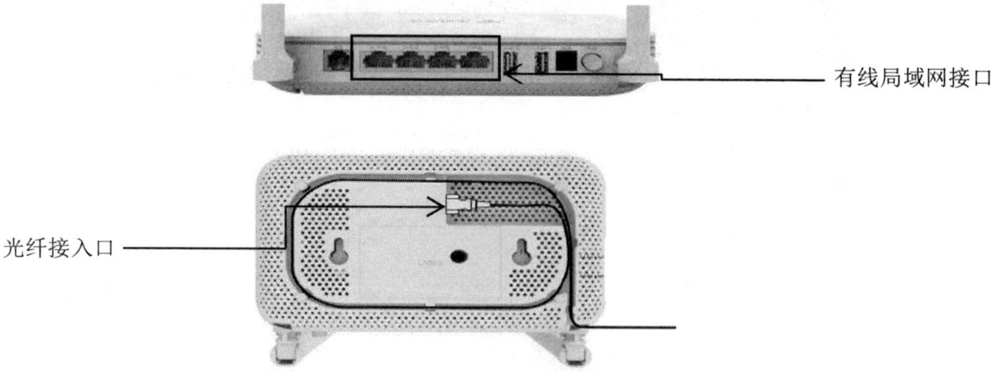

（b）光调制解调器主要接口

图 9.18　光调制解调器

2. 操作方法

（1）网络接入。由于多数光调制解调器集全了家用路由器的功能，因此一般情况下可以采用与路由器配置相同的方法进行网络接入。

（2）信号扩展。一般情况下，光调制解调器也有无线功能，但有时释放的 Wi-Fi 信号满足不了用户对信号强度的要求，此时可以购置一台新的无线路由器进行信号扩展。此时需要注意的是，应该将新路由器的 WAN 口与光调制解调器的 LAN 口连接，然后采用与任务 9.1 类似的方法进入路由器管理页面。由于光调制解调器上已经进行了拨号，因此在路由器的上网设置部分不再选用拨号方式，而要选用“动态 IP”，同时可以设置一个不同名称的 Wi-Fi 信号，新 Wi-Fi 信号与光调制解调器产生的 Wi-Fi 信号可以同时使用。另外，路由器上的 LAN 接口仍然可以通过双绞线连接计算机进行网络通信。路由器无线信号扩展如图 9.19 所示。

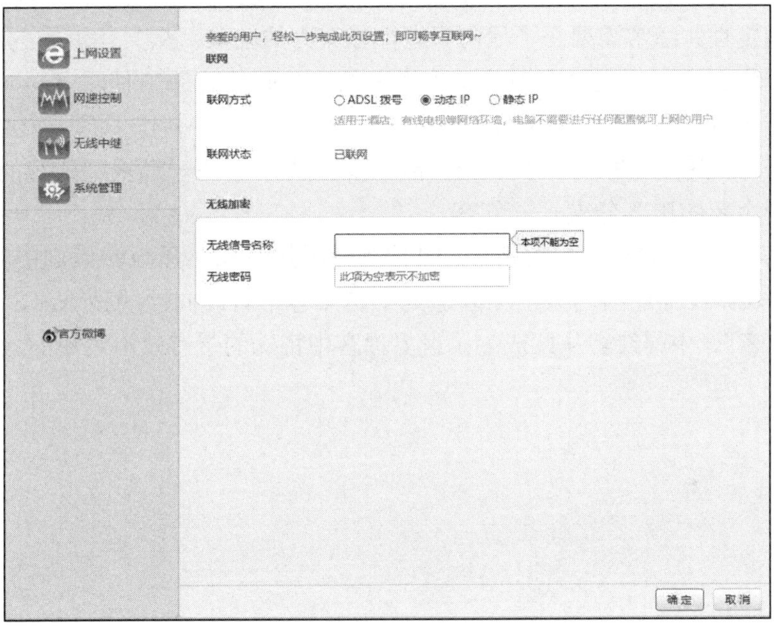

图 9.19 路由器无线信号扩展

9.4 习题

简答题

1. 什么是静态路由？什么是动态路由？
2. 广域网中的计算机为什么采用层次结构方式进行编址？
3. X.25 协议共有几层结构？每层结构的名称及功能是什么？
4. 帧中继网络有哪些常用用途？
5. 帧中继有什么优点？

拓展阅读

“黑客”与“红客”[1]

黑客一词，最初是指有很高的计算机技术的人，可以发现网络或系统存在的漏洞。但现在所说的黑客，基本上是指利用自己高超的计算机技术来做坏事，“黑”他人的网站或计算机的人。

红客也是有很高计算机技术的，但红客有爱国之心，具有很强的爱国情怀，是自愿、自觉守护中国网络安全的人。

红客是指维护国家利益，是一批非官方的，不利用网络技术入侵自己国家计算机，而是“维护国家和民族尊严”的人。通常带有一定的政治色彩，红客与黑客之间有着明显的区别。从技术手段的高下看，红客更多由“脚本小子”（甚至普通网民）组成；从团队协作来看，红客缺乏足够的稳定性，经常需要在“战前”进行强有力的动员；从文化诉求的层面看，红客不是以计算机本身为目的，而是更多地迷恋于黑客杀敌制胜的软件工具。

红客起源于 1999 年的“五八事件”，中国信息安全从业者制作了第一个红客网站-中国红客之祖国团结阵线，其“红客”一词取自新加坡《联合早报》的一篇报道形容的红旗下的黑客，由此创造出了一个新的黑客分支——红客。

由于“红客”一词很准确地描述了中国具有爱国热情和明显政治倾向的黑客技术群体，因此很快，国外媒体在描述因为政治原因遭到中国黑客带有倾向性的技术攻击时，均将此黑客群体描述为“红客”。中国红客从此成为了世界黑客中特殊的带有政治色彩的黑客群体。

[1] muye．红客和黑客的区别是什么，https://www.lmonkey.com/t/OwLnwWRBg。

项目 10　常用网络命令

项目导读

对于普通用户来说，平时可能很少会直接使用命令行下的命令来操作计算机。然而，随着计算机及网络应用的普及，人们对计算机及其网络操作的要求越来越高，越来越多的人也开始使用 Windows 自带的命令行来直接对计算机进行命令操作，以达到更加快速有效的目的。本项目就生活中比较常用的一些网络命令进行了简单总结。

项目要点

- ipconfig 命令
- ping 命令
- tracert 命令
- router 命令
- Telnet 命令
- FTP 命令

10.1　基础知识链接

10.1.1　ipconfig 命令详解

ipconfig 命令可用于显示当前的 TCP/IP 配置的设置值。这些信息一般用来检验人工配置的 TCP/IP 设置是否正确。但是，如果你的计算机和所在的局域网使用了动态主机配置协议 DHCP，此时通过 ipconfig 命令可以了解你的计算机是否成功地租用到一个 IP 地址，如果已成功租用则可以了解它目前分配到的是什么地址。了解计算机当前的 IP 地址、子网掩码和默认网关实际上是进行测试和故障分析的必要前提。

网络命令必须在命令提示符窗口中使用，可以按 Win+R 组合键或者执行“开始”→“运行”命令，在弹出的对话框（图 10.1）中输入 cmd，单击“确定”按钮，打开命令提示符窗口。

可在命令提示符窗口中输入“ipconfig/?”进行 ipconfig 命令参数查询，如图 10.2 所示。接下来介绍 ipconfig 的常用参数命令。

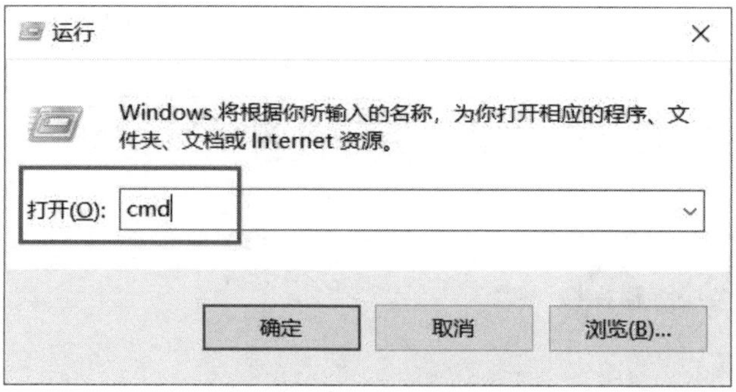

图 10.1 “运行”对话框

图 10.2 ipconfig 命令参数查询运行结果

（1）ipconfig 命令。仅使用 ipconfig 而不带任何参数选项时，仅显示每个已经配置了的接口的 IP 地址、子网掩码和默认网关值。如果该计算机安装了虚拟机和无线网卡，它们的相关信息也会被显示出来。ipconfig 命令运行结果如图 10.3 所示。

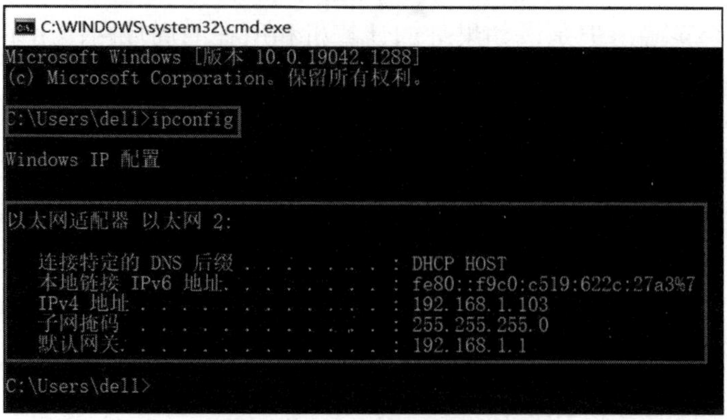

图 10.3 ipconfig 命令运行结果

（2）ipconfig/all 命令。相比于 ipconfig 命令，加上了 all 参数之后的 ipconfig/all 命令显示的信息将会更为完善，包括 IP 的主机信息、DNS 信息、物理地址信息、DHCP 服务器信息等。当需要详细了解本机的 IP 信息的时候，一般会用到 ipconfig/all 命令。ipconfig/all 命令运行结果如图 10.4 所示。

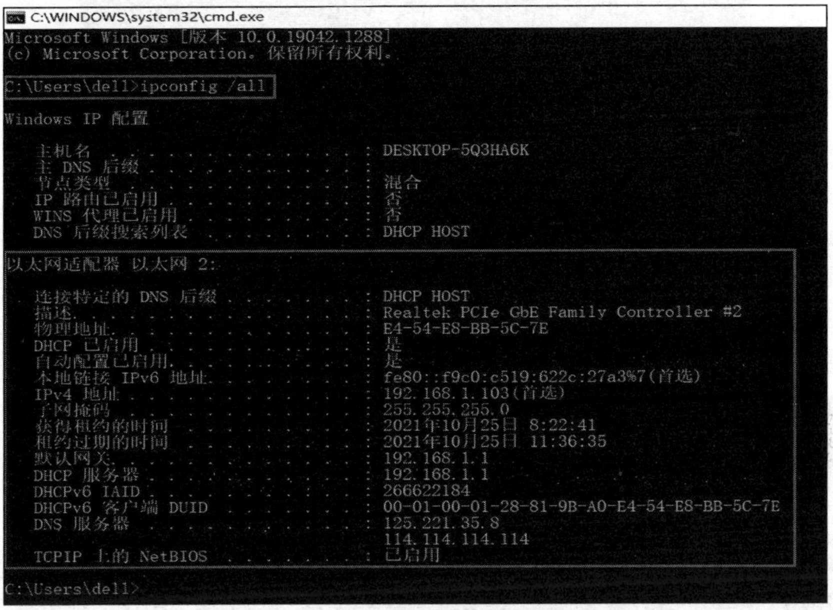

图 10.4 ipconfig/all 命令运行结果

（3）ipconfig/release 命令。ipconfig/release 命令只能在向 DHCP 服务器租用其 IP 地址的计算机上起作用。如果输入 ipconfig/release，那么所有接口的租用 IP 地址便重新交付给 DHCP 服务器（归还 IP 地址），此时按 Enter 键即可释放 IP 地址。注意此时会断一会儿网，在此期间计算机将自动重新获取 IP 地址。ipconfig/release 命令运行结果如图 10.5 所示。

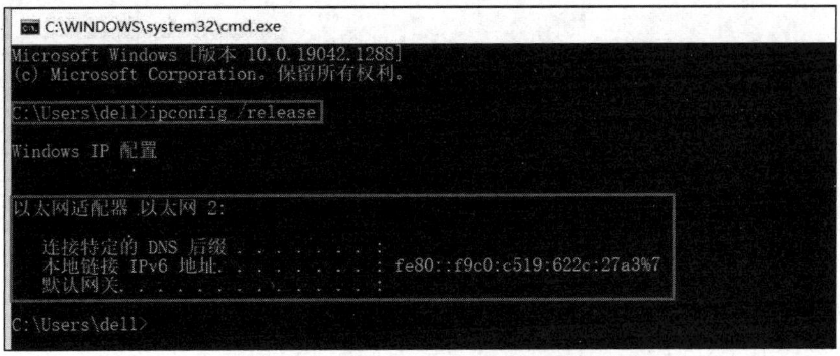

图 10.5 ipconfig/release 命令运行结果

（4）ipconfig/renew 命令。ipconfig/renew 命令用于使本地计算机设法与 DHCP 服务器取得联系，并租用一个 IP 地址。请注意，大多数情况下网卡将被重新赋予和之前相同的 IP 地址。输入命令后按 Enter 键，即可重新获取 IP 地址。ipconfig/renew 命令运行结果如图 10.6 所示。

项目 10

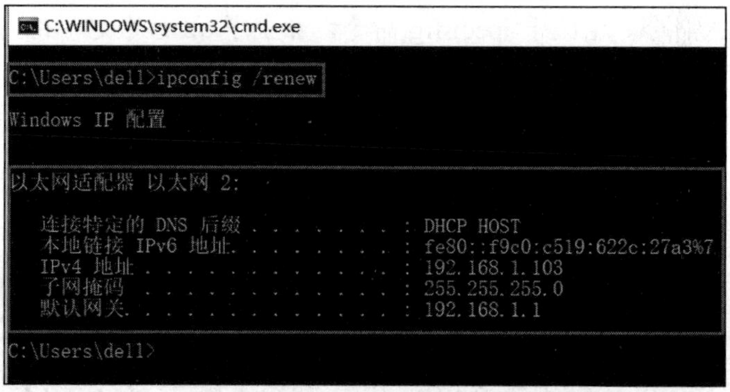

图 10.6　ipconfig/renew 命令运行结果

（5）ipconfig/displaydns 命令。ipconfig/displaydns 用于显示本地 DNS 内容。当用户以域名的形式访问过目标网站后，该网站的域名和 IP 地址的对应关系就会自动保存到本地工作站的 DNS 缓存列表中。如果以后再次访问该域名，浏览器就会先访问 DNS 缓存列表中的信息。但是，如果被访问网站的域名和 IP 地址的对应关系改变，而缓存列表中的记录没有改变，则会找不到正确的 IP 地址，结果浏览器还是会去访问原来的地址，造成一定的影响。此时可使用 ipconfig/displaydns 命令排查故障。ipconfig/displaydns 命令运行结果如图 10.7 所示。

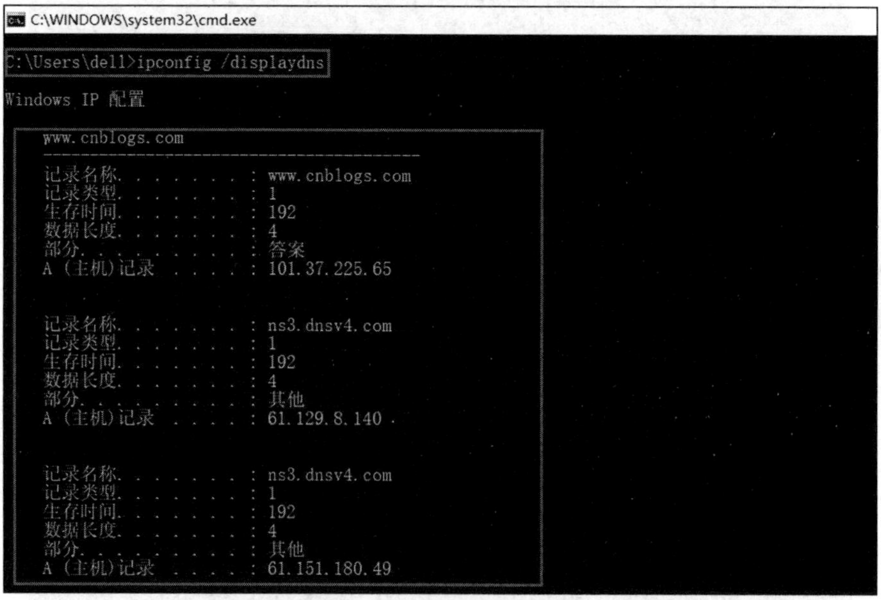

图 10.7　ipconfig/displaydns 命令运行结果

（6）ipconfig/flushdns 命令。ipconfig/flushdns 命令用于清除 DNS 解析程序缓存。当访问一个网站时系统将从 DNS 缓存中读取该域名所对应的 IP 地址，如果查找不到就会到系统中查找 hosts 文件，如果还无法查到就会向 DNS 服务器请求一个 DNS 查询，DNS 服务器将返回该域名所对应的 IP，系统收到解析地址以后将使用该 IP 地址进行访问，同时将解析缓存到本地的 DNS 缓存中。如果 DNS 地址无法解析，或者 DNS 缓存中出现地址错误，就使用 ipconfig/flushdns 命令清除所有的 DNS 缓存。ipconfig/flushdns 命令运行结果如图 10.8 所示。

图 10.8　ipconfig/flushdns 命令运行结果

10.1.2　ping 命令详解

1. ping 命令简介

ping 是潜水艇人员的专用术语，表示回应的声呐脉冲，而在计算机网络中中 ping 是一个十分好用的 TCP/IP 工具，它的主要功能是检测网络的连通情况和分析网络速度。要了解 ping 的工作原理首先要了解它的一些参数和返回信息。

2. ping 命令参数

ping 命令参数及介绍如下。

```
ping [-t] [-a] [-n count] [-l length] [-f] [-i ttl] [-v tos] [-r count] [-s count] [-j computer-list] | [-k computer-list] [-w timeout] destination-list
```

- -t：不间断地 ping 指定的网址直到中断。
- -a：将地址解析为计算机名。
- -n count：发送 count 指定的 ECHO（请求报文，用于测试目的站是否可达及了解其有关状态）数据包数。默认值为 4。
- -l length：发送包含由 length 指定的数据量的 ECHO 数据包。默认为 32 字节，最大值是 65527。
- -f：在数据包中发送“不要分段”标志，这样数据包就不会被路由上的网关分段。
- -i ttl：将“生存时间”字段设置为 ttl 指定的值。
- -v tos：将“服务类型”字段设置为 tos 指定的值。
- -r count：在“记录路由”字段中记录传出和返回数据包的路由。count 可以指定最少 1 台，最多 9 台计算机。
- -s count：记录 count 指定的跃点数的时间戳。

3. ping 命令测试网络连通

连通失败是由许多原因引起的，如本地配置错误、远程主机协议失效等，当然还包括设备等造成的故障。使用 ping 命令检查连通性有五个步骤：

（1）使用 ipconfig /all 观察本地网络设置是否正确。

（2）输入命令 ping 127.0.0.1。其中 127.0.0.1 是回送地址，ping 回送地址是为了检查本地的 TCP/IP 协议是否设置有误。

（3）ping 本机 IP 地址，这样是为了检查本机的 IP 地址是否设置有误。

（4）ping 本网网关或本网 IP 地址，这样的是为了检查硬件设备是否有问题，也可以检查本机与本地网络连接是否正常（在非局域网中这一步骤可以忽略）。

4. ping 命令判断链路

ping 命令除了可以检查网络的连通和检测故障以外，还有一个比较有趣的用途，那就是可以利用它的一些返回数据来估算本地主机与某台主机之间的速度。

5. 分析 ping 后返回信息

（1）Request time out。这是大家经常会看到的提示信息，通常说这是因为对方机器设置了过滤 ICMP 数据包，这是不完全正确的，至少应有以下三种故障原因。

1）对方已关机或者网络上根本没有这个地址导致无法接收到相关反馈信息。

2）对方与本地主机不在同一网段内，通过路由也无法找到对方，但对方确实是存在的。

3）对方确实存在且在同一网段内，但设置了 ICMP 数据包过滤（如防火墙设置）。

说明：检测对方是否存在可以用带参数 -a 的 ping 命令进行探测，如果能得到对方的 NETBIOS 名称，则说明对方是存在的，有防火墙设置；如果得不到，多半是对方不存在或关机，或不在同一网段内。

4）错误设置 IP 地址。正常情况下，一台主机应该有一个网卡、一个 IP 地址，或多个网卡、多个 IP 地址（这些地址一定要处于不同的 IP 子网）。但如果一台计算机的“拨号网络适配器”（相当于一块软网卡）的 TCP/IP 设置中，设置了一个与网卡 IP 地址处于同一子网的 IP 地址，这样在 IP 层协议看来，这台主机就有两个不同的接口处于同一网段内。当从这台主机 ping 其他的主机时，会出现以下问题：

- 主机不知道将数据包发到哪个网络接口，因为有两个网络接口都连接在同一网段。
- 主机不知道用哪个地址作为数据包的源地址。因此，从这台主机去 ping 其他主机时，IP 层协议会无法处理，超时后 ping 就会给出一个 Request time out 的错误信息提示。但从其他主机 ping 这台主机时，请求包从特定的网卡来，ICMP 只需简单地将目的、源地址互换，并更改一些标志即可，ICMP 应答包能顺利发出，其他主机也就能成功 ping 通这台机器了。

（2）Destination host unreachable。出现此返回信息的故障原因如下。

1）对方与本地主机不在同一网段内，而本地主机又未设置默认的路由，从而导致无法与对方建立连接。

2）网线出现故障。这里要说明一下 Destination host unreachable 和 Request time out 的区别，如果所经过的路由器的路由表中具有到达目标的路由，而目标因为其他原因不可到达，这时候会出现 Request time out，如果路由表中连到达目标的路由都没有，那就会出现 Destination host unreachable。

（3）Bad IP address。这个信息表示本地主机可能没有连接到 DNS 服务器，所以无法解析这个 IP 地址；也可能是 IP 地址不存在。

（4）Source quench received。这个信息比较特殊，它出现的概率很小。它表示对方或中途的服务器繁忙无法回应。

（5）Unknown host。这种出错信息表示该远程主机的名字不能被域名服务器（DNS）转换成 IP 地址。故障原因可能是域名服务器有故障，或者其名字不正确，或者网络管理员的系统与远程主机之间的通信线路有故障。

（6）No answer。这种故障说明本地系统有一条通向中心主机的路由，但却接收不到它发给该中心主机的任何信息。故障原因可能如下：中心主机没有工作；本地或中心主机网络配置不正确；本地或中心的路由器没有工作；通信线路有故障；中心主机存在路由选择问题。

（7）No rout to host。此返回信息表示网卡工作不正常。

（8）Transmit failed,error code:10043。此返回信息表示网卡驱动不正常。

（9）Unknown host name。此返回信息表示 DNS 配置不正确。

10.1.3 tracert 命令详解

1. tracert 命令简介

在了解 tracert 命令之前，我们应该先了解 tracert 的作用是什么？当数据报从本地计算机经过多个网关传送到目的地时，tracert 命令可以用来跟踪数据报使用的路由（路径）。需要注注的是，该实用程序跟踪的路径是源计算机到目的地的一条路径，不能保证或认为数据报总遵循这个路径。

2. tracert 命令参数

计算机上的 tracert 功能与操作系统相关，这里以 Windows 操作系统为例，下面列举了 tracert 的常用参数，并对参数进行解释说明。

```
tracert [ -d | -h maximum_hops | -j host-list | -w timeout ]   host
```

（1）-d：不解析主机名。

（2）-h：指定最大 TTL 的数值。

（3）-j：设定松散源地址路由列表。

（4）-w：设置 UDP 报文的超时时间，单位为毫秒（ms）。

（5）host：指定目的主机的域名或 IP 地址。

3. tracert 命令使用方法

（1）在命令行中输入 tracert 并在后面加入一个 IP 地址，可以查询从本机到该 IP 地址所在的计算机要经过的路由器及其 IP 地址。图 10.9 中 tracert 命令后面的 IP 地址为同一个路由器下的局域网中的另一个计算机的 IP 地址。

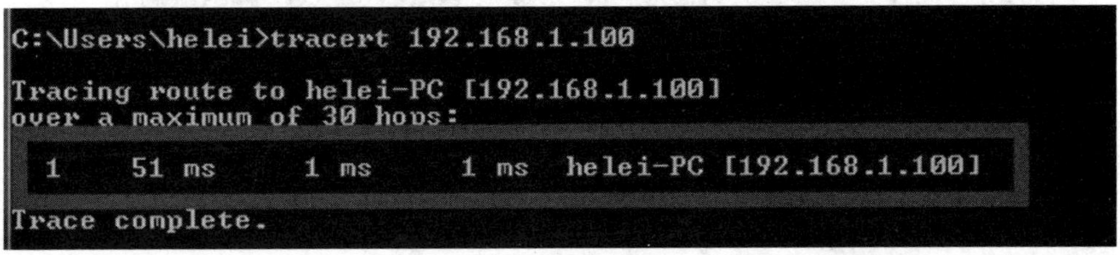

图 10.9 tracert 命令

图 10.9 中从左到右的 5 条信息分别代表了生存时间（每途经一个路由器节点自增 1）、3 次发送的 ICMP 包返回时间（共计 3 个，单位为 ms）和途经路由器的 IP 地址（如果有主机名，还会包含主机名）。

（2）在命令行中输入 tracert 并在后面加一个网址，DNS 解析会自动将其转换为 IP 地址并探查出途经的路由器信息。如在后面输入了“百度经验”的 URL 地址，可以发现共查询到 10 条信息，其中带有星号（*）的信息表示该次 ICMP 包返回时间超时，如图 10.10 所示。

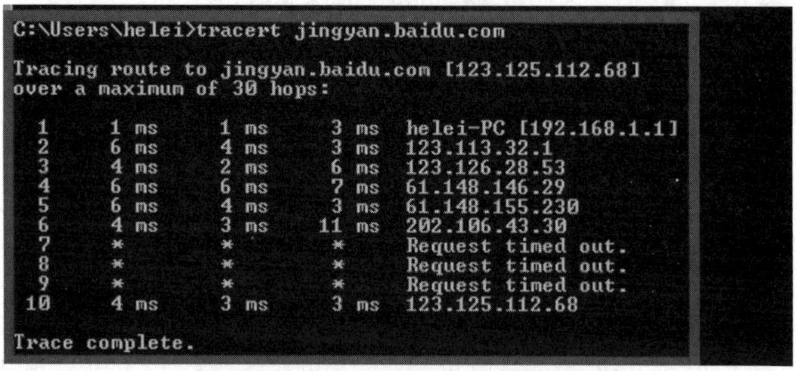

图 10.10　tracert 命令后加网址

（3）在 tracert 命令后添加一个不存在的 IP 地址，则程序会报错，如图 10.11 所示。

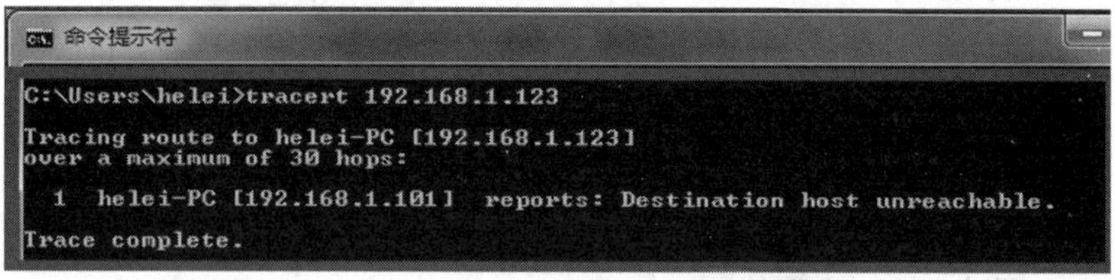

图 10.11　tracert 命令后加不存在的 IP 地址

（4）在 tracert 命令与 IP 地址或 URL 地址中间输入“-d”，可以不将 IP 地址解析到主机名称。如图 10.12 所示，添加了“-d”后将不显示出 helei-PC 字样，即不显示主机名称。

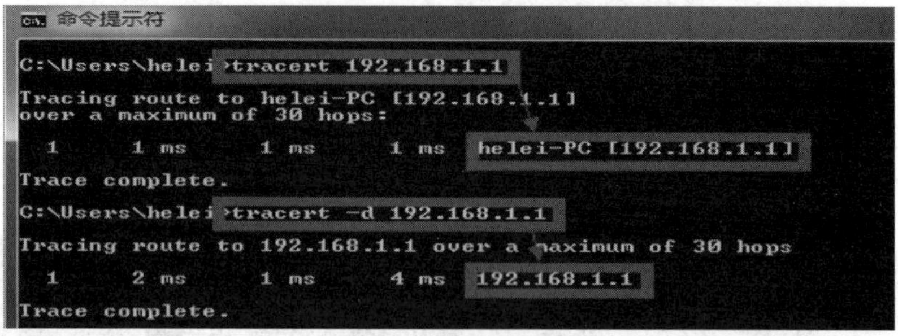

图 10.12　不显示主机名称

（5）在 tracert 命令与 IP 地址或 URL 地址中间输入“-h”，并在之后添加一个数字，可以指定本次 tracert 程序搜索的最大跳数。如图 10.13 所示，加入“-h 5”后，搜索只在路由器间跳转 5 次，就无条件结束了。

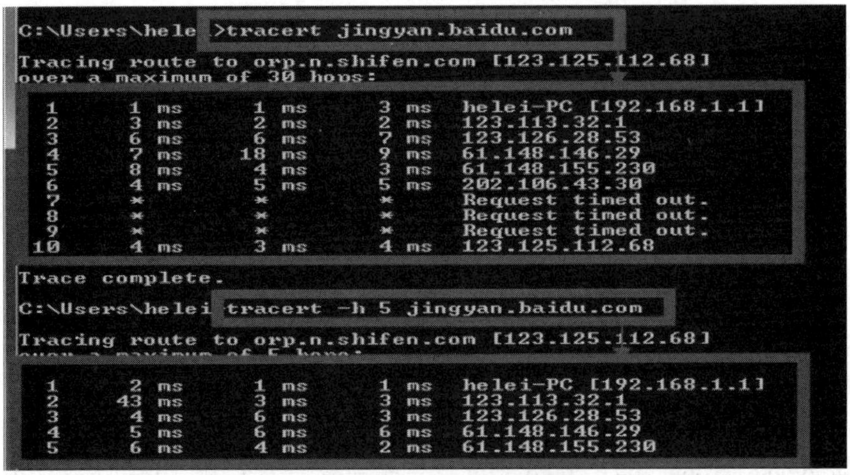

```
C:\Users\hele >tracert jingyan.baidu.com

Tracing route to orp.n.shifen.com [123.125.112.68]
over a maximum of 30 hops:

  1     1 ms     1 ms     3 ms  helei-PC [192.168.1.1]
  2     3 ms     2 ms     2 ms  123.113.32.1
  3     6 ms     6 ms     7 ms  123.126.28.53
  4     7 ms    18 ms     9 ms  61.148.146.29
  5     8 ms     4 ms     3 ms  61.148.155.230
  6     4 ms     5 ms     5 ms  202.106.43.30
  7     *        *        *     Request timed out.
  8     *        *        *     Request timed out.
  9     *        *        *     Request timed out.
 10     4 ms     3 ms     4 ms  123.125.112.68

Trace complete.

C:\Users\helei tracert -h 5 jingyan.baidu.com

Tracing route to orp.n.shifen.com [123.125.112.68]

  1     2 ms     1 ms     1 ms  helei-PC [192.168.1.1]
  2    43 ms     3 ms     3 ms  123.113.32.1
  3     4 ms     6 ms     3 ms  123.126.28.53
  4     5 ms     6 ms     6 ms  61.148.146.29
  5     6 ms     4 ms     2 ms  61.148.155.230
```

图 10.13　设置搜索的最大跳数

（6）在 tracert 命令与 IP 地址或 URL 地址中间输入“-w”，并在之后添加一个数字，可以指定 tracert 为每次回复所指定的毫秒数，如图 10.14 所示。

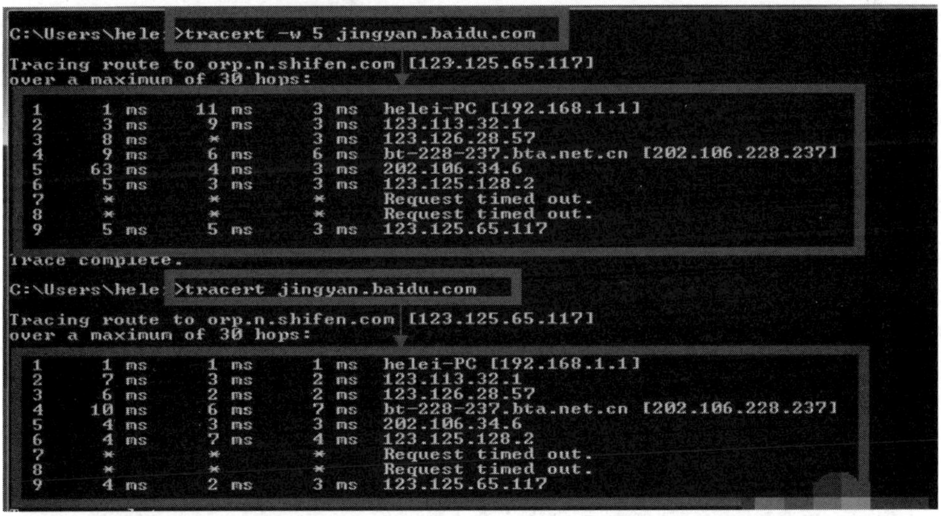

```
C:\Users\hele >tracert -w 5 jingyan.baidu.com

Tracing route to orp.n.shifen.com [123.125.65.117]
over a maximum of 30 hops:

  1     1 ms    11 ms     3 ms  helei-PC [192.168.1.1]
  2     3 ms     9 ms     3 ms  123.113.32.1
  3     8 ms     *        3 ms  123.126.28.57
  4     9 ms     6 ms     6 ms  bt-228-237.bta.net.cn [202.106.228.237]
  5    63 ms     4 ms     3 ms  202.106.34.6
  6     5 ms     3 ms     3 ms  123.125.128.2
  7     *        *        *     Request timed out.
  8     *        *        *     Request timed out.
  9     5 ms     5 ms     3 ms  123.125.65.117

Trace complete.

C:\Users\hele >tracert jingyan.baidu.com

Tracing route to orp.n.shifen.com [123.125.65.117]
over a maximum of 30 hops:

  1     1 ms     1 ms     1 ms  helei-PC [192.168.1.1]
  2     7 ms     3 ms     2 ms  123.113.32.1
  3     6 ms     2 ms     2 ms  123.126.28.57
  4    10 ms     6 ms     7 ms  bt-228-237.bta.net.cn [202.106.228.237]
  5     4 ms     3 ms     3 ms  202.106.34.6
  6     4 ms     7 ms     4 ms  123.125.128.2
  7     *        *        *     Request timed out.
  8     *        *        *     Request timed out.
  9     4 ms     2 ms     3 ms  123.125.65.117
```

图 10.14　设置回复所指定的毫秒数

10.1.4　route 命令详解

1. route 命令简介

如果需要接入两个网络，一个是部署环境所在内网环境，这个环境是上不了外网的，另一个是外网环境，其很可能是一个无线网络。如果将两个网络相互连接，很可能导致总有一方不能起作用，常常需要使用烦琐的“禁用网络连接”“启用网络连接”的操作来进行内外网的切换，十分麻烦。为了解决这个问题，可以使用 route 命令来使得内外网都可用。

通过前面的学习可知，路由表指的是路由器或者其他互联网网络设备上存储的表，该表中存有到达特定网络终端的路径，在某些情况下，表中还有一些与这些路径相关的度量。路由器的主要工作就是通过路由表为经过路由器的每个数据包寻找一条最佳的传输路径，并将该数据有效地传送到目的站点。route 命令就是针对路由表操作的命令。

2. route 命令参数

route 命令是在本地 IP 路由表中显示和修改条目的网络命令，其语法格式如下。

```
route [-f] [-p] [Command [Destination] [mask Netmask] [Gateway] [metric Metric]] [if Interface]]
```

route 的常用命令及功能如下：

（1）route delete：删除路由。

（2）route print：打印路由的 Destination。

（3）route add：添加路由。

（4）route change：更改现存路由。

其中 route delete、route add、route print 这三条命令最为常用，可以解决许多常见问题。

3. route print 命令

route print 命令用于显示 IP 路由表的完整内容。如图 10.15 所示，首先显示了当前主机的所有接口列表，接下来显示 IPv4 路由表和 IPv4 永久路由，可以看到，图中本机 IPv4 路由表有两个默认网关，且无手动添加的 IPv4 永久路由。

```
C:\Users\27219>route print
===========================================================================
接口列表
  3...40 74 e0 90 38 33 ......Microsoft Wi-Fi Direct Virtual Adapter
 13...42 74 e0 90 38 32 ......Microsoft Wi-Fi Direct Virtual Adapter #2
 16...40 74 e0 90 38 32 ......Intel(R) Wireless-AC 9260 160MHz
 11...40 74 e0 90 38 36 ......Bluetooth Device (Personal Area Network)
  1...........................Software Loopback Interface 1
===========================================================================

IPv4 路由表
===========================================================================
活动路由:
网络目标        网络掩码          网关       接口   跃点数
          0.0.0.0          0.0.0.0      192.168.3.1      192.168.3.5     50
        127.0.0.0        255.0.0.0            在链路上         127.0.0.1    331
        127.0.0.1  255.255.255.255            在链路上         127.0.0.1    331
  127.255.255.255  255.255.255.255            在链路上         127.0.0.1    331
      192.168.3.0    255.255.255.0            在链路上       192.168.3.5    306
      192.168.3.5  255.255.255.255            在链路上       192.168.3.5    306
    192.168.3.255  255.255.255.255            在链路上       192.168.3.5    306
        224.0.0.0        240.0.0.0            在链路上         127.0.0.1    331
        224.0.0.0        240.0.0.0            在链路上       192.168.3.5    306
  255.255.255.255  255.255.255.255            在链路上         127.0.0.1    331
  255.255.255.255  255.255.255.255            在链路上       192.168.3.5    306
===========================================================================
永久路由:
  无

IPv6 路由表
```

图 10.15　route print 命令运行结果

使用 route print 命令时，目标或网关可以为通配符，通配符指定为星号（*）。route print -4 命令只显示 IPv4 的路由表信息。route print -6 命令只显示 IPv6 的路由表信息。route print 192* 命令只显示那些匹配 192*的路由信息。

4. route add 命令

route add 命令用于添加一条静态路由信息，若加入“-p”参数则表示添加一条永久路由。网络中有多个网关地址时，会经常用到 route add 命令。route add 命令运行结果如图 10.16 所示。

```
> route ADD 157.0.0.0 MASK 255.0.0.0  157.55.80.1 METRIC 3 IF 2
        destination^          ^mask      ^gateway     metric^
                                                     Interface^
```

图 10.16　route add 命令运行结果

下面通过实际应用中的案例了解 route add 命令。

【例 10.1】添加带有 192.168.12.1 默认网关地址的默认路由。命令如下：

```
route add 0.0.0.0 mask 0.0.0.0 192.168.12.1
```

【例 10.2】向带有 255.255.0.0 子网掩码和 10.27.0.1 下一跃点地址的 10.41.0.0 目标中添加一个路由。命令如下：

```
route add 10.41.0.0 mask 255.255.0.0 10.27.0.1
```

【例 10.3】向带有 255.255.0.0 子网掩码和 10.27.0.1 下一跃点地址的 10.41.0.0 目标中添加一个永久路由。命令如下：

```
route -p add 10.41.0.0 mask 255.255.0.0 10.27.0.1
```

【例 10.4】向带有 255.255.0.0 子网掩码、10.27.0.1 下一跃点地址且其路由跳数为 7 的 10.41.0.0 目标中添加一个路由。命令如下：

```
route add 10.41.0.0 mask 255.255.0.0 10.27.0.1 metric 7
```

【例 10.5】向带有 255.255.0.0 子网掩码、10.27.0.1 下一跃点地址且使用 0x3 接口索引的 10.41.0.0 目标中添加一个路由。命令如下：

```
route add 10.41.0.0 mask 255.255.0.0 10.27.0.1 if 0x3
```

如果未给出 if，它将尝试查找给定网关的最佳接口。

5. route delete 命令

route delete 命令用于删除路由。使用 route delete 命令时，目标或网关可以为通配符，通配符指定为星号（*）。当路由端口冲突时，需要删除部分路由；删除路由可分为删除目标网络段路由和删除所有路由两种，具体实例如下。

【例 10.6】删除带有 255.255.0.0 子网掩码的 10.41.0.0 目标的路由。

```
route delete 10.41.0.0 mask 255.255.0.0
```

【例 10.7】删除以 10.为起始的 IP 路由表中的所有路由。

```
route delete 10.*
```

【例 10.8】本地的 IP 地址为 172.16.1.100，网关为 172.16.1.254，现有一条 ADSL 线路，路由器的地址为 172.168.1.200，通过该地址可访问 Internet。如何做到既能上网又能访问网络内的资源？只需按以下三步操作即可。

第一步：将本地的网关地址由 172.16.1.254 改为 172.16.1.200。

第二步：删除原网关 172.16.1.254 的默认路由。命令如下：

```
route delete 0.0.0.0 mask 0.0.0.0 172.16.1.254
```

第三步：重新添加静态路由让目标为 172.16.0.0 网段的数据报全部发送到 172.16.1.100。命令如下：

```
route add 172.16.0.0 mask 255.255.0.0 172.16.1.100 -p metric 1
```

10.1.5 Telnet 命令详解

用户使用 Telnet 命令可以进行远程登录，并在远程计算机之间进行通信。利用 Telnet，用户通过网络在远程计算机上登录就像在本地机上执行命令一样。想要通过 Telnet 登录远程计算机，就必须知道远程机上的合法用户名和口令。虽然有些系统确实为远程用户提供登录功能，但出于对安全的考虑，要限制访问者的操作权限，因此这种情况下能使用的功能是很少的。

Telnet 只为普通终端提供终端仿真，而不支持 X-Window 等图形环境。当允许远程用户登录时，系统通常把这些用户放在一个受限制的 Shell（命令行界面解析器）中，以防系统被怀有恶意的或不小心的用户破坏。用户还可以使用 telnet 命令从远程站点登录到自己的计算机上，检查电子邮件、编辑文件和运行程序，就像在本地登录一样。

对于 Telnet 的认识，不同的人持有不同的观点，可以把 Telnet 当作一种通信协议，但是对于入侵者而言，Telnet 只是一种远程登录工具。一旦入侵者与远程主机建立了 Telnet 连接，入侵者便可以使用目标主机上的软硬件资源，而入侵者的本地机只相当于一个只有键盘和显示器的终端而已。

Telnet 协议是 TCP/IP 协议家族中的一员，是 Internet 远程登录服务的标准协议和主要方式。它为用户提供了在本地计算机上完成远程主机工作的能力，是常用的远程控制 Web 服务器的方法。终端使用者可以在 Telnet 程序中输入命令，这些命令会在服务器上运行，就像直接在服务器的控制台上输入一样。需要注意的是，要开始一个 Telnet 会话，必须输入用户名和密码来登录服务器。

1. Telnet 客户端常用命令

Telnet 命令允许用户与使用 Telnet 协议的远程计算机通信。运行 Telnet 时可不使用参数，以便输入由 Telnet 提示符表明的 Telnet 上下文。用户可在 Telnet 提示符下，使用 Telnet 命令管理运行 telnet 客户端的计算机。

Telnet 客户端常用命令及功能如下。

（1）open：建立到主机的 Telnet 连接。

（2）close：关闭现有的 Telnet 连接。

（3）display：查看 Telnet 客户端的当前设置。

（4）send：向 Telnet 服务器发送命令，包括以下命令。

1）ao：放弃输出命令。

2）ayt：“Are you there”命令。

3）esc：发送当前的转义字符。

4）ip：中断进程命令。

5）synch：执行 Telnet 同步操作。

6）brk：发送信号。

上述命令以外的其他命令都将以字符串的形式发送至 Telnet 服务器。例如，send abcd 将发送字符串 abcd 至 Telnet 服务器，这样 Telnet 会话窗口中将出现该字符串。

2. Telnet 命令的常见问题及解决方法

在命令提示符窗口输入 Telnet 并按 Enter 键后，可能会出现“Telnet 不是内部或外部命令”的系统提示，接下来以 Windows 10 系统为例介绍此问题的解决方法。

出现上述问题的主要原因是 Windows 10 系统默认情况下没有安装 Telnet 服务，所以我们需要安装 Telnet 服务，具体步骤如下。

执行“开始”→“控制面板”→“程序和功能”→“启动或关闭 Windows 功能”命令（图 10.17），在这里就可以看到“Telnet 服务器”和“Telnet 客服端”复选框（图 10.18），勾选复选框并单击“确定”按钮即可开始安装。

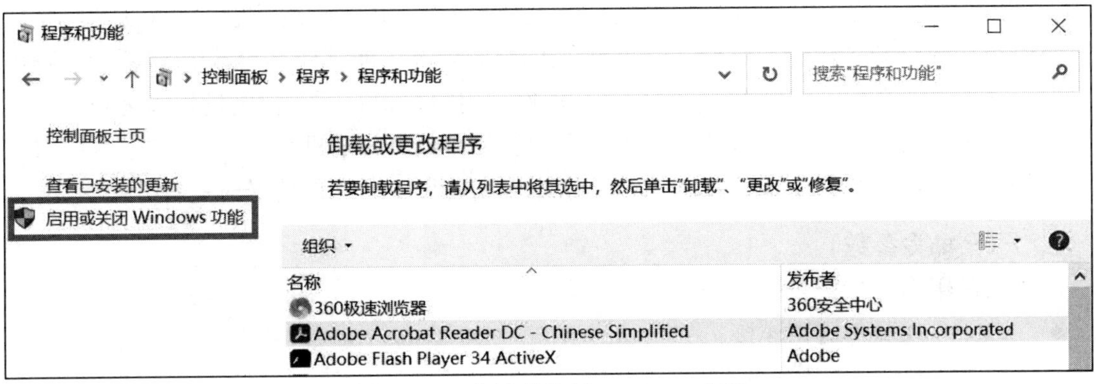

图 10.17 启用或关闭 Windows 功能

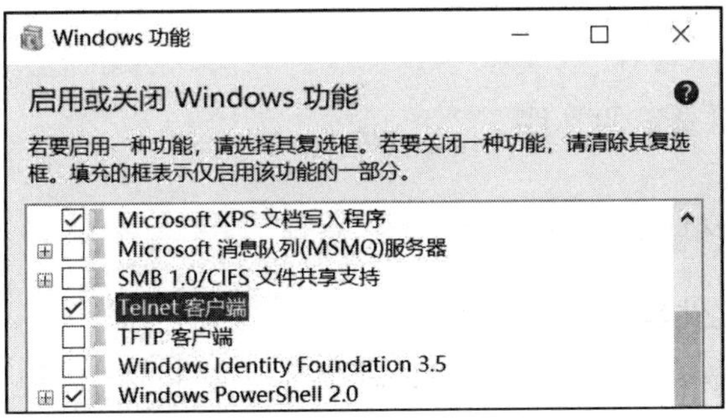

图 10.18 “Telnet 客户端”复选框

如果要访问他人的计算机就安装 Telnet 客服端，如果要访问自己的计算机就需要安装 Telnet 服务器和 Telnet 客户端，因为此时自己的计算机既是服务器又是客户端。

10.1.6 FTP 命令详解

1. FTP 命令简介

FTP 是 Internet 上历史最悠久的网络工具，从 1971 年提出第一个 FTP 的 RFC（RFC114）至今近半个世纪来，FTP 凭借其独特的优势一直都是 Internet 中最重要、应用最广泛的服务之一。

FTP 的目标是提高文件的共享性，提供非直接使用远程计算机，使存储介质对用户透明并可靠高效地传送数据。FTP 能操作任何类型的文件而不需要进一步处理。但是，FTP 有着极高的延时，这意味着，从开始请求到第一次接收需求数据之间的时间会非常长；并且在使用过程中必须不时地执行一些冗长的登录进程。

2. FTP 命令工作原理

FTP 采用 Internet 标准文件传输协议 FTP 的用户界面，向用户提供了一组用来管理计算机之间文件传输的应用程序。

FTP 是基于客户端/服务器（C/S）模型而设计的，其在客户端与 FTP 服务器之间建立两个连接。开发任何基于 FTP 的客户端软件都必须遵循 FTP 的工作原理，FTP 的独特优势，同时也是与其他客户端/服务器程序最大的不同点就在于它在两台通信的主机之间使用了两条 TCP 连接：一条是数据连接，用于数据传送；另一条是控制连接，用于传送控制信息（命令和响应）。这种将命令和数据分开传送的思想大大提高了 FTP 的效率，而其他客户端/服务器应用程序一般只有一条 TCP 连接。FTP 的客户端有三个构件：用户接口、客户控制进程和客户数据传送进程。其服务器有两个构件：服务器控制进程和服务器数据传送进程。在整个交互的 FTP 会话中，控制连接始终是处于连接状态的，数据连接则在每一次文件传送时先打开后关闭。

3. FTP 命令参数

FTP 的常用命令参数及功能如下。

- open：与服务器相连接。
- send（put）：上传文件。
- get：下载文件。
- mget：下载多个文件。
- cd：切换目录。
- dir：查看当前目录下的文件。
- del：删除文件。
- bye：中断与服务器的连接。

4. FTP 命令管理文件实例

接下来以 Windows 系统为例，使用 FTP 命令实现文件的上传和下载。FTP 服务器地址、用户名和密码如下：

```
FTP Server: www.abc.com
User: abc
Password: abc123
```

打开 Windows 的“开始”菜单，执行“运行”命令，在对话框中输入 ftp，单击“确定”按钮将会切换至命令提示符窗口。接下来的具体操作步骤如下。

（1）输入命令连接 FTP 服务器，示例如下：

```
ftp> open www.abc.com
```

按 Enter 键后稍等片刻，屏幕提示连接成功，显示如下：

```
ftp> connected to www.abc.com
```

（2）服务器询问用户名和口令，分别输入 abc 和 abc123，待认证通过即可。

（3）在 Windows 系统下使用 FTP 命令上传文件。例如要把 D:\index.html 上传至服务器的根目录中，代码如下：

```
ftp> put D:\index.html
```

按 Enter 键结束输入，当屏幕提示已经传输完毕后，可以输入相关命令查看，代码如下：

```
ftp> dir
```

按 Enter 键后将显示当前目录信息，可以发现 index.html 文件已在目录中，文件上传成功。

（4）在 Windows 系统下使用 FTP 命令下载文件。例如要把服务器\images 目录中的所有.jpg 文件下载至本机中，可以输入如下指令：

```
ftp> cd images      //进入\images 目录
ftp> mget *.jpg
```

（5）上传与下载工作完毕，输入 bye 中断连接。

10.2 项目实施

任务　ping 命令与 tracert 命令综合实战演练

ping 命令与 tracert 命令综合实战演练

1. 实验拓扑

本任务的网络拓扑图如图 10.19 所示。

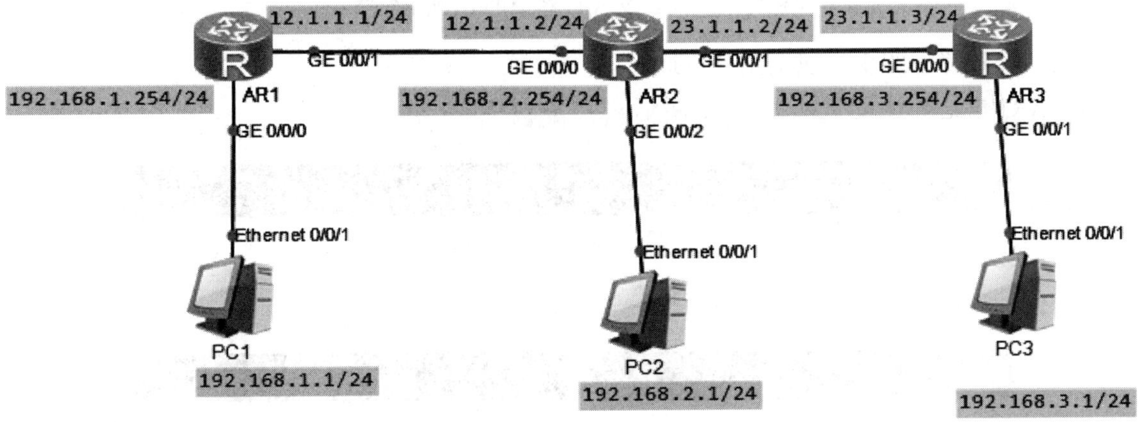

图 10.19　网络拓扑图

2. 实验配置

（1）正确配置拓扑图中规划的 IP 地址信息，以 PC1 为例，其他 PC 的配置方法与 PC1 相同，图 10.20 为 PC1 的 IP 地址配置。

（2）配置路由器接口 IP 地址，以 AR1 为例，其他 AR 路由器配置方法与 AR1 相同，图 10.21 为路由器 AR1 接口的 IP 地址配置。

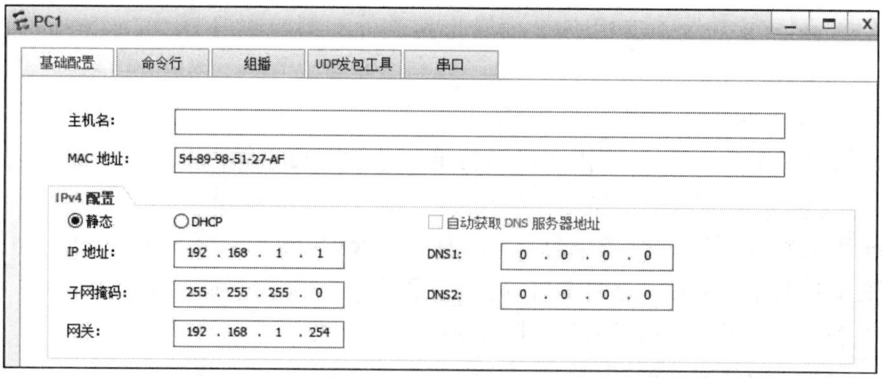

图 10.20　PC1 的 IP 地址配置

```
The device is running!

<Huawei>sys
Enter system view, return user view with Ctrl+Z.
[Huawei]inter
[Huawei]interface g
[Huawei]interface GigabitEthernet 0/0/0
[Huawei-GigabitEthernet0/0/0]ip add
[Huawei-GigabitEthernet0/0/0]ip address 192.168.1.254 24
Dec 10 2022 16:19:03-08:00 Huawei %%01IFNET/4/LINK_STATE(l)[0]:The line protocol
 IP on the interface GigabitEthernet0/0/0 has entered the UP state.
[Huawei-GigabitEthernet0/0/0]quit
[Huawei]inter g0/0/1
[Huawei-GigabitEthernet0/0/1]ip address 12.1.1.1 24
Dec 10 2022 16:19:21-08:00 Huawei %%01IFNET/4/LINK_STATE(l)[1]:The line protocol
 IP on the interface GigabitEthernet0/0/1 has entered the UP state.
[Huawei-GigabitEthernet0/0/1]quit
```

图 10.21　路由器 AR1 接口的 IP 地址配置

（3）配置静态路由实现全拓扑可通。

1）AR1 静态路由配置如图 10.22 所示。

```
[AR1]ip route-static 192.168.2.0 24 12.1.1.2
[AR1]ip route-static 192.168.3.0 24 12.1.1.2
```

图 10.22　AR1 静态路由配置

2）AR2 静态路由配置如图 10.23 所示。

```
[AR2]ip route-static 192.168.1.0 24 12.1.1.1
[AR2]ip route-static 192.168.3.0 24 23.1.1.3
```

图 10.23　AR2 静态路由配置

3）AR3 静态路由配置如图 10.24 所示。

```
[AR3]ip route-static 192.168.1.0 24 23.1.1.2
[AR3]ip route-static 192.168.2.0 24 23.1.1.2
```

图 10.24　AR3 静态路由配置

3. 网络配置检测

ping 命令可以检测网络的连通性，经过正确的路由配置，此时 PC1、PC2、PC3 应可以相互通信，故可以用 ping 命令检测。PC1 ping PC2 如图 10.25 所示。

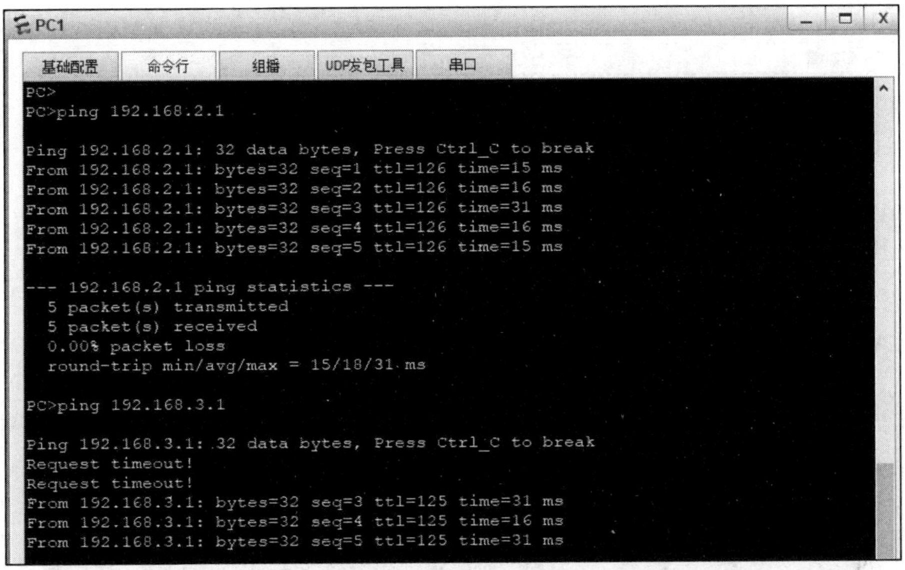

图 10.25　PC1 ping PC2

4. 网络故障排查

在实际的网络运行中，网络设备分散在各个设备间，时常也会因设备线路故障导致网络不可用，此时可以用 ping 命令和 tracert 命令及时排查故障，恢复网络。此处以 AR3 的 G0/0/0 接口故障为例，使用 tracert 命令排查故障点。

（1）手动断开 AR3 的 G0/0/0 接口，模拟线路故障，如图 10.26 所示。

图 10.26　模拟线路故障

（2）使用 ping 命令排查故障。用 PC1 去 ping PC3，此时提示请求超时，由此可见 PC1 至 PC3 的路径中出现了网络故障，如图 10.27 所示。

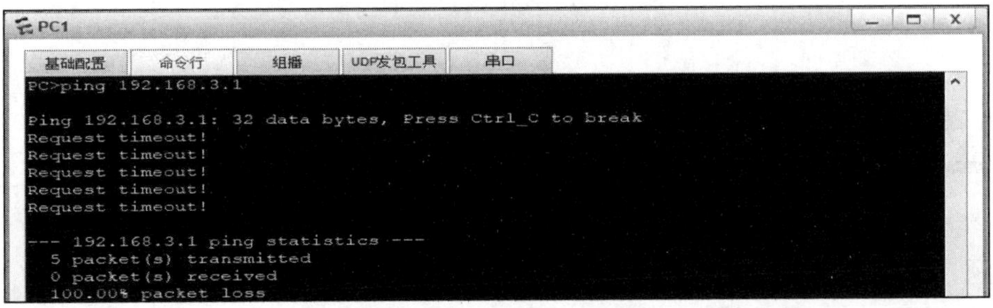

图 10.27　PC1 ping PC3

（3）使用 ping 命令可以排查网络故障，而使用 tracert 命令可以对数据包路径进行分析，进一步找出故障点，恢复网络。

1）网络正常情况下，PC1 至 PC3 的路径如图 10.28 所示。

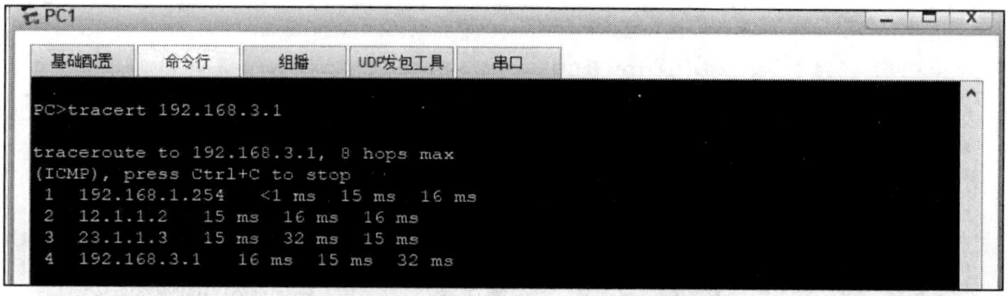

图 10.28　PC1 至 PC3 的正常路径

2）当 AR3 的接口 G0/0/0 故障后，PC1 至 PC3 的路径如图 10.29 所示。

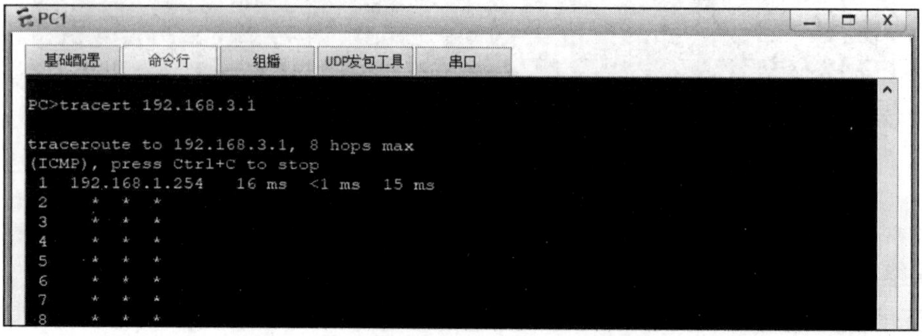

图 10.29　故障后 PC1 至 PC3 的路径

3）通过检查 PC1 至 PC2 的路径发现，此路径正常，如图 10.30 所示。由此判断，AR2 至 AR3 段故障。

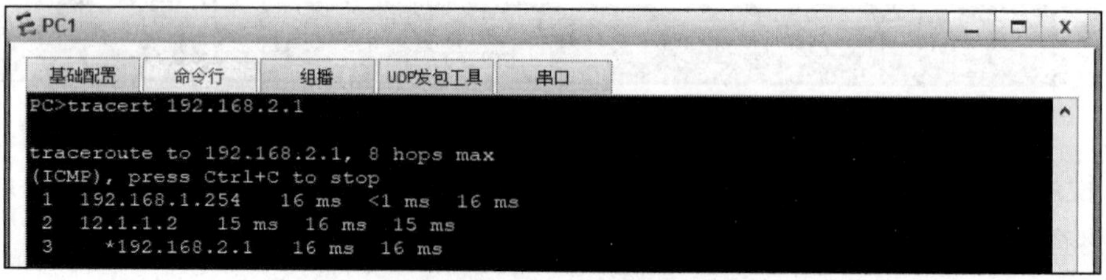

图 10.30　PC1 至 PC2 的路径

10.3　习题

简答题

1．常见的 ipconfig 命令有哪些？

2．简述 ping 命令的作用。

3．tracert 命令在什么情况下使用？

4．简述 router 命令的作用。

5．简述 telnet 命令的优缺点。

拓展阅读

共建网络美好精神家园[1]

网络文明是伴随互联网发展而产生的新的文明形态，是现代社会文明进步的重要标志。“党的十八大”以来，在习近平总书记关于网络强国建设、精神文明建设的一系列重要论述指引下，我国扎实推进网络文明建设，从网络安全、数据安全、网络生态治理等系列法律法规的出台，到《关于加强网络文明建设的意见》的印发，从实施网络内容建设工程，到持续开展“清朗”“净网”“护苗”等专项整治，我国网络空间治理的根基在不断夯实，网络空间正能量更加充沛。

古往今来，新技术往往是把“双刃剑”。互联网为人类社会带来了前所未有的便利，也提出了前所未有的挑战。习近平总书记强调，“要坚持发展和治理相统一、网上和网下相融合，广泛汇聚向上向善力量”，这一重要方针为我们在网络发展变局中找准前进方向提供了重要指引。我们既要用好互联网，挖掘信息技术红利，厚植网络发展土壤，努力满足人民需要，畅通民意表达，构筑网上网下“同心圆”，更要管好互联网，净化生态空间，防止“乌烟瘴气”，努力积蓄网络空间“向上向善”的力量，让互联网从“最大变量”转化为推动发展的“最大增量”。

网络空间是亿万民众共同的精神家园。让这个家园“天朗气清”，是全社会共同的责任。各网络平台企业、社会组织和每一位网民都要牢记“互联网不是法外之地”，做到依法上网、文明上网、安全上网。我们坚信，在各方共同努力下，我国网络空间的内容供给、服务水平和文明程度必将迈上新台阶，亿万人民群众将在网络空间享有更多获得感、幸福感、安全感。

[1] 央视网，中共中央网络安全和信息化委员会办公室 中华人民共和国国家互联网信息办公室，http://www.cac.gov.cn/2021-11/19/c_1638918522950796.htm。

参 考 文 献

[1] 杨心强，陈国友．数据通信与计算机网络[M]．5 版．北京：电子工业出版社，2018.

[2] 里克·格拉齐亚尼，艾伦·约翰逊．思科网络技术学院教程：网络简介[M]．思科系统公司，译．6 版．北京：人民邮电出版社，2018.

[3] 刘申菊．计算机网络（项目教学版）[M]．北京：北京理工大学出版社，2019.

[4] 叶沿飞．计算机网络基础项目化教程[M]．北京：北京交通大学出版社，2022.

[5] 李志球．计算机网络基础[M]．5 版．北京：电子工业出版社，2020.

[6] 李全龙．数据通信原理[M]．北京：机械工业出版社，2015.

[7] 陈晴．网络组建与维护[M]．2 版．北京：电子工业出版社，2014.

[8] 周宏博．计算机网络[M]．北京：北京理工大学出版社，2020.

[9] 韩立刚．计算机网络创新教程[M]．北京：中国水利水电出版社，2021.

[10] 谢希仁．计算机网络[M]．8 版．北京：电子工业出版社，2021.

习题答案